普通高等教育“十二五”规划教材
测试、计量技术及仪器系列规划教材

光电检测技术及应用

（第2版）

周秀云　张　涛　尹伯彪　黄建国　编著

電子工業出版社
Publishing House of Electronics Industry
北京 • BEIJING

内 容 简 介

本书实用性强，适用面广，有理论，有实践，主要内容包括理论基础、各类电光与光电器件、光电变换检测技术与方法、典型应用等 4 部分，共 12 章：光电检测系统与技术概述、光电检测光源、光电检测中的光学变换、光电探测器及光电导探测器、光伏特探测器、光电发射器件、光电成像器件、光电检测常用电路、非相干检测方法与系统、相干检测方法与系统、光电检测技术的典型应用等。本书提供配套电子课件和习题参考答案。

本书可作为高等学校光学技术与光电仪器、检测技术与自动化仪表、光电子技术、测控技术与仪器、光电信息工程、光学工程等专业的本科生和研究生教材，也可作为相关领域工程技术人员与科研人员的参考书。本书介绍的测试技术，不仅适用于光电、测控技术与仪器行业，对机械、轻工、航天、计量、测绘等行业也有相当的使用价值。

图书在版编目（CIP）数据

光电检测技术及应用 / 周秀云等编著. —2 版. —北京：电子工业出版社，2015.5
ISBN 978-7-121-25592-2

I. ①光… II. ①周… III. ①光电检测－高等学校－教材 IV. ①TP274

中国版本图书馆 CIP 数据核字（2015）第 038340 号

策划编辑：王羽佳
责任编辑：王羽佳　　特约编辑：王　崧
印　　刷：北京虎彩文化传播有限公司
装　　订：北京虎彩文化传播有限公司
出版发行：电子工业出版社
　　　　　北京市海淀区万寿路 173 信箱　　邮编：100036
开　　本：787×1092　1/16　印张：19　字数：550 千字
版　　次：2015 年 5 月第 1 版
印　　次：2022 年 7 月第 9 次印刷
定　　价：45.00 元

凡所购买电子工业出版社图书有缺损问题，请向购买书店调换。若书店售缺，请与本社发行部联系，联系及邮购电话：（010）88254888。

质量投诉请发邮件至 zlts@phei.com.cn，盗版侵权举报请发邮件至 dbqq@phei.com.cn。

服务热线：（010）88258888。

前　言

光电检测技术是将光学与电子学技术相结合而产生的一门新兴检测技术，它展现出测量精度高、速度快、非接触、自动化程度高等突出的特点。特别是近年来，各种新型光电探测器件的出现，以及电子技术和微计算机技术的发展，使光电检测技术的内容愈加丰富，应用越来越广，目前已渗透到几乎所有工业和科研部门。

“光电检测技术”课程在许多高等工科学校的光学技术与光电仪器、检测技术与自动化仪表、光电子技术、测控技术与仪器、光电信息工程、光学工程等专业被选定为主修课程。本书是编者在第1版的基础上，听取教材使用单位的建议和意见后，收集有关光电检测技术理论和技术的新进展，重新进行整体构思编写而成的。

本书主要介绍：光电检测系统基本构成和原理（第 1 章）、光电检测光源（第 2 章）、光电检测中的光学变换（第 3 章）、光电探测器件（第 4～7 章）、光电检测中的常用电路（第 8 章）、光电检测方法及系统（第 9 章和第 11 章），为加深理解及开阔视野，最后两章（第 11 章和第 12 章）介绍光电检测技术目前较新的综合应用系统。

本书从几个实例出发，引出一般光电检测系统的基本结构组成，然后按照从系统到单元技术再到系统的编排体系，分章节介绍一般光电系统的单元器件、成像器件、非相干光电检测方法、相干检测方法和典型系统，以及学科方向较为前沿的现代光电检测技术。本书由多位有长期授课经验的教师编写，编写过程中充分听取了专家的意见，并结合了目前较新的实际应用，内容安排流畅，易于学生理解体系结构。本书在内容上，将理论与应用密切结合，对比编排，图表结合，论述深入浅出，汇集了近年来光电检测技术的许多相关资料和科研成果，极具使用价值和参考价值。

本书提供配套多媒体电子课件和习题参考答案，请登录华信教育资源网（http://www.hxedu.com.cn）免费注册下载。

本书由电子科技大学自动化工程学院周秀云组织编写并统稿，第 1～6 章和第 8 章由周秀云编写，第 7 章由四川大学激光应用研究所尹伯彪编写，第 10 章和第 11 章由张涛、尹伯彪、黄建国和周秀云共同编写。全书由电子科技大学吴健教授主审，参加审稿的还有电子科技大学的黄建国教授和四川大学的张涛副教授。

本书参阅了大量的参考资料，这些资料的作者的卓越研究成果，使本书内容更加丰满，在此向有关作者表示感谢。

由于水平有限，加之时间仓促和现代技术发展很快，书中错漏或不足之处难免，恳请广大读者批评指正。

作　者

2015 年 3 月

目　　录

第1章　概　　述

内容概要

光电检测技术将待测量转换成光学量，再经光电转换变成电信号，然后进一步处理得到测量结果，是检测技术的一个重要组成部分。常见的光电检测系统包括光源和照明光学系统、被测对象及光学变换、光信号的匹配处理、光电转换和电信号处理几个环节。根据工作原理可分为基于几何光学原理的光电检测系统和基于物理（波动）光学原理的光电检测系统。

学习目标

- 了解光电检测技术及系统的定义；
- 掌握光电检测系统的组成及各组成环节的主要功能；
- 掌握光电检测系统的主要分类。

1.1　引言

光电检测技术是研究光电检测系统的技术。所谓光电检测系统，是指对待测光学量或由非光学待测物理量转换成的光学量，通过光电变换和电路处理的方法进行检测的系统。光电检测技术是检测技术的一个重要组成部分，是光学与电子学技术相结合而产生的一门新兴检测技术，其功能是利用电子技术对光学信息进行检测，并进一步传递、存储、控制、计算和显示等，主要包括光电变换技术、光信息获取与光信息测量技术，以及测量信息的光电处理技术等。

从原理上讲，光电检测技术可以检测一切能够影响光电或光特性的非电量，如位移、振动、力、转矩、转速、温度、压力、流量、液位、温度、液体浓度、混浊度、成分、角度、表面粗糙度、图像等。通过光学系统把待检测的非电量信息变换为便于接收的光学信息，然后用光电探测器件将光学信息量变换成电量，并进一步经电路放大、处理等，达到电信号输出的目的。这些信息变换技术和电信号处理技术便是光电检测技术的主要内容，它们包括各种类型的光学系统，种类繁多、功能各异的光电探测器件，以及各种电信号处理系统。

近年来，随着半导体工业的迅速发展，研究光电器件的光电子技术取得了巨大进展，各种新型激光器和光电探测器件应运而生，加之伴随出现的电子技术和微电子技术的快速发展，光电检测系统的内容更加丰富，应用越来越广，目前已渗透到几乎所有的工业和科研部门。

1.2 光电检测系统的基本构成和工作原理

1.2.1 光电检测系统的基本构成

一个完整的检测系统，应包括信息的获取、变换、处理和显示 4 部分。下面通过一些例子来说明光电检测系统的主要构成。

1. 红外防盗报警系统

这是一种利用行动中人体自身的红外辐射，经菲涅耳透镜产生调制光信号，再经光电变换及电路处理，从而获得信息、产生报警的装置。其原理框图如图 1.1 所示。人体红外辐射经红外菲涅耳透镜 L 会聚到光电探测器 GD 上，并随着人的运动，进一步转换为交变的电信号输出。电信号经放大、鉴别后，控制警灯、警铃等装置进行报警。同时也可以利用报警信号进行其他后处理的控制，如关门、摄像、开高压等。

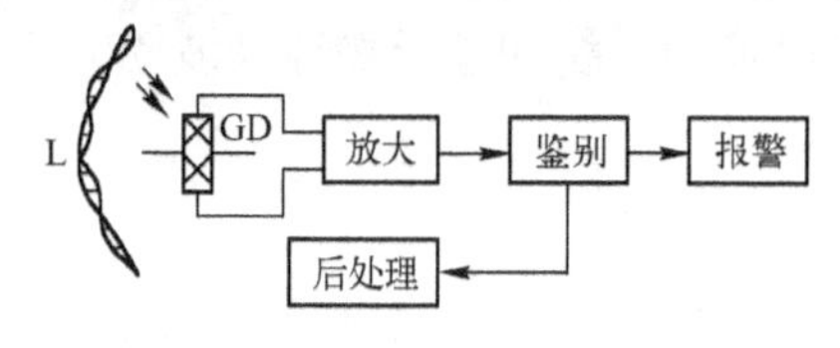

图 1.1 红外防盗报警装置原理框图

2. 激光外径扫描仪

图 1.2 所示为激光外径扫描仪原理图。它以半导体激光器 2 为光源，光源发出的光经过旋转多面反射棱镜体进行调制，形成一维扫描的光束，该扫描光束经过 $f(\theta)$ 透镜 3 以改善平行度，扫描被测工件 4；当光扫描至工件边缘时光通量发生变化，该变化的光通量被光电器件 6 转换为电信号，经过放大器和边缘检测而获得一个跳变的脉冲信号。当光继续扫描至工件 4 的另一个边缘时，光通量又出现从暗到亮的跳变，该光通量变化又被光电器件转换为跳变的电信号，同样经过边缘检测而获得另一个跳变脉冲，由主振向两跳变脉冲间填充测量脉冲便可测出光扫描工件上下边缘的时间 Δt，若光扫描工件的线速度 v 不变，则可测出被测工件尺寸 $D = v\Delta t$。

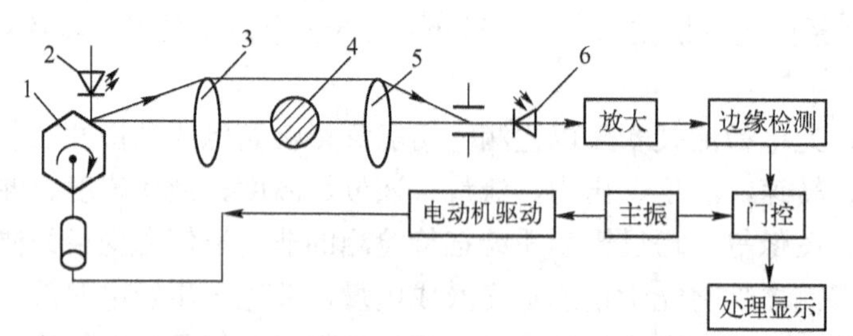

1—旋转多面体；2—半导体激光器；3— $f(\theta)$ 透镜；4—工件；5—物镜；6—光电器件

图 1.2 激光外径扫描仪原理图

3. 光弹性效应测力计

光弹性效应测力计（或称光电测力计）的基本结构如图 1.3 所示。白炽灯 1 所发出的光经聚光镜 2、滤光片 3、减光楔 4、分束镜 5、起偏振镜 6、云母片 7，投射到测力元件 8 上。入射的线偏振光被待测外力所致双折射分成两个等幅的正交分振动，其中透过检偏振镜 9

的光信号，由光电池 10 转换为电信号，在检流计 13 上读数。根据光弹性效应测力原理可知，照射到光电池上的光强 I 为

$$I = I_0 \sin^2\left(\frac{\pi}{\lambda}CF\right)$$

式中，I_0 为起偏振镜 6 输出的光强；λ 为入射光波长；C 为与材料性质有关的系数，CF 为测力元件在外力 F 作用下产生的光程差。

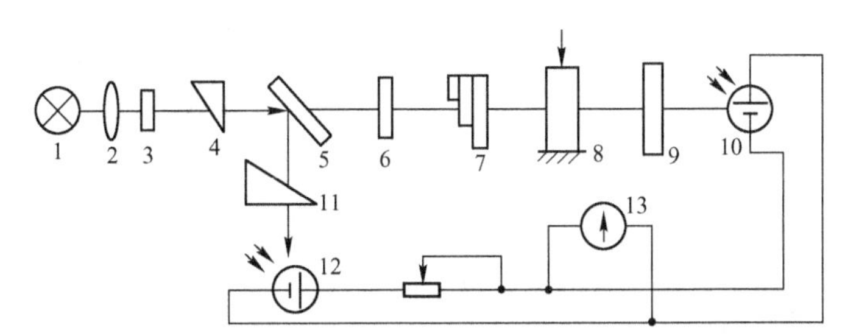

1—白炽灯；2—聚光镜；3—滤光片；4, 11—减光楔；5—分束镜；6—起偏振镜；7—云母片
8—测力元件；9—检偏振镜；10, 12—光电池；13—检流计

图 1.3 光弹性效应测力计基本结构示意图

为使 I 与 F 呈线性关系，光电测力计光路中放有若干云母片 7，以产生附加光程差 Δ。此时，光电池接收的光强为

$$I = K\frac{I_0}{2}\left[1 - \cos\frac{2\pi}{\lambda}(CF + \Delta)\right]$$

式中，K 为放入云母削弱光强的系数。若使

$$\frac{2\pi}{3} \geqslant \frac{2\pi}{\lambda}(CF + \Delta) \geqslant \frac{\pi}{3}$$

即

$$\frac{\lambda}{3} \geqslant (CF + \Delta) \geqslant \frac{\lambda}{6}$$

则余弦函数在 $\pi/2$ 附近的变化率接近线性，即可得到预期的效果。

自分束镜 5 经减光楔 11 到光电池 12 的光路和自光电池 12 到检流计 13 的电路，构成补偿系统，其作用是抵消 $F = 0$ 时附加光程差 Δ 所产生的初始电流，使待测外力的读数从检流计标尺上的零值开始。

从上述几个简单的光电检测系统的例子中，可以大致归纳出这类系统的基本组成部分和原理框图，如图 1.4 所示，其基本组成部分可分为光源、照明光学系统、被测对象、光学变换、光信号匹配处理、光电转换、电信号的放大与处理、计算机、控制、存储和显示等部分。在该系统中，光是信息传递的媒介，它由光源产生。光源与照明光学系统一起获得测量所需的光载波。光载波与被测对象同时作用在光学系统上而将待测量载荷到光载波上，这称为光学变换。光学变换是用各种调制方法实现的。光学变换后的光载波上载荷有各种被测信息，称为光信息。光信息经光电器件实现由光向电的信息转换，称为光电转换。然后被测信息就可用各种电信号处理方法实现解调、滤波、整形、判向、细分等，或送到计算机进行进一步的运算，直接显示待测量、存储或者控制相应的装置。

按照不同的需要，实际的光电检测系统可能简单一些，也可能还要增加一些环节；有

些系统可能前后排列不同，也可能几个环节合在一起，难以分开。图 1.4 只表征基本原理，而实际系统的形成是多样的、复杂的。

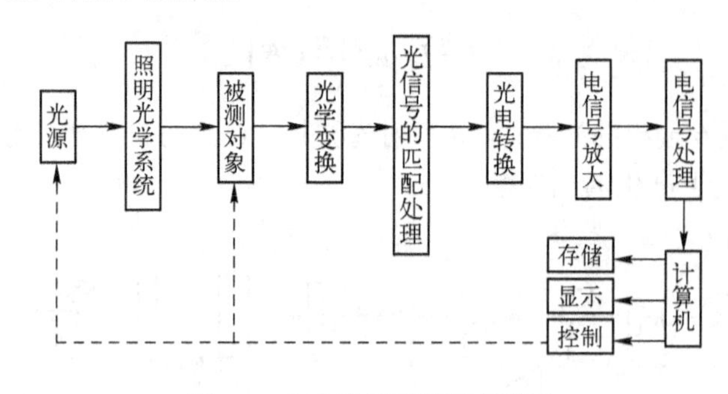

图 1.4　光电检测系统原理框图

为了对光电检测系统有个大致的认识，下面对框图中的主要部分进行简单说明。

（1）光源和照明光学系统

这是光电检测系统中必不可少的一部分。在许多系统中根据需要选择一定辐射功率、一定光谱范围、一定发光空间分布的光源，以该光源发出的光束作为载体携带被测信息，如图 1.2 和图 1.3 所示的系统。有时光源本身就是待测对象，如在图 1.1 所示的系统中，人体辐射就是光源。一般光源可以采用白炽灯、气体放电灯、半导体发光器、激光器等。有时光电系统需要足够的光照度，必须应用大孔径角的照明系统和适当的光源。照度的大小与光源的发光强度和光源的尺寸及聚光系统的光学特性有关。照明系统根据结构不同又可分为透射照明系统、反射照明系统和折射照明系统。图 1.2 中的 3 和图 1.3 中的 2 都是照明透镜，又称为聚光镜。

（2）被测对象及光学变换

被检测对象即待测物理量，它们是千变万化的。光学变换指的是上述光源所发出的光束在通过这一环节时，利用各种光学效应，如反射、吸收、折射、干涉、衍射、偏振等，使光束携带上被检测对象的特征信息，形成待检测的光信号。光学变换通常是用各种光学元件和光学系统（如平面镜、光狭缝、光楔、透镜、角锥棱镜、偏振器、波片、码盘、光栅、调制器、光成像系统、光干涉系统等）来实现将待测量转换为光参量（振幅、频率、相位、偏振态、传播方向变化等）的。在图 1.2 和图 1.3 所示的例子中，检测对象的待测物理量是工件尺寸和待测外力，它们分别通过光扫描至工件边缘时光通量的变化和外力，使测力元件发生光弹性效应而产生光信号。

光通过被检测对象这一环节，能否使光束准确地携带上所要检测的信息，是决定所设计检测系统成败的关键（实际上是用待测信息对光载波进行调制）。

（3）光信号的匹配处理

这一工作环节可以设置在被检测对象前面，也可以设置在光学变换后面，应按实际要求来决定。通常，在检测中，表征待测量的光信号可以是光强度的变化、光谱的变化、偏振性的变化、各种干涉和衍射条纹的变化，以及脉宽或脉冲数等。要使光源发出的光或产生的携带各种待测信号的光与光电探测器等环节间实现合理的、甚至最好的匹配，经常需要对光信号进行必要的处理。例如，光信号过强时，需要进行中性减光处理；入射信号光束不均匀时，则需要进行均匀化处理；进行交流检测时，需要对信号光束进行调制处理；等等。总之，光信号匹配处理的主要目的是为更好地获得待测量的信息，以满足光电转换的需要。光信号的处理主要包括光信号的调制、变光度、光谱校正、光漫射，以及会聚、扩束、分束等。使用的光学器件可以是透镜、滤光片、光阑、光楔、棱镜、反射镜、光通量调制器、光栅等。

以上讨论的三个环节往往紧密结合在一起，目的是把待测信息合理地转换为适于后续处理的光信息。

（4）光电转换

该环节是实现光电检测的核心部分，其主要作用是以光信号为媒质，以光电探测器为手段，将各种经待测量调制的光信号转换成电信号（电流、电压或频率等），以利于采用目前最为成熟的电子技术进行信号的放大、处理、测量和控制等。光电检测不同于其他光学检测的本质就在于此。它将决定整个检测系统的灵敏度、精度、动态响应等，完成这一转换工作主要依靠各种类型的光电探测器，如光敏电阻、半导体光电管、光电池、真空管、光电倍增管、电荷耦合器件及光位置敏感器件等。各类探测器的发展和新型探测器的出现，都为光电检测技术的发展提供了有力的基础。

（5）电信号的放大与处理

本部分主要由各种电子线路组成。光电检测系统处理电路的主要任务是解决两个问题：①实现对微弱信号的检测；②实现光源的稳定化。其余方面与其他检测技术中的测量电路无太大区别。注意，虽然电路处理方法多种多样，但必须注意整个系统的一致性，也就是说，电路处理与光信号获取、光信号处理及光电转换均应统一考虑和安排。

（6）存储、显示与控制系统

许多光电检测系统只要求给出待测量的具体值，即将处理好的待测量电信号直接经显示系统显示。

在需要利用检测量进行反馈后实施控制的系统中，需要有附加控制部分。如果控制关系比较复杂，则可采用微机系统给予分析、计算或判断等处理后，再由控制部分进行控制，这样的系统又称为智能化的光电检测系统。

1.2.2 光电检测系统的基本工作原理

光电检测系统是以光信息变换为基础，把待测量调制的光信号变换为电量来进行测量的，其基本工作原理有以下两种。

1. 把待测量变换为光信息模拟量

光电检测系统以光通量的大小来反映待检测量的大小。光电探测器的输出往往与入射到其光敏面上的光通量成正比，所以光电探测器的光电流大小可以反映出待检测量的大小，即光电流 I 是待检测信息量 Q 值的函数：

$$I = f(Q) \tag{1.1}$$

这是一种模拟量信息变换。

显然，光电探测器输出的光电流 I 的大小，不仅与待检测信号的大小有关，而且与光源的强度、光学系统和光电探测器的性能有关。为了使光电流 I 仅为待测信号 Q 的单值函数，首先要求光源的发光强度稳定，其次要求光电探测器的特性稳定。因此，基于这种工作原理的光电探测器，必须相应地采取一些稳定性措施，如采用差动式电路、光源供电电源的稳定、光电探测器的筛选、光学系统和机构结构的可靠性设计等。

2. 把待检测量变换为光信息脉冲量

光电检测系统以光脉冲或条纹数的多少来反映待测量的大小。光电检测器的输出是由低电平和高电平两个状态组成的一系列脉冲数字信息，这些数字信息量 T 是待测信息量 Q 的函数，即

$$T = f(Q) \tag{1.2}$$

这是一种模数信息转换。

显然，数字信息量只取决于光通量的有无，而与光通量的大小无关。因此，基于这种工作原理的光电检测装置，对光源和光电探测器的要求较低，只要有足够的光通量，能区分“0”和“1”两个状态即可。

1.2.3 光电检测系统的基本结构形式

对于不同的光电检测系统，光电变换装置的组成和结构形式有所不同。为了与人们已习惯的几何光学和物理光学的体系相对应，我们把光电变换的结构形式按几何光学变换的光电检测方法和物理光学变换的光电检测方法来分类，基于上述两种工作原理，可归纳出以下几种基本结构形式。

1. 几何光学变换的结构形式

利用几何光学变换的光电检测方法，指将光学现象视为直线光束传输的结果，在几何光学意义上，利用光束传播的直线性、遮光、反射、折射、散射、成像等光学变换方法进行的光电检测和控制。它主要包括光开关、光电编码、光扫描、准直定向、瞄准定位、成像检查、测长测角等方面。因此，相对应的结构形式有辐射式、反射式、遮挡式、透射式等。

（1）辐射式

如图 1.5 所示，待测物 1 本身就是辐射源，根据辐射出的功率、光谱分布及温度等参数可以确定待测物的存在、所处的方位，根据光谱的分布情况等可以分析待测物的物质成分及性质，如辐射高温计、火警报警器、热成像仪、太阳能利用，侦察、跟踪、武器制导，地形地貌普查分析、光谱分析等。物体的辐射一般为缓慢变化量，所以经光电转换后的电信号也是缓慢变化量。为了克服直流放大器中零点漂移和环境温度的影响，减小背景辐射的噪声干扰，常采用光学调制技术或电子斩波器调制，然后通过滤波器提高信噪比。

下面以全辐射测温为例说明这种方式的应用情况。

由斯忒藩-玻耳兹曼（Stefan-Boltzman）定律可知，物体的全辐射出射度为

$$M_{\mathrm{e}} = \varepsilon\sigma T^4 \tag{1.3}$$

式中，ε 为比辐射率，对于某一物体 ε 值为常数；σ 为斯忒藩-玻耳兹曼常数；T 为热力学温度。在近距离测量时，可不考虑大气对辐射的吸收作用，则光电探测器输出的电压信号为

$$U_{\mathrm{s}} = M_{\mathrm{e}}\beta$$

式中，β 为光电变换系数。将式（1.3）代入上式得

$$U_s = \varepsilon\sigma\beta T^4 \tag{1.4}$$

式（1.4）表明，光电探测器输出的电压信号 U_s 是温度 T 的函数，与温度 T 的 4 次方成正比。因此，可以通过测量输出电压 U_s 来测量辐射体的温度，也可以再经过对数放大器后，得到与温度 T 呈线性关系的电压信号。

（2）反射式

如图 1.6 所示，由待测物把光反射到光电接收器。反射面的状态可以呈光滑的镜面，也可以呈粗糙状。相应地，光的反射形式有镜面反射和漫反射两种。它们反射的物理性质不同，在光电检测技术中的应用机理也就不同。镜面反射的光按一定方向反射，它往往用来判断光信号的有无，因此可用于光电准直、电动机等转动物体的转速测量等方面。图 1.7 所示为一个测量转速的应用实例，轴转动一周，光电探测器 4 就获得一个由光源 1 发出的反射光的脉冲，此脉冲数反映了轴的转速。为了加强光在待检测物上的反射作用，往往在待测物体上另加反射镜，图 1.7 中小平面镜 3 的作用就是增强反射性能。所谓漫反射，是指一束平行光照射到某一表面上时，光向各个方向反射出去的现象。因此，在漫反射某一位置上的光电探测器只能接收到部分反射光，接收到的光通量大小与产生漫反射的表面材料的性质、表面粗糙度及表面缺陷等因素有关，因而采用这种方式可检测物体的外观质量。

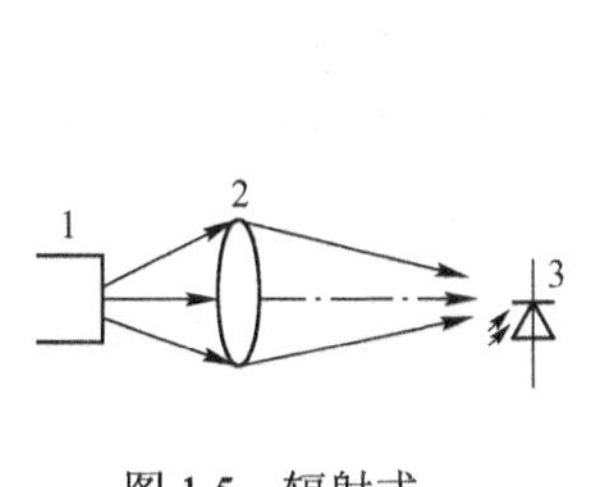

图 1.5　辐射式

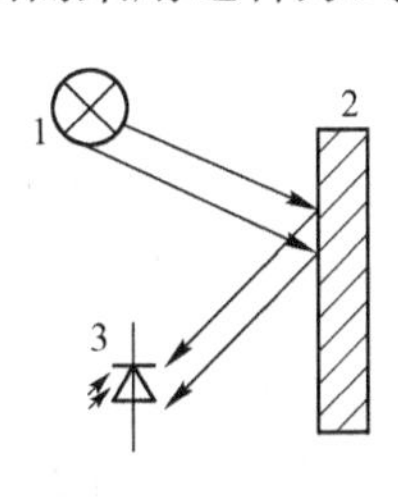

图 1.6　反射式

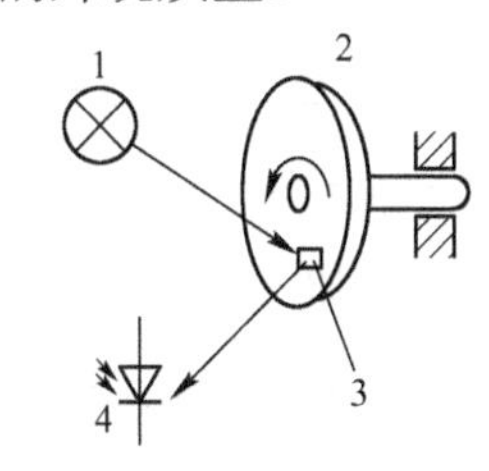

图 1.7　转速测量原理图

1—光源；2—转轴；3—小平面镜；4—光电探测器

在产品外观质量检测时，光电探测器的输出信号可表示为

$$U_s = E_V(r_2 - r_1)S\beta \tag{1.5}$$

式中，E_V 为被检测表面的光照度；r_2 为无缺陷表面的反射率；r_1 为缺陷表面的反射率；S 为光电探测器有效视场内缺陷所占面积；β 为光电变换系数。

由式（1.5）可知，当 E_V、r_2 和 β 为确定值时，U_s 仅与 r_1 和 S 有关，而缺陷表面反射率 r_1 与缺陷的性质有关。所以，从 U_s 的大小可以判断出缺陷的大小和面积。

这种光反射式检测原理，除上述应用实例外，还有激光测距、激光制导、主动式夜视、电视摄像、文字判度等方面的应用。

（3）遮挡式

待测物遮挡部分或全部光束，或周期性地遮挡光束，如图 1.8 所示。根据被遮挡光通量的大小就可确定待测物的大小或待测物的位移量。设待测物体宽度为 b，物体遮挡光的位移量为 Δl，则物体遮挡入射到光电探测器上的光面积的增量 ΔS 为

$$\Delta S = \alpha^2 b\Delta l$$

式中，α 为光学系统的横向放大倍数。光电探测器输出位移量的电信号为

$$U_s = E_V\Delta S\beta = E_V\alpha^2 b\Delta l\beta \tag{1.6}$$

由式（1.6）可知，应用此种方式，可对物体的位移量和物体的尺寸进行检测，光电测微计和光电投影尺寸检测仪等均为此种方式。

如果待测物扫过入射光束，光电探测器接收到的光通量就要发生有、无两种状态的变化，输出的电信号为脉冲形式，根据被遮挡光束的次数就可确定待测物体的个数，或者待测物体的运动速度等，相应地可用于产品计数、光控开关及防盗报警等。

（4）透射式

光透过待测物体，其中一部分光通量被待测物体吸收或散射，另一部分光通量透过待测物体由光电探测器接收，如图 1.9 所示。被吸收或散射的光通量的数值决定于待测物的性质。例如，光透过均匀介质时，光被吸收，透过的光强可由朗伯-比尔（Lambert-Beer）定律表示，即

$$I = I_0 e^{-\alpha d} \tag{1.7}$$

式中，I_0 为入射到待测物表面的光强；α 为介质吸收系数；d 为介质厚度。

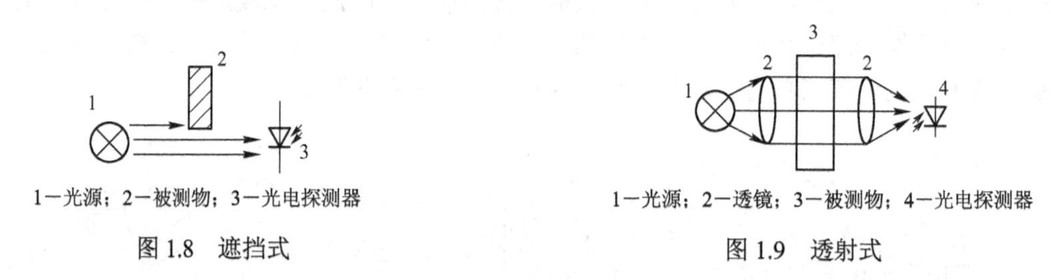

1—光源；2—被测物；3—光电探测器

图 1.8 遮挡式

1—光源；2—透镜；3—被测物；4—光电探测器

图 1.9 透射式

液体或气体介质的吸收系数 α 与介质的浓度成正比。因此，当介质（待测物）的厚度 d 一定时，光电探测器上接收的光通量仅与待测物的浓度有关。

这种方式可以用于检测液体或气体的浓度、透明度或浑浊度，检测透明薄膜厚度和质量，检测透明容器的缺陷，测量胶片的密度，以及胶片图像的判读等。

2. 物理光学变换的结构形式

利用物理变换的光电检测方法是指将光学现象视为电磁波振荡传输的结果。在物理光学的意义上，利用光的干涉、衍射、散斑、全息、光谱、能量、波长和频率等光学变换的现象与参量进行光电检测，主要包括光度、色度、光栅和干涉度量、衍射和散斑测量、光谱分析等方面。因此，相对应的常见结构形式有以下两种。

（1）干涉式

如图 1.10 所示，由光源 1 发出的光线经过透镜 2 照射到分束器 3（可以是半透明半反射的平面镜或棱镜）上，经分光面把光线分成两路，一路光线 a 射向平面反射镜 4 作为参考光，另一路光线 b 射向待测物 5，从待测物中得到待测信息。例如，图 1.10（a）中的待测信息可以是位移或振动等；图 1.10（b）中的待测信息可以是待测物折射率的变化，即浓度或成分变化的信息。光线 a 和 b 经过 4 和 5 后又一起射向光电探测器 6，在光电探测器上可检测到干涉条纹信号。

因此，干涉法可用于检测位移、振动、液体的浓度、折射率等，它的检测灵敏度和精度很高，动态范围大，但结构和检测电路复杂，成本也很高。

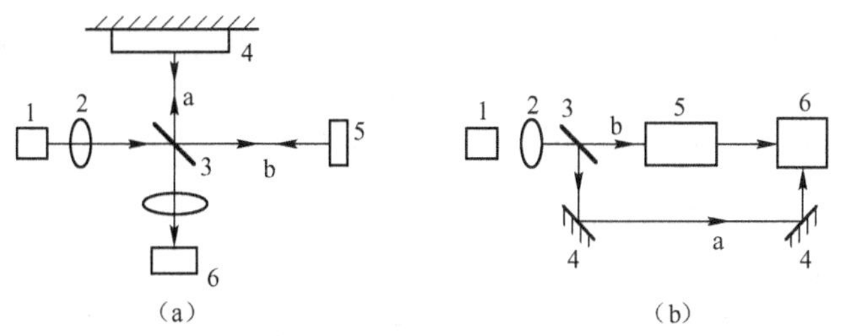

1—光源；2—透镜；3—分束器；4—反射镜；5—待测物；6—光电探测器

图 1.10　干涉式

（2）衍射式

图 1.11 所示为衍射测量的基本原理。准直的平行激光束照射被测物体与固体参考物体之间所形成的间隙，当激光束通过间隙后，在远场接收屏上形成夫琅和费衍射条纹。设激光波长为 λ，激光通过的间隙是宽度为 b 的单缝，当观察屏距离 $L \gg b^2/\lambda$ 时，所得到的衍射条纹光强分布为

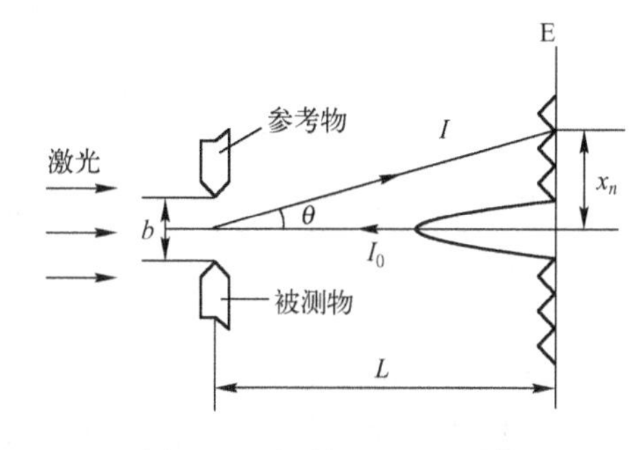

图 1. 11　衍射测量原理结构

$$\begin{cases} I = I_0 \dfrac{\sin^2 \phi}{\phi} \\ \phi = \dfrac{\pi b}{\lambda} \sin\theta \end{cases} \tag{1.8}$$

式中，θ 为衍射角；I_0 为 $\theta = 0°$ 时的光强。式（1.8）表示，衍射光强随 $\sin\phi$ 的平方而衰减。当 $\phi = \pm\pi, \pm 2\pi, \cdots, \pm n\pi$ 时，$I = 0$，即出现衍射条纹的暗纹位置，且满足

$$(\pi b / \lambda)\sin\theta = n\pi, \quad n = 1, 2, \cdots \tag{1.9}$$

即 $b\sin\theta = n\lambda$。当 θ 不太大时，由远场条件有 $\sin\theta \approx \tan\theta = x_n / L$，$x_n$ 为第 n 级暗条纹与零级亮条纹中心的间距；L 为检测面距单缝平面的距离。因此由式（1.9）可知

$$b = \frac{Ln\lambda}{x_n} \tag{1.10}$$

该式即为测量狭缝间距的常用公式，x_n 为可测定量，b 为被测量。

如果用光电转换元件在衍射场的确定位置监视条纹的移动，就像对干涉条纹计数一样，就可以利用式（1.10）测量尺寸 b 的变化量或位移。

因此，应用这种方法可以进行大尺寸的比较测量、工件形状的轮廓测量及位移应变测量等。

1.3　光电检测技术的发展

可以说科学技术由测量开始，至测量结束，其测量目的是获得关于研究对象的各种信息，以便根据所得的信息控制研究对象。随着现代科学技术的发展，在测量和控制方面，测量的对象显著增加，测量的要求越来越高，它们都要求迅速而正确地获得多个不同性质的信息参量，对检测技术提出了非接触化、小型化、集成化、数字化、智能化等要求。非

接触化正是光电检测技术的特点所在，其他几个方面的要求，随着光电子技术的发展及各种新型光电探测器件和相关技术的出现，也正在逐步实现中。

光电检测技术的发展与新型光源、新型光电器件、微电子技术、计算机技术的发展密不可分，自从 1960 年第一台红宝石激光器与氦-氖激光器问世以来，由于激光光源的单色性、方向性、相干性和稳定性极好，人们在很短的时间内就研制出了各种激光干涉仪、激光测距仪、激光准直仪、激光跟踪仪、激光雷达等，大大推动了光电检测技术的发展。

迅速发展的半导体集成电路技术，可以将探测器件与电路集成在一个整体中，也可以将具有多个检测功能的器件集成在一个整体中。例如，将图形、物体等具有二维分布的光学图像转换成电信号的检测器件是把基本的光电探测器件组成许多网状阵列结构，即在一片半导体单晶片上形成几十万个光电探测器件。1970 年贝尔实验室研制出的第一个固体摄像器件（CCD），就是一种将阵列化的光电探测与扫描功能一体化的固态图像检测器件，它把一维或二维光学图像转换成时序电信号的检测器件。CCD 的小巧、坚固、低功耗、失真小、工作电压低、质量轻、抗震性好、动态范围大和光谱范围宽等特点，使得视觉检测进入一个新的阶段，它不仅可以完成人的视觉触及区域的图像测量，而且将对于人眼无法涉及的红外和紫外波段的图像测量也变成了现实，从而把光学测量的主观性（靠人眼瞄准与测量）发展成了客观的光电图像测量。它能广泛应用于自动检测、自动控制，尤其是图像识别技术。今后光电检测技术的发展，将通过更高程度的集成化，不断向具有二维和三维空间图形，甚至包含时序在内的四维功能探测器件发展。应用这些器件就可实现机器人视觉或人工智能。

光导纤维传感器的出现，在传递图像和检测技术方面又开拓出一片新的天地，为光电检测技术小型化等开辟了广阔前景。光纤检测技术可以解决传统检测技术难以解决或无法解决的许多问题，如在噪声、干扰、污染严重的工业过程中检测，或者在海洋、反应堆中，自动检测设备或智能机器人必然会遇到高压、高温、辐射、化学腐蚀等极端困难的条件，光纤检测技术则具有独特的优越性，而且具有高精度、高速度、非接触测量等特点。由于光信息传输的独特优点，光纤检测智能化将比其他检测技术更有吸引力，特别是小型集成光学元件与微计算机结合的智能化全光纤检测系统，其前途是无量的。此外，光栅和莫尔条纹的应用，对光电检测的数字化提供了有利条件。

由上所述可以看出，新的光源或新的光电器件的发明，会大大推动光电检测技术的发展。

近几十年来工程领域的加工精度已达到 0.1 μm 甚至 0.01 μm 的水平，它对测量技术提出了更高的要求，迫切需要新的手段，因此先后出现了各种纳米测量显微镜，如 1982 年问世的隧道显微镜，它用测量电荷密度的方法测量分子和原子级的微小尺寸，但只能用于测量导体表面。1986 年研制成功的原子力显微镜，用测量触针与被测器件之间原子力和离子力的方法来测量微小尺寸，因此可用于导体或非导体的测量，其缺点是，针尖与样品接触易使样品表面划伤。根据原子力显微镜的思路，利用被测表面的不同物理性质对受迫振动悬臂梁的影响，通过测量其共振频率的变化来测量被测表面，相继开发出激光力显微镜、静电力显微镜等。这些仪器都可以达到纳米甚至亚纳米级的分辨率。它们的分辨率大都是用驱动探针的压电陶瓷的电压与位移关系得到的，但是压电陶瓷的滞后特性和蠕变使测量结果并不可信。为了准确测出这些纳米级测量显微镜的精度，还必须溯源到光的波长上，因此迫切需要研制精度达到纳米和亚纳米级的干涉仪，来实现纳米尺度的测量和标定，因而又相继出现了精度可达 0.1 nm 的激光外差干涉仪和精度可达 0.01 nm 的 X 光干涉仪。在纳米和亚纳米级精度的光电测量系统中，为了保证系统的稳定可靠，对环境的要求是很高的，环境温度不稳定、振动、光源波动的影响等，都会使纳米尺度的测量精度受到影响。因此系统中机械传动或光学调节往往需要闭环控制，而机械支撑采用无间隙无摩擦的柔性铰链是一个很好的办法。

微电子技术的问世，一方面，使得以大规模集成电路为基础的微处理器技术迅猛发展，并迅速应用于各种检测技术。由于微处理器具有数据的运算、处理、校验、逻辑判断、存储等功能，检测装置与它相结合，能实现原检测装置无法实现的许多功能。例如，能通过功能键送入的指令，按预先编制并在机内存储的操作程序，完成自校准、自调零、自选量程和自动检测等，从而可减小原检测装置的非线性及零位误差，提高了检测精度；又能按各参数之间的关系式，通过计算机进行参数变换，从而可以通过某些参数的测试而自动求出一系列其他有关的未知数，便于实现多参数测试；还能根据误差理论对测得的数据进行计算，求出误差，并从测量结果中扣除，提高了测量精度。另一方面，光电检测技术也有了更为广阔的应用空间。随着微处理器技术的发展及光电检测技术与它的紧密结合，光电检测技术将越来越智能化。当前人们在生物、医学、航天、灵巧武器、数字通信等许多领域越来越多地使用微系统，因此微机电系统成为当前研究的一个热点。而微机电系统要求有微型测量装置，这样，微型光、机、电测试系统也就毫无疑问地成为重要的研究方向。

总之，光电检测技术的发展离不开现代科技的发展，而新型光电检测系统的出现和光电检测技术的发展又必将进一步促进现代科技的发展。

习题与思考题

1. 举例说明你所知道的检测系统的工作原理。
2. 简述光电检测系统的组成和特点。
3. 对几何光学变换和物理光学变换的结构形式组成的光电检测系统分别举一例。

第 2 章　光电检测光源

内容概要

光源是光电检测系统的基本组成环节，其本质是一种电磁辐射源。根据辐射原理，光源可分为热辐射和发光辐射两类，发光辐射光源又可细分为气体放电光源、固体发光光源和激光光源。光源的基本特性参数包括辐射效率、发光效率、光谱功率分布、空间光强分布、光源的色温及颜色等。

学习目标

- 掌握光源的基本分类、工作原理及特性；
- 掌握光源的主要技术参数定义；
- 了解常用光源的主要特性、使用要点及选型依据。

2.1　光的产生及光源分类

2.1.1　光的本质及产生

光是人们最熟悉的物质。从广义上讲，光指的是光辐射，按波长可分为 X 射线、紫外辐射、可见光和红外辐射。而从狭义上讲，人们所说的“光”指的就是可见光，即对人眼能产生目视刺激而形成“光亮”感的电磁辐射。可见光的波长范围是 380～780 nm。

但是，很长时间以来，光的本质一直是物理学中争论的一个主题。1860 年麦克斯韦电磁理论建立后，人们才认识到光是一种电磁波，利用麦克斯韦理论能很好地说明光在传播过程中的反射、折射、干涉、衍射、偏振以及光在各向异性介质中的传播现象。1900 年，普朗克在研究黑体辐射的能量按波长分布这一问题时认为，谐振子辐射是不连续的，进而提出了辐射的量子论。1905 年，爱因斯坦在解释光电发射现象时提出了光量子的概念，从而使人们对光的本质有了进一步的认识。才使得在光与物质的相互作用方面，如物质对光的吸收、散射、色散及光电效应等有了令人满意的解释。从此以后人们认识到，光不仅具有波动性，而且是一种粒子，并设想光由分离的能团——光量子（简称光子）组成，光是以速率 c 运动的光子流。

光子也可理解为电磁场能量子，与其他基本粒子一样，具有能量、动量和质量。它的粒子属性（能量、动量和质量等）和波动属性（频率、波长、偏振等）有着内在的密切联系。

物体发光有两种基本形式：热辐射及“发光”辐射。

热辐射也称温度辐射。任何物体只要温度高于热力学零度（0 K 或−273.15℃），它就一定会不断地发射电磁辐射，称为热辐射。因为热辐射的特性与物体的温度密切相关，故又称为温度辐射。在这种发射过程中，只要通过加热维持物体的温度不变，物体就可以不改变内能而持续不断地发射电磁波。包括固体、液体，甚至相当厚的气体在内的任何物体都有这种辐射发生，在温度低（如室温）时，发射不可见的红外线；在加热到 500℃左右时，开始发射部分暗红外的可见光；温度更高时，发射的波长更短，大约在 1500℃时，开始发射白光，其中还有相当多的紫外光。热辐射的另一特性是，辐射光谱是连续的。在一般情况下，它不仅与物体温度有关，还与物体的表面特征有关。

"发光"辐射与热辐射不同，它主要借助其他一些外来激发过程而获得能量，产生辐射发射。这种发光形式包括：①电致发光——物体中的原子或离子在电场加速的电子作用下，被激发到激发状态，当它返回到正常状态时将产生辐射；②光致发光——物体被光照射而引起的自发辐射；③化学发光——由化学反应提供能量而引起发光；④热发光——物体被加热到一定温度后引起发光，与热辐射不同，它只有在达到一定温度后才开始发光，而热辐射则在任何温度下都产生辐射。"发光"辐射的基本特征是非平衡发射，不能用温度描述，其光谱不再是连续光谱，而是带光谱和线光谱。激光就属于这种形式的辐射。

2.1.2　光源分类

广义来说，任何发出光辐射的物体都可以称为光辐射源。这里所指的光辐射包括紫外光、可见光和红外光的辐射。通常把主要发出可见光的物体称为光源，而把主要发出非可见光的物体称为辐射源。上述分类方法也不是绝对的，有时只能按使用场合来确定，有时把它们统称为光源，有时又把它们统称为辐射源，下面统称其为光源。

按照光辐射来源不同，通常将光源分成两大类：自然光源和人造光源。自然光源主要包括太阳、月亮、恒星等。这些光源对地面的辐射通常很不稳定且无法控制，所以在光电检测系统中，除对自然光源的特性进行直接测量外，很少采用它们作为检测用光源。

在光电检测系统中，大量采用的是人造光源。人造光源是人为地将各种形式的能量（热能、电能、化学能）转化成光辐射能的器件，其中利用电能产生光辐射的器件称为电光源。在一般光电测量系统中，电光源是最常见的光源。总之，按照发光机理不同，光源分类如表 2.1 所示。

表 2.1　光 源 分 类

光源	热辐射源	太阳、白炽灯、卤钨灯、黑体辐射
	气体放电光源	汞灯、荧光灯、钠灯、氙灯、金属卤化物灯、氖灯、空心阴极灯
	固体发光光源	场致发光灯、发光二极管
	激光器	气体激光器、固体激光器、染料激光器、半导体激光器

下面简要叙述它们的工作原理及重要特性，为读者在设计光电检测系统时正确选用光源提供依据。

2.2　光源的基本特性参数

在光电检测中，光是信息的载体。光源的质量在光电测量中往往起着关键的作用。了解各类光源的基本特性参数及特点，对设计光电检测系统是非常重要的。

2.2.1　辐射效率和发光效率

在给定 $\lambda_1 \sim \lambda_2$ 波长范围内，某一光源发出的辐射通量与产生这些辐射通量所需的电功率之比，称为该光源在规定光谱范围内的辐射效率，于是

$$\eta_e = \frac{\Phi_e}{P} = \frac{\int_{\lambda_1}^{\lambda_2} \Phi_e(\lambda)\mathrm{d}\lambda}{P} \tag{2.1}$$

若光电测量系统的光谱范围为 $\lambda_1 \sim \lambda_2$，则应尽可能选用 η_e 较高的光源以节省能源。

某光源所发射的光通量与产生这些光通量所需的电功率之比，即该光源的发光效率，

$$\eta_v = \frac{\Phi_v}{P} = \frac{K_m \int_{380}^{780} \Phi_e(\lambda)V(\lambda)\mathrm{d}\lambda}{P} \tag{2.2}$$

单位为 lm/W（流明每瓦）。式中，K_m 称为明视觉最大光谱光视效能，它表示人眼对波长为 555 nm［$V(555) = 1$］的光辐射产生光感觉的效能，它等于 683 lm/W；$V(\lambda)$ 称为“标准光度观察者”光谱光视效率，或称视见函数。在照明领域或光度测量系统中，一般应选用 η_v 较高的光源。表 2.2 中所列为一些常用光源的发光效率。

表 2.2　常用光源的发光效率

光 源 种 类	发光效率（lm/W）	光 源 种 类	发光效率（lm/W）
普通钨丝灯	8～18	高压汞灯	30～40
卤钨灯	14～30	高压钠灯	90～100
普通荧光灯	35～60	球形	30～40
三基色荧光灯	55～90	金属卤化物灯	60～80

2.2.2　光谱功率分布

自然光源和人造光源总会占有一定的谱线宽度，光源在该光谱范围内不同谱段上的功率通常是不均匀的，而形成一种分布状态。若令其最大值为 1，将光谱功率分布进行归一化处理，那么经过归一化后的光谱功率分布称为相对光谱功率分布。

在某些测量场合，谱线宽度很窄的光辐射，可以当作单色光来处理。这时，光源辐射可以看作多条谱线构成的复色光。

光源的光谱功率分布通常可分成 4 种情况，如图 2.1 所示。图 2.1（a）称为线状光谱，由若干条明显分隔的细线组成，如低压汞灯。图 2.1（b）称为带状光谱，由一些分开的谱带组成，每一谱带中又包含许多细谱线，如高压汞灯、高压钠灯。图 2.1（c）为连续光谱，所有热辐射光源的光谱都是连续光谱。图 2.1（d）为混合光谱，它由连续光谱与线、带谱混合而成。一般荧光灯的光谱就属于这种分布。

在选择光源时，光谱功率分布应根据测量对象的要求来决定。在目视光学系统中，一般采用可见区光谱辐射比较丰富的光源。为了获得较好的色彩还原，彩色摄影用光源，应采用类似于日光色的光源，如卤钨灯、氙灯等。在紫外分光光度计中，通常使用氘灯、紫外汞氙灯等紫外辐射较强的光源。

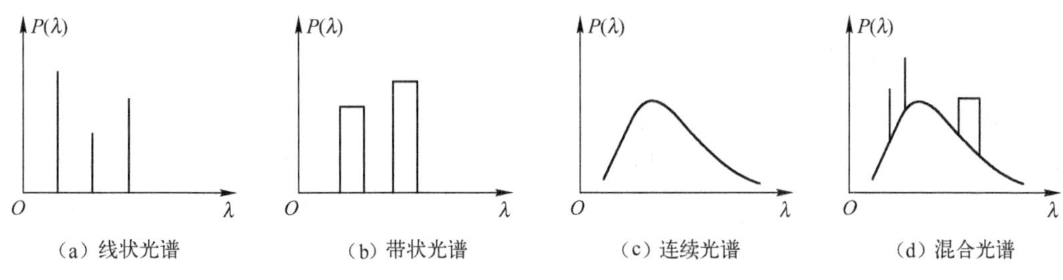

图 2.1　4 种典型的光谱功率分布

2.2.3　空间光强分布

对于各向异性光源，其发光强度在空间各方向上是不相同的。若在空间某一截面上，自原点向各径向取矢量，则矢量的长度与该方向的发光强度成正比。将各矢量的端点连起来，就得到光源在该截面上的发光强度曲线，即配光曲线。图 2.2 所示为 HG500 型发光二极管的配光曲线。

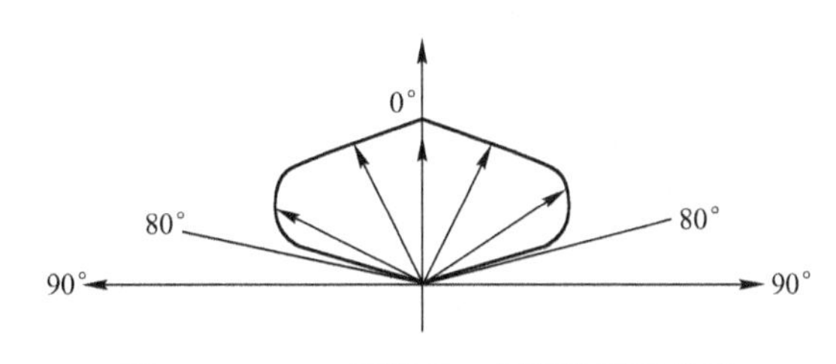

图 2.2　HG500 型发光二极管的配光曲线

在光学仪器中，为了提高光的利用率，一般选择发光强度高的方向作为照明方向。为了进一步利用背面方向的光辐射，还可以在光源的背面安装反光罩，反光罩的焦点位于光源的发光中心。

2.2.4　光源的色温

在任何温度下都可以全部吸收任何波长辐射的物体称为绝对黑体（简称黑体），黑体的温度决定了它的光辐射特性。对非黑体辐射，它的某些特性常可用黑体辐射的特性来近似地表示。对于一般光源，经常用分布温度、色温或相关色温表示。

（1）分布温度

辐射源在某一波长范围内辐射的相对光谱功率分布，与黑体在某一温度下辐射的相对光谱功率分布一致，那么该黑体的温度就称为该辐射源的分布温度。

（2）色温

辐射源发射光的颜色与黑体在某一温度下辐射光的颜色相同，则黑体的这一温度称为该辐射源的色温。由于一种颜色可以由多种光谱分布产生，所以色温相同的光源，它们的相对光谱功率分布不一定相同。

（3）相关色温

对于一般光源，它的颜色与任何温度下黑体辐射的颜色都不相同，这时的光源用相关色温表示。在均匀色度图中，如果光源的色坐标点与某一温度下黑体辐射的色坐标点最接近，则该黑体的温度称为该光源的相关色温。

2.2.5 光源的颜色

光源的颜色包含了两方面的含义，即色表和显色性。用眼睛直接观察光源时所看到的颜色称为光源的色表。例如，高压钠灯的色表呈黄色，荧光灯的色表呈白色。当用这种光源照射物体时，物体呈现的颜色，也就是物体反射光在人眼内产生的颜色感觉，与该物体在完全辐射体照射下所呈现的颜色的一致性，称为该光源的显色性。国际照明委员会（CIE）规定了14种特殊物质作为检验光源显色性的“试验色”。在我们国家的标准中，增加了我国女性面部肤色的色样，作为第15种“试验色”。白炽灯、卤钨灯、镝灯等几种光源的显色性较好，适用于辨色要求较高的场合，如彩色电影、彩色电视的拍摄和放映、染料、彩色印刷等行业。高压汞灯、高压钠灯等光源显色性差一些，一般用于道路、隧道、码头等辨色要求较低的场合。

2.3 光电检测常用光源

任何一种光电检测系统的使用和评价都离不开特定的光辐射源与光辐射探测器，所以光辐射源和光电转换器件是系统的主要组成部分。本节对光电检测系统中的常用光源进行较为详细的介绍。

2.3.1 热辐射光源

当温度大于热力学零度时物体就会向外辐射能量，辐射以光子形式进行，这时就会看到发光的光源。加热可以借电流沿导体流动时所释放的热量来实现，如白炽灯。它具有发射连续光谱、波长范围宽、价格便宜、使用方便等特点。

白炽灯是照明和光电检测中最常用和应用最广的光源之一。白炽灯发射的是可见光连续光谱，它是在电源供电下，依靠电能加热金属丝使它在真空或惰性气体中达到白炽状态而发光的器件，因此称为白炽灯。通常希望白炽灯有较多的可见光辐射，因此要求灯丝的工作温度很高，对所用炽热灯丝材料应有如下要求：①熔点高，可适用于较高的工作温度，从而使光源发光光谱向短波方向移动；②蒸发率小，要求在高温炽热条件下蒸发越小越好，以提高白炽灯的使用寿命；③对可见光的辐射效率高，从而产生较多的可见光辐射；④其他要求，如加工性能、机械性能等。钨的熔点高，电阻大，蒸发率小，在高温时仍有足够的强度，加工容易，因此目前几乎所有的白炽灯都是用钨做灯丝的。

白炽灯的能量损失较大，它辐射的可见光仅有总辐射的6%～12%，其辐射光谱限于能够通过玻璃的光谱部分，范围为0.4～3 μm。辐射光谱最大光强的谱线决定于灼热体的温度。在功率为1 kW的充气灯中，灯丝温度接近3000 K，辐射最强的谱线为0.93 μm；在25 W的真空灯中，灯丝温度接近2500 K，辐射的最大值处于1.05 μm；在特殊的低温灯中，产生辐射的最大值的波长还要长一些。

白炽灯主要有真空白炽灯、充气白炽灯和卤钨白炽灯3类。

目前使用最多的白炽灯是真空白炽灯。玻壳内真空条件的作用是保护钨丝，使其不被氧化。它的功率不太大，其灯丝温度为2300～2800 K，发光效率约为10 lm/W，进一步增加钨的工作温度会导致钨的蒸发率急剧上升，从而缩短寿命。

为提高白炽灯的发光效率和功率，而又不使灯丝损坏过快，采用充气钨丝白炽灯，在灯泡中充入不和钨发生化学反应的惰性气体氩、氮，或氩和氮的混合气体。当灯丝在高温下蒸发的钨原子与气体分子发生频繁的碰撞时，部分钨原子返回灯丝表面，抑制钨的蒸发。因此，在与真空型灯泡同样寿命的条件下，充气钨丝白炽灯的工作温度可提高到 2600～3000 K，相应的发光效率提高到 17 lm/W。

白炽灯不仅可作为可见光的光源，还与仅可通过红外线的滤光片一起使用，作为红外辐射源。此外，白炽灯的光参数（光通量 Φ_V、发光效率 η ）、电参数（电压 U、电流 I、功率 P、电阻 R）和寿命之间有密切的关系。如图 2.3 所示，对一定的灯，当灯的工作电压升高时，就会导致灯的工作电流 I 和功率 P 增大，灯丝工作温度升高，发光效率 η 和光通量 Φ_V 增加，而灯寿命急剧下降。在实际使用中，适当降低灯电压，可有效地延长灯的寿命。

为进一步提高白炽灯的性能，在灯泡内充入卤钨循环剂（如氯化碘、溴化硼等），在一定温度下可以形成卤钨循环，如图 2.4 所示。高温下从灯丝蒸发出来的钨在温度较低的玻壳附近与卤素反应，生成具有发挥性的卤钨化合物。当卤钨化合物到达温度较高的玻壳处时将挥发，于是它们又向回扩散到温度很高的炽热灯丝附近，在这里分解为卤素和钨；释放出来的钨沉积到灯丝上，卤素则又扩散到温度较低的玻壳附近，再与蒸发出来的钨化合，这一过程称为卤钨循环，或称钨的再生循环。该过程大大提高了灯丝的工作温度，可达 3000～3200 K，相应的发光效率也提高到 30 lm/W。另一个优点是，在点燃过程中玻壳不会因钨的蒸发而变黑，但卤素元素蒸气对某些光谱区有些吸收。

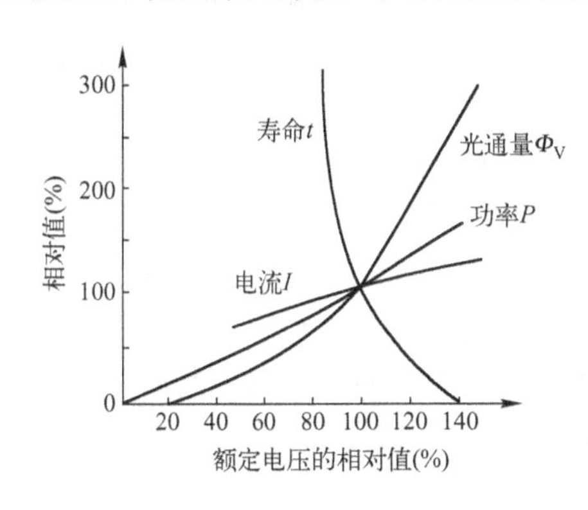

图 2.3　电压与灯参数的变化曲线

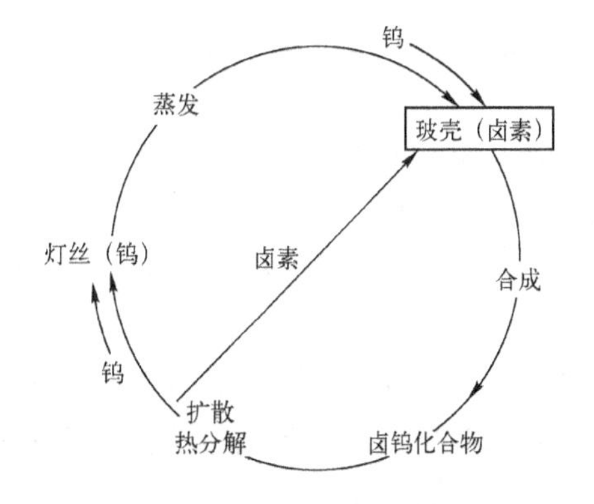

图 2.4　卤钨循环工作原理图

总之，卤钨灯与白炽灯相比有许多优点：①体积小，是同功率白炽灯的 0.5%～3%，因而使检测装置小型化；②光通量稳定。由于很好地克服了玻壳发黑，所以最终的光通量仍为开始时的 95%～98%，而白炽灯只为初始时的 60%，故有恒流明光源之称；③紫外线丰富，可作为紫外辐射源；④发光效率比白炽灯高 2～3 倍；⑤寿命长。

灯丝的形状和尺寸对于灯的寿命和发光效率也有直接影响。在仪器上使用的灯丝形状大致分成点、线和面光源 3 种。如图 2.5 所示，图 2.5（a）和图 2.5（b）所示为点光源，图 2.5（c）为线光源，图 2.5（d）为面光源。在要求照明光束为平行光束的仪器中，应尽量采用点光源；对要求不高的场合，可采用线光源或面光源。

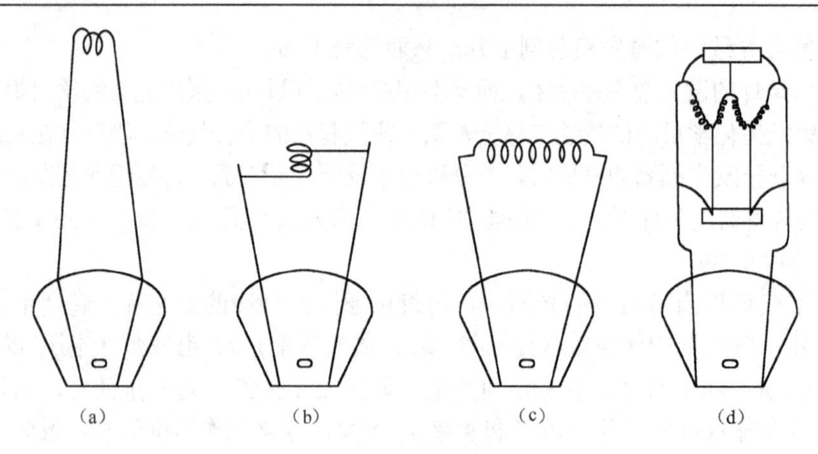

图 2.5　白炽灯光源

2.3.2　气体放电光源

利用气体放电原理制成的光源称为气体放电光源。在制作时，灯中充入发光用的气体（如氢、氦、氘、氙、氪）或金属蒸气（如汞、镉、钠、铟、铊、镝）。在电场作用下激励出电子和离子，气体变成导电体。当离子向阴极、电子向阳极运动时，从电场中得到能量，当它们与气体原子或分子碰撞时会激励出新的电子和离子。由于这一过程中有些内层电子会跃迁到高能级，引起原子的激发，受激原子回到低能级时就会发射出可见辐射或紫外、红外辐射。它的光谱不连续，而且光谱与气体或金属蒸气的种类及放电条件有关。改变气体或蒸气的成分、气体的压力及放电电流的大小，可以得到主要在某一光谱范围内的辐射源，例如，辉光放电的正柱光辉在空气中略带红色，在汞气中为绿色，在氖气中为红紫色，在钠蒸气中为黄色。

气体放电灯散发的热量少，对检测对象和光电探测器件的温度影响小，对电压恒定的要求也比白炽灯低。

气体放电光源的种类很多，主要按下列方法分类。

（1）按气体放电类型分，有辉光放电灯、弧光放电灯和高频放电灯等。

（2）按放电时灯内气体压强分，有低压放电灯、高压放电灯和超高压放电灯等。

（3）按放电发光物质的种类分，有汞灯、钠灯、各种金属卤化物灯和稀有气体灯（如氙灯、氖灯、氪灯等）。

（4）按灯的电极形式分，有冷阴极气体放电灯、热阴极气体放电灯、无极气体放电灯、气体放电光源。

气体放电光源具有如下共同的特点：

（1）发光效率高。比同瓦数的白炽灯发光效率高 2～10 倍，因此具有节能的特点。

（2）结构紧凑。由于不靠灯丝本身发光，故电极可以做得牢固、紧凑、耐振、抗冲击。

（3）寿命长。一般比白炽灯寿命长 2～10 倍。

（4）光色适应性强。可在很大范围内变化。

由于上述特点，气体放电灯具有很强的竞争力，因而发展很快，并在光电测量和照明工程中得到广泛应用。表 2.3 列出了常用气体放电灯的种类、性能及其主要应用领域。

表 2.3　常用气体放电灯的种类、性能及其主要应用领域

种　类			主 要 性 能	应　用
汞灯	低压汞灯	冷阴极辉光放电灯 热阴极弧光放电灯	辐射强的 253.7 nm 远紫外线	杀菌、荧光分析 光谱仪波长基准
		荧光灯	253.7 nm 激光荧光粉发光	室内照明
	高压汞灯	外线高压汞灯	主要辐射波长为 365.0 nm 的近紫外线	保健理疗、塑料和橡胶试验、荧光分析、紫外探伤
		仪器高压汞灯		光刻机、光学仪器
		普通高压汞灯	辐射 404.7 nm、435.8 nm、546.1 nm、577 nm 等光谱	大面积照明
		荧光高压汞灯	汞的可见光谱，365 nm 激光的荧光辐射	厂矿照明
	超高压汞灯		紫外可见辐射丰富，亮度高	荧光分析、光刻、光学仪器
钠灯		低压钠灯	辐射 589.0 nm 和 589.6 nm 黄色谱线	偏振仪、旋光仪、波长基准
		高压钠灯	发光效率高达 90～100 lm/W，寿命长，光色金白	大面积照明
金属卤化物		镝灯	发光效率高达 70 lm/W，光色好，Ra 为 80	电影、电视摄影、照明制版、投影仪、植物温室照明
		铊铟灯	发蓝绿色光，发光效率高	灯光诱鱼、水下照明
		碘化铊灯	发绿色光，发光效率高	水下照明、飞机着落信号灯
氙灯		长弧氙灯	紫外可见连续光谱，光色接近日光	大面积照明、材料老化试验
		短弧氙灯	高亮度点光源，光色接近日光	电影放映、光学仪器、摄影制版
		脉冲氙灯	连续光谱，脉冲闪光 0.2～1 ms	激光器光泵、测速、照相、光信号
空心阴极灯			辐射阴极金属合金的原子光谱线	原子吸收分光光度计
氘灯			辐射 190～400 nm 连续紫外光谱	紫外分光光度计
氢灯			辐射 434.1 nm、486.1 nm 和 656.3 nm 谱线	干涉仪、分光计、偏振仪
氦灯			辐射 587.6 nm 和 706.5 nm 谱线	
真空紫外灯			HeI 和 HeI 谱线 58.4 nm、30.4 nm	单能光子源、真空紫外波长基准
无极放电灯			汞气体发光、荧光；无电极，寿命长	长寿命特殊照明、印刷制版

2.3.3　固体发光光源

固体发光材料在电场激发下产生的发光现象称为场致发光，它是将电能直接转换成光能的过程，因此，又称为电致发光。利用这种现象制成的器件称为电致发光器件，如电致发光屏、发光二极管和半导体激光器。

目前常见的电致发光有 3 种形态：结型电致发光（或称注入式发光）、粉末电致发光和薄膜电致发光。有电致发光性能的固体材料很多，但达到实际应用水平的主要是 II-VI 族和 III-V 族化合物半导体。II-VI 族化合物既是发光效率很高的光致发光和阴极射线发光材料，也是目前用于实际的唯一的粉末和薄膜电致发光材料。III-V 族发光材料在发光二极管方面得到广泛应用。所以，目前得到广泛应用的是注入式半导体发光器件和粉末电致发光屏，而在光电检测技术中，则主要利用注入式半导体发光器件作为光源。

1．粉末电致发光光源

荧光（或发光）材料在足够强的电场或电流作用下被激发而发光，构成电致发光光源。按激发电源不同，有交流和直流电致激发两种。

（1）交流粉末电致发光光源

交流粉末电致发光光源的结构如图 2.6 所示。其中器件的发光材料（通常为 ZnS:Cu）悬浮在介电系数很高、透明而又绝缘的胶合介质中，并被两电极所挟持。背电极由金属导电膜制作，另一电极为透明的 SnO_2 导电膜。高介电系数的 TiO_2 反射层不仅能有效地反射光，而且还有防止击穿的作用。两电极之间没有一条完整的导电支路，所以不能用直流激励。当在两电极间加上交变电场时，粉末就会产生场致发光。

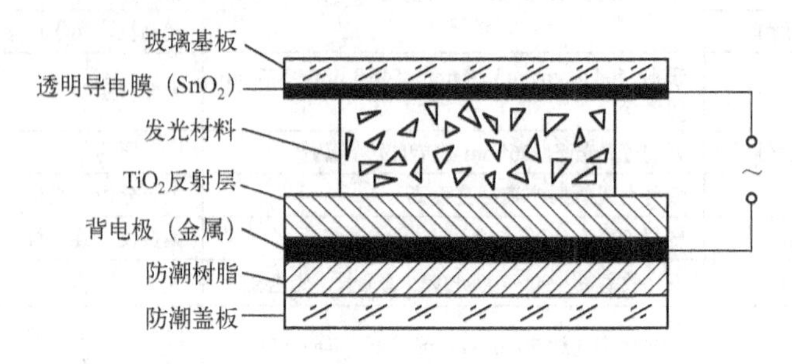

图 2.6　交流粉末电致发光光源的结构

交流粉末电致发光光源的工作原理是：由于两电极间距很小，只有几十微米，所以在市电电压的作用下，就可以得到足够高的电场强度，如 $E = 10^4$ V/cm^2 以上。粉末中自由电子在强电场作用下加速而获得很高的能量，它们撞击发光中心，使其受激而处于激发态，当激发态复原为基态时产生复合发光。由于荧光粉末与电极间有高介电常数的绝缘层，自由电子并不导走，而是被束缚在阳极附近，在交流电的负半周时，电极极性变换，自由电子在高电场作用下向新阳极的方向（也就是正半周时相反的方向）加速。重复上述过程，使之不断发光。

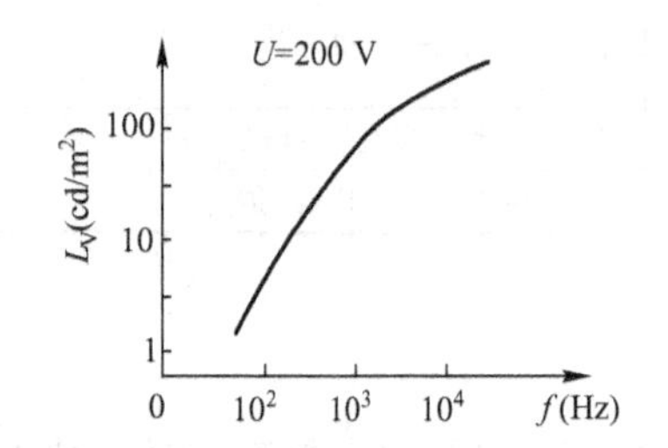

图 2.7　发光亮度与频率和电压的关系

交流粉末电致发光光源的亮度 L_V 与所加的交流电压 U 和频率 f 有关。当 U 一定时，L_V 与 f 的关系如图 2.7 所示。当 f 一定时，发光亮度与电压的关系有如下经验公式：

$$L_V = L_0 \exp\left[-\left(U_0 / U\right)^{1/2}\right] \tag{2.3}$$

式中，L_0 和 U_0 是与频率、温度及所用发光材料有关的常数。

电致发光的颜色随基质和激活剂的不同，可以有蓝、绿、黄、红等各种颜色，外加电压的频率对发光的颜色也有影响。

交流粉末电致发光光源在近几年得到多方面的应用和发展，与其他光源相比，它有许多优点：①固体化，平板化，因而可靠，安全，占地小，易于安装；②面积、形状几乎不受限制，因而可以通过光刻、透明导电膜和金属电极掩蔽镀膜的方法，制成任意发光图形；③无红外辐射的冷光源，因而隐蔽性好，对周围环境无影响；④视角大，光线柔和，易于观察；⑤寿命长，可连续用几千小时，且发光不会突然全部熄灭；⑥功耗低，约几 mW/cm^2；⑦发光易于电控。当然，电致发光光源也存在一些缺点，主要是亮度较低（一般使用亮度为 50 cd/m^2 左右），驱动电压高（通常需上百伏），老化快，等等。

电致发光光源主要用在以下几个方面：

① 仪表及暗环境下的特殊照明。如仪表表盘、飞机座舱、坑道等照明。

② 仪表中数字、符号显示。如可以做成大型的数字钟、电子秤等的显示。

③ 模拟显示。如生产工艺流程和大型设备的工作状态显示、各种应急系统标志显示等。

④ 矩阵显示。又称交叉电极场致发光显示，主要用于雷达、航迹显示及电视等。

⑤ 固体像转换器中的应用，像转换及像增强器。把电场发光光源与光导材料联合使用可以做成显像器件，如 X 光像增强与像转换器件。

（2）直流粉末电致发光光源

该发光光源依靠传导电流产生激发发光，发光为橙黄色。其发光材料常用 ZnS:Cu 和 Mn，发光材料的涂层是导电的，而不是大量分布在中间的绝缘胶合介质。这种光源结构与交流粉末发光光源结构类似。

直流粉末电致发光光源的亮度较高，在约 100 V 的直流电压激发下，发光亮度达 300 cd/m^2，且亮度随电压增加而迅速上升；制造工艺简单，成本低；外部驱动方便。目前的主要缺点是效率低，发光效率为 0.2～0.5 lm/W；功率转换效率低，只有 0.1%，寿命短，约 1000 小时。

直流粉末电致发光光源适宜于在脉冲激发下工作，主要用于数码、字符和矩阵寻址显示等方面。

2. 薄膜电致发光光源

薄膜电致发光光源与粉末电致发光光源在形式上很相似，其结构原理如图 2.8 所示。在薄膜的两电极间施加适当的电压就可发光，可以制成交流或直流的薄膜电致发光光源。直流薄膜电致发光光源有橙黄和绿两种颜色，工作电压为 10～30 V，发光亮度为 3 cd/m^2，发光能量转换效率为 0.1%，寿命在 1000 小时以上，可直接用集成电路驱动。

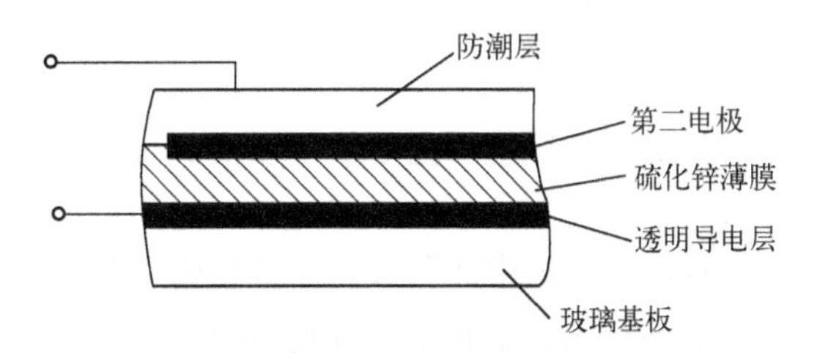

图 2.8　薄膜电致发光屏结构原理示意图

交流薄膜电致发光光源有橙色和绿色两种，工作电压为 100～300 V，频率由几十到几千赫兹不等，发光亮度可达几百 cd/m^2，发光能量转换效率为 0.1%，寿命在 5000 小时以上。

薄膜电致发光光源同样具有粉末器件的一些优点，如固体平板化，可制成各种形状，视角大，光线柔和，制备工艺简单，造价便宜，等等，因此在显示和显像方面很有前途。除上述优点外，薄膜电致发光光源还有自己的独特优点：①由于薄膜很薄，又没有介质，均匀细密，故可以有很高的分辨率，成像质量高。②发光亮度随电压增加而迅速上升，因此显示对比度好。③直流薄膜发光器件的驱动电压低，可直接用集成电路驱动。

该薄膜电致发光光源可用于隐蔽照明、固体雷达屏幕显示和数码显示等。

3. 发光二极管

发光二极管（Light Emitting Diode，LED）是少数载流子在 PN 结区注入与复合而产生发光的一种半导体光源，因此，它是一种固态 PN 结器件。也称为注入式电致发光光源。随着半导体技术的发展，近几年发光二极管器件发展很快，并且在光电子及信息处理技术中起着越来越重要的作用。

（1）LED 发光机理

发光二极管是由 P 型和 N 型半导体组合成的二极管，如图 2.9 所示。在 PN 结附近，N 型材料中的多数载流子是电子，P 型材料中的多数载流子是空穴，由于电子浓度不同，载流子扩散运动加强。这样，在 PN 结上，P 区由于空穴向 N 区扩散运动而带负电荷，N 区电子向 P 区扩散运动而带上正电荷，形成由 N 区指向 P 区方向的电场，此电场为内建电场。内建电场使扩散运动减弱。当加上正向偏压时，外加电压削弱内建电场，使空间电荷区变窄，载流子的扩散运动又加强，构成少数载流子的注入，从而在 PN 结附近产生导带电子和价带空穴的复合。一个电子和一个空穴的一次复合将释放出与材料性质有关的一定复合能量，这些能量会以热能、光能或部分热能和部分光能的形式辐射出来，产生电致发光现象，这就是 LED 的发光机理。

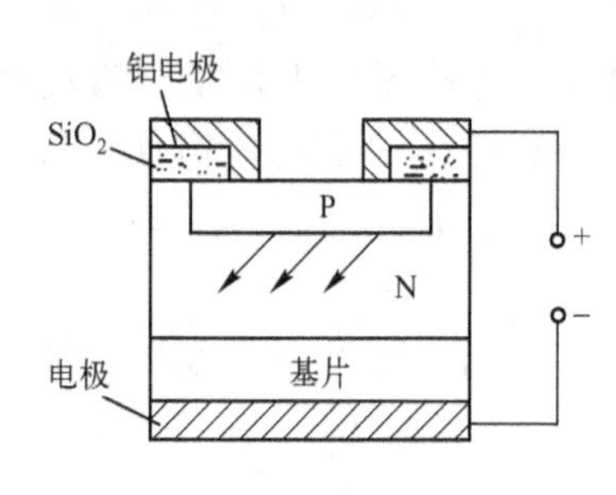

图 2.9　发光二极管原理结构

（2）LED 的性能参数

表示发光二极管性能的参数有电学方面的，也有光学方面的，常用的主要性能如下。

① 发光二极管的效率。发光二极管的用处不同，效率表示方法也不同。例如，对用于显示的发光二极管，最有实际意义的是发光效率，它表示消耗单位电功率 P 所得到的光通量 Φ_V，即

$$\eta_V = \Phi_V / P \tag{2.4}$$

这是一个宏观表示方法。通常发光二极管用量子效率表示。量子效率是指注入载流子复合而产生光量子的效率。

二极管的发光是正向偏置的 PN 结中注入载流子的复合引起的，但是注入的载流子不一定都复合，而复合后也不一定都发光。发光复合究竟在整个过程中占多大比例？描述这一物理过程中数量关系的量就是内量子效率，用符号 η_{qi} 表示，即辐射复合所产生的光子数 N_T 与注入的电子−空穴对数 G 之比，即

$$\eta_{qi} = N_T / G \tag{2.5}$$

这里，复合所产生的光子并不能全部射出器件之外。作为一种发光器件，我们感兴趣的是它能射出多少光子。表征器件这一性能的参数就是外量子效率，用 η_{qe} 表示，即射出器件的光子数 N_T' 与注入的电子−空穴对数 G 之比，即

$$\eta_{qe} = N_T' / G \tag{2.6}$$

虽然某些发光二极管材料的内量子效率很高，接近 100%，但外量子效率却很低。主要原因是所用半导体材料的折射率较高。如 GaAs 的折射率 n 为 3.6，其临界角很小，大部分辐射光都以大于临界角的角度照射到材料与空气的界面上，它们几乎全部被反射回去，故光能损失很大。

对于非显示用的而在光电检测技术中用的发光二极管，则用功率效率和光学效率来描述更为合适。功率效率表示器件将输入的电功率 P 转换成辐射功率 Φ_e 的效率，即

$$\eta_p = (\Phi_e / P) \times 100\% \tag{2.7}$$

光学效率是指外量子效率与内量子效率之比，即

$$\eta_0 = \eta_{qe} / \eta_{qi} \tag{2.8}$$

光学效率可用来比较外量子效率的相对大小。

② 伏安特性和发光亮度与电流关系。发光二极管的伏安特性（电流-电压特性）曲线和普通的二极管相似，如图 2.10 所示。对于正向特性，电压在开启点以前几乎没有电流；电压超过开启点就显示出欧姆导通特性，这时正向电流 I 与电压 U 的关系为

$$I = I_{s0} e^{(eU/mk_T)} \tag{2.9}$$

式中，m 为复合因子，它标志器件发光特性的好坏，$1 \leqslant m \leqslant 2$。工作电流一般为 5～50 mA。电流的进一步增加会引起发光二极管输出光强饱和，直至损坏器件。因此，在典型的偏置电路中，串联电阻使通过发光二极管的电流不会超过允许值。开启点随半导体材料的不同而不同，如 GaAs 约为 1 V，GaP 为 1.8～2 V。在发光工作状态，压降为 0.3～0.5 V。

对于反向特性，只有很小的反向电流流过管子，当反向电压加大到一定程度时，反向电流突然增大，出现反向击穿现象。要不使发光二极管因反向电流过大而烧坏，只需接上一只保护二极管即可，如图 2.11 所示，发光二极管的反向击穿电压一般在−5 V 以上。如果用脉冲供电，只要平均电流不超过最大值，最大峰值电流就可以更大些，从而得到更高的发光强度。

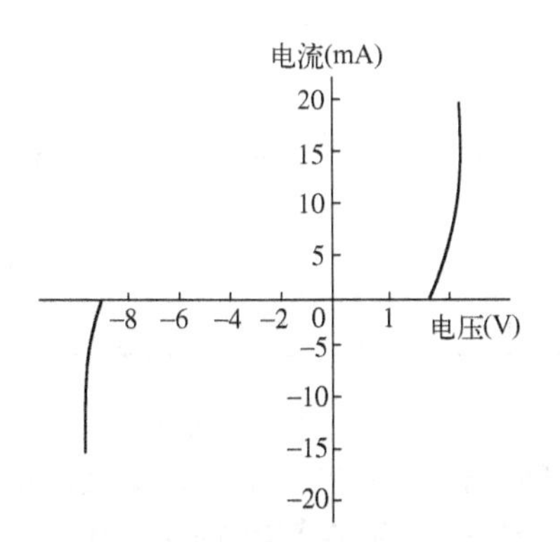

图 2.10　发光二极管的伏安特性

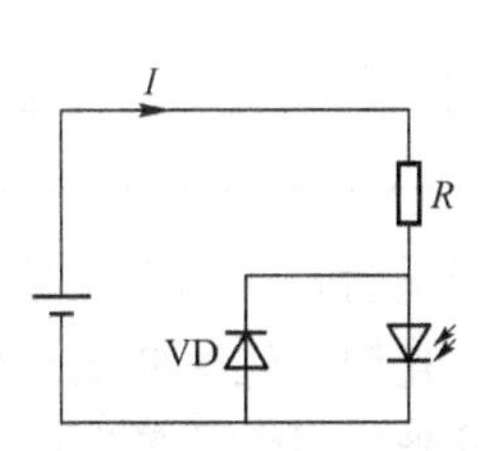

图 2.11　简单的发光二极管偏置电路

发光二极管在 PN 结通以正向电流时，发光亮度基本上与正向电流密度成线性关系，这个电流范围在几十毫安以内。电流的进一步增加会引起发光二极管发光亮度饱和，直至损坏器件。因此，使用时应控制正向电流密度，图 2.12 所示为几种发光二极管的光出射度 M_e 与电流密度 j 的关系。

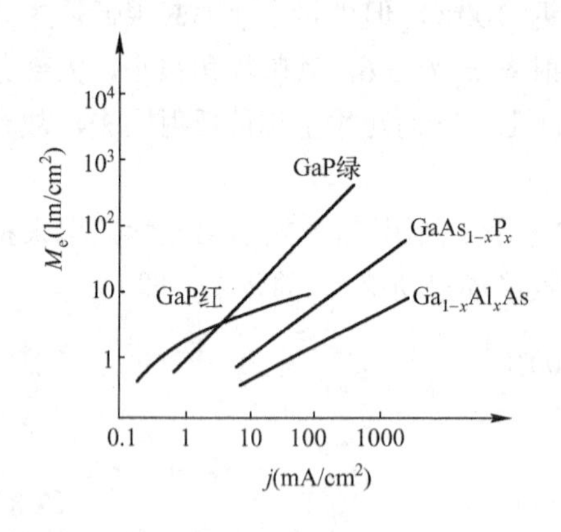

图 2.12　光出射度 M_e 与电流密度 j 的关系

发光亮度还强烈地受到环境温度的影响。当环境温度较高或工作电流过大时，由于发光二极管具有一定的正向电阻，有一定的热损耗，故发光亮度不再继续随着电流成比例地增加，即出现热饱和现象。

③ 响应时间。发光二极管的响应时间是指注入电流后发光二极管发光（上升）或熄灭（衰减）的时间，它是表示发光二极管反应速度的一个重要参数，尤其在脉冲驱动或电调制时显得十分重要。实验表明，发光二极管的上升时间随电流的增加而近似为指数衰减。它的响应时间一般很短，在几纳秒至几十纳秒之间，取决于注入载流子非发光复合的寿命和发光能级上跃迁的概率。直接跃迁的材料（如 $GaAs_{1-x}P_x$）的响应时间仅为几纳秒，而间接跃迁的材料（如 GaP）的响应时间则约为 100 ns。

发光二极管可利用交流或脉冲供电获得调制光或脉冲光，调制频率可达几十兆赫，这种直接调制技术使发光二极管在相位测距仪、能见度仪及短距离通信中获得应用，在做高频调制光源使用时，必须考虑响应时间。

④ 光谱特性。发光二极管的光谱特性是指发光的相对强度（能量）随波长（或频率）变化的分布曲线。它直接决定着发光二极管的发光颜色并影响它的发光效率，根据半导体材料的不同，现在可制造出红、绿、橙、蓝、红外等各种颜色的发光二极管，如表 2.4 所示。

表 2.4　几种发光二极管的特性

材　料	禁带宽度/eV	峰值波长/nm	颜　色	外量子效率
GaP	2.24	565	绿	10^{-3}
GaP	2.24	700	红	3×10^{-2}
GaP	2.24	585	黄	10^{-3}
$GaAs_{1-x}P_x$	1.84～1.94	620～680	红	3×10^{-3}
GaN	3.5	440	蓝	10^{-4}～10^{-3}
$Ga_{1-x}Al_xAs$	1.8～1.92	640～700	红	4×10^{-3}
GaAs:Si	1.44	910～1020	红外	0.1

描述光谱特性的两个主要参数是峰值波长和半强度宽度（称为半宽度）。发光二极管通常具有连续光谱，光谱曲线一般仅有一个峰值，其峰值波长由材料的禁带宽度决定。例如，GaP 红色发光二极管的禁带宽度在室温下为 $E_g = 1.77$ eV，发光峰值波长在 700 nm 附近，半宽度约为 100 nm；而 GaP 绿色发光二极管的禁带宽度 $E_g = 2.26$ eV，发光峰值波长在 565 nm 附近，半宽度约为 25 nm。对异质发光二极管，禁带宽度由元素的组成分量决定，如 $GaAs_{1-x}P_x$，最佳组分 $x = 0.4$，发光峰值波长为 620～680 nm，其光谱半宽度为 20～30 nm，改变 x 值，可以改变发光峰值波长，图 2.13 所示为 $GaAs_{0.6}P_{0.4}$ 和 GaP 红色发光的光谱能量分布。

另外，峰值光子的能量还与温度密切相关。随着结温的上升，峰值波长将以 0.2～0.3 nm/℃的比例向波长方向漂移，即发射波长具有正的温度系数。

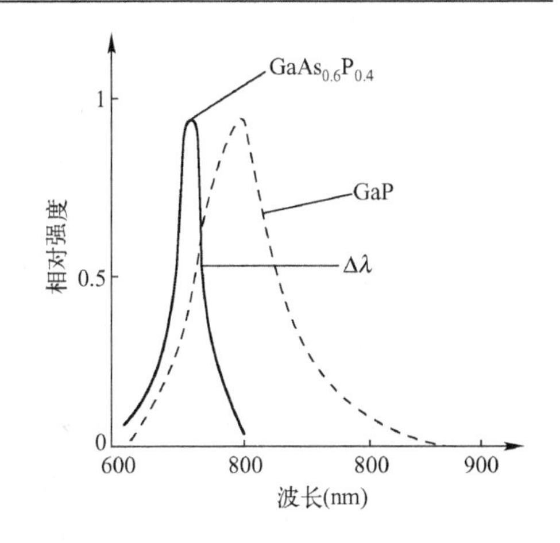

图 2.13　发光二极管的光谱能量分布

（3）其他多功能器件

随着光电子学的发展，以 PN 结发光为中心的具有光电转换、存储、放大、光电双控、逻辑功能等性能的新型器件不断出现，这就进一步丰富了发光器件的内容。例如，光耦合器件是将发光二极管和光电接收元件组合而成的一种器件，它以光子作为传输媒介，将输入端的电信号耦合到输出端。光耦合器件根据结构和用途，可分为两类：一类是光电隔离器，它的功能是在电路之间传送信息，以便实现电路间的电气隔离和消除噪声影响；另一类光传感器是一种固体传感器，主要用以检测物体的位置或物体有无的状态。不管哪一类器件，都具有体积小、寿命长、无触点、抗干扰能力强、输入和输出之间绝缘、可单向传输模拟或数字信号等特点，因此用途极广，有时可以取代继电器、变压器、斩波器等，广泛应用于隔离电路、开关电路、数模转换电路、逻辑电路以及长线传输、高压控制、线性放大、电平匹配等单元电路。

还有相当于两个 PN 结发光二极管串在一起的负阻发光器件，以及具有整流特性的双导态发光器件，由于体积小、功耗低、速度快、易于集成等诸多优点，它们也得到了迅猛发展。

总之，近年来，由于半导体材料的制备和 PN 结制造技术的发展，发光二极管得到了广泛的重视和应用。归纳起来，发光二极管的主要特点如下：

① 工作电压低（1～2 V），耗电少，10 mA 下即可在室内得到足够的亮度（一般在 3000 cd/m^2 以上）。

② 发光响应速度极快，时间常数为 10^{-7}～10^{-9} s，也就是说，它有着良好的频率特性，调制频率可以达到很高。

③ 由于正向电压很低，约为 2 V，因此它能直接与集成电路匹配使用，驱动简单。

④ 由于器件在正向偏置下使用，因此性能稳定，寿命长（一般在 10^5 小时以上）。

⑤ 与普通光源相比，单色性好，其发光的半宽度一般为几十纳米。

⑥ 小巧轻便，耐振动，耐冲击。

当然，它也存在一些缺点，主要体现在以下几方面。

① 功率较小，只有 μW、mW 级。

② 发光效率低，有效发光面很难做大。

③ 光色有限，由于发出短波光（如蓝色、紫色）的材料极少，较难获得短波发光制成的短波发光二极管。

因此，目前发光二极管主要用于仪表指示器和小型、超小型的文字、数字显示器等方面，随着大功率器件和多功能器件的发展，其应用领域将日益扩大。

2.3.4 激光器

激光器自 1960 年问世以来，已在几乎所有的学科和领域得到广泛应用，激光器件、激光技术及其应用也得到了快速发展。作为性能优越的辐射源，如果能得到合理的使用，能形成新的光电技术和测量方法，有时还会提高测量的精度。

1. 激光器的工作原理

激光器一般由工作物质、谐振腔和泵浦源组成，如图 2.14 所示。常用的泵浦源是辐射源或电源，利用泵浦源能量将工作物质中的粒子从低能态激发到高能态，使处于高能态的粒子数大于处于低能态的粒子数，构成粒子数的反转分布，这是产生激光的必要条件。

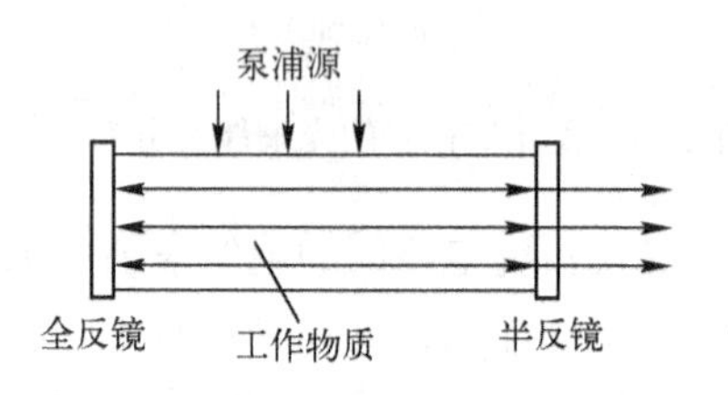

图 2.14 激光器工作原理图

当高能态粒子在频率为 ν 的辐射场的激励下，从高能态向低能态跃迁时，也发射一个能量为 $h\nu$ 的光子，这种过程称为粒子的受激发射跃迁，由这种受激发射跃迁所发射的光子称为光的受激辐射光子。受激辐射光子与激励光子具有相同的频率、相位、波矢（传播方向）和偏振状态。这些辐射波（由激励光子和受激辐射光子组成）沿由两平面构成的谐振腔来回传播时，沿轴线的来回反射次数最多，它会激发出更多的辐射，从而使辐射能量放大。当这些辐射在谐振腔内来回一次所获得的增益等于或大于它所遭受的各种损耗之和，即满足阈值条件时，受激和经过放大的辐射通过部分透射的平面镜输出到腔外，产生激光。

要产生激光，激光器的谐振腔要精心设计，反射镜的镀层对激发波长要有很高的反射率，很小的吸收率，很高的波长稳定性和机械强度。因此，实用的激光器要比图 2.14 所示的复杂得多。目前，常用的激光器主要有气体激光器、固体激光器、染料激光器和半导体激光器等，下面分别加以介绍。

2. 气体激光器

气体激光器采用的工作物质为气体。与其他激光器相比，气体激光器是目前可采用的工作物质最多，激励方式最多样，可发射的波长也最多的激光器。这里主要介绍氦氖激光器。

（1）氦氖激光器

① 结构。氦氖激光器由三部分组成：放电管、共振腔、激光电源。放电管包括放电毛细管、储气管和电极三部分。放电毛细管是发生气体放电和产生激光的区域，管内径为 1.2～1.3 mm。氖气管与放电毛细管同轴并相通。电极有阴极和冷阴极，冷阴极一般用镍、铝、钼等制成圆筒。阳极的材料是钨棒，可减小对地的电容量，降低出现张弛振荡的概率，使输出稳定。共振腔由两块凹镜或球面镜组成，其中一块反射镜的反射率接近 100%，另一块输出镜的反射率视激光器的增益大小而定，一般取 98.5%～99.5%。激光电源一般可采用稳定的直流、工频或射频交流，在精密测量中，采用直流稳压电源，以获得稳定的激光。激

光器的结构有内腔式、半内腔式和外腔式 3 种，如图 2.15 所示，外腔式输出的激光偏振特性稳定，内腔式激光器使用方便。

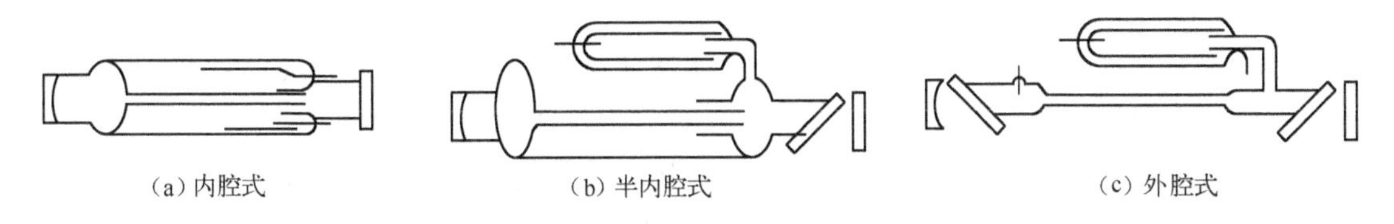

图 2.15　氦氖激光器的结构示意图

② 工作原理。常态下气体是绝缘体，每立方厘米气体中通常只有几个到几百个带电离子和电子，因此在放电管两端开始加电压时产生的电流极微弱。当电压加大到一定值时，气体击穿导电或称“着火”，管内电流突然增大，两端电压突然下降。气体击穿后的导电情况又分为辉光放电和弧光放电两种。为了承受气体击穿时放电管两端很大的压降，气体放电管都应串接与放电光相匹配的限流电阻或镇流器。

气体放电的本质是碰撞电离。放电管着火后的压降，有相当一部分落在阴极附近不到 1 mm 的狭窄区域中。阴极飞出的电子在该区强电场的加速下，将获得足够的动能，一方面电子与气体中性原子（或分子）碰撞时，中性原子（或分子）将电离成正离子和电子，阴极吸收正离子又促使阴极发射电子，进一步加强电离作用，这样就形成了持续的放电过程。另一方面，有足够动能的电子与氦氖原子发生碰撞时，电子损失全部或大部分能量，氦氖原子受激吸收。通常电子能量较低，只能把氦氖原子激发到较低的能态，由原子结构可知，氦比氖的较低能级数多，所以此时氖受激跃迁的粒子数比较多。再者，氖原子在激发态（亚稳态）的寿命特别长，比氖的大 3 个数量级，相对来说，大量的氖原子长时间处于基态。氦原子质量远大于电子，能量也很大，当大量激发态的氦原子与基态的氖原子发生碰撞时，可使氖原子跃迁到高能态，氦原子回到基态，所以氖的作用相当于能量的中继站，为增加氖原子跃迁到高能级的数目以及实现激光粒子数反转创造条件。

③ 性能。氦氖激光器具有连续输出激光的能力，输出幅度和频率较稳定，主要输出波长有 0.6328 μm、1.15 μm 和 3.39 μm，而以 0.6328 μm 的性能最好，其频率不稳定度在 10^{-6} 左右。采用稳频措施后，频率不稳定度可达 10^{-11}～10^{-12}，复现性可达 10^{-10}。它输出光束的相干性和方向性很强，居各类激光器之首。

氦氖激光器的缺点是效率低，输出功率较小，只有 1 毫瓦至数十毫瓦。与其他光源相比较，需要的电压较高，电源较复杂，体积也较大。

但总的说来，氦氖激光器具有单色性和相干性好、频率稳定性好、结构简单、制造方便、造价低等优点，因此在光电检测中用得较多，主要应用于精密计量、全息术、准直测量、印刷和显示等技术中。

（2）氩离子激光器

氩离子激光器的工作物质是氩气，在低气压大电流下工作，因此激光管的结构及其材料都与氦氖激光器不同。连续的氩离子激光在大电流的条件下运转，放电管需承受高温和离子的轰击，因此小功率放电管常用耐高温的熔石英做成，大功率放电管用高导热系数的石墨或 BeO 陶瓷做成。在放电管的轴向加一均匀的磁场，可使放电离子约束在放电管轴心附近。放电管外部通常用水冷却，降低工作温度。氩离子激光器输出的谱线属于离子光谱线，主要输出波长有 452.9 nm、476.5 nm、496.5 nm、488.0 nm、514.5 nm，其中 488.0 nm 和 514.5 nm 两条谱线功率最强，约占总输出功率的80%。

（3）二氧化碳（CO_2）激光器

CO_2 激光器的主要特点是输出功率大，能量转换效率高，输出波长（10.6 μm）正好处于大气窗口。因此，广泛应用于激光加工、医疗、大气通信及军事领域。

CO_2 激光器以 CO_2、N_2 和 He 的混合气体作为工作物质。激光跃迁发生在 CO_2 分子的电子基态的两个振动-转动能级之间。N_2 的作用是提高激光上能级的激励效率，He 则有助于激光下能级的抽空。它的谐振腔大多采用平凹腔，高反射镜可由金属制成，也可在玻璃上镀一层金属膜。输出端可采用小孔耦合方式或由可透过红外光的 Ge、GaAs 等材料制成输出窗。

CO_2 激光器的种类较多，主要分为以下4类。

① 纵向流动 CO_2 激光器。这种激光器的结构类似于内腔式激光器，区别是，气体从放电管的一端流入，由另一端流出，气流、放电电流均与光轴方向一致。气体流动的目的是排除 CO_2 与电子碰撞时分解出来的 CO 气体，并补充新鲜气体。在这类激光器中，放电电流密度与气体压强均有一个使输出功率最大的最佳值。在最佳放电条件下，激光器的输出功率在 50 W/m～1 kW/m 之间。

② 封离型 CO_2 激光器。封离型 CO_2 激光器是在放电气体中加入催化剂 O_2，促使 CO_2 分子分解的 CO 与 O 重新结合为 CO_2，并选用不与 O_2 作用的阴极材料，以保证激光器中有足够的 O_2 与 CO 重新结合为 CO_2。通常也加入少量的 H_2O 或 H_2 作为催化剂。封离型激光器的输出功率水平为 50～60 W/m。

③ 横向流动 CO_2 激光器。横向流动 CO_2 激光器中气体流动方向与光轴垂直，气体流动截面大，流动路径短，因此较低的流动速度就可达到与纵向快流同样的冷却效果，而且其最佳压强可达 1.3×10^4 Pa。高压强有利于提高激光器的输出功率。在横向流动 CO_2 激光器中，一般采用纵向放电。此类激光器单位长度的输出功率可达每米数千瓦，总输出功率可达 1～20 kW。

④ 波导 CO_2 激光器。波导 CO_2 激光器是一种小型激光器，由 BeO 或玻璃制成的放电管径仅 1～4 mm。由于放电管管壁对小角度掠射光的菲涅耳反射率很高，于是放电管中可低损耗地传输波导模。波导 CO_2 激光器既可采用纵向放电方式，也可采用横向射频激励。由于放电管径小，气压可高达$(1.5～2.5)\times10^4$ Pa，其输出功率为 50 W/m，适于制作输出功率小于 30 W 的小型封离型激光器。

其他气体激光器还有氮分子激光器、准分子激光器等，输出激光波长都在紫外波段，在光化学、同位素分离、医学、生物学、荧光激励、光电子及微电子工业等方面都有广泛的应用。

3. 固体激光器

固体激光器所使用的工作物质是具有特殊能力的高质量的光学玻璃或光学晶体，里面掺入具有发射激光能力的金属离子。

目前可使用的固体激光器材料很多，同种晶体因掺杂不同，也能构成不同特征的激光器材料，主要有红宝石、钕玻璃和钇铝石榴石等激光器。其中，红宝石激光器是最早制成、用途最广的晶体激光器。粉红色的红宝石是掺有 0.05%铬离子（Cr^{3+}）的氧化铝（Al_2O_3）单晶体，红宝石被磨成直径为 8 mm，长度约为 80 mm 的圆棒，棒的外表面经粗磨后，可吸收激励光，棒的两端被抛光，形成一对平行度误差在 1′以内的平行平面镜，并垂直于棒的轴线，一端镀全反射膜，另一端镀透射比为 0.1（反射比约为 0.9）的反射膜，激光由该端输出。

如图 2.16 所示，与红宝石棒平行的是作为激励源的脉冲氙灯，它们分别位于内表面镀铝的椭圆柱体谐振腔的两个焦点上。脉冲氙灯的瞬时强烈闪光借助于聚光镜腔体会聚到红宝石棒上，这样红宝石激光器就输出波长为 0.6943 μm 的脉冲红光。激光器的工作是单次脉冲式，脉冲宽度在几毫秒量级以内，能量为焦耳数量级，可达 1～100 J，效率不到 0.1%。脉冲工作单色性差，相干长度仅为几毫米。

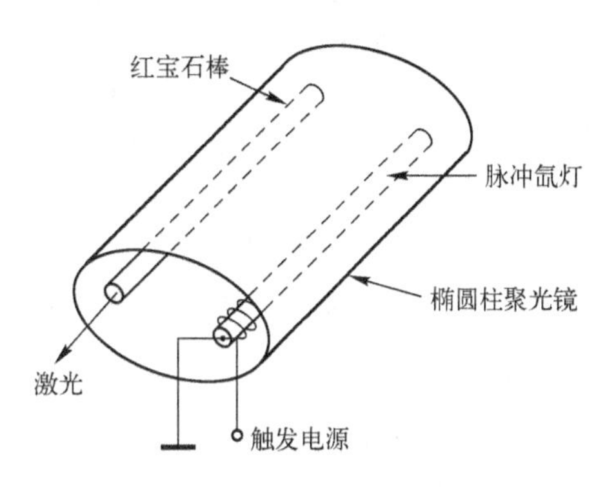

图 2.16　红宝石激光器原理图

玻璃激光器常用钕玻璃作为工作物质，它在闪光氙灯照射下，在 1.06 μm 波长附近发射出很强的激光。钕玻璃的光学均匀性好，易做成大尺寸的工作物质，可做成大功率或大能量的固体激光器。目前利用掺铒（Er）玻璃制成的激光器，可产生对人眼安全的 1.54 μm 的激光。

YAG 激光器是以钇铝石榴石为基质的激光器。随着掺杂的不同，可发出不同波长的激光。其他还有许多不同材料和不同结构的固体激光器，如色心激光器、可调谐晶体激光器、板条激光器和串联激光器等。

4．染料激光器

染料激光器是液体激光器的一种。其工作物质可分为两类：一类是有机染料溶液，另一类是含有稀土金属离子的无机化合物溶液。液体激光器多用光泵激励，有时也用另一个激光器作为激励源。在特定波长光的激发下，某些染料可成为具有放大特性的激活介质，在其谐振腔内放入色散元件，通过调谐色散元件的色散范围可获得不同的输出波长，称为调谐染料激光器。可调谐染料激光器原理如图 2.17 所示。

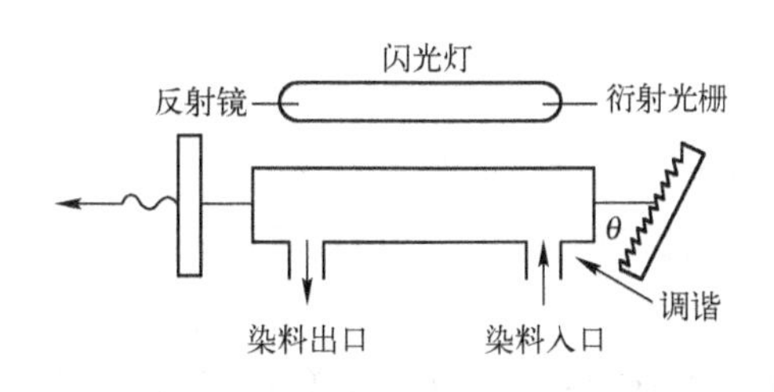

图 2.17　可调谐染料激光器原理图

5．半导体激光器

半导体激光器是以半导体材料作为工作物质的激光器，如砷化镓 GaAs、硫化镉 CdS、铅锡碲 PbSnTe 等。外界激发源的激发方式有 PN 结正向注入、电子束激发、光激发及粒子碰撞电离激发等。PN 结正向注入半导体激光器又称结型激光器。

半导体激光器的原理与前面讨论过的发光二极管没有太大差异，PN 结就是激活介质。图 2.18 所示为砷化镓同质结二极管激光器的结构，两个与结平面垂直的晶体解理面构成了谐振腔。PN 结通常用扩散法或液相外延法制成。当 PN 结正向注入电流时，则可激发激光。

根据材料及结构的不同，目前半导体激光器的波长为 0.33～44 μm。光输出-电流特性如图 2.19 所示，其中受激发射曲线与电流轴的交点就是该激光器的阈值电流，它表示半导体激光器产生激光输出所需的最小注入电流。阈值电流还会随着温度的升高而增大。阈值电流密度是衡量半导体激光器性能的重要参数之一，其数值与材料、工艺、结构等因素密切相关。

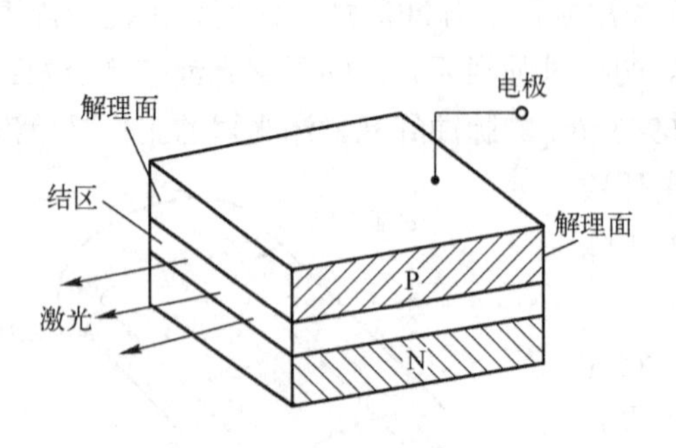

图 2.18　GaAs 半导体激光器的结构

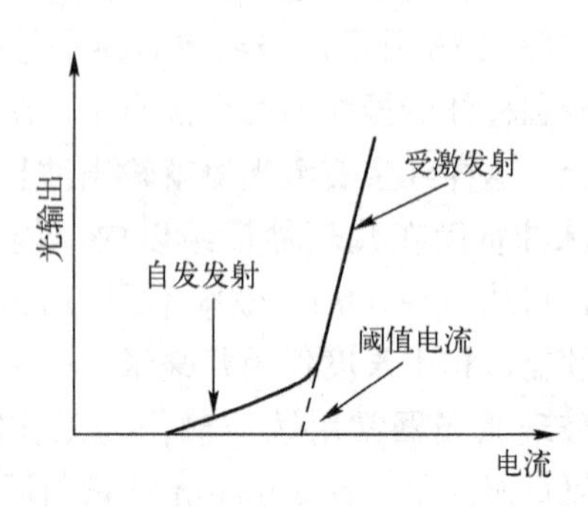

图 2.19　半导体激光器光输出-电流特性

半导体激光器体积小，质量小，寿命长，具有较高的转换效率。如砷化镓激光器的效率可达 20%，寿命超过 10 000 小时。半导体激光器是目前最受重视的激光器，商品化程度高。随着半导体技术的快速发展，新型的半导体激光器也不断出现。目前可制成单模或多模、单管或列阵，波长为 0.4～1.6 μm，功率由毫瓦数量级到瓦数量级的多种类型半导体激光器。它们可应用于光通信、光存储、光集成、光计算机和激光器泵浦、光学测量、自动控制等方面。

以上介绍了 4 种不同类型的激光器。实用激光器的类型很多，各种类型激光器的性能差异比较大，因此在选用时，还需根据实际要求做出相应的选择，这里不再逐一介绍。

习题与思考题

1. 试归纳总结原子自发辐射、受激吸收和受激辐射三个过程的基本特征。
2. 一个光源以自发辐射过程为主，另一个光源以受激发射过程为主，试问这两个光源所发射的光辐射有何不同？
3. 普通白炽灯降压使用有什么好处？灯的功率、光通量、发光效率、色温有何关系？
4. 试比较卤钨灯、超高压短弧氙灯、氘灯和超高压汞灯的发光性能。在普通紫外-可见分光光度计（200～800 nm）中，应怎样选择照明光源？
5. 场致发光有哪几种形式？各有什么特点？
6. 为什么发光二极管的 PN 结要加正向电压才能发光？
7. 简述发光二极管的发光原理。发光二极管的外量子效率与哪些因素有关？
8. 试述激光器的工作过程。
9. 与普通光源相比，激光辐射有什么优点和特点？与无线电波相比，有何异同？
10. 简述半导体激光器的工作原理，它有哪些特点？对工作电源有什么要求？
11. 半导体激光器和发光二极管在结构、发光机理和工作特性上有什么不同？
12. 光源选择的基本要求有哪些？

第3章　光电检测中的光学变换

内容概要

光载波通过被检测对象时，能否使光束准确地携带上所要检测的信息，即待测信息对光载波的调制，是决定所设计检测系统成败的关键。按照调制光载波的参量不同，分为模拟调制（振幅、频率、相位、光强度调制）、脉冲调制和数字调制；按照调制器的工作机理来分，主要有直接调制、电光调制、声光调制、磁光调制、调制盘调制等。

学习目标

- 掌握光信号调制的基本原理；
- 掌握光信号调制技术；
- 了解光调制的基本概念和分类。

光学变换所指的是光源所发出的光束在通过这一环节时，利用各种光学效应，如反射、吸收、折射、干涉、衍射、偏振等，使光束携带上被检测对象的特征信息，形成待检测的光信号。光学变换的过程实际上就是被测信息加载到光载波上，并使光的参量（振幅、频率、相位等）发生变化的过程，也称为光调制。

在光电检测系统中，和携载信息的光信号一起进入系统的还有其他杂光信号。例如背景辐射和其他的光频电磁干扰等。为了提高系统的抗干扰能力，必须对光信号进行预处理，比如，加辅助光学系统、光谱滤光及光学调制编码等措施，特别是光学调制在系统中起着重要作用。

3.1　光调制基本概念

在光电检测技术中常利用光波作为信息传递的载波。

3.1.1　调制的基本概念

光束调制是指用某些方法改变光的参量的过程。调制可以使光携带信息，使其具有与背景不同的特征以便于抑制背景光的干扰，也可以抑制系统中各个环节的固有噪声和外部电磁场的干扰，所以采用光束调制的光电系统在信息的传递和测试过程中，具有更高的探测能力和稳定性。

光载波分为相干光波和非相干光波，所具有的特征参量是光功率、振幅、频率、相位、脉冲时间、传播方向、偏振方向、光学介质的折射率等。

3.1.2　光学调制的分类

1．按调制次数分类

调制有一次调制和二次调制之分。

将信息直接调制到光载波上称为一次调制，而将光载波先人为地调制成随时间或空间变化，然后再将被测信息调制到光载波上称为二次调制，这样做虽然看起来复杂，但它对提高信噪比和测量灵敏度，对信息处理的简化都有好处，还可以改善系统的工作品质和扩大目标定位范围。

2. 按载波波形和调制方式分类

（1）直流载波：载波不随时间变化而只随信息变化。

（2）交流载波：载波随时间周期变化。

连续载波（又称模拟调制）：调幅波、调频波、调相波、强度调制。

脉冲载波：脉冲调宽、调幅、调频和脉冲调位［脉冲调相或脉冲时间调制（PPM）］等形式。

3. 按时空状态分类

（1）时间调制：载波随时间和信息变化。

（2）空间调制：载波随空间位置变化后再按信息规律调制。

（3）时空混合调制：载波随时间、空间和信息同时变化。

4. 按调制器和激光器的相对关系分类

（1）内调制

内调制是指从发光器的内部采取措施进行调制，该方法要求光源具有极小的惰性。常用的光源有激光器、发光二极管、氖灯和氢灯等，通过调制电源来调制发光。采用交流供电时，发光频率是交流供电频率的两倍；采用脉冲供电时，发光频率与脉冲频率相同。脉冲电源也可由多种多谐振荡器功率放大器组成。

由于发光二极管具有良好的频率特性，调制光谱可达 1 GHz 数量级，加之价格相对便宜，所以是应用最多的调制光源。光通信中用的注入式半导体激光器就是内调制。

采用光源调制的好处除了设备简单外，还能消除任何方向的杂散光以及探测器暗电流对检测结果的影响。

（2）外调制

外调制是在光传播过程中进行调制，常用各种调制器来实现，如电光调制器、声光调制器、磁光调制器等。它们都利用光电子物理学方法使输出光的振幅、相位、频率、光的偏振方向和光的传播方向随被测信息来改变。这些光调制器件又称光控器件。通常用得最多的是对光的振幅进行调制。由于光强与光振幅的平方成正比，因此对光的振幅进行调制也就是对光强的调制。此外，还可以用各种机械、光学电磁元件实现调制，如调制盘、光栅、电磁线圈等。

这个过程中的调制方法在光电检测中应用最多，如机械调制法、干涉调制法、偏振面旋转调制法、双折射调制法和声光调制法等。具体选用哪一类调制方案，应按检测器的用途所要求的灵敏度、调制频率以及所能提供光通量的强弱等具体条件来确定。

按照调制对象又可分为调幅、调频调相及强度调制等。按照调制器的工作机理来分，主要有电光调制、声光调制、磁光调制等。

3.2　光信号调制方式

用于调制的光载波通常具有谐波的形式，可用函数表示如下：

$$\Phi(t)=\Phi_0+\Phi_m\sin(\omega t-\phi) \tag{3.1}$$

式中，Φ_0 是光载波的直流分量，通常不含有任何信息；Φ_m 是载波交流分量的振幅；ω 是角频率；ϕ 是载波初始相位，因为载波不可能是负值，所以载波交流分量总是叠加在直流分量之上，被测信息可以对交流分量的振幅、频率或相位进行调制。

调制后的载波一般具有如下形式：

$$\Phi(t)=\Phi_0+\Phi_m[X(t)]\sin\{\omega[X(t)]t+\phi[X(t)]\} \tag{3.2}$$

式中，$X(t)$是由被测信息决定的调制函数；$\Phi_m[X(t)]$ 为载波振幅，即为振幅调制（AM）；$\omega[X(t)]$ 为载波频率，即为频率调制（FM）；$\phi[X(t)]$ 为载波初始相位，即为相位调制（PM）。

3.2.1　振幅调制

振幅调制就是载波的振幅随调制信号的规律而变化，而频率、相位保持不变，简称调幅。而式（3.2）中的振幅可用下式表示：

$$\Phi_m[X(t)]=[1+mX(t)]\Phi_m \tag{3.3}$$

式（3.2）就可写为

$$\Phi(t)=\Phi_0+[1+mX(t)]\Phi_m\sin\omega t \tag{3.4}$$

若调制函数 $X(t)$是正弦函数，被测信息按单一谐波规律变化，即为

$$X(t)=\sin(\Omega t+\phi) \tag{3.5}$$

则有

$$\Phi(t)=\Phi_0+\left[1+m\sin(\Omega t+\phi)\right]\Phi_m\sin\omega t \tag{3.6}$$

利用三角函数公式将式（3.6）展开，得到调幅波的频谱公式，即

$$\Phi(t)=\Phi_0+\Phi_m\sin\omega t+\frac{1}{2}m\Phi_m\{\cos\left[(\omega-\Omega)t-\phi\right]-\cos\left[(\omega+\Omega)t+\phi\right]\} \tag{3.7}$$

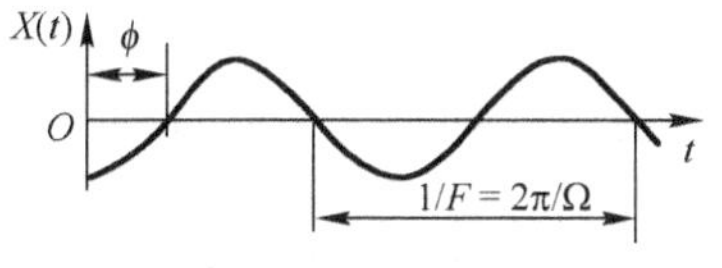

(a) 正弦调制函数

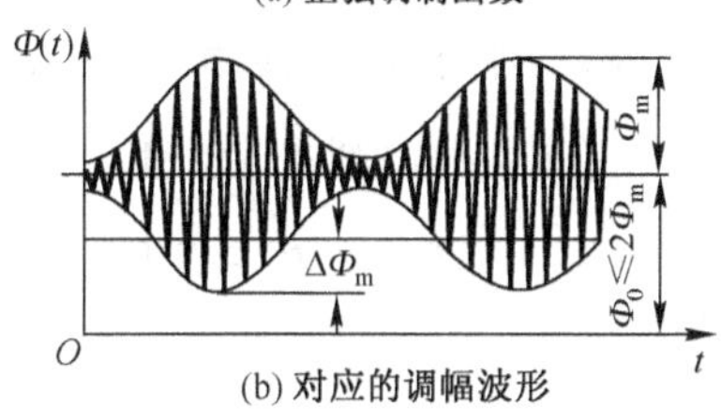

(b) 对应的调幅波形

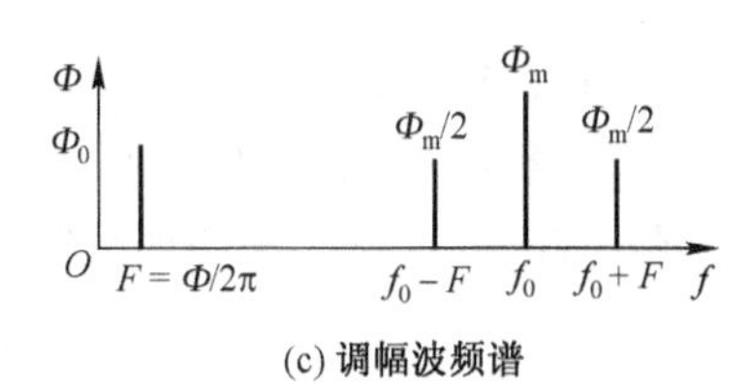

(c) 调幅波频谱

图 3.1　调幅波的波形和频谱

由上式可知，调幅波的频谱除了零频分量 Φ_0 外还包含有三个谐波分量，第一项是载波分量，第二、三项是因调制产生的新分量，称为边频分量，如图 3.1 所示。上述分析是单正弦信号调制的情况。如果调制信号是复杂的周期信号，则调幅波的频谱将由载频分量和两个边频带组成。

3.2.2　频率调制和相位调制

频率调制是指载波的频率按调制信号的幅度改变，使调制后的调频波频率瞬间偏离原

有的载波频率，而瞬间偏离值与调制信号幅度瞬时值成正比，简称为调频。式（3.2）中的调制项可以写为

$$\omega[X(t)] = \omega_0 + \Delta\omega X(t) \tag{3.8}$$

当 $|X(t)|=1$ 时，载波频率的变化最大，为 $\omega_0 \pm \Delta\omega$，将式（3.8）代入式（3.2）中得

$$\varPhi(t) = \varPhi_0 + \varPhi_m \sin[\omega_0 t + \Delta\omega \int_0^t X(t)\mathrm{d}t] \tag{3.9}$$

若有余弦调制函数的情况，即

$$X(t) = \cos(\Omega t + \phi) \tag{3.10}$$

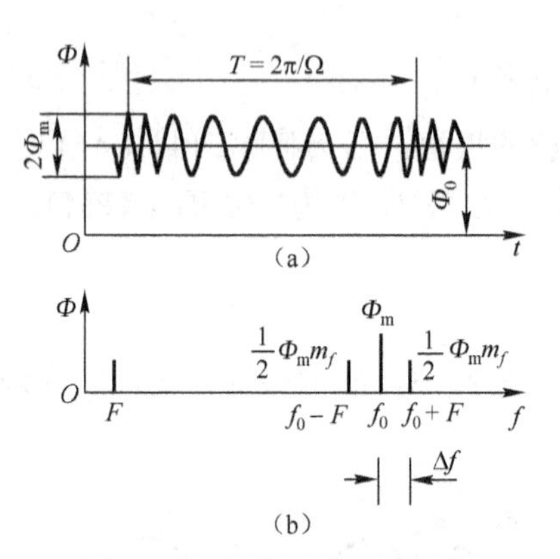

图 3.2　调频信号波形和频率

于是式（3.9）为

$$\varPhi(t) = \varPhi_0 + \varPhi_m \sin[\omega_0 t + \frac{\Delta\omega}{\Omega}\sin(\Omega t + \phi)] \tag{3.11}$$

令 $m_f = \dfrac{\Delta\omega}{\Omega} = \dfrac{\Delta f}{F} (\Omega = 2\pi F)$ 为频率调制函数，则有

$$\varPhi(t) = \varPhi_0 + \varPhi_m \sin[\omega_0 t + m_f \sin(\Omega t + \phi)] \tag{3.12}$$

式中，Δf 为偏频；F 为调制频率；m_f 表示单位调制频率引起偏频变化的大小。$m_f > 1$ 称为宽带调频，$m_f < 1$ 称为窄带调频。调频信号的波形和频率如图 3.2 所示。

现将式（3.12）展开有

$$\varPhi(t) = \varPhi_0 + \varPhi_m \{\sin\omega_0 t \cos[m_f \sin(\Omega t + \phi)] + \cos\omega_0 t \sin[m_f \sin(\Omega t + \phi)]\} \tag{3.13}$$

在窄带调频的情况下，式（3.13）中的 $\cos[m_f \sin(\Omega t + \phi)] \approx 1$，$\sin[m_f \sin(\Omega t + \phi)] \approx m_f \sin(\Omega t + \phi)$，则式（3.13）可以写成

$$\begin{aligned}\varPhi(t) &= \varPhi_0 + \varPhi_m[\sin\omega_0 t + \cos\omega_0 t\, m_f \sin(\Omega t + \phi)] \\ &= \varPhi_0 + \varPhi_m \sin\omega_0 t + \frac{1}{2} m_f \varPhi_m \{\sin[(\omega_0 + \Omega)t + \phi] - \sin[(\omega_0 - \Omega)t - \phi]\}\end{aligned}$$

式中，频谱基波频率为 ω_0，组合频率为 $\omega_0 + \Omega$ 和 $\omega_0 - \Omega$。

一般情况下，调制信号形式比较复杂时，调频的频谱是以载波频率为中心的一个带宽域，带宽随 m_f 而异，窄带调频时的带宽为 $B = 2F$，宽带调频时的带宽为

$$B = 2(\Delta f + F) = 2(m_f + 1)F$$

相位调制就是载波的相位角随着调制信号的变化规律而变化的振荡，调频和调相两种调制波最终都表现为总相角的变化。

相位调制是式（3.2）中相位角 ϕ 随调制信号的变化规律而变化，调相波的总相位角为

$$\phi(t) = \omega t - \phi = \omega t - (k_\phi \sin\omega_m t + \phi_c) \tag{3.14}$$

则调相波的表达式可写为

$$\varPhi(t) = \varPhi_0 + \varPhi_m \sin\{\omega t - \phi[X(t)]\} = \varPhi_0 + \varPhi_m \sin\{\omega t - (k_\phi \sin\omega_m t + \phi_c)\} \tag{3.15}$$

式中，k_ϕ 为相位比例系数；ϕ_c 为相位角。

3.2.3　强度调制

强度调制使光载波的强度（光强）随调制信号按规律变化振荡。如图 3.3 所示，光束调制多采用强度调制形式，这是因为接收器一般都直接响应其所接收的光强变化。

光束强度定义为光波电场的平方，其表达式为

$$I(t)=\Phi^2(t)=\Phi_0^2+2\Phi_0\Phi_m\sin(\omega t-\phi)+\Phi_m^2\sin^2(\omega t-\phi)$$

于是，强度调制的光强可表示为

$$I(t)=\frac{\Phi_m^2}{2}[1+k_pX(t)]\sin^2(\omega t-\phi) \tag{3.16}$$

仍设调制信号是单频余弦波，则 $X(t)=\cos(\Omega t+\phi_0)$，有

$$I(t)=\frac{\Phi_m^2}{2}[1+k_p\cos(\Omega t+\phi)]\sin^2\omega t \tag{3.17}$$

式中，k_p 为强度调制系数。强度调制波的频谱可用前面所述的类似方法求得，其结果与调幅波略有不同，其频谱分布除了载频及对称分布的两边频之外，还有低频Ω和直流分量。

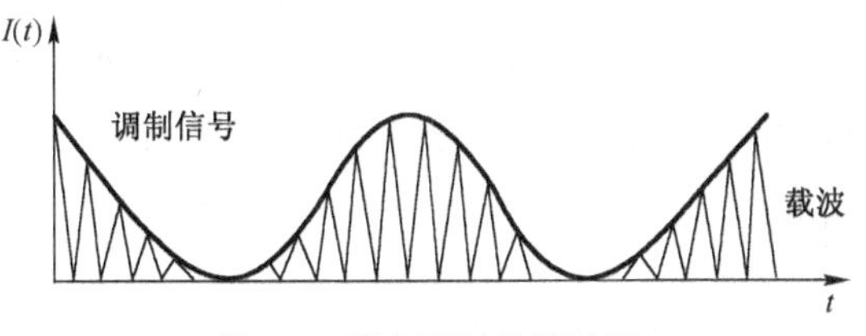

图 3.3　强度调制信号波形

3.2.4　脉冲调制

以上几种调制方式所得到的调制波都是一种连续振荡波，统称为模拟调制。另外，目前广泛采用一种不连续状态下进行调制的脉冲调制和数字式调制（脉冲编码调制）。

将直流光通量用斩光盘调制，使光通量间歇通断可以得到连续光脉冲载波。若使载波脉冲的幅度、重复频率、脉宽、相位等参量或它的组合按调制信息改变，可以得到图 3.4 给出的各种类型的脉冲调制方式。其中图 3.4（a）是调制信号，图 3.4（b）是脉幅调制，它的脉冲幅度 A 随调制信号改变。图 3.4（c）是脉冲频率调制，脉冲的幅度 A 和持续时间 t_W（或称脉宽）保持不变，只改变脉冲的重复周期 T_0。图 3.4（d）中，脉冲序列的幅度 A 和重复周期 T_0 不变，只是脉冲的持续时间 t_W 随调制信号改变，称为脉

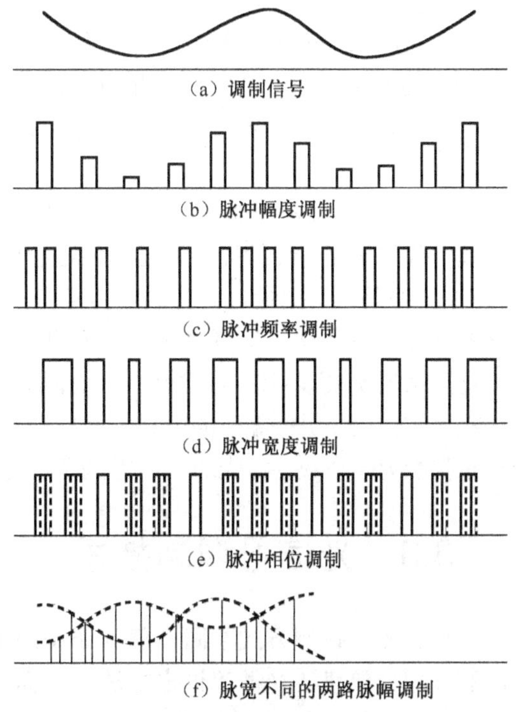

图 3.4　脉冲调制形式

宽调制。脉冲的振幅、脉宽、周期保持不变，只是相对于确定时间的脉冲位置 ϕ 随调制信号改变，称为脉冲相位调制，如图 3.4(e)所示。表 3.1 列出了这些脉冲调制方法中各调制参数的变化。表中“—”表示脉冲参数保持不变，“0”表示脉冲参数随调制信号改变。

表 3.1　不同脉冲调制方法中脉冲参数的变化

调制类型 \ 脉冲参数	幅度 A	周期 T_0	脉宽 t_w	相位 ϕ
脉幅	0	—	—	—
频率	—	0	—	—
脉宽	—	—	0	—
相位	—	—	—	0
复合	0	—	0	—

调制方法不仅能提高光电系统测量的灵敏度，而且能在同一光学通路中实现多个信息的多路传输。图 3.4（f）表示了两个同样采用脉幅调制的光信号，它们的脉宽不同。将此二信号放在同一信道中传送，只要在接收端设置脉宽鉴别电路，利用光脉冲宽度不同的特点就能将它们分离到两个通路上。在各自的通路里从已调幅的脉冲序列中解调出信号包络线，即可得到被传送的信息。利用激光器的多路信号传输广泛应用于光导纤维的光通信中。

为了定量理解复杂脉冲信号的波形关系，需要对脉冲序列进行频谱分析。这通常是较为复杂的，可根据信号傅里叶分析的有关书籍和图表进行。

3.2.5　脉冲编码调制

脉冲编码调制是把模拟信号先变成电脉冲序列，进而变成代表信号信息的二进制编码，再对光载波进行强度调制。要实现脉冲编码调制，必须进行三个过程：抽样、量化和编码。

① 抽样：就是把连续信号波分割成不连续的脉冲波，用一定的脉冲列来表示，且脉冲列的幅度与信号波的幅度相对应。也就是说，通过抽样，原来的模拟信号变成一脉幅调制信号。按照抽样定理，只要取样频率比所传递信号的最高频率大两倍以上，就能恢复原信号。

② 量化：就是把抽样后的脉幅调制波进行分级取“整”处理，用有限个数的代表值取代抽样值的大小，经抽样再通过量化过程变成数字信号。

③ 编码：是把量化后的数字信号变成相应的二进制码的过程，即用一组等幅度、等宽度的脉冲作为“码子”，用“有”脉冲和“无”脉冲分别表示二进制数码的“1”和“0”。再将这一系列反映数字信号规律的电脉冲加到一个调制器上，以控制激光的输出。由激光载波的极大值代表二进制编码的“1”，而用激光载波的零值代表“0”。这种调制方式具有很强的抗干扰能力，在数字激光通信中得到了广泛的应用。

3.3　光信号调制技术

尽管光束调制方式不同，但其调制的工作原理都基于电光、声光、磁光等各种物理效应和使用调制盘、光栅等机电方法。下面根据内调制（直接调制）和外调制来介绍直接调制、电光调制、声光调制、磁光调制和调制盘的原理和方法。

3.3.1 直接调制

直接调制是光纤通信中普遍采用的实用化调制方法。直接调制可分为模拟调制和数字调制两种。前者利用连续的模拟信号（如电视、语音等信号）直接对光源进行光强度调制，而后者利用脉冲编码调制的数字信号对光源进行光强度调制。直接调制应用最多的是半导体激光器 LD 和半导体发光器件 LED。

1. 半导体激光器（LD）直接调制的原理

半导体激光器是电子与光子相互作用并进行能量直接转换的器件。图 3.5 示出了砷镓铝双异质结注入式半导体激光器的输出光功率与驱动电流的关系曲线。半导体激光器有一个阈值电流 I_t，当驱动电流密度小于 I_t 时，激光器基本上不发光或只发很弱的、谱线宽度很宽、方向性较差的荧光；当驱动电流密度大于 I_t 时，则开始发射激光，此时谱线宽度、辐射方向显著变窄，强度大幅度增加，而且随电流的增加呈线性增长，如图 3.6 所示。由图 3.5 可以看出，发射激光的强弱直接与驱动电流的大小有关。若把调制信号加到激光器电源上，就可以直接改变（调制）激光器输出光信号的强度。由于这种调制方式简单，能工作在高频，并能保证良好的线性工作区和带宽，因此在光纤通信、光盘和光复印等方面得到了广泛的应用。

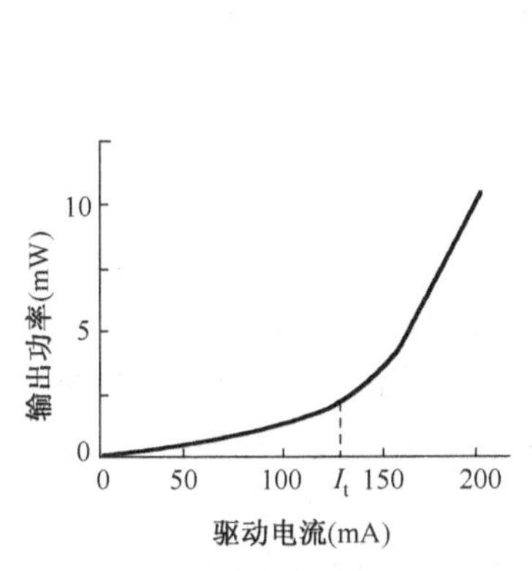

图 3.5　半导体激光器的输出特性

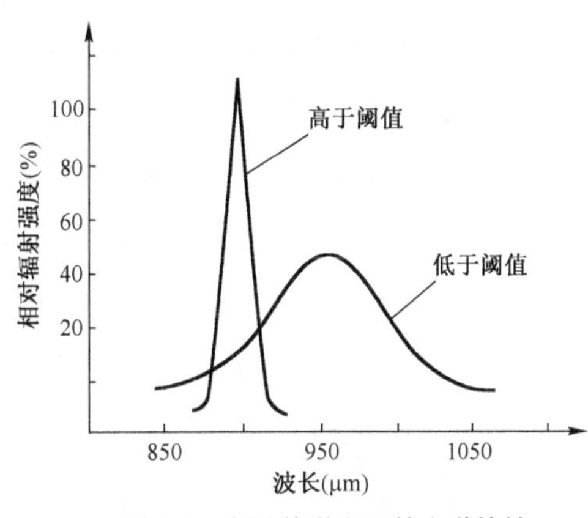

图 3.6　半导体激光器的光谱特性

图 3.7 所示为半导体激光器调制原理以及输出光功率与调制信号的关系曲线。为了获得线性调制，使工作点处于输出特性曲线的直线部分，必须在加调制信号电流的同时加一适当的偏置电流 I_b，使输出的光信号不失真。但是必须注意，要把调制信号源与直流偏置隔离，避免直流偏置源对调制信号源产生影响。当频率较低时，可用电容和电感线圈串接来实现，当频率很高（大于 50 MHz）时，则必须采用高通滤波电路。另外，偏置电源直接影响 LD 的调制性能，通常应选择 I_b 在阈值电流附近而且略低于 I_t，此时 LD 可获得较高的调制速率。因为在这种情况下，LD 连续发射光信号不需要准备时间（即延迟时间很小），其调制速率不受激光器中载流子平均寿命的限制，同时也会抑制张弛振荡。但 I_b 选得太大，又会使激光器得消光比变坏，所以在选择偏置电流时，要综合考虑其影响。

半导体激光器处于连续调制工作状态时，无论有无调制信号，由于有直流偏置，所以功耗较大，甚至引起温升，会影响或破坏器件的正常工作。双异质结激光器的出现，使激光器的阈值电流密度比同质结大大降低，可以在室温下以连续调制方式工作。

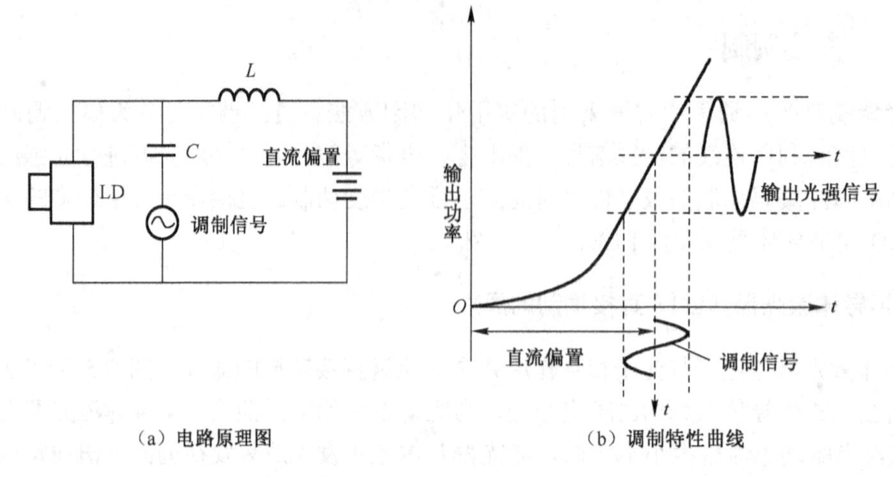

图 3.7　半导体激光器调制

要使半导体激光器在高频调制下工作不产生调制畸变，最基本的要求是输出功率要与阈值以上的电流呈良好的线性关系；另外为了尽量不出现张弛振荡，应采用条宽较窄结构的激光器。另外，直接调制会使激光器主模的强度下降，而次模的强度相对增加，从而使激光器谱线加宽，而调制所产生的脉冲宽度Δt 和宽度$\Delta\gamma$之间相互制约，构成所谓傅里叶变换的带宽限制，因此，直接调制的半导体激光器的能力受到$\Delta t\cdot\Delta\gamma$ 限制，故在高频调制下宜采用量子阱激光器或其他外调制器。

2．半导体发光二极管（LED）的调制特性

半导体发光二极管由于不是阈值器件，它的输出光功率不像半导体激光器那样会随注入电流的变化而发生突变，因此 LED 的 $P\sim I$ 特性曲线的线性比较好。图 3.8 示出了 LED 与 LD 的 $P_{out}\sim I$ 特性曲线的比较。由图可见，其中 LED_1 和 LED_2 是正面发光型发光二极管的 $P\sim I$ 特性曲线。LED_3 和 LED_4 是端面发光型发光二极管的 $P\sim I$ 特性曲线，可见，发光二极管的 $P\sim I$ 特性曲线明显优于半导体激光器，所以它在模拟光纤通信系统中得到广泛应用。但在数字光纤通信系统中，因为它不能获得很高的调制速率（最高只能达到 100 Mb/s）而受到限制。

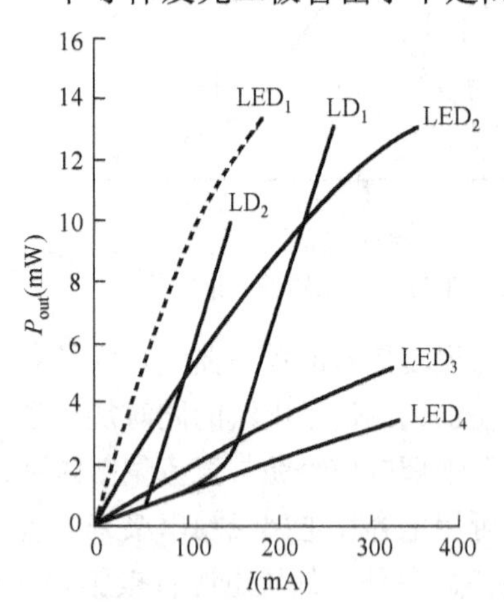

图 3.8　LED 与 LD 的 $P_{out}\sim I$ 曲线比较

3．半导体光源的模拟调制

无论是使用 LD 还是使用 LED 作为光源，都要施加偏置电流 I_b，使其工作点处于 LD 或 LED 的 $P\sim I$ 特性曲线的直线段，如图 3.9 所示。其调制线性好坏与调制深度 m 有关：

$$\text{LD：}\ m=\frac{\text{调制电流幅度}}{\text{偏置电流}-\text{阈值电流}}\qquad \text{LED：}\ m=\frac{\text{调制电流幅度}}{\text{偏置电流}} \tag{3.18}$$

由图可见，当 m 大，调制信号幅度大，则线性较差；当 m 小，虽然线性好，但调制信

号幅度小。因此，应选择合适的 m 值。另外，在模拟调制中，光源器件本身的线性特性是决定模拟调制好坏的主要因素。所以在线性要求较高的应用中，需要进行非线性补偿，即用电子技术校正光源引起的非线性失真。

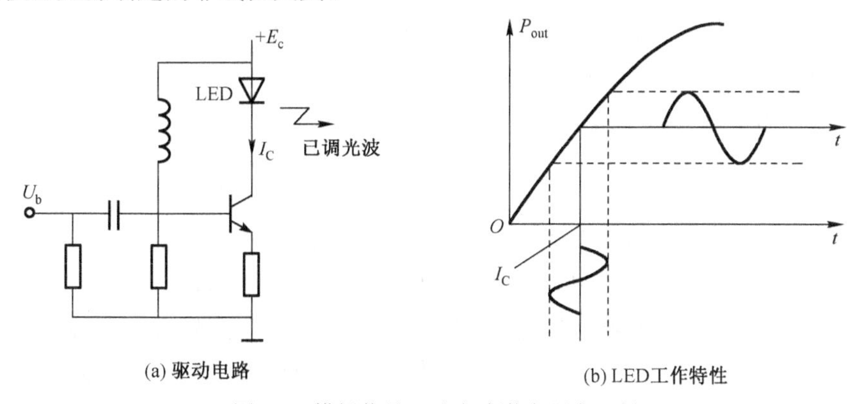

(a) 驱动电路　　　　(b) LED工作特性

图 3.9　模拟信号驱动电路激光强度调制

4．半导体光源的脉冲编码数字调制

如前所述，数字调制是用二进制数字信号“1”码和“0”码对光源发出的光波进行调制。而数字信号大多采用脉冲编码调制，即先将连续的模拟信号通过“抽样”变成一组调幅的脉冲序列，再经过“量化”和“编码”过程，形成一组等幅度、等宽度的矩形脉冲作为“码元”，结果将连续的模拟信号变成了脉冲编码数字信号。然后，再用脉冲编码数字信号对光源进行强度调制，其调制特性曲线如图 3.10 所示。

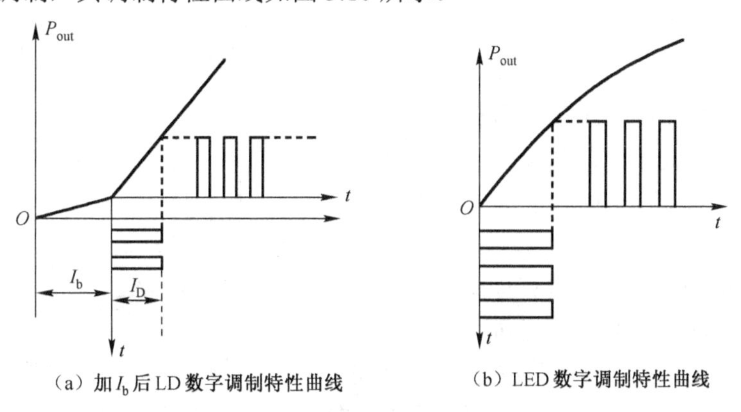

（a）加 I_b 后 LD 数字调制特性曲线　　（b）LED 数字调制特性曲线

图 3.10　数字调制特性曲线

由于数字光通信的突出优点，所以其有很好应用的前景。首先，因为数字光信号在信道上的传输过程中引进的噪声和失真，可采用间接中继器的方式去掉，故抗干扰能力强；其次，对数字光纤通信系统的线性要求不高，可充分利用光源（LD）的发光功率；第三，数字光通信设备便于和脉冲编码电话终端、脉冲编码数字彩色电视终端、电子计算机终端相连接，从而组成既能传输电话、彩色电视，又能传输计算机数据的多媒体综合通信系统。

3.3.2　电光调制

利用某些物质的电光效应可以制成电光器件，具有电光效应的光学介质受到外电场作用时，它的折射率将随着外电场变化。因此，光在晶体中传播的性质可用电场对光学介质折射率的影响来描述。

电光效应有两种：一种是外电场作用在压电晶体上时，使晶体产生非对称性，从而使通过该晶体的光束产生双折射，双折射率的差与外电场强度的一次方成正比，称为泡克耳斯（Pochels）效应，也称一次电光效应；另一种是某些各向同性的介质，在强电场的作用下变成各向异性，光束通过这些介质会产生双折射现象，双折射率的差与外电场强度的平方成正比，称为克尔（Kerr）效应。

利用克尔效应制成的调制器称为克尔盒，如图 3.11（a）所示；利用泡克耳斯效应制成的调制器称为泡克耳斯盒，其中的光学介质为非中心对称的压电晶体。泡克耳斯盒又可分为纵向和横向调制器两种，它们在光路中的放置如图 3.11（b）和（c）所示。

在图 3.11（a）中，当不给克尔盒加电压时，盒中的介质是透明的。各向同性的非偏振光经过起偏器 P 后变为振动方向平行于 P 光轴的平面偏振光，通过克尔盒时其振动方向不变。在光路中起偏器 P 和检偏器 Q 的光轴安装时调成彼此垂直，当光到达检偏器 Q 时，因光的振动方向垂直于 Q 的光轴而被阻挡，所以 Q 没有光输出；当克尔盒加电压时，盒中的介质则因有外电场的作用而具有单轴晶体的光学性质，光轴的方向平行于电场。这时通过它的平面偏振光则改变其振动方向，所以，经过起偏器 P 产生的平面偏振光，通过克尔盒后，振动方向就不再与 Q 光轴垂直，而是在 Q 光轴方向上有光振动的分量，所以，此时 Q 就有光输出了。Q 的光输出强弱，与盒中介质的性质、几何尺寸、外加电压的大小等因素有关。对于结构已确定的克尔盒来说，如果外加电压是周期性变化的，则 Q 的光输出必然也是周期性变化的，因此可实现对输出光偏振和强度的调制。图 3.11（b）和（c）为泡克耳斯型电光调制器，其工作原理与 3.11（a）相同。

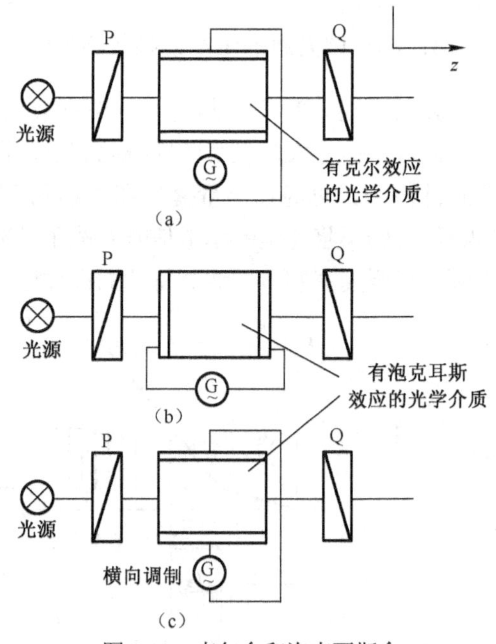

图 3.11　克尔盒和泡克耳斯盒

图 3.12 示出了上述几个偏振量的方位关系。其中，光的传播方向平行于 z 轴（垂直于纸面向里）；M 和 N 分别为起偏器 P 和检偏器 Q 的光轴方向，二者彼此垂直；α 为 M 与 y 轴的夹角，β 为 N 与 y 轴的夹角，$\alpha+\beta=\pi/2$；外电场使克尔盒中电光介质产生的光轴方向平行于 x 轴；o 光垂直于 xz 面，e 光在 xz 面内。

设自然光经过 P 后所产生的平面偏振光为

$$A_m = A\sin\omega t \tag{3.19}$$

由于此光的传播方向垂直于介质光轴，所以它通过介质时会产生双折射。但是 o 光和 e 光在介质中的折射率不同，而且 o 光的振动方向垂直于主截面（光轴与光线所构成的平面），e 光的振动方向在主截面内，所以 o 光和 e 光在介质中的传播速度不同。这两种光在介质的输入端是同相位的，而通过一定厚度的介质达到输出端时，将要有一定的相位差。因此，o 光和 e 光在介质输出端的光波振幅表达式为

$$A_{xl} = A\sin\omega t\sin\alpha \tag{3.20}$$

$$A_{yl} = A\sin(\omega t+\phi)\cos\alpha \tag{3.21}$$

式中，下标 l 代表介质厚度；ϕ 代表 o 光、e 光通过厚度为 l 的介质后所产生的相位差。

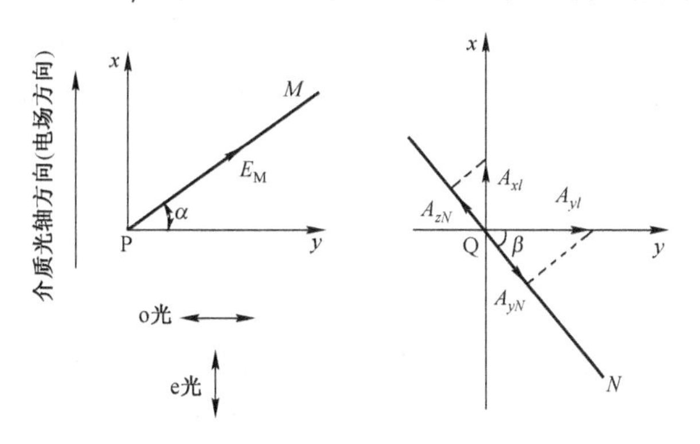

图 3.12　偏振量的方位关系

当 o、e 光到达检偏器 Q 时，只有平行于检偏器 Q 光轴 N 的分量能通过，垂直于 N 的分量则被阻挡。所以，通过检偏器 Q 的光波振幅为

$$A_{xN} = -A_{xl}\sin\beta \tag{3.22}$$

$$A_{yN} = A_{yl}\cos\beta \tag{3.23}$$

它们在 N 方向上的合量为

$$A_N = A_{xN} + A_{yN} = A\left[\sin(\omega t+\phi)\cos\alpha\cos\beta - \sin\omega t\sin\alpha\sin\beta\right] \tag{3.24}$$

改变 P 与 Q 的相对方位设置，可以控制输出 A_N。可以证明，当 $\alpha = \beta = \pi/4$ 时输出最强，此时式（3.24）变为

$$A_N = A\sin(\phi/2)\cos(\omega t+\phi/2) = A_0\cos(\omega t+\phi/2)$$

式中，$A_0 = A\sin(\phi/2)$ 为通过检偏器 Q 的光振动的振幅。

由于发光强度 I 正比于振幅的平方，于是有

$$I \propto A_0^{\ 2} = A^2\sin^2(\phi/2) \tag{3.25}$$

式（3.25）对克尔盒和泡克耳斯盒都适用，其中的相位差 ϕ 随盒中介质的不同而不同。对于具体克尔效应的介质，理论分析指出，o 光和 e 光通过厚度为 l 的介质后，所产生的相位差为

$$\phi = 2\pi kd(U/l)^2 \tag{3.26}$$

式中，k 称为克尔系数，它与介质的性质有关；U 为加到克尔盒两电极板上的电压；l 为两电极板间的距离，可见，克尔盒中 ϕ 与 U 的平方呈线性关系。

现对式（3.25）和式（3.26）简要分析如下：

① 若 $U = 0$，则相位差 $\phi = 0$，从而通过检偏器的光强度 $I = 0$，这是不给克尔盒加电压、Q 无输出时情形。

② 若 $U = l(2kd)^{-1/2}$，则 $\phi = \pi$，$I \propto A^2$，这是给克尔盒加电压，而所加的电压又满足式（3.26）的情形，这时 o 光、e 光相位差为 $\phi = \pi$，Q 有最大的光输出，相应的光程差为

$\lambda/2$，即$(n_e - n_o)d = \lambda / 2$。这时克尔盒的作用相当于一个 1/2 波片。所以，将满足这一条件的电压称为半波电压，记为 $U_{\lambda/2}$ 或 U_{π}。

③ 若 $0 < U < U_{\lambda/2}$，则 $0 < \phi < \pi$，$I \propto A^2 \sin^2(\phi / 2)$。这是介于以上两者之间的情形。Q 将因电压的不同而要阻挡一部分光，Q 的光输出是 ϕ 的参量，按正弦平方的规律变化。

克尔效应的时间响应特别快，可跟得上 10 Hz 的电压变化，因此可用做高速电光开关。如果加到克尔盒上的电压是由其他物理量转换来的调制信号，克尔盒的光输出就要随信号电压而变化，这时克尔盒就是电光调制器。

3.3.3　声光调制

1．光波在声光晶体中的传播

声波是一种弹性波（纵向应力波），在介质中传播时，它使介质产生相应的弹性变形，从而激起介质中各质点沿声波的传播方向振动，引起介质的密度呈疏密相间的交替分布。因此，介质的折射率也随之发生相应的周期性变化。超声场作用的这部分如同一个光学的“相位光栅”。该光栅间距（光栅常数）等于声波波长 λ_s。当光波通过此介质时，就会产生光的衍射，这种现象称为声光效应。其衍射光的强度、频率、方向等都随着超声场的变化而变化。

声波在介质中传播分为行波和驻波两种形式。图 3.13 所示为某一瞬间超声行波的情况。由于声速仅为光速的数十万分之一，所以对光波来说，运动的“声光栅”可以视为是静止的。设声波的角频率为 ω_s，波矢为 k_s，则沿 x 方向传播的声波方程为

$$a(x,t) = A\sin(\omega_s t - k_s x) \tag{3.27}$$

式中，a 为介质质点的瞬时位移，A 为质点位移的振幅，可近似地认为：介质折射率的变化正比于介质质点沿 x 方向位移的变化率，即

$$\Delta n(x,t) = \Delta n\cos(\omega_s t - k_s x) \tag{3.28}$$

式中，$\Delta n = -k_s A$，则声波为行波时的介质折射率：

$$n(x,t) = n_0 + \Delta n\cos(\omega_s t - k_s x) = n_0 - n_0^3 ps\cos(\omega_s t - k_s x) / 2 \tag{3.29}$$

式中，s 为超声波引起介质产生的应变，p 为材料的弹光系数。

超声驻波（见图 3.14）形成的折射率变化为

$$\Delta n(x,t) = 2\Delta n\sin \omega_s t\sin k_s x \tag{3.30}$$

超声驻波在一个周期内，介质两次出现疏密层，且在波节处密度保持不变，因而折射率每隔半个周期（$T_s/2$）就在波腹处变化一次，由极大（或极小）变为极小（或极大）。在两次变化的某一瞬间，介质各部分的折射率相同，相当于一个没有声场作用的均匀介质。若超声频率为 f_s，那么光栅出现和消失的次数则为 $2f_s$，因而光波通过介质后所得到的调制光的调制频率将为声频率的两倍。

2．声光调制器的工作原理

声光器件是基于声光效应的原理来工作的，它分为声光调制器和声光偏转器两类，它们的原理、结构、制造工艺相同，只是在尺寸设计上有区别。如图 3.15 所示，声光调制器由声光介质和换能器两部分组成。常用的声光介质有钼酸铝晶体、氧化碲晶体和熔石英等。

换能器即超声波发生器，它是利用压电晶体使电压信号变为超声波，并向声光介质中发射的一种能量变换器。

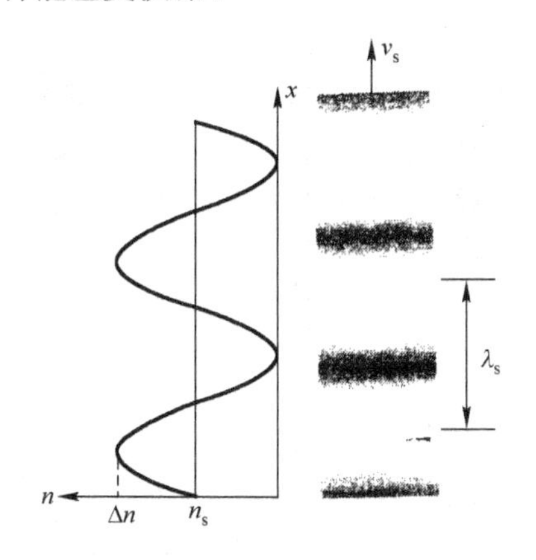

图 3.13　超声行波在介质中的传播

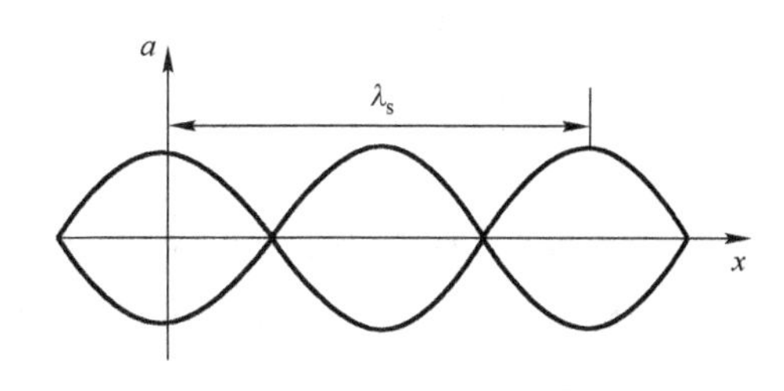

图 3.14　超声驻波

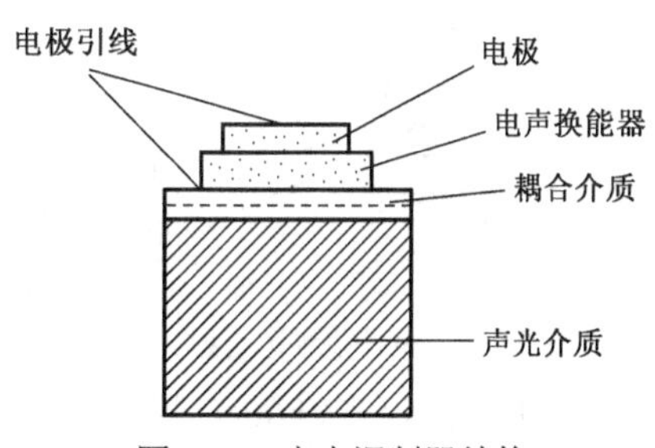

图 3.15　声光调制器结构

声光相互作用有两种情形：①正常的声光相互作用：介质的光学性质是各向同性的，介质的折射率与入射光的方向、偏振状态无关。此时，入射光的折射率、偏振状态与衍射光的折射率、偏振状态相同。可从各向同性介质中光的波动方程出发，利用介质应变与折射率变化之间的关系来描述声光效应，可用声光栅来说明光在介质中的衍射。②反常的声光相互作用：介质的折射率与入射光的方向、偏振状态有关，需要考虑介质在光学性质上的各向异性。这时，入射光的折射率、偏振状态与衍射光的折射率、偏振状态不同。此时，不能用声光栅来说明光在介质中的衍射现象。

目前，多数声光调制器都是利用正常声光相互作用原理来制作的，所以可用声光栅来分析。

而按照声波频率的高低及声波和光波作用长度的不同，声光相互作用可以分为拉曼-纳斯（Raman-Nath）衍射和布喇格（Bragg）衍射两种类型。

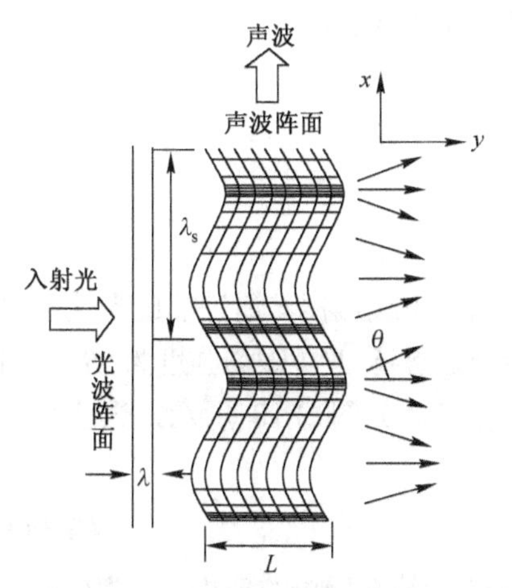

图 3.16　拉曼-纳斯衍射图

当超声波频率较低时，光波平行于声波面入射（即垂直于声场传播方向）。声光互作用长度 L 较短时，在光波通过介质的时间内，折射率的变化可忽略不计，则声光介质可近似视为相对静止的“平面相位栅”，产生拉曼-纳斯衍射。由于声速比光速小得多，故声光介质可视为一个静止的平面相位光栅，而且声波波长比光波波长大得多。当光波平行通过介质时，几乎不通过声波面，因此只受到相位调制，即通过光密（折射率大）部分的光波波振面将推迟，而通过光疏（折射率小）部分的光波波振面将超前，于是通过声光介质的平面波波振面出现凹凸现象，变成一个折皱曲面，如图 3.16 所示。

由出射波振面上各子波源发出的次波将发生相互作用，形成与入射方向对称分布的多级衍射光（也是在零级条纹两侧，对称地分布着各级衍射光的条纹，而且衍射光强逐级减弱），这就是拉曼-纳斯衍射。

理论分析指出，衍射光强和超声波的强度成正比。因此，可利用这一原理对入射光进行调制。若调制信号不是电信号，则首先要把它变为电信号，然后作用到超声波发生器上，使声光介质产生的声光栅与调制信号相对应。这时入射光的衍射光强正比于调制信号的强度，这就是声光调制器的原理。

实现拉曼-纳斯衍射的条件是

$$L << \Lambda^2 / 2\pi\lambda \tag{3.31}$$

式中，Λ和λ分别为超声波和入射光波的波长。

当声波频率较高，声光作用长度 L 较大，而且光束与声波波面间以一定的角度斜入射时，光波在介质中要穿过多个声波面，故介质具有“体光栅”的性质。当入射光与声波间夹角满足一定条件时，介质内各级衍射光会相互干涉，各高级次衍射光将互相抵消，只出现 0 级和 +1 级（或 -1 级）（视入射光的方向而定）衍射光，即产生布喇格衍射，见图 3.17。因此，若能合理选择参数，即 $\theta_i = \theta_B = K / 2k$，其中 $K = 2\pi/\Lambda$和 $k = 2\pi/\lambda$分别为超声波和入射光波的波数，并使超声场足够强，可使入射光能量几乎全部转移到 +1 级（或 -1 级）衍射极值上，因而光能量可以得到充分利用，所以利用布喇格衍射效应制成的声光调制器可以获得较高的效率。

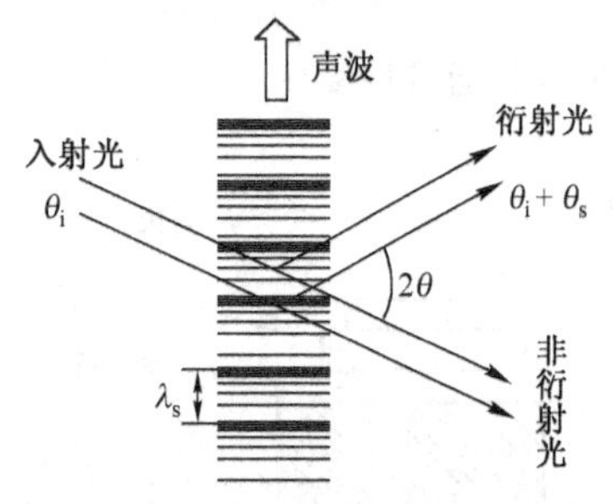

图 3.17　布喇格声光衍射

在图 3.15 中掠射角θ_i与衍射角θ_d之和，也称为偏转角θ，即

$$\theta = \theta_i + \theta_d = 2\theta_B \approx \lambda/n = f\lambda/v \tag{3.32}$$

式中，v 和 f 分别为超声波在介质中的传播速度和频率。

由此可知，偏转角正比于超声波的频率。故改变超声波的频率（实际是改变换能器上电信号的频率）即可改变光束的出射方向，这就是声光偏转器的原理。又由于一级衍射光的频率 $\nu_1 = \nu + f$，其中ν为光频，f 为声频，因此改变声频可用于频率调制。

使式（3.32）成立的条件是

$$L \gg \Lambda^2 / 2\pi\lambda \tag{3.33}$$

3.3.4　磁光调制

1845 年，法拉第（Michael Faraday）在实验中发现，当一束线偏振光通过非旋光性透明介质（如水、铅玻璃）时，如果在介质中沿光传播方向加一强磁场 H（磁场强度为 B），则光通过介质后，光振动（指电矢量 G）的振动面转过一角度θ，如图 3.18 所示，这就是法拉第效应或磁致旋光效应。

$$\theta = VLB\cos\alpha \tag{3.34}$$

式中，θ 为振动面旋转的角度；L 为光程；B 为磁场强度；α为光线与磁场的夹角；V 为比例系数，称费尔德常数，它与磁光介质和入射光的波长有关，是一个表征介质磁光性强弱的参量。

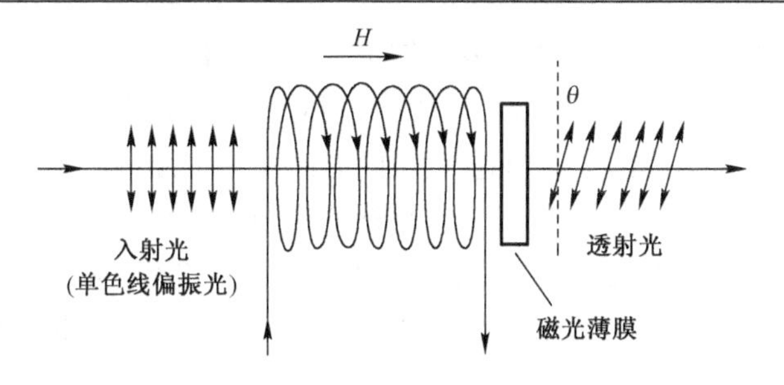

图 3.18　法拉第效应示意图

如图 3.19 所示，是根据法拉第旋光效应制成的磁光调制器，磁偏物质中的交变磁场 H 是由交变电流通过线圈产生的，如果交变电流 $i = i_0 \sin \omega t$，则

$$B = B_0 \sin \omega t \tag{3.35}$$

旋光转角为

$$\theta = \theta_m \sin \omega t = B_0 VL \sin \omega t \cos 90° \tag{3.36}$$

式中，θ_m 是在外加电流 i_0 时对应的最大旋转角；这种旋转角的正弦变化实际上是偏振光振动面随时间的摆动。当 $i = 0$ 时，偏振光振动面的方向为摆动中心，最大摆角为 θ_m。

造成输出调制光强为

$$I = I_0 \cos^2(\phi - B_0 VL \sin \omega t) \tag{3.37}$$

式中，ϕ 为起、检两偏振器主方向的夹角。实际使用中常采用两偏振器垂直的方式，即 $\phi = \pi/2$ 时，

$$I = I_0 \sin^2(\theta_m \sin \omega t) \tag{3.38}$$

因此，要提高法拉第旋光效应的效果，可从三个方面采取措施：①选择磁旋系数 V 强的物质；②加大线圈匝数以增大 H，但会使结构笨重，增大电感性的惰性，对工作不利；③增加光在磁场中的路径长度。

上面所讨论的各种电光、磁光和声光效应，只是简单地介绍了采用这些原理构成光调制器的方案。对于各种不同的调制器，主要完成的调制类型如表 3.2 所示。

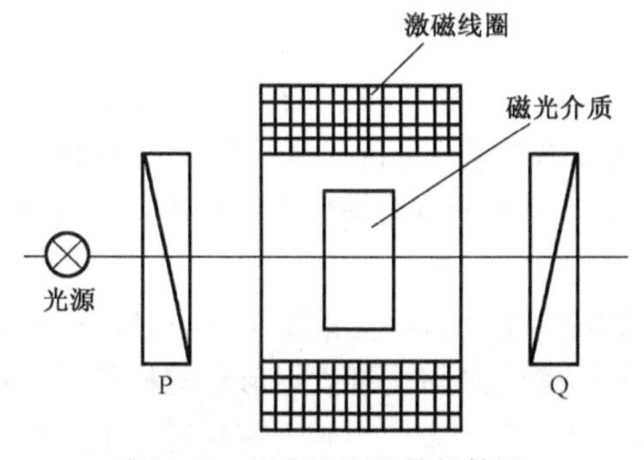

图 3.19　磁光调制器结构简图

表 3.2　不同光控效应能完成的调制类型

光调制类型	典型光调制器
振幅调制	电光光强调制器
频率调制	声光频率器
相位调制	电光相位调制器
偏振面调制	磁光调制器
光束主向调制	声光偏转器

3.3.5　光学调制盘

调制盘是用光刻的方法在基板上刻出许多透光和不透光的栅格，也可在金属基体上通

过机械加工而获得一些透光或不透光的各种图形。通常调制盘被置于光学系统的焦平面上，位于光点探测器之前。当目标像与调制盘之间有相对运动时，调制盘的透光与不透光栅格切割像点，使得通过调制盘的恒定辐射能量变成随时间变化的断续辐射能量，并使这断续辐射能量的某些特征（幅度、频率、相位等）随目标的空间方位变化。

调制盘最基本作用是把恒定的辐射通量变成周期性重复的光辐射通量，其主要作用如下：

① 将静止的目标像调制成交流信号，以抑制噪声和光源波动的影响，提高系统的检测能力；

② 可进行空间滤波，抑制背景噪声；

③ 提供目标的方位空间等。

光电系统中的调制盘种类繁多，图样各异，像点相对调制盘运动方式也各不相同。因此，调制盘对目标位置进行编码（调制）的方式也就各种各样。从位置编码的基本原理（即调制方式）考虑，将调制盘分为以下几种类型：调幅式（AM）、调频式（FM）、调相式（PM）、调宽式（WM）和脉冲编码式。图 3.20 所示是几种调制盘。

(a) 光电扫描式调幅调制盘

(b) 旋转调频调制盘

(c) 调相式调制盘

(d) 脉冲调宽调制盘

图 3.20　调制盘图案举例示意图

按目标像点与调制盘之间相对运动的方式不同，可将调制盘的扫描方式分为：旋转式、光点扫描式（即圆锥扫描式）和圆周平移式三种。它们都是将调制盘置于光学系统的焦平面上，旋转和圆锥扫描式的调制盘中心与光学系统的主轴重合，旋转扫描式的调制盘绕光轴转动；圆锥扫描式的调制盘固定不动，而是利用光学系统是目标像点，相对于调制盘做圆周运动。在圆周平移式中，采用调制盘绕光轴作圆周平移的扫描方式。

1. 调制盘及调制波形

调制盘如图 3.21 所示，在圆形的板上由透明和不透明相间的扇形区构成。当以圆盘中心为轴旋转时（调制盘与目标像点有相对运动），就可以对通过它的光束 M（或目标像点）进行调制。经调制后的波形由光束的截面形状和大小，以及调制盘图形的结构决定（调制盘的栅格孔径决定）。

当光束是圆形截面，其大小与调制盘通光处相应半径上的线度相比又很小时，如图中 M 光束截面，那么调制波形近似为方波；当光束截面增大到与调制盘图形结构相仿时，如图中 P 光束截面，那么调制波形近似为正弦波形。显然在光束由小到大变化过程中，相应的调制波形由方波变化为梯形波再变化为正弦波。

图 3.22 所示为调制光波形与光束截面和调制盘间的关系。调制盘的图形近似为方形，而光束截面为宽度不等的矩形，所形成的调制波形是方波、梯形波和三角波等。可按照工作要求进行设计和调整。

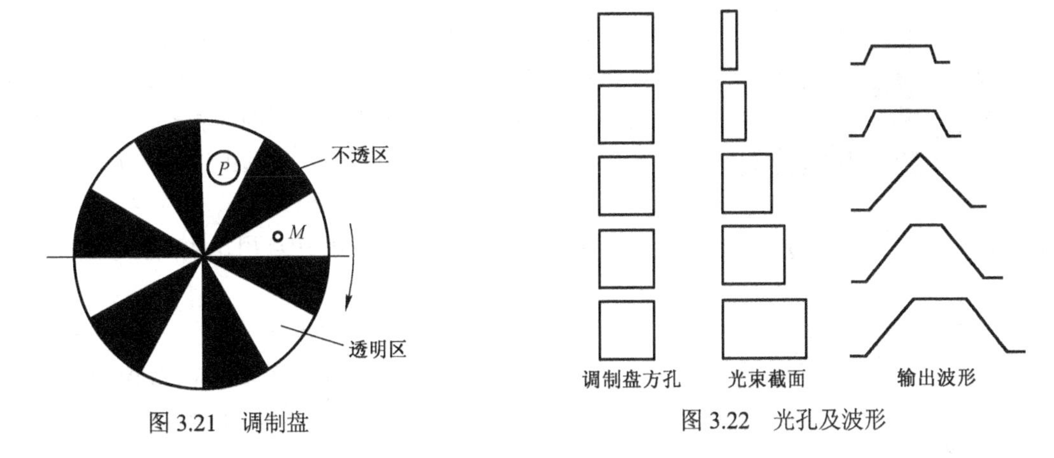

图 3.21　调制盘　　　图 3.22　光孔及波形

2．目标偏移量

在用于跟踪及瞄准的光电系统中，利用对目标发出的光辐射进行特别的调制，可以获得目标偏离轴线的误差信号，在误差信号的控制下，使光电系统的轴线得到修正，达到正确跟踪或瞄准目标的目的。

在跟踪或瞄准系统中，调制获得的误差信号就是目标偏移量的信息。因此，首先要明确偏移量的表示方法。图 3.23 所示是瞄准系统中物像的关系。设目标距离远大于物镜的焦距，所以目标像成在物镜的焦平面 O。图中带′的是物方参量，物点 M' 的位置可用极坐标 $M'(\rho',\theta')$ 表示。目标 M' 在像方的像点为 M 点，用极坐标表示为 $M(\rho,\theta)$，具体表达式为

$$\begin{cases}\rho = f\cdot\tan\Delta q\\ \theta=\theta'\end{cases}\tag{3.39}$$

式中，f 为物镜的焦距；Δq 为失调角；θ 为方位角。于是 ρ,θ 可以反映目标偏离光轴的大小和方位。

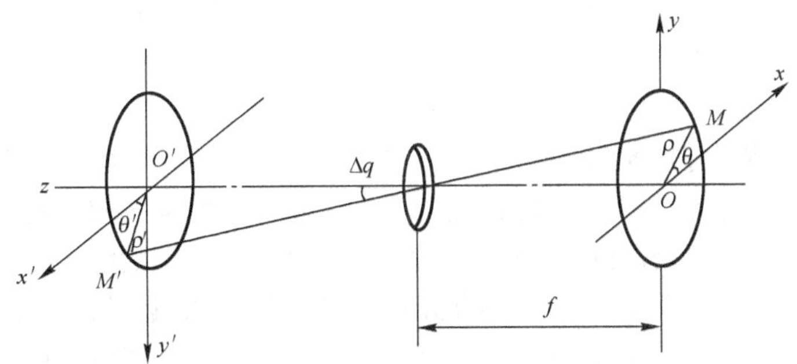

图 3.23　瞄准系统中的物像关系

从像面上看，目标离轴心的偏离虽可用 ρ 和 θ 表示，当然也可以用 Δq 和 θ 表示。下面列举两种调制方法，说明如何调制出目标的偏离量，即误差信号。

3．调幅式调制盘

调幅型调制原理可用所谓初升太阳式调制盘来说明，其原理如图 3.24 所示。在圆形调制盘上分为两部分，上半部由透光与不透光的等间隔扇形面相间组成，下半部制成半透区，对目标进行调制时将调制盘置于像面即物镜焦面上。

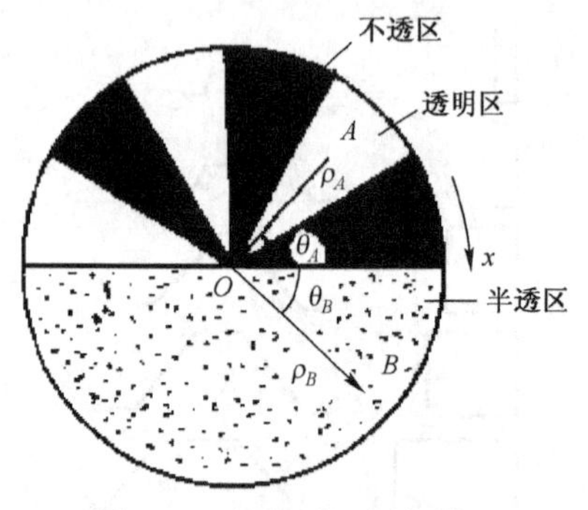

图 3.24　调幅型调制盘原理

某目标像点落在调制盘的 A 点处，由于像点有一定的大小，而调制盘又是扇形结构，所以像点位于调制盘的不同径向位置上，所占透明区的面积不同，透过的通量 Φ 也不同。其规律是离轴心越远占透明区的面积 s 越大，反之占透明区的面积越小。可表示为 $\Phi = F(\rho, s)$，而 $s = g(\rho)$，因此亦有 $\Phi = F[\rho, g(\rho)]$，因矢径 $\rho = f \cdot \tan\Delta q$，所以有

$$\Phi = h(\Delta q) \tag{3.40}$$

说明透过的通量 Φ 大小表征了失调角 Δq 的大小。调制盘按顺时针方向旋转，产生调制信号的幅值 a_0 将对应透过通量，也就反映了失调角的大小，或者说反映了目标的偏离量。

上述调制盘设定了半盘分界的特点，使分界线为获得方位信息提供了可能。用 Ox 作为方位角的零线，则目标方位角 θ 可从所获得的调制波中找到。图 3.25 所示是调制波形图，实线为调制波的实际信号波形，虚线是调制波的包络，而上部实线则表示基准信号。调制包络与基准信号间的相位角，即初相角就是目标偏离 Ox 轴的方位角 θ。与图 3.24 相对应在图 3.25 的两图中分别表示了目标落于调制盘 A 点和 B 点上时的方位角 θ_A 和 θ_B。通过初升太阳式调制盘旋转对目标像点光束的调制，获得了失调角 Δq 和方位角 θ 的信息，经光电转换，电路处理就可获得修正系统的误差信号。

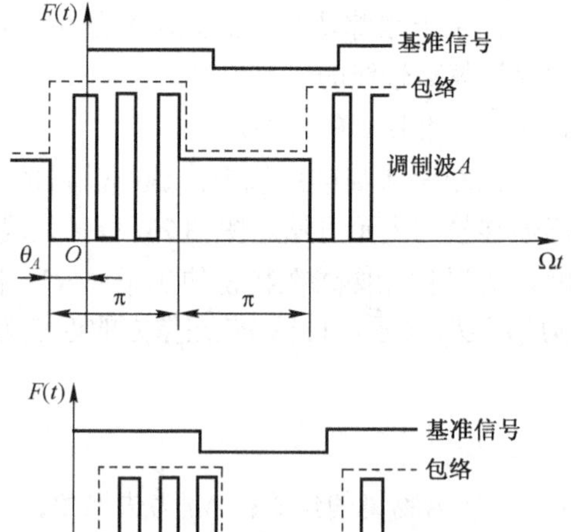

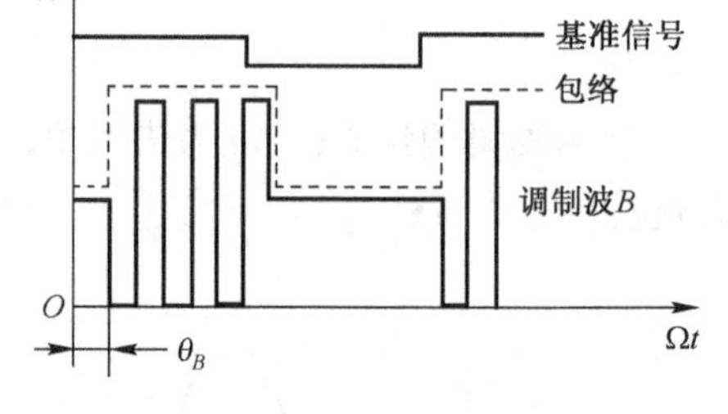

图 3.25　调幅型波形

实际中使用的调幅式调制盘还要复杂些。例如在制导中所用的调制盘，如图 3.26 所示。其图案做了两方面的修改，一方面是将半透明的下半区改成透光与不透光等宽的同心半圆环，且带环甚密，使得不论何等待测大小的目标通过该区时，透射比均为 50%。另一方面的修改是将上半区中的扇形面沿盘的径向再行分格。分成透光与不透光相间的格子，要求每个格子的面积大小相等，即所谓的等面积原则。这时的图形类似于国际象棋的棋盘格，这一改进的重要作用是抑制非目标的背景。如以空中飞机为目标，云朵为背景，相对于目标云朵则为较大面积的背景，用初升太阳式调制盘进行光调制，若背景在盘的中部，占了盘上的多个扇形格，平均来说它在上半区的透过率约为 50%，与在下半区的透过率基本相同，因此基本不产生附加信号。如果背景成像于调制盘的边缘处，所占面积不超过一对扇形区，那么调制盘转动时，就会产生背景信号附加在目标信号中，对探测目标极为不利。如果采用图案改进后的调制盘，由于采用了等面积原理，盘上内外区等效，这样背景相占多个棋盘格，不会产生明显的背景信号。这就是所谓调制盘的空间滤波作用。

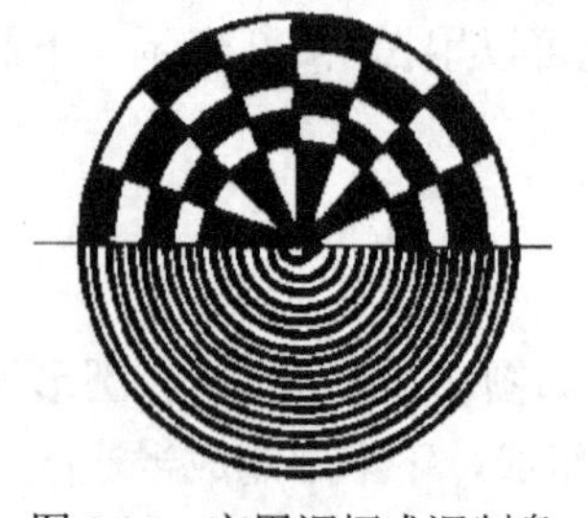
图 3.26　实用调幅式调制盘

4．调频型调制的实现

图 3.27 所示是实现调频的调制盘。它由 4 个同心环带组成，各环带所分的格子数不同，由内向外每增一个环带其格子数增加一倍，只要目标像偏离该调制盘的中心，盘转动时就将产生调制信号。从调制信号的频率不同就可得知目标像所处调制盘上的位置，进而获得偏离量的大小。图中目标像在 B 点时产生信号的频率比在 A 点时的频率增大一倍，通过电路中的鉴额器可获得目标偏离的信号。

然而上述调制盘不能反映目标所在的方位信息。为此设计了另一种调频式调制盘，如图 3.28 所示。它有这样的特点，从中心向外每个环带所分格子数成倍增加，而在每个环带中透光格子的宽度不均匀，其规律是按正弦关系分配。调制盘按顺时针方向旋转时，对应目标所处环带不同将输出不同频率的信号。各环带在每一周期中产生的脉冲信号的脉宽分布又按正弦变化，如图 3.29 所示。F_A、F_P 是目标像在调制盘上 A 点和 P 点时产生的脉冲信号，方位角的解出是以 OO' 轴为正弦变化的起始点，由于像点的不同位置使输出信号带上了初相角 θ_0 的信息，对所获信号解调后，由频率确定偏离量，由初相角确定目标偏离所处的方位角。上述关系可表示为

$$F(t) = F_0 \cos[\omega t + M\sin(\Omega t + \theta_0)] \tag{3.41}$$

式中，$F(t)$ 为所获调制波函数；F_0 为目标像点通量对应的幅值；ω 为对应目标像所在环带，当格子按均匀分布时的载波角频率；M 为目标像所在环带的调制系数；Ω 为调制盘的旋转频率；θ 为目标像点的方位角。式中，θ 和 M 都是偏离量的函数，偏离量由此解出；解出的 θ_0 是目标的方位角。

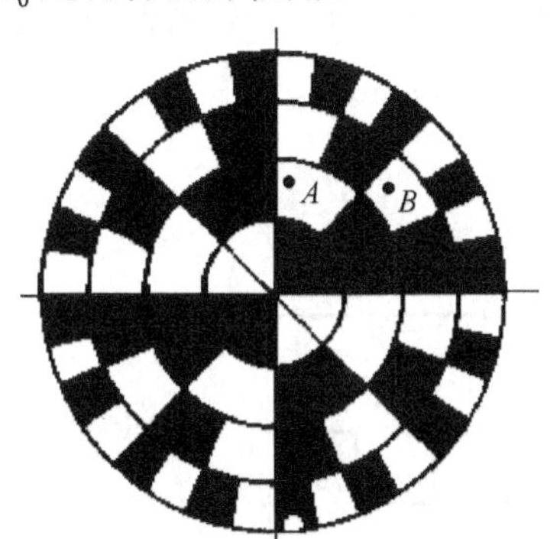

图 3.27　调频式调制盘

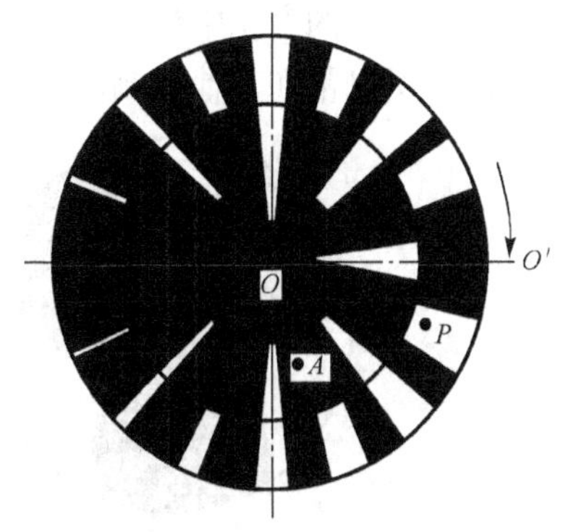

图 3.28　能反映方位的调频式调制盘

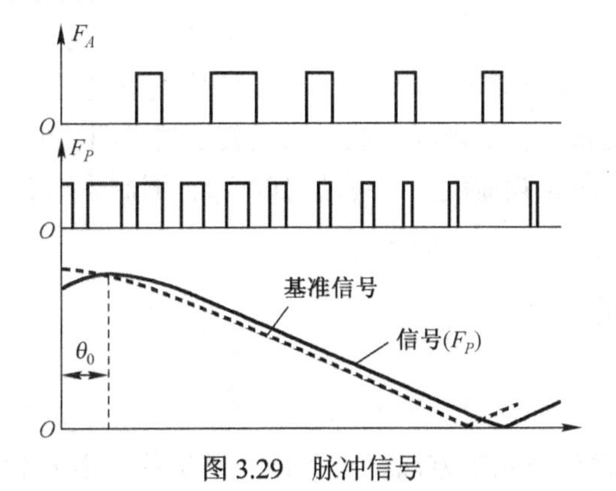

图 3.29　脉冲信号

5．调相式调制的实现

图 3.30 所示是一种可用于实现调相的调制盘。它以 R 为半径将圆盘分为两个区域，每个区域中都采用初升太阳式调制图案，两区相依相差 π。当目标像落在内圈、外圈及两区边界上时，产生如图 3.31 所示的调制波形，通过鉴相电路就可解调出目标的偏离信号，但不能反映偏离的方位角。

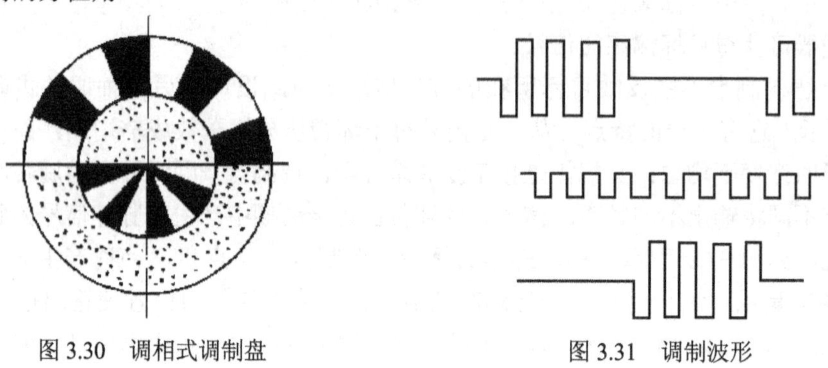

图 3.30　调相式调制盘　　　　图 3.31　调制波形

6．脉冲调宽式调制盘

图 3.32（a）是一种脉冲调宽式调制盘，白色区为全透射区，调制盘绕中心 O 旋转，目标像点不动。当目标像点落于中心 O 附近时，透射辐射的波形如图 3.32（b）所示，而当目标像点靠近调制盘边缘时，透射辐射的波形如图 3.32（c）所示。可见，当目标像点沿径向偏离中心时，透射辐射脉冲的周期 T 不变，而脉宽 τ 逐渐变大，脉冲占空比 τ/T 相应地增大。故在脉冲占空比的变化中包含目标沿径向偏离光轴的位置信息。这种调制盘不能反映目标的方位信息，所以常和其他调制形式结合起来反映目标的位置。

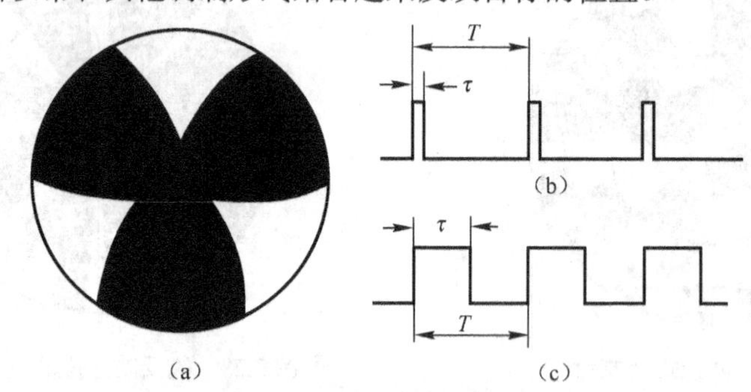

图 3.32　脉冲调宽式调制盘

以上只是举例说明调幅、调频和调相以及调宽实现的原理。调制盘是一种专门的技术，从理论到实践均有着很丰富的内容，这里只是初步的介绍，但必须指出的是，调制盘这类机械调制器件的结构简单、调制度大（可达 100%）、调制频率低（100 kHz 以下），因此应用范围受到限制。

3.3.6　光电编码器

1．工作原理

所谓光电编码器，就是用光电方法将转角或位移转换为各种代码形式的数字脉冲的传感器，由光学码盘（光栅盘）或码尺和光电检测装置组成。按照代码形成，编码器可分为增量式和绝对式两种。增量式光电编码器，实质上是一种光栅变换装置，没有固定的零位，它利用计算系统将旋转码盘产生的脉冲增量针对某个基准数进行加减以求得角位移。当编码器有绝对零位时，称其为绝对式编码器。绝对式编码器的图案不均匀，其光信号脉冲不一样，它在可运动的光学元件的各位置坐标上，刻制出表示相应坐标的代码形式的绝对地址，在元件运动过程中，读取这些代码，即能实时测得坐标的变化。

2. 码盘和码制

光学码盘是一种绝对式编码器，按输出代码形式可以有二进制、二-十进制和六-十进制等。以二进制代码为基础进行编码的码盘，用透光和不透光两种状态表示“1”和“0”，并以每个码道代表二进制的一位数。对应在光学码盘上是白黑相间的一个圆环。若干这样的码道就构成按二进制规律的码盘图案。图 3.33 所示为一个四码道组成的二进制码盘及其展开图。

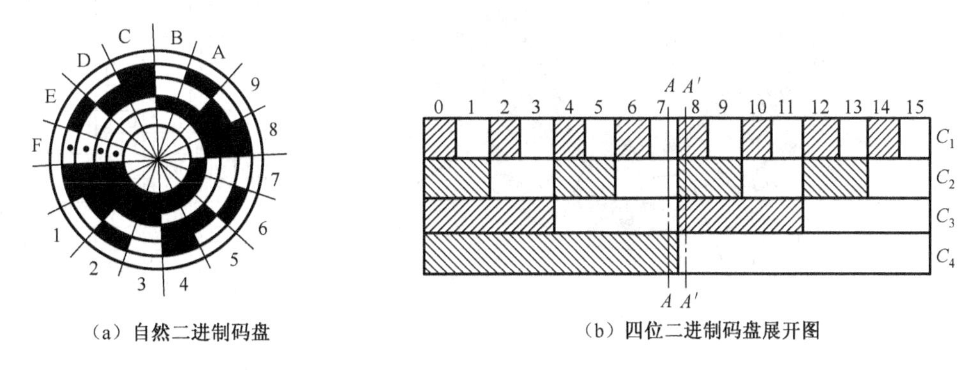

（a）自然二进制码盘　　　　（b）四位二进制码盘展开图

图 3.33　二进制码盘及其展开图

二进制码盘的码道数 n 和码道编码容量 M 之间的关系为

$$M = 2^n \tag{3.42}$$

其角分辨率 α 与码道数 n 之间的关系为

$$\alpha = 360^\circ / M \tag{3.43}$$

四位码盘的编码容量为 $M = 2^4 = 16$，对应 $\alpha = 22.5^\circ$。也就是说有四码道的码盘能将一个圆周分为 16 分。对 21 个码道的码盘角分辨率可达 $\alpha = 0.618''$。

二进制码盘中内圈为高位码，外圈为低位码。普通二进制码盘在进位时，常需多个位数的代码同时发生转换，如从“0111”进位到“1000”时，四个码道都发生代码转换。由于码盘制作和安装总有一些误差，可能造成四个码道转换不完全同步，于是产生错码。如果这时高位转换滞后，得到了“0000”，本应为 8 却成了 0，产生了 8 个数的误差。对于五码道码盘，最大误差可达 16 之多。这是它的致命缺点，实际很少用这种码盘，常采用循环码盘。

循环码的形式很多，有格雷码、周期码及反射码等。图 3.34 所示是一种典型的格雷码图案。它有五个码道，其编码表及其展开图如图 3.35 所示，图中黑线代表“0”，而白线代表“1”。

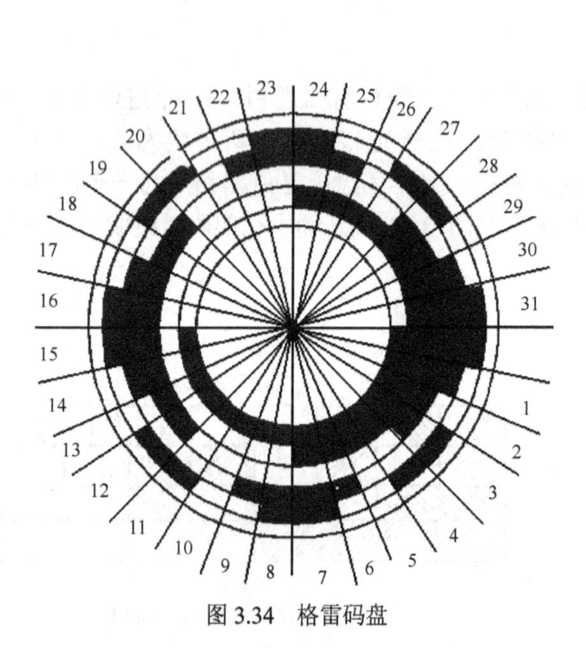

图 3.34　格雷码盘

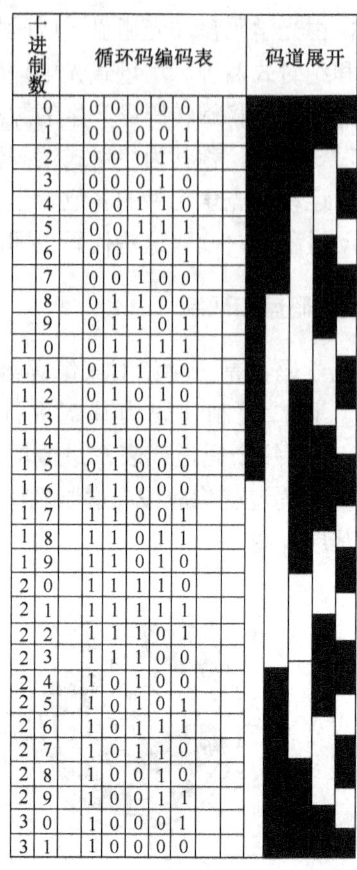

十进制数	循环码编码表	码道展开
0	0 0 0 0 0	
1	0 0 0 0 1	
2	0 0 0 1 1	
3	0 0 0 1 0	
4	0 0 1 1 0	
5	0 0 1 1 1	
6	0 0 1 0 1	
7	0 0 1 0 0	
8	0 1 1 0 0	
9	0 1 1 0 1	
10	0 1 1 1 1	
11	0 1 1 1 0	
12	0 1 0 1 0	
13	0 1 0 1 1	
14	0 1 0 0 1	
15	0 1 0 0 0	
16	1 1 0 0 0	
17	1 1 0 0 1	
18	1 1 0 1 1	
19	1 1 0 1 0	
20	1 1 1 1 0	
21	1 1 1 1 1	
22	1 1 1 0 1	
23	1 1 1 0 0	
24	1 0 1 0 0	
25	1 0 1 0 1	
26	1 0 1 1 1	
27	1 0 1 1 0	
28	1 0 0 1 0	
29	1 0 0 1 1	
30	1 0 0 0 1	
31	1 0 0 0 0	

图 3.35　格雷码编码表及其展开图

循环码的重要特点是：（1）代码从任何数转变到相邻数时，各码位中仅有一位发生变化；（2）循环码每个码道的周期比普通二进制码盘增加了一倍。由于循环码道的上述特点，当它发生进位或退位时，代码只有一位二进制数字发生变化，因此产生误差不会超过读数最低位的单位量。如由十进制数 7 变为 8 时，循环码从“0100”转变为“1100”，只有最高位发生转换。因此不论什么原因造成延迟或提前进位，其误差只可能是十进制数的“1”，可见它比普通二进制码优越得多。

3．格雷码的计算

循环码的主要缺点是每一位设有固定的权，而不像普通二进制码那样从右至左各位的权分别是十进制数的 1, 2, 4, 8, …。因此在获得格雷码的数字信号后很难阅读和计算，为此常将循环码转换为普通二进制码，然后再进行运算或阅读。

格雷码与普通二进制码的关系如表 3.3 所示。由表中可以看出：对高位来说两种码的取值相同，而最低两位间的关系是

$$C_3 = R_3 \oplus R_4 \quad C_2 = R_2 \oplus R_3 \oplus R_4 \quad C_2 = R_1 \oplus R_2 \oplus R_3 \oplus R_4 \tag{3.44}$$

式中 ⊕ 号表示不进位的加法，在数字电路中也把它称为“模二和”，即 $0\oplus0=0$，$0\oplus1=1$，$1\oplus0=1$，$1\oplus1=0$。这一关系用简单的数字电路就可实现。图 3.36 所示为二进制码转换为循环码的电路图，图 3.37 所示为循环码转变为二进制码的电路。

表 3.3　循环码与二进制码、十进制数的关系

十进制数	二进制码	循环码	十进制数	二进制码	循环制码
D	C 4321	R 4321	D	C 4321	R 4321
0	0000	0000	8	1000	1100
1	0001	0001	9	1001	1101
2	0010	0011	10	1010	1111
3	0011	0010	11	1011	1110
4	0100	0110	12	1100	1010
5	0101	0111	13	1101	1011
6	0110	0101	14	1110	1001
7	0111	0100	15	1111	1000

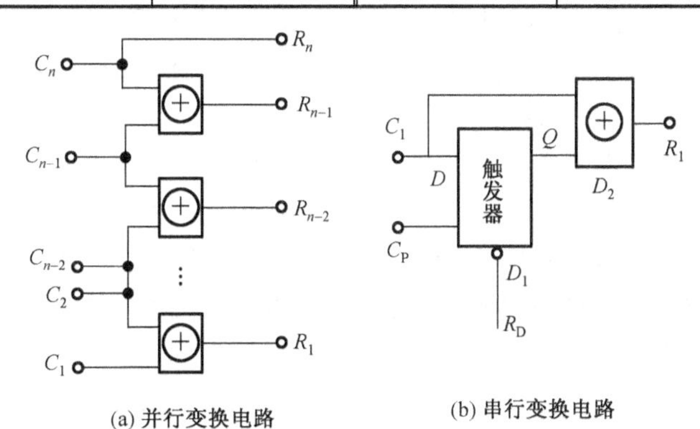

(a) 并行变换电路　　　　　　(b) 串行变换电路

图 3.36　二进制码转换为循环码的电路图

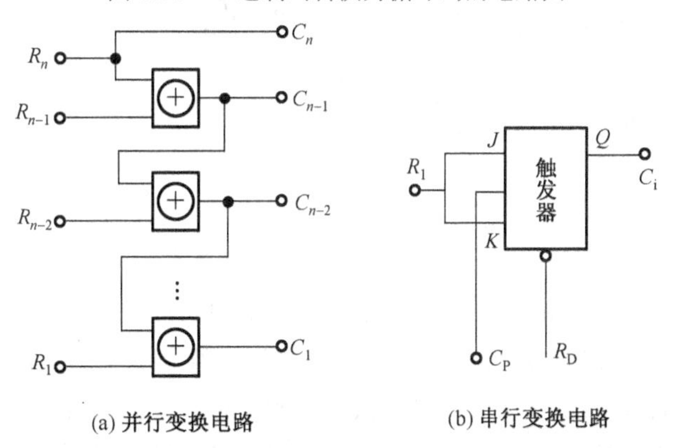

(a) 并行变换电路　　　　　　(b) 串行变换电路

图 3.37　循环码转变为二进制码的电路

4．码盘参数的选择

码盘的主要参数有分辨率α、码道位数 n、黑白刻线总数 M、刻线周期ψ、刻线宽度 b、最小内圈直径$\phi_{\min}$、刻线长度 l 和码道间隔ΔR等。

由所要求的最小码盘读数来确定码盘的分辨率α。按式（3.42）计算出黑白刻线总数，即编码容量 M。

码道的刻线周期ψ是指每对黑白线段所对应的中心角度，各码道的ψ值不同，对最低位码道来说，刻线的周期等于分辨率的两倍。

最小内圈直径$\phi_{\min}$是指最高位码道刻划的内径。该值取得大对精度有利，但仪器体积、质量均增大；反之对体积、质量减小有利，但对精度不利，应视具体要求而定。

刻线长度 l 是指刻线在直径方向上的长度，通常取 1～1.5 mm。

码道间隔 ΔR 通常取(1～2)l，约 1～2 mm。

刻线宽度 b_i 由码道刻线半径 R_i 和刻线周期ψ_i确定，b_i 对应的是 i 码道一个周期的线宽，可由下式给出：

$$b_i = R_i \psi_i \tag{3.45}$$

式中，$R_i = (l + \Delta R)(i-1) + \psi_{\min} / 2$。

5．光学编码器

光学编码器是利用光学码盘通过光学读码完成轴角到编码电信号变换的仪器。它主要由光源、光学码盘、狭缝、光电探测器及处理电路、轴系和一整套相应的机械零件组成。它的核心是光电读码系统，图 3.38 所示为单码道的光电读出系统。光源一般采用红外发光二极管供电。码盘按需要确定码道数，用镀铬光刻法制成。光电接收器可采用光电二极管，也可按图中所示采用光电三极管。采集信号经放大、整形，再由统一译码输出对应转角的数字信号。例如，国产的 QDB14 型光学编码器是用十四条循环二进制码道与一条通圈构成的光学码盘和十五组光电读出系统所组成的，仪器的测量范围是$0° \sim 360°$，分辨率是$1'19''$，最大综合码位误差是$1'20''$。

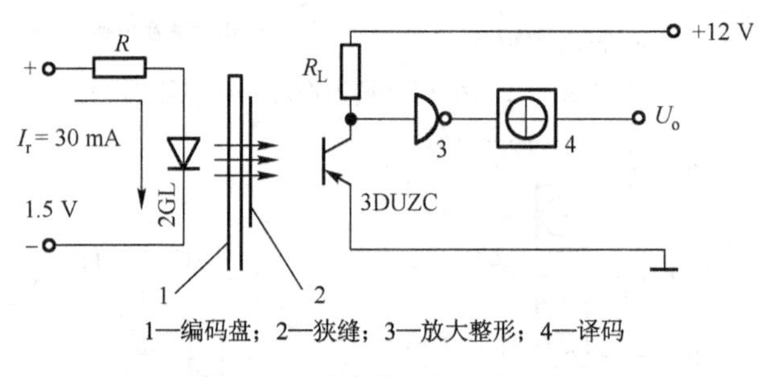

1—编码盘；2—狭缝；3—放大整形；4—译码

图 3.38　单码道光电读出系统

光学变换通常是用各种光学元件和光学系统（如平面镜、光狭缝、光楔、透镜、角锥棱镜、偏振器、波片、码盘、光栅、调制器、光成像系统、光干涉系统等）来实现将待测量转换为光参量（振幅、频率、相位、偏振态、传播方向变化等）的。

光学系统主要有典型光学系统和现代光学系统。典型光学系统主要有放大系统、显微系统、望远系统、摄影和投影系统等。随着激光技术、光纤技术和光电技术的不断发展，各种不同用途的新型光学系统相继出现，例如激光光学系统、傅里叶光学系统、扫描光学系统、光纤光学系统和光电光学系统。这些光学系统由于受光束的传输特性和成像机理的要求，与经典的光学系统相比，均有不同的差异。由于篇幅关系，本书都不做详细介绍。

习题与思考题

1．调制检测光信号有何优点？常用的调制途径、方法有哪些？

2．简述一些常用的调制方法。

3．如果一纵向电光调制器没有起偏器，入射的自然光能否得到光强度调制？为什么？

4．试述电光调制器的工作原理。在实际使用中如何调整电光晶体和偏振器的几何位置，才能实现最佳的光强调制？

5．何谓声光效应？声光调制器对入射光能实现什么性质的光调制？

6．一个驻波超声场会对布喇格衍射光场产生什么影响？给出它所造成的频移和衍射方向。

7．简述一些专用调制盘的工作原理及方法。

8．激光干涉仪测量长度的调制环节采用什么方式？试分析之。测量转速呢？

第4章　光电探测器及光电导探测器

内容概要

光电探测器是光电检测系统的关键组成环节，其功能是完成光电转换。根据探测原理可分为基于光电效应（又可分为外光电效应和内光电效应）的光电探测器和基于光热效应的光电探测器两大类。光电探测器输出的光电流与入射平均光功率成正比，因而光电探测器可视为一种非线性的平方律电流源。光电探测器的基本特性参数包括量子效率、响应率、光谱响应、响应速度（响应时间）、噪声等效功率、探测率等。

光电导探测器是基于内光电效应的器件，最典型的光电导探测器是光敏电阻，本章介绍光敏电阻的主要特性、使用要点、常用电路及选型依据。

学习目标

- 掌握光电探测器的基本分类、工作原理及特性；
- 掌握光电探测器的主要技术参数定义；
- 了解光电导探测器的主要特性、使用要点、常用电路及选型依据。

光电转换是光电检测系统中重要的一环，在不同的场合、针对不同的对象所采用的光电探测器是不同的，主要考虑的是探测器的灵敏度、响应时间、应用波长范围等直接影响系统总体性能的特性参数。

光探测器种类很多，一般来说根据在探测器上所产生的物理效应，分成光热探测器、光电探测器和光压探测器。光压探测器应用较少，本章和第 5 章将着重介绍光电检测系统中常用的光电探测器，它是将光辐射能转变为电信号的器件，是最常使用的光探测器。

本章首先介绍光探测器工作的物理基础、光-电转换的基本定律和光电探测器的性能参数，然后重点介绍光电检测系统中常用的光电导探测器——光敏电阻的工作原理和特性参数，为实际工作中正确选择和使用光敏电阻提供必要的基础。

4.1　光探测器的物理基础

我们知道，要探知一个客观事物的存在及其特性，一般都是通过测量对探测者所引起的某种效应来完成的。对光辐射（即光频电磁波）量的测量也是如此。例如，生物界的眼睛，就是通过光辐射对眼睛产生的生物视觉效应来得知光辐射的存在及其特性的（强度、明暗）；照相胶片则是通过光辐射对胶片产生的化学效应来记录光辐射的。从这个意义上说，眼睛和胶片都称为光探测器。很自然，了解光辐射对光探测器产生的物理效应是了解光探测器工作的基础。

光探测器的物理效应通常分为两类：光电效应和光热效应。在每一大类中又可分为若干细目，如表 4.1 和表 4.2 所示。

表 4.1　光电效应分类

<table>
<tr><th></th><th>效　应</th><th>相应的探测器</th></tr>
<tr><td rowspan="2">外光电效应</td><td>（1）光阴极发射光电子</td><td>光电管</td></tr>
<tr><td>（2）光电子倍增
打拿极倍增
通道电子倍增</td><td>
光电倍增管
像增强器</td></tr>
<tr><td rowspan="3">内光电效应</td><td>（1）光电导（本征或非本征）</td><td>光电管或光敏电阻</td></tr>
<tr><td>（2）光生伏特
PN 结和 PIN 结（零偏）
PN 结和 PIN 结（反偏）
雪崩
肖特基势垒</td><td>
光电池
光电二极管
雪崩光电二极管
肖特基势垒光电二极管</td></tr>
<tr><td>（3）光电磁
光子牵引</td><td>光电磁探测器
光子牵引探测器</td></tr>
</table>

表 4.2　光热效应分类

效　应	相应的探测器
（1）测辐射热计 负电阻温度系数 正电阻温度系数 超导	 热敏电阻测辐射热计 金属测辐射热计 超导远红外探测器
（2）温差电	热电偶、热电堆
（3）热释电	热释电探测器
（4）其他	高莱盒、液晶灯

4.1.1　光电效应和光热效应

所谓光电效应是指，光辐射入射到光电材料上时，光电材料发射电子，或者其电导率发生变化，或者产生感生电动势的现象。光电效应实质上是入射光辐射与物质中束缚于晶格的电子或自由电子的相互作用所引起的。探测物质吸收光子后，直接引起原子或分子内部电子状态的改变，光子能量 $h\nu$ 的大小直接影响内部电子状态改变的大小，也即与入射光辐射的频率（或波长）有关，所以，光电效应就对光波频率（或波长）表现出选择性。在光子直接与电子相互作用的情况下，其响应速度一般比较快。按照是否发射电子，光电效应又分为内光电效应和外光电效应。具体有光电子发射效应、光电导效应、光生伏特效应、光子牵引效应和光电磁效应等。

光热效应和光电效应则完全不同。光热效应的实质是探测元件吸收光辐射能量后，并不直接引起内部电子状态的改变，而是把吸收的光能变为晶格的热运动能量，引起探测元件温度上升，温度上升的结果又使探测元件与温度有关的电学性质或其他物理性质发生变化。所以，光热效应与单光子能量 $h\nu$ 的大小没有直接关系。原则上，光热效应对光波频率（或波长）没有选择性，因而物质温度的变化仅决定于光功率（或其变化率），而与入射光辐射的光谱成分无关。只是在红外波段上，材料吸收率高，光热效应也就更强烈，所以广泛用于对红外线辐射的探测。因为温度升高是热积累的作用，所以光热效应的响应速度一般比较慢，而且容易受环境温度变化的影响。光热效应包括热释电效应、温差电效应和测热辐射计效应等。

4.1.2　光电转换定律

如前所述，光电探测器的作用是将光辐射能转换成易于测量的电学量，从这个意义上来说，光电探测器实质上是一种光-电转换器件。

考虑能量为 $h\nu$ 的光子入射到光电探测器上所产生的光电流，如果光子能量 $h\nu$ 大于探测器材料的禁带宽度，在观察时间 Δt 内，它产生的平均光电子数为 $\overline{N}$，则根据量子理论分析的结果，$\overline{N}$ 与入射的平均光辐射能量 $\overline{Q(t)}$ 成正比，即

$$\overline{N} = \eta \overline{Q(t)} / h\nu \tag{4.1}$$

式中，考虑到入射光辐射在光电探测器表面的反射损耗；以及在光电探测器内光电子的产生与复合过程，引入了量子效率 η，它表示每吸收一个入射光子在外回路感生的光电子数。而入射的瞬时光辐射能量为

$$Q(t) = \int_{t_0}^{t_0+\Delta t} P(t)\mathrm{d}t \tag{4.2}$$

式中，$P(t)$为光辐射的瞬时功率。一般来说，它是一个随机量，如果 $P(t)$在观察时间Δt 内没有明显的改变，则 $Q(t) \approx P(t)\,\Delta t$。由此可得光电探测器输出的平均光电流表达式，即

$$I_{\mathrm{P}} = \frac{e\overline{N}}{\Delta t} = \frac{e\eta}{h\nu}\overline{P(t)} = \frac{e\eta}{h\nu}P \tag{4.3}$$

式中，P 为入射光辐射的平均功率。此式描述了光-电转换的基本定律。由此式可以看出：

① 光电探测器输出的光电流与入射平均光功率成正比。因此，一个光子探测器可视为一个电流源。

② 由于平均光功率与光电场强度的平方成正比，所以光电探测器输出的光电流也与光电场强度的平方成正比。也就是说，光电探测器的响应具有平方律特性。因此，通常称光电探测器为平方律探测器，或者说，光电探测器本质上是一个非线性器件。

4.2　光电探测器的特性参数

光电探测器种类繁多，不同种类的光电探测器，其特性参数也不相同，主要特性参数包括量子效率、响应率、光谱响应、响应速度（响应时间）、噪声等效功率、探测率等。

应当指出，光电探测器的特性参数并非都能通过直接测量得到。有些特性参数可通过直接测量得到，这些特性参数称为实际参数；还有些特性参数是折合到标准条件的参数值，这些特性参数称为参考参数，如归一化探测率 D^*。另外，在说明光电探测器的特性参数时，必须明确指出测量条件，这一点很重要，只有这样，光电探测器根据条件才能决定能否互换使用。

4.2.1　量子效率

光电探测器吸收入射光子而产生光电子，光电子形成光电流。光电流的大小与每秒入射的光子数即光功率成正比。量子效率是指对某一特定入射光波长而言，单位时间产生的光

电子数与单位时间入射的光子数之比，即

$$\eta(\lambda)=\frac{\text{每秒产生的光电子数}}{\text{每秒入射波长为}\lambda\text{的光子数}}$$

$\eta=1$ 意味着，一个波长为λ的光子入射到光电探测器上就能产生一个光电子（或产生一对电子-空穴对）。

如果入射的平均光功率为 P，在光电探测器中产生的平均光电流为 I_P，则每秒入射到探测器表面的光子数为 $P/h\nu$，单位时间被入射光子激励产生的光电子数为 I_P/e，则有

$$\eta(\lambda)=\frac{I_\mathrm{P}/e}{P/h\nu}=\frac{I_\mathrm{P}h\nu}{Pe}=\frac{I_\mathrm{P}hc}{Pe\lambda} \tag{4.4}$$

式中，e 为电子电荷，λ 为入射光波长，c 为光速。对于理想光探测器，$\eta = 1$；对于实际的光探测器，$\eta<1$。显然，光电探测器的量子效率越高越好。量子效率是一个微观参数。

应当指出，量子效率通常是指光电探测器的最初过程，即入射光与光敏元件之间的相互作用。在某些光电探测器（如光电倍增管或雪崩光电二极管）中，第一级光敏元件与输出级之间含有增益机构，在这种情况下，量子效率含有增益，因而$\eta>1$，但是这样定义的量子效率并不能真正反映光电探测器的本质特征。

4.2.2　灵敏度

灵敏度也常称为响应度，它是光电探测器光电转换特性的量度，是与量子效率相对应的一个宏观参数。下面分别从三个方面来讨论。

1. 积分灵敏度 S

探测器的输出信号光电流 I（或光电压 U）与入射光功率 P 之间的关系 $I = f(P)$称为探测器的光电特性。灵敏度 S 定义为这个曲线的斜率，即

$$S_I=\frac{\mathrm{d}I}{\mathrm{d}P}=\frac{I}{P}\ \text{（线性区内）（A/W）} \tag{4.5}$$

$$S_U=\frac{\mathrm{d}U}{\mathrm{d}P}=\frac{U}{P}\ \text{（线性区内）（V/W）} \tag{4.6}$$

式中，S_I 和 S_U 分别为电流和电压灵敏度；I 和 U 均为电表测量的电流、电压有效值；光功率 P 是指分布在某一光谱范围内的总功率。因此，这里的 S_I 和 S_U 分别称为积分电流灵敏度和积分电压灵敏度。

2. 光谱灵敏度 S_λ

如果把光功率 P 换成波长可变的光功率谱密度 P_λ，则由于光电探测器的光谱选择性，在其他条件不变的情况下，光电流（或光电压）将是光波长的函数，记为 I_λ（或 U_λ），于是光谱灵敏度定义为

$$S_I(\lambda)=\mathrm{d}I_\lambda/\mathrm{d}P_\lambda \tag{4.7}$$

$$S_U(\lambda)=\mathrm{d}U_\lambda/\mathrm{d}P_\lambda \tag{4.8}$$

如果 $S_I(\lambda)$或 $S_U(\lambda)$是常数，则相应的探测器称为无选择性探测器（如光热探测器），光子探测器则是选择性探测器。式（4.7）和式（4.8）的定义在测量上是困难的，通常给出的

是相对光谱灵敏度 S_λ，定义为

$$S_\lambda = S_I(\lambda)/S_{\lambda m} \tag{4.9}$$

式中，$S_{\lambda m}$ 为 $S_I(\lambda)$的最大值，相应的波长称为峰值波长，用λ_m表示，当波长偏离 λ_m 时，S_λ 就降低。S_λ是无量纲的百分数，S_λ 随 λ 变化的曲线称为探测器的光谱灵敏度曲线。

3．频率灵敏度 S_f

如果入射光是强度调制的，则在其他条件不变的情况下，光电流 I_f将随调制频率 f 的升高而下降。这时的灵敏度称为频率灵敏度 S_f，定义为

$$S_f = \frac{I_f}{P} \tag{4.10}$$

式中，I_f为光电流时变函数的傅里叶变换，通常

$$I_f = \frac{I_0(f=0)}{\sqrt{1+(2\pi f\tau)^2}} \tag{4.11}$$

式中，I_0 为调制频率 $f=0$ 时的光电流，τ 称为探测器的响应时间或时间常数，由材料、结构和外电路决定。把式（4.11）代入式（4.10），得

$$S_f = \frac{S_0}{\sqrt{1+(2\pi f\tau)^2}} \tag{4.12}$$

这就是探测器的频率特性，S_0 为调制频率 $f=0$ 时的灵敏度，S_f 随 f 升高而下降的速度与τ 值关系很大。一般规定，S_f 下降到 $S_0/\sqrt{2}=0.707S_0$ 时的频率 f_c 称为探测器的截止响应频率或响应频率。从式（4.12）可见

$$f_c = \frac{1}{2\pi\tau} \tag{4.13}$$

当$f<f_c$时，认为光电流能线性再现光功率 P 的变化。

综上所述，光电探测器输出的光电流是两端电压 U、光功率 P、光波长 λ、光强调制频率f的函数，即

$$I = F(U, P, \lambda, f) \tag{4.14}$$

以 U、P、λ 为参量，$I=I=F(f)$ 的关系称为光电频率特性，相应的曲线称为频率特性曲线。通常，$I=F(P)$ 及其曲线称为光电特性曲线，$I=F(\lambda)$ 及其曲线称为光谱特性曲线，而 $I=F(U)$及其曲线称为伏安特性曲线。当这些曲线给出时，灵敏度 R 的值就可以从曲线中求出，而且还可以利用这些曲线（尤其是伏安特性曲线）来设计探测器的工作电路。注意到这一点，在实际应用中往往是十分重要的。

4.2.3　响应时间

光电探测器工作于开关状态或大信号状态时，随着信号光的脉冲频率升高，输出的电流脉冲会发生相对于信号光脉冲的延迟和畸变。当它工作于交流小信号状态时，其输出光电流随着信号光的调制频率的升高而下降。造成这些现象的原因是器件的响应速度低于光信号的变化，响应时间正是描述器件响应速度的参数。

在开关状态下，响应时间为光电流从零到稳定值所需的时间和光电流从有到无所需时间之和，即为上升时间和下降时间之和；在用脉冲法测量响应时间时，其具体定义却随器件

的不同而略有不同，用交流小信号也可测得一个响应时间值。当半导体器件处于小注入状态时，其脉冲响应一般是时间的指数函数，即

$$\begin{cases} I(t) = I(0)\left[1-\exp\left(-\dfrac{t}{\tau}\right)\right] & （前沿）\\ I(t) = I(0)\exp\left(-\dfrac{t}{\tau}\right) & （后沿）\end{cases} \tag{4.15}$$

式中，时间常数 τ 也可定义为响应时间。由式（4.15）可导出，当器件工作于交流小信号状态时，其输出的光电流与入射光调制频率（即工作频率）f 的关系是

$$\begin{cases} I(f) = \dfrac{I(0)}{1+\mathrm{j}\dfrac{f}{f_c}} \\ f_c = f\Big|_{I(f)=0.707I(0)=\frac{1}{2\pi\tau}} \end{cases} \tag{4.16}$$

故可由交流小信号下光电流截止频率 f_c 测出 τ。

4.2.4　噪声等效功率 NEP 和探测率 D^*

光信号入射于光电探测器件时，其输出中不仅有信号电流 I_S，还有噪声电流 I_N。当入射功率小至使 I_S（$=K\Phi$）$=I_N$ 时，信号与噪声难以分辨，器件便失去了探测辐射的能力。因此，在评价光电探测器件性能时，同时要考虑器件的噪声，通常用噪声等效功率 NEP 和探测率 D^*这两个参数来描述光电探测器件的极限探测本领，即最小可探测功率。

（1）噪声等效功率

它定义为使探测器输出电压正好等于输出噪声电压（即 $U_S = U_N$）时的入射光功率，即

$$\mathrm{NEP} = \frac{U_N}{S_U} = \frac{P}{U_S/U_N} \quad (\mathrm{W}) \tag{4.17}$$

或

$$\mathrm{NEP} = \frac{I_N}{S_I} = \frac{P}{I_S/I_N} \quad (\mathrm{W}) \tag{4.18}$$

由以上讨论可知，NEP 小的器件比 NEP 大的器件更灵敏，性能更好，即能检测出更弱的入射光功率。一个较好的光电探测器的噪声功率约为 10^{-11} W。

（2）探测率（探测度）D 和归一化探测度 D^*

NEP 越小，探测器探测能力越高，这不符合人们“越大越好”的习惯，于是取 NEP 的倒数并定义为探测度 D，即

$$D = 1/\mathrm{NEP} \quad (\mathrm{W}^{-1}) \tag{4.19}$$

这样，D 值大表明探测器的探测力度高，D 还可以表示为 $D = S_U/U_N$ 或 $D = S_I/I_N$。

在实际使用中，往往需要对各种探测器进行比较，以确定选择哪种探测器。但实际发现“D 值大的探测器其探测力一定好”的结论并不充分，因为 D 值或 NEP 值与测量条件有关，当 A 及 Δf 不同时，仅用 D 值不能反映器件的优劣。我们知道，探测器的噪声功率 $P_N \propto \Delta f$，所以 $I_N \propto \sqrt{\Delta f}$（或 $U_N \propto \sqrt{\Delta f}$），于是由 D 的定义可知 $D \propto 1/\sqrt{\Delta f}$；另外，探测器的噪声功率 $P_N \propto A$（注：通常认为探测器噪声功率 P_N 是光敏面 $A = nA_n$ 中每单元面积 A_n 独立产生的噪声功率 P_n 之和，$P_N = nP_n = (A/A_n)P_n$，而 P_n/A_n 对同一类探测器来说是个常数，于是

$P_N \propto A$。所以 $I_N \propto \sqrt{A}$，又有 $D \propto 1/\sqrt{A}$。把两种因素一并考虑，得 $D \propto 1/\sqrt{A\Delta f}$。为了消除这一影响，定义

$$D^* = D\sqrt{A\Delta f} \quad (\mathrm{cm \cdot Hz^{1/2} / W}) \tag{4.20}$$

并称为归一化探测度，这时就可以说，D^*大的探测器其探测能力一定好。考虑到光谱的响应特性，一般在给出 D^*值时注明响应波长 λ、光辐射调制频率 f 及测量带宽 Δf，即 $D^*(\lambda, f, \Delta f)$。如果给定 D^*及 S_U，S_I值，则可求得 U_N及 I_N值。

$$U_N = \frac{S_U}{D} = \frac{S_U\sqrt{A\Delta f}}{D^*} \tag{4.21}$$

$$I_N = \frac{S_I}{D} = \frac{S_I\sqrt{A\Delta f}}{D^*} \tag{4.22}$$

4.2.5 线性度

线性度是指探测器的输出光电流（或光电压）与输入光功率成比例的程度和范围。探测器线性的下限往往由暗电流和噪声等因素决定，而上限通常由饱和效应或过载决定。一般来说，在弱光照射时探测器输出光电流都能在较大范围内与输入光功率（或辐射度）成线性关系。在强光照射时就趋于平方根关系，不过这是就器件本身而言的。

实际上，探测器线性范围的大小与其工作状态有很大关系，如偏置电压、光信号调制频率、信号输出电路等，可能会发生这样的情况：一个探测器的光电流信号用运算放大器作电流电压转换输出，在很大范围内是线性的，而同一探测器，其光电流通过一个 100 kΩ 的电阻输出，线性范围可能就很小。因此要获得宽的线性范围，必须使探测器工作在最佳的工作状态。

探测器的线性度在光度和辐射度等测量中也是一个十分重要的参数。

4.2.6 探测器噪声

1. 热噪声

热噪声存在于任何导体和半导体中。当温度高于绝对零度时，导体和半导体中载流子以 1.59×10^{-10} C 的电量做无规则的热运动，相当于微电脉冲，尽管其平均值为零，但是每一瞬间两个方向穿过某截面的载流子的数目是有差别的，是在平均值上下有起伏的。这种载流子热运动引起的电流起伏或者电压起伏称为热噪声。热噪声均方电流 $\overline{I_{nt}^2}$ 和均方电压 $\overline{U_{nt}^2}$ 分别由式（4.23）和式（4.24）决定：

$$\overline{I_{nt}^2} = 4KT\Delta f / R \tag{4.23}$$

$$\overline{U_{nt}^2} = 4KT\Delta f R \tag{4.24}$$

式中，K 为玻耳兹曼常数；T 为温度（K）；R 为器件电阻值；Δf 为所取的通带宽度（频率范围）。

式（4.23）和式（4.24）成立于欧姆定律适用的范围。因温度影响电子运动速度，所以热噪声功率与温度有关。在一定温度时，热噪声只与电阻和通带有关，故热噪声又称为电阻

噪声或白噪声。因此，Δf 越大，噪声功率也越大。当然，并不是 Δf 无限增大，噪声功率也会无限增大。在常温下，式（4.23）和式（4.24）只适合于 10^{12} Hz 频率以下范围，频率高于此范围，该公式就要修正，噪声的功率谱随频率的增加急剧减小。目前的电子技术难以处理这样高的频率，因此可不予考虑。

2. 散粒噪声

散粒噪声是光子随机到达光电探测器引起的光电流的随机起伏所形成的噪声，犹如射出的散粒无规则地落在靶上所呈现的起伏，每一瞬间到达靶上的值有多有少，这些散粒是完全独立的事件。在光电管中，光电子从阴极表面逸出的随机性和 PN 结中载流子通过结区的随机性都是一种散粒噪声源。散粒噪声的表达式为

$$\overline{I_{\mathrm{ns}}^2} = 2eI\Delta f \tag{4.25}$$

式中，e 为电子电荷；I 为器件输出平均电流；Δf 为所取的带宽。

由此可见，散粒噪声也是与频率无关，与带宽有关的白噪声，但是它与热噪声根本不同。热噪声起源于热平衡条件下电子的粒子性，即电荷的随机运动，依赖于 K 和 T，而散粒噪声直接起源于电子的粒子性，与 e 直接相关。因此，热噪声属于电路中电阻的一项特性，设计者可对其进行某些控制，如把探测器进行深度制冷，放置于液氦（4 K）、液氖（38 K）低温条件下降低热噪声；而散粒噪声是光电探测器的固有特性，因此不可能消除。对大多数光电探测器的调查表明，散粒噪声具有支配地位，例如，光伏器件的 PN 结势垒和晶体管的基射结势垒是产生散粒噪声的主要原因。

3. 产生-复合噪声

光电器件在一定温度下或者在一定的光照下，载流子不断地产生、复合，在平衡状态时，载流子产生和复合的平均数是一定的，但其瞬间载流子的产生数和复合数是有起伏的，于是载流子浓度的起伏引起光电器件电导率起伏。在外加电压下，电导率的起伏使输出电流中带有产生-复合噪声。这种噪声不仅与光激或热激产生的随机性有关，而且还与载流子的复合时间（即载流子寿命的随机性）有关。产生-复合噪声电流的均方值为

$$\overline{I_{\mathrm{ngr}}^2} = \frac{4eI(\tau / \tau_{\mathrm{dr}})\Delta f}{1 + 4\pi^2 f^2 \tau^2} \tag{4.26}$$

式中，I 为流过光电检测器的平均电流；τ 为载流子平均寿命；τ_{dr} 为载流子在光电探测器件两电极间的平均渡越时间；f 为频率；Δf 为带宽。

式（4.26）表明，产生-复合噪声与频率有关，不是白噪声。在频率低，满足 $w\tau \ll 1$ 时，式（4.26）可简化为

$$\overline{I_{\mathrm{ngr}}^2} = 4eI(\tau / \tau_{\mathrm{dr}})\Delta f \tag{4.27}$$

此时，产生-复合噪声是白噪声。

对于光电导器件，光子噪声表现为产生-复合噪声。

4. 1/*f* 噪声（电流噪声）

因导电元件内微粒的不均匀性和不必要的微量杂质存在，当电流流过时，在元件微粒间发生微火花放电而引起的微电爆脉冲就是 $1/f$ 噪声的起源。

$1/f$噪声的经验公式为

$$\overline{I_{\mathrm{nf}}^2}=\frac{CI^{\alpha}\Delta f}{f\beta} \tag{4.28}$$

式中，α 与流过元件的电流有关，通常取 $\alpha=2$；β 与元件材料的性质有关，值为 0.8～1.5 大多数材料可近似取为 1；C 为比例常数，与元件制造工艺、电极接触情况、表面状态及尺寸有关。α、β 和 C 值由实验测得。

由于这种噪声与频率 f 有近似倒数的关系，故称为 $1/f$ 噪声，它在低频区大，故有时称低频噪声。但多数器件的 $1/f$ 噪声在 200～300 Hz 以上已衰减为很低水平，所以可忽略不计。

5. 温度噪声

温度噪声主要存在于热探测器中。在热探测器中，不是由于辐射信号的变化，而是由器件本身吸收和传导等的热交换引起的温度起伏称为温度噪声，其表达式为

$$\overline{I_{\mathrm{nw}}^2}=\frac{4KT^2\Delta f}{G_{\mathrm{t}}[1+(2\pi f\tau_{\mathrm{t}})^2]} \tag{4.29}$$

式中，G_{t} 为器件的热导；$\tau_{\mathrm{t}}=C_{\mathrm{t}}/G_{\mathrm{t}}$ 为器件的热时间常数；C_{t} 为器件的热容；T 为周围温度（K）。

在低频时，$(2\pi f\tau_{\mathrm{t}})^2 \ll 1$，式（4.29）可简化为

$$\overline{I_{\mathrm{nw}}^2}=\frac{4KT^2\Delta f}{G_{\mathrm{t}}} \tag{4.30}$$

由式（4.30）可知，温度噪声也具有白噪声的性质。

在实际的光辐射探测器中，由于光电转换机理不同，各种噪声的作用大小也各不相同。每一种探测器所含的噪声种类及大小在后面详细讨论。若综合上述各种噪声源，其功率谱分布可用图 4.1 表示。由图可见，在频率很低时，$1/f$ 噪声起主导作用；当频率达到中间范围频率时，产生-复合噪声比较显著；当频率较高时，只有白噪声占主导地位，其他噪声影响很小。

上述噪声表达式中的 Δf 是等效噪声带宽，简称为噪声带宽。若光电系统中的放大器或网络的功率增益为 $A(f)$，功率增益的最大值为 A_m（如图 4.2 所示），则噪声带宽为

$$\Delta f=\frac{1}{A_m}\int_0^{\infty}A(f)\mathrm{d}f$$

从而可求得通频带内的噪声。

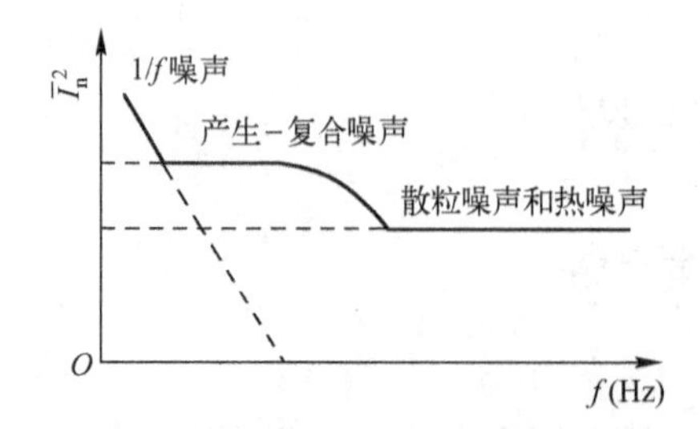

图 4.1　光电探测器噪声功率谱分布示意图

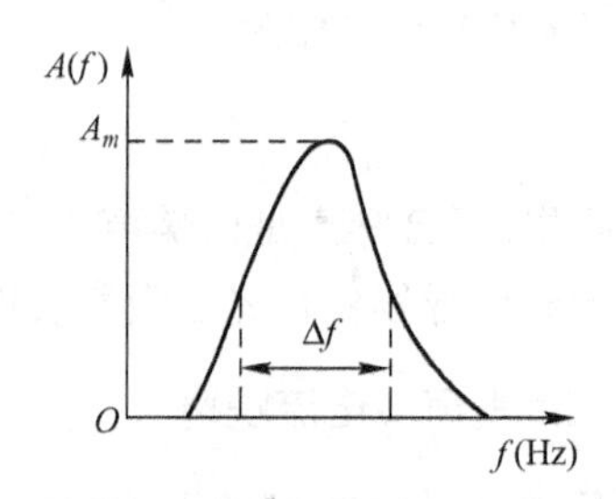

图 4.2　等效噪声带宽

4.2.7　其他参数

光电探测器还有其他一些特性参数，在使用时必须注意到，如光敏面的面积、探测器电阻、电容、工作温度、工作时需外加的电压或电流（称为偏置）及光照功率等，特别是极限工作条件，正常使用时都不允许超过这些指标，否则会影响探测器的正常工作，甚至使探测器损坏。

4.3　光电导探测器

4.3.1　光电导效应

当半导体材料受光照射时，由于对光子的吸收引起载流子浓度增大，因而导致材料电导率增大，这种现象称为光电导效应，是一种内光电效应。材料对光的吸收有本征型和非本征型，所以光电导效应也有本征型和非本征型两种。当光子能量大于材料禁带宽度时，把价带中电子激发到导带，在价带中留下自由空穴，从而引起材料电导率增加，即本征光电效应。若光子激发杂质半导体，使电子从施主能级跃迁到导带，或受主能级的空穴跃迁到价带，产生光生自由电子或自由空穴，从而增加材料电导率，即非本征光电导效应。图 4.3 所示为本征和非本征光电导过程。

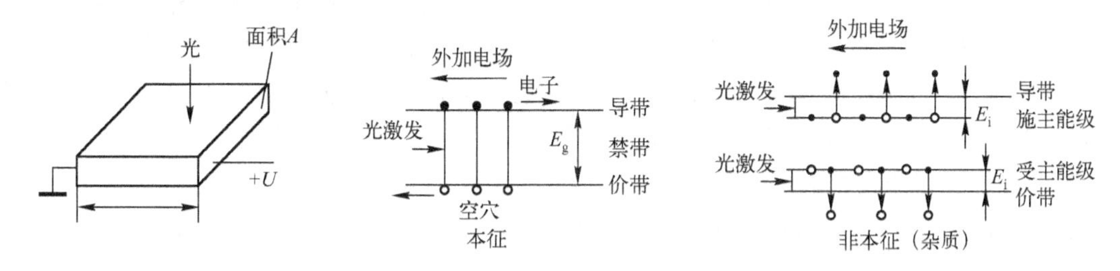

图 4.3　本征和非本征光电导过程

光辐射入射到本征或非本征半导体材料上，开始时随时间的增加光生载流子逐渐增加，经过一定时间后，载流子浓度才逐渐趋于一稳定值。此后，若突然遮断入射的光辐射，光生载流子并不立即下降到照射前的水平，而是经过一定时间才趋于照射前的水平，这种现象称为光电导的弛豫现象。光辐射入射到本征或非本征半导体材料上，建立稳定的光生载流子浓度所需要的时间，或停止照射后光生载流子浓度下降到照射前的水平所需要的时间，称为光电导的弛豫时间或时间常数。可以证明，对于无“陷阱”存在的本征半导体，其时间常数与载流子寿命相等。弛豫时间的长短反映了光电导惰性的大小。在某些应用中要求光电导的惰性尽量小，否则光电导就跟不上入射光辐射的变化。图 4.4 示出了本征光电导上升和下降的弛豫过程。

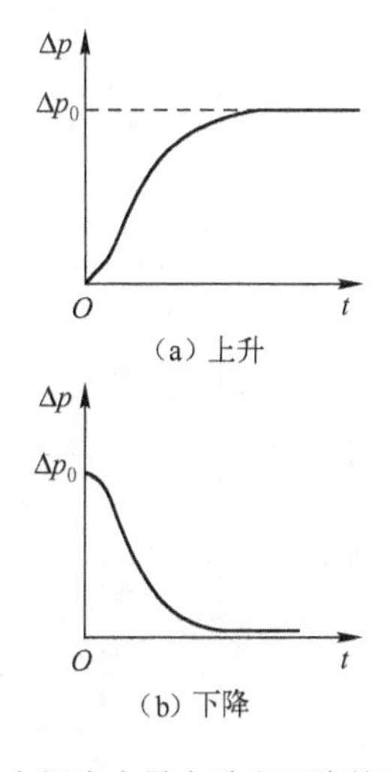

图 4.4　本征光电导上升和下降的弛豫过程

4.3.2 光敏电阻

光电导探测器是利用半导体材料的光电导效应制成的，最典型的光电导探测器是光敏电阻。

1. 常用光敏电阻的结构及材料

最简单的光敏电阻结构示意图和图形符号如图 4.5 所示，它在均质的光电导体两端加上电极后，在端面接上电极引线，封装在带有窗口的金属或塑料外壳内。两电极加上一定电压后，当光照射到光电导体上时，由光照产生的光生载流子在外加电场作用下沿一定方向运动，在电路中产生电流，达到光电转换的目的。

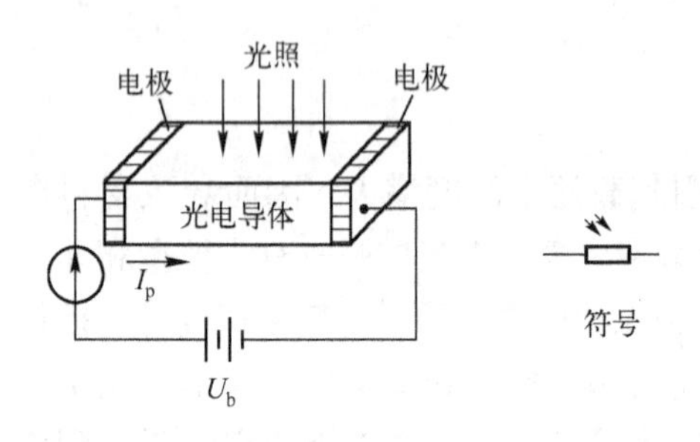

图 4.5 光敏电阻的结构示意图和图形符号

具有光电导性能的半导体材料很多，但能够满足光敏电阻的各项要求而又能实际应用的却不多。目前用做光电导探测器的主要材料有硅、锗、II-VI 族和 III-V 族化合物。此外，还有一些有机光电导材料。

若按照其光谱特性及最佳工作波长范围，光敏电阻基本上可分为 3 类：①对紫外光灵敏的光敏电阻，如硫化镉（CdS）和硒化镉（CdSe）等。②对可见光灵敏的光敏电阻，如硫化铊（TiS）、硫化镉（CdS）和硒化镉（CdSe）等。③对红外光灵敏的光敏电阻，如硫化铅（PbS）、碲化铅（PbTe）、硒化铅（PbSe）、锑化铟（InSb）、碲镉汞（$Hg_{1-x}Cd_xTe$）、碲锡铅（$Pb_{1-x}SnTe$）和锗掺杂等。按晶体结构来分，有单晶和多晶光电导探测器；按其制造工艺来分，有薄膜烧结型和真空蒸发型光电导探测器等。

常见本征光电导材料多为半导体材料，其禁带宽度、光谱响应和峰值波长如表 4.3 所示。

表 4.3 常用本征光电导材料

制成器件之适用频段	材　料	结 晶 状 态	禁带宽度（300 K，eV）	器件峰值响应波长（μm）
紫外及可见频段	ZnS	多晶薄膜、单晶	～3.6	0.34
	CdS	多晶薄膜	～2.4	0.51
	CdSe	多晶薄膜	～1.8	0.72
	Ce	单晶	～0.67	1.6
	Si	单晶	～1.12	0.9
	ZnS-CdS	—	2.4～3.6	0.34～0.51
	CdS-CdSe	—	1.8～2.4	0.51～0.72
红外频段	PdS	多晶薄膜	0.37	～0.21
	InSb	单晶	0.18	6.5
	InAs	单晶	0.35	3.6
	$Hg_{1-x}Cd_xTe$	单晶	0.02～1.53	0.8～40
	Ge:Zn	单晶	—	30（4.2k）
	Ge:Cd	单晶	—	10（<25k）
	Ge:Cu	单晶	—	20（<20k）
	Ge:Au	单晶	—	5.0（77k）

2. 光敏电阻的主要特性参数

光敏电阻的重要特点是，光谱响应范围宽，可测光强范围宽，灵敏度高，偏置电压低，器件无极性之分。但材料不同，性能差别也较大，下面是光敏电阻常用到的几个特性。

（1）光电导增益

光电导增益是表征光电导器件特性的一个重要参数，它表示长度为 L 的光电导体在两端加上电压 U 后，由光照产生的光生载流子在电场作用下形成的外电流与光电子形成的内部电流（qN）。理论分析表明，光电导增益可表示为

$$A=\beta\tau\mu\frac{U}{L^2}\text{ 或 }A=\frac{\tau}{\tau_{dr}} \tag{4.31}$$

式中，A 为光电导增益；β 为量子产额；τ 为载流子寿命；μ 为载流子迁移率；L 为电极间距；U 为极间电压；τ_{dr} 为载流子在两极间的渡跃时间。

光敏电阻越灵敏，增益系数必然越大，很多光电器件的光电增益与带宽之积为一常数，即 $A\Delta f$ 为常数。这表明材料的光电灵敏度与带宽是矛盾的，即材料的光电灵敏度高，则带宽窄；反之，器件的带宽宽，则光电灵敏度低。此结论对光电效应现象有普遍性。

（2）光电特性

光敏器件的光电特性是表征光照下光敏器件的输出量（如电阻、电压或电流等）与入射辐射之间的关系。在选用光敏器件时，该特性将指导我们确定其工作点和线性范围。

光敏电阻的光电流与入射光通量之间的关系称为光电特性，用公式表示为

$$I_P(\lambda)=e\frac{\eta\Phi(\lambda)}{h\nu}\cdot\frac{\tau}{\tau_{dr}} \tag{4.32}$$

当弱光照射时，τ 和 τ_{dr} 不变，$I_P(\lambda)$与$\Phi(\lambda)$成正比，即保持线性关系；当强光照射时，τ 与光电子浓度有关，τ_{dr} 也会随电子浓度变大，或出现温升而产生变化，故 $I_P(\lambda)$与$\Phi(\lambda)$偏离线性而呈非线性。一般采用下列关系式表示：

$$I_P(\lambda)=S_gU\Phi^{\gamma}\text{或}I_P(\lambda)=S_gUE^{\gamma} \tag{4.33}$$

式中，S_g 是光电导灵敏度，与光敏电阻材料有关；U 为外加电源电压；Φ 为入射光通量；E 为入射光照度。γ 为 0.5～1 之间的系数，当弱光照射时，$\gamma=1$，I_P 与 Φ 有良好的线性关系，即线性光电导；当强光照射时，$\gamma=0.5$，即抛物线性光电导。以 CdS 光敏电阻为例，当所加电压一定时，光电特性曲线如图 4.6 所示。

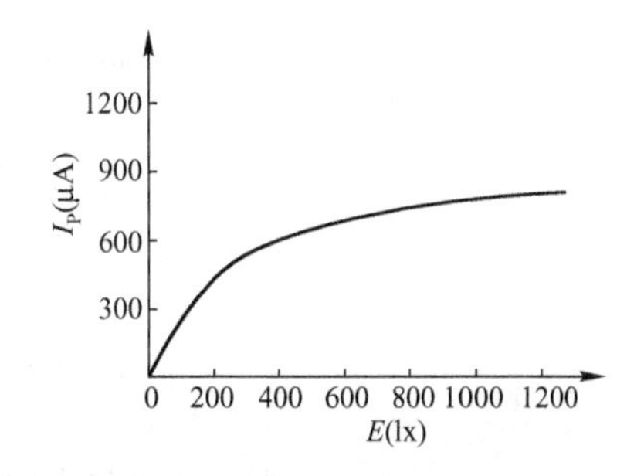

图 4.6　CdS 的光电流-照度特性曲线

在实际使用中，常常将光敏电阻的光电特性曲线改画成电阻和照度的关系曲线，如图 4.7 所示。从图 4.7（a）可见，随着光照的增加，阻值迅速下降，然后逐渐趋向饱和。但在对数坐标中的某一照度范围内，电阻与照度的特性曲线基本上是直线，即γ值保持不变。因此 γ 值也可说是对数坐标中电阻与照度特性曲线的斜率。一般来说，γ 值大的光敏电阻，其暗电阻也高，如果同一光敏电阻在某一照度范围内通过几个照度测量点所计算出的几个 γ 值相同，就说明该光敏

电阻线性较好（完全线性是不可能的）。显然，当说明一个光敏电阻的 γ 值时，一定要说明它的照度范围，否则没有意义。

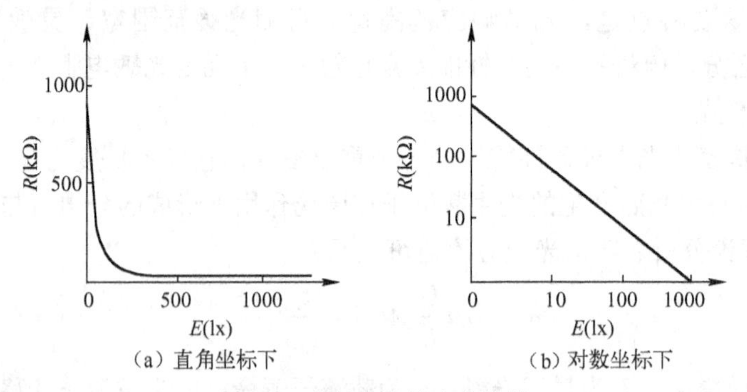

图 4.7　光敏电阻的光电特性

（3）光谱特性

光敏器件对某个波长光辐射的响应度或灵敏度称为单色灵敏度或光谱灵敏度。而把光谱灵敏度随波长变化的关系曲线称为光谱响应或光谱特性，按照光谱灵敏度的取值方法不同，光谱特性又可分为绝对光谱特性和相对光谱特性。通常，光谱特性多用相对灵敏度与波长的关系曲线表示。图 4.8 和图 4.9 分别示出了几种在可见光区和红外光区灵敏的光敏电阻的光谱特性曲线，从这种曲线中可以直接看出灵敏范围、峰值波长位置和各波长下灵敏度的相对关系。

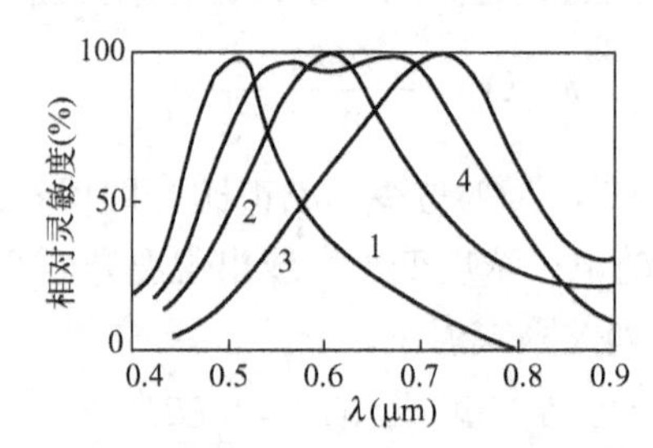

1—硫化镉单晶；2—硫化镉多晶；3—硒化镉多晶；4—硫化镉与硒化镉混合多晶

图 4.8　在可见光区灵敏的几种光敏电阻的光谱特性曲线

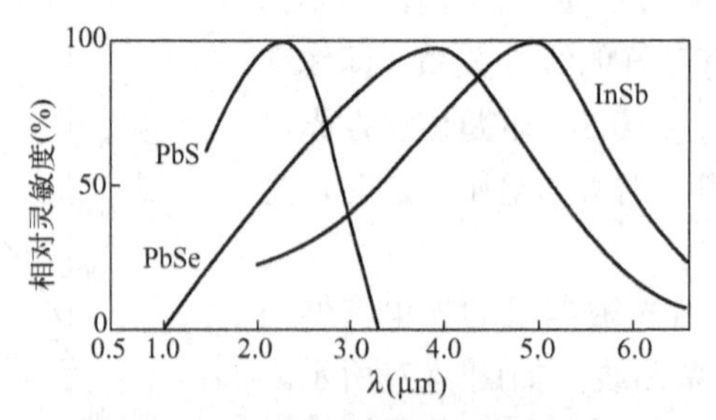

图 4.9　在红外光区灵敏的几种光敏电阻的光谱特性曲线

还可以用光谱响应率来表征光谱特性。光谱响应率表示在某一特定波长下，输出光电流（或电压）与入射辐射能量之比，输出光电流

$$I_{\mathrm{P}}(\lambda)=eNA=e\frac{\eta\Phi(\lambda)}{h\nu}\cdot A=e\cdot\frac{\eta\Phi(\lambda)}{h\nu}\cdot\frac{\tau}{\tau_{\mathrm{dr}}} \tag{4.34}$$

式中，η 表示入射的单色辐射功率 $\Phi(\lambda)$ 能产生 N 个光电子的量子效率。则光谱响应率

$$S(\lambda)=\frac{I_{\mathrm{P}}(\lambda)}{\Phi(\lambda)}=e\cdot\frac{\eta}{h\nu}\cdot\frac{\tau}{\tau_{\mathrm{dr}}}=\frac{e\eta\lambda}{hc}\cdot\frac{\tau}{\tau_{\mathrm{dr}}}=\frac{e\eta\lambda}{hc}\cdot A \tag{4.35}$$

从式（4.35）可以看出，若增大增益 A，则 $S(\lambda)$ 增加。实际上常用的光敏电阻的光谱响应率小于 1 A/W，原因是，产生高增益系数的光敏电阻电极间距须很小（即 t_{dr} 小），致使光敏电阻集光面积太小而不实用；若延长载流子寿命（即增大 τ），增大 A，则会减慢响应速度。因此，在光敏电阻中，增益与响应速度是矛盾的。

（4）时间和频率特性

光敏电阻是依靠非平衡载流子效应工作的。光照光敏电阻时，光生载流子的产生或者复合都要经过一段时间，这就是光敏电阻的响应时间或弛豫时间，它反映了光敏电阻的惰性。响应时间长，说明光敏电阻对光的变化反应慢或惰性大，这个时间过程在一定程度上影响了光敏电阻对变化光照的响应。光敏电阻采用交变光照时，其输出将随入射光频率的增加而减少。光敏电阻的时间常数比较大，所以其上限频率 $f_{上}$ 低。图 4.10 所示是几种常用光敏电阻的频率特性曲线。它们的共同点是：相对输出随光调制频率的增加而减小。由于每种材料的响应时间各不相同，因此存在各自不同的截止频率。由图可知，只有 PbS 的频率特性稍好些，可工作到几千赫。

在忽略外电路时间常数的影响时，响应时间等于光生载流子的平均寿命 τ。因此增大 τ 可提高器件的响应率，但器件的响应时间要增加，影响器件的高频性能。而光照、温度等外界条件的变化又都会影响载流子的寿命，因此，光照、温度的变化同样直接影响光敏电阻的响应率和响应时间。例如，PbS 光敏电阻的响应时间在室温时一般为 100～300 μs，低温时则长达几十毫秒；PbSe 光敏电阻的响应时间在室温时为 5 μs，当温度低到干冰温度（195 K）时，响应时间为 30 μs。

（5）伏安特性（输出特性）

在一定的光照下，加到光敏电阻两端的电压与流过光敏电阻的亮电流之间的关系称为光敏电阻的伏安特性，常用图 4.11 所示的曲线表示。图中的虚线为额定功耗线，使用光敏电阻时，应不使电阻的实际功耗超过额定值。从图中看，就是不能使静态工作点位于虚线以外的区域。按照这一要求，在设计负载电阻时，应不使负载线与额定功耗线相交。

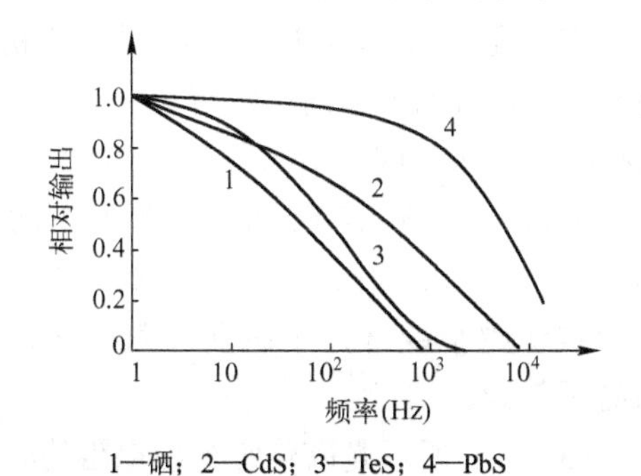

图 4.10　几种光敏电阻的频率特性曲线

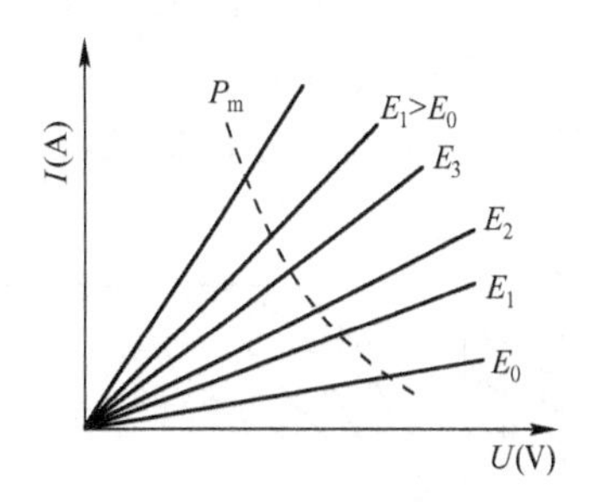

图 4.11　光敏电阻的伏安特性曲线

（6）温度特性

光敏电阻的特性参数受工作温度的影响较大，只要温度略有变化，它的光谱响应率、

峰值响应波长、长波限等参数都将发生变化，而且这种变化没有规律。为了提高光敏电阻性能的稳定性，降低噪声，提高探测率，十分有必要采用冷却装置。

一般光敏电阻的阻值随温度变化而变化的变化率，在弱光照和强光照时都较大，而中等光照时则较小。例如，CdS 光敏电阻的温度系数在 10 lx 照度时为 0；高于 10 lx 时，温度系数为正；小于 10 lx 时，温度系数反而为负；照度偏离 10 lx 越多，温度系数也越大。

另外，当环境温度在 0～60℃的范围内时，光敏电阻的响应速度几乎不变；而在低温环境下，光敏电阻的响应速度变慢。例如，在−30℃时的响应时间约为 20℃时的两倍。

最后，光敏电阻的允许功耗，随着环境温度的升高而降低，这些特性都是实际使用中应注意的。

图 4.12 和图 4.13 分别为 PbS、PbSe 光敏电阻在不同温度下的光谱响应特性，从图中可以看出温度对光谱响应率、峰值响应波长、长波限的影响。

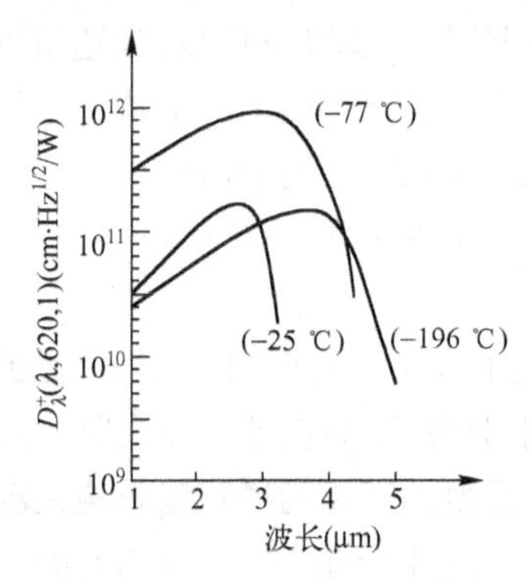

图 4.12　PbS 光敏电阻在不同温度下的光谱特性

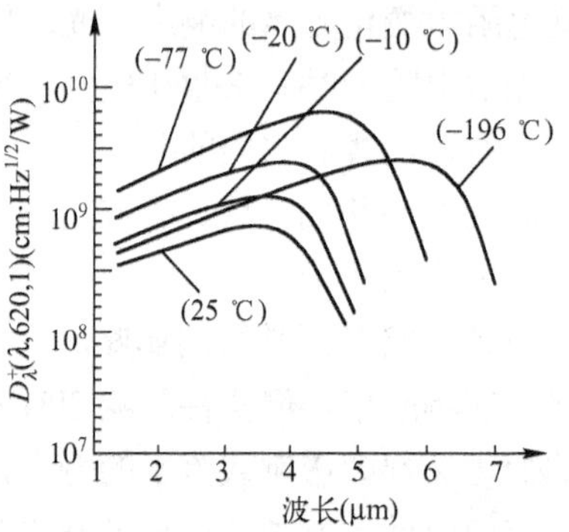

图 4.13　PbSe 光敏电阻在不同温度下的光谱特性

（7）前历效应

前历效应就是测试前光敏电阻所处的状态（无光照或有光照）对光敏电阻特性的影响。大多数的光敏电阻在稳定的光照下，其阻值有明显的漂移现象，而且经过一段时间间隔后，复测阻值还有变化，这种现象称为光敏电阻的前历效应。

前历效应又分为短态前历效应和中态前历效应两种情况。所谓短态前历效应是指被测光敏电阻在无光照条件下放置一段时间（如 3 min）后，再在 1 lx 照度下测量它在不同时刻的阻值，如光照 1 s 后的阻值 R_1，求出 R_0/R_1 的百分比值（R_0 为稳态时的阻值），这就是短态前历效应或暗态前历效应。显然，这个比值越大越好。所谓中态前历效应就是，被测光敏电阻在无光照条件下存放 24 h，然后测量其在 100 lx 照度下的阻值 R_1；再在 1000 lx 照度下放 15 min，再测出在 100 lx 照度下的阻值 R_2，此时变化的百分比为$(R_2-R_1)/R_1$，显然这个数值越小越好，中态前历效应又称为亮态前历效应。

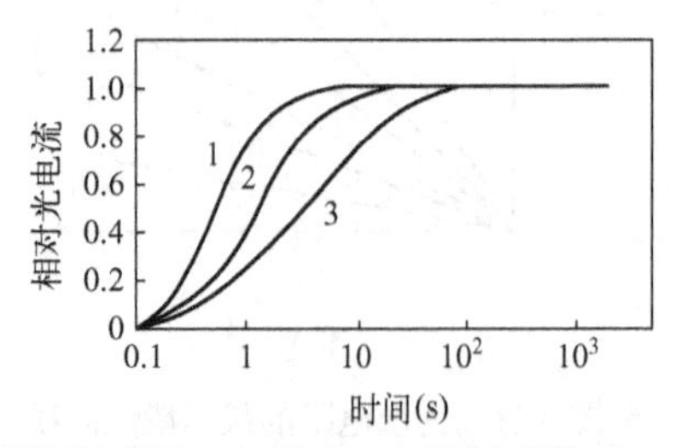

1—在黑暗中放置 3 min 后；2—在黑暗中放置 60 min 后；3—在黑暗中放置 24 h 后

图 4.14　硫化镉光敏电阻的暗态前历效应曲线

图 4.14 所示是硫化镉光敏电阻的暗态前历效应曲线，当它突然受到光照后表现为暗态前历越长，光电流上升越慢。一般来说，工作电压越低，光照越低，则暗态前历效应就越显著。

图 4.15 所示是硫化镉光敏电阻的亮态前历效应曲线。一般，亮电阻由高照度状态变为低照度状态达到稳定值时所需的时间，要比由低照度状态变为高照度状态需要的时间短。

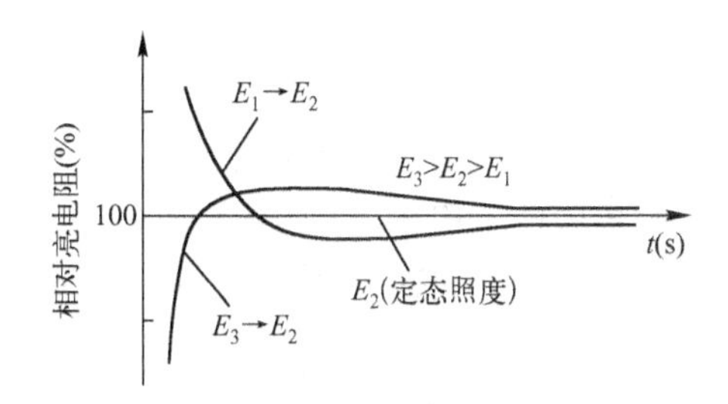

图 4.15　硫化镉光敏电阻的亮态前历效应曲线

3．光敏电阻的噪声

用光敏电阻检测微弱信号时需考虑器件的固有噪声。光敏电阻的固有噪声主要有：热噪声、产生-复合噪声及 $1/f$ 噪声 3 种。光敏电阻若接收调制辐射，则其噪声的等效电路如图 4.16 所示。图中 I_P 为光电流；I_{ngr} 为产生-复合电流；I_{nt} 为热噪声电流；I_{nf} 为 $1/f$ 噪声电流。则光敏电阻合成噪声电流的均方值为

$$\overline{I_n^2}=\overline{I_{ngr}^2}+\overline{I_{nf}^2}+\overline{I_{nt}^2}=\frac{4eI(\tau/\tau_C)\Delta f}{N_0[1+(2\pi f\tau_0)^2]}+\frac{CI^2\Delta f}{f^\beta}+4KT\frac{R_P+R_L}{R_PR_L}\Delta f$$

式中，I 为通过光敏电阻的电流，等于 I_d 和 I_P 之和；τ_0 为载流子平均寿命；τ_C 为载流子平均漂移时间；Δf 是以调制频率 f 为中心的通频带宽度；C_1 为常数；β 为常数，通常取 1。

光敏电阻合成噪声的噪声功率谱如图 4.17 所示，在 f 低于 100 Hz 时以 $1/f$ 噪声为主，频率在 100 Hz 和接近 1000 Hz 之间以产生-复合噪声为主，频率在 1000 Hz 以上以热噪声为主。

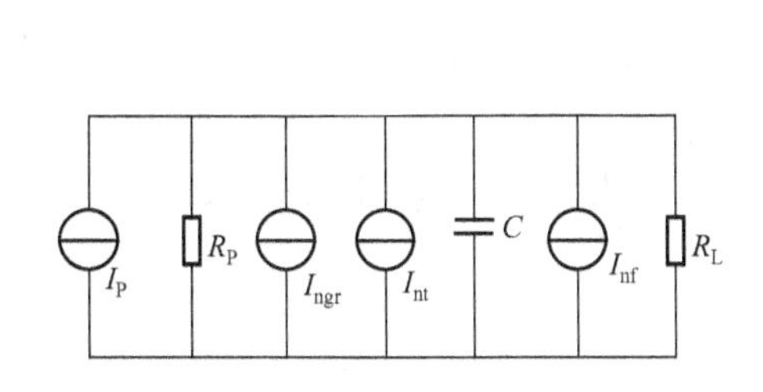

图 4.16　噪声等效电路

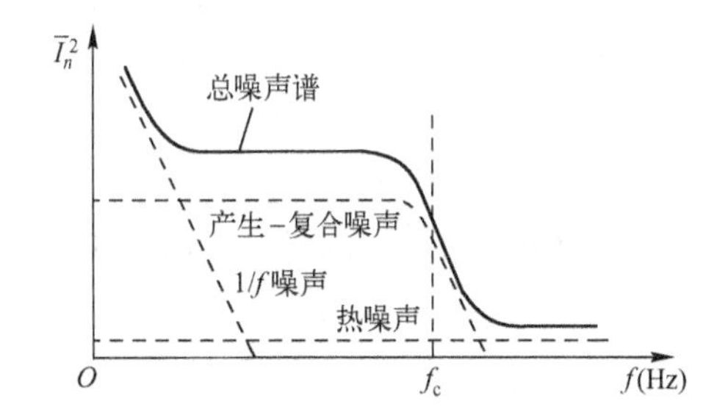

图 4.17　光敏电阻合成噪声的噪声功率谱

在红外探测中，为了减小噪声，一般采用光调制技术且将调制频率取得高一些，一般在 800～1000 Hz 时可以消除 $1/f$ 噪声和产生-复合噪声。还采用制冷装置降低器件的温度，这不仅减小了热噪声，而且可降低产生-复合噪声，提高了 D^*。此外，还得设计合理的偏置电路，选择最佳偏置电流，使探测器运行在最佳状态。

4．光敏电阻的偏置电路

光电导器件接收光辐射信号时，直接起变化的参量是光电导（或光电导率）。若要光电

器件得到正常的电路工作条件，即合适的电流（电压或功率）信号输出，同时完成与前置放大及耦合电路等后续电路的匹配，必须将光电导器件加适当偏置电路。比较常用的光敏电阻偏置电路有基本偏置电路和电桥式输出电路两种。

（1）基本偏置电路

图 4.18（a）所示是一个最简单的光敏电阻偏置电路，R_P 为光敏电阻，R_L 为负载电阻，U_b 为外加偏置电压，U 为光敏电阻两端电压，I 为流过光敏电阻 R_P 的电流。在一定范围内光敏电阻阻值 R_P 不随外电压 U_b 改变，仅取决于输入光通量 Φ 或光照度 E，并有

$$R_P = \frac{U}{I} = \frac{1}{G} = \frac{1}{G_P + G_d} \tag{4.36}$$

式中，G_d 为暗电导，G_P 为光电导。若忽略暗电导，则 $G = G_P$，并且 $G = G_P = S_g E$ 或 $G = S_g \Phi$。

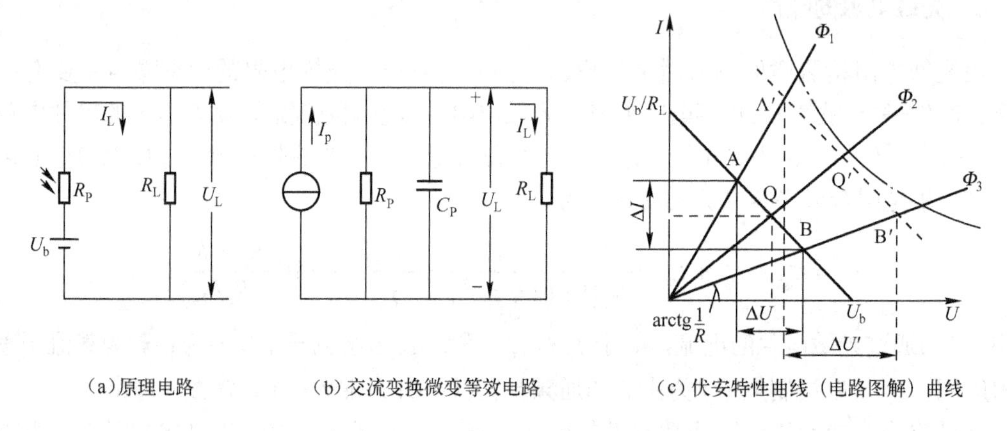

（a）原理电路　　（b）交流变换微变等效电路　　（c）伏安特性曲线（电路图解）曲线

图 4.18　光敏电阻偏置电路及伏安特性

图 4.18（c）所示是光敏电阻的伏安特性曲线，是一组以输入光通量为参量的、通过原点的直线组。若流过光敏电阻 R_P 的电流为 I，则光敏电阻的耗散功率 $P = IU$，为了不使光敏电阻 R_P 在任何光照下因过热而烧坏，要求光敏电阻的实际功率 $P \leqslant P_{max}$（P_{max} 可由产品手册查出）。根据 $IU \leqslant P_{max}$ 或 $I \leqslant P_{max}/U$，可画出极限功耗曲线［图 4.18（c）中的点画线］。

图 4.18（a）所示是一个线性电路，建立负载线就可以确立对应于输入光通量变化的负载电阻上的输出信号。同时，根据图 4.18（a）可得出电流 I_L 及负载电压 U_L，即

$$I_L = \frac{U_b}{R_P + R_L} = I \tag{4.37}$$

$$U_L = \frac{R_L}{R_P + R_L} \cdot U_b \tag{4.38}$$

当负载 R_L 与外加电压 U_b 确定后，可画出负载线，再根据不同的光照 Φ_1、Φ_2、Φ_3 可画出不同光照下光敏电阻的伏安特性曲线，如图 4.18（c）所示。显然，当光通量在 Φ_1 和 Φ_3 之间变化时，工作点 Q 在 A、B 之间发生变化，流过光敏电阻的电流和两端的电压都改变。设光通量变化时，通过光敏电阻的变化 ΔR_P 引起电流的变化 ΔI。将式（4.37）对 R_P 微分，则有

$$\Delta I = \frac{-U_b}{(R_P + R_L)^2} \Delta R_P \tag{4.39}$$

式中，负号的物理意义是，当光敏电阻上的照度增加，阻值减小（即 $\Delta R_P < 0$）时，电流

$\Delta I > 0$ 增加。ΔR_P 的值由式（4.36）得到：

$$\Delta R_P = \frac{-S_g \Delta \Phi}{(G_P + G_d)^2} = -R_P^2 S_g \Delta \Phi \tag{4.40}$$

则光通量变化时，输出信号电流和电压变化又可表示为

$$\Delta I = \frac{R_P^2 U_b S_g}{(R_P + R_L)^2} \Delta \Phi \tag{4.41}$$

$$\Delta U_L = \Delta I R_L = \frac{R_P^2 U_b S_g}{(R_P + R_L)^2} R_L \Delta \Phi = \Delta U \tag{4.42}$$

从式（4.41）和式（4.42）可以看出，当照射到光敏电阻上的光通量增加时，负载电阻的电流和电压也相应增大。

在光敏电阻输入电路设计中，负载 R_L 和电源电压 U_b 是两个关键参数，需要慎重选择。

① 负载电阻 R_L 的确定。根据负载电阻 R_L 和光敏电阻 R_P 的大小关系，可确定电路的 3 种工作状态。

i. 恒功率偏置。从式（4.42）可以看出，输出电压 ΔU_L 并不随负载电阻线性变化，要使 ΔU_L 最大，须将式（4.42）对 R_L 微分，有

$$\frac{d\Delta U_L}{dR_L} = U_b S_g \frac{R_P^2 (R_P - R_L)}{(R_P + R_L)^3} \Delta \Phi \tag{4.43}$$

当负载 R_L 与光敏电阻 R_P 相等时，即 $R_L = R_P$，表示负载匹配，$\frac{d\Delta U_L}{dR_L} = 0$，则 ΔU_L 最大。此时探测器的输出功率最大，即

$$P_L = I_L U_L \approx U_b^2 / 4R_L \tag{4.44}$$

称为匹配状态。但当入射光通量 Φ_1 和 Φ_2 相差几个数量级，即入射功率在较大的动态范围变化时，相应的 R_{P1} 和 R_{P2} 也相差很大，要保持阻抗匹配状态是困难的，这也是光电导探测器的不利因素之一。经分析，在 $R_L = \sqrt{R_{P1} R_{P2}}$ 时可得到最大的 ΔU_L。

ii. 恒流偏置。在基本偏置电路中，若负载电阻 R_L 比光敏电阻 R_P 大得多，即 $R_L \gg R_P$，则负载电流 I_L 由式（4.37）简化为

$$I_L = U_b / R_L \tag{4.45}$$

这表明负载电流与光敏电阻值无关，并且近似保持常数，这种电路称为恒流偏置电路。随输入光通量 $\Delta \Phi$ 的变化，负载电流的变化 ΔI_L 变为

$$\Delta I_L = S_g U_b (R_P / R_L)^2 \Delta \Phi \tag{4.46}$$

式（4.46）表明，输出信号电流取决于光敏电阻和负载电阻的比值，与偏置电压成正比。还可以证明恒流偏置的电压信噪比较高，因此适用于高灵敏度测量。但由于 R_L 很大，光敏电阻正常工作的偏置电压则需很高（100 V 以上），这给使用带来不便。为了降低电源电压，通常采用晶体管作为恒流器件来代替 R_L。

iii. 恒压偏置。在图 4.18（a）所示的电路中，省略了极间电容 C_P，所以上述分析只适用于低频情况。当光敏电阻在较高的频率下工作时，等效电路如图 4.18（b）所示，这时一定不能省去 C_P；另外，除选用高频响应较好的光敏电阻外，负载电阻 R_L 必须取较小的数

值，否则时间常数较大，对高频的影响不利。所以在较高频率下工作时，电路往往处于失配状态。当负载电阻 R_L 比光敏电阻 R_P 小得多，即 $R_L \ll R_P$ 时，负载电阻两端的电压为

$$U_L \approx 0$$

此时，光敏电阻上的电压近似与电源电压相等。这种光敏电阻上的电压保持不变的偏置称为恒压偏置，信号电压由式（4.42）变为

$$\Delta U_L = S_g U_b R_L \Delta \Phi \tag{4.47}$$

式中，$S_g \Delta\Phi = \Delta G$ 为光敏电阻的电导变化量，是引起信号输出的原因。

从式（4.47）中看出，恒压偏置的输出信号与光敏电阻无关，仅取决于电导的相对变化。所以，当检测电路更换光敏电阻值时，恒压偏置电路初始状态受到的影响不大，这是这种电路的一大优点。

测量调制辐射（设入射的辐射通量为交变量）时，即用光敏电阻探测交变光信号，则基本偏置电路如图 4.19（a）所示。设 $\Phi(t) = \Phi(1+\sin\omega t)$的辐射量入射到光敏电阻上，则阻值 R_p 也发生变化。由于隔直电容 C 的存在，光敏电阻的暗电流和光电流中的直流分量无法通过，只有交流分量才能通过，由此可画出 4.19(b)所示的微变等效电路，则流过光敏电阻的光电流为

$$I = I_0 + i(t) = I_0 + S_g U_b \Phi \sin\omega t \tag{4.48}$$

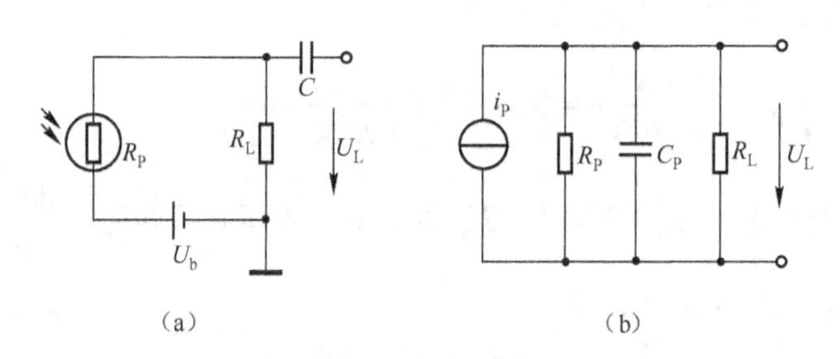

图 4.19　基本偏置及微变等效电路

式中，I_0 为电流 I 的直流分量，$I_0 = S_g\Phi_0 U_b$；设 $C_P = \tau / R_P$，即 C_P 是按光敏电阻的属性引入的等效电容；$i(t)$为交变电流；S_g 为光电导灵敏度，与偏置电压有关；τ 为时间常数，它与入射辐射能量有关；R_P 为与直流辐射分量相对应的光电阻。

输出的交流电压为

$$U_L(t) = \frac{\Phi S_g U_b \sin\omega t}{\left[1 + \left(\omega C_P \dfrac{R_P R_L}{R_P + R_L}\right)^2\right]^{\frac{1}{2}}} \cdot \frac{R_L R_P}{R_L + R_P} \tag{4.49}$$

当 $R_P = R_L$ 时，

$$U_L(t) = \frac{\Phi S_g R_L U_b \sin\omega t}{2[1 + (\omega\tau/2)^2]^{\frac{1}{2}}} \tag{4.50}$$

由于等效电路中 R_P 与 C_P 是一个与辐射通量有关的变量，故只有在辐射通量变化较小的情况下才有近似线性的输出，不然总会出现较大的非线性。

② 电源电压 U_b 的选择。由式（4.42）可以看出，信号电压 ΔU_L 随 U_b 增大而增大，如图 4.18（c）所示，当 R_L 不变时，U_b 增大后负载线由 AQB 变为 A′Q′B′。由于 A′B′>AB，

所以 $\Delta U' > \Delta U$。当 U_b 增大时，光敏电阻的损耗将增加，靠近但不能超过允许功率曲线 P_{max}，否则光敏电阻将损坏或性能下降。电源电压 U_b 也受 P_{max} 限制，所以光敏电阻工作在任何光照下必须满足 $I^2R_P \leqslant P_{max}$，把式（4.37）代入，则有

$$U_b \leqslant \sqrt{P_{max}/R_L}(R_L + R_P)$$

在匹配条件（$R_L = R_P$）下有

$$U_b \leqslant \sqrt{4P_{max}R_L} \tag{4.51}$$

因此，当负载电阻 R_L 确定后，电源电压 U_b 由式（4.51）确定，不能超过此值。另外，使用时，也不应超过光敏电阻参数中给出的极限工作电压值。

为了电源设备简单，电路可以公用一个电源 U_b，则负载电阻必须满足

$$R_L \geqslant \frac{U_b^2}{4P_{max}} \tag{4.52}$$

此外，为了得到大的电流变化，当 $R_L = 0$ 时，有

$$U_b \leqslant \sqrt{P_{max}R_P} \tag{4.53}$$

式中，R_P 为光通量最大时的光敏电阻值。

有时从信噪比的角度出发选择电源电压，光敏电阻的信号电压随电源电压而增大。在偏置电压下，光敏电阻的噪声主要是热噪声。当偏置电压升高时，流过光敏电阻的电流增加，电流噪声将起主要作用，并且噪声电压增加的速度比信号电压增加的速度快。所以探测器输出信号与噪声信号之比（S/N）随偏置电压（或电流）的变化有一最佳值，如图 4.20 所示。光敏电阻的工作点选在信噪比最大的偏置电压（或电流）下最为合适。从信噪比出发决定电源电压 U_b 后，应校验一下电压或功率是否超过该光敏电阻的允许值，并要留有余地。

在实际工作中，还应根据不同的需要和工作情况，选择合适的电源电压 U_b 和负载 R_L。

（2）电桥式偏置电路

为了避免光敏电阻受环境温度的影响而引起灵敏度变化，经常采用图 4.21 所示的电桥电路作为输入电路。选择性能相同的光敏电阻 R_{T1} 和 R_{T2} 作为电桥测量臂的电阻，普通电阻 R_1 和 R_2 作为补偿臂电阻，外加电源电压 U_b。在无光照时，调节补偿电阻 R_2，使电桥平衡，此时 $R_{T1}R_2 = R_{T2}R_1$，电桥输出信号为 $U_0 = 0$。当有光照射到光敏电阻 R_{T1} 上时，光通量变化 $\Delta\Phi$ 引起电阻的改变为

$$R_{T1} = R_{01} + \Delta R \tag{4.54}$$

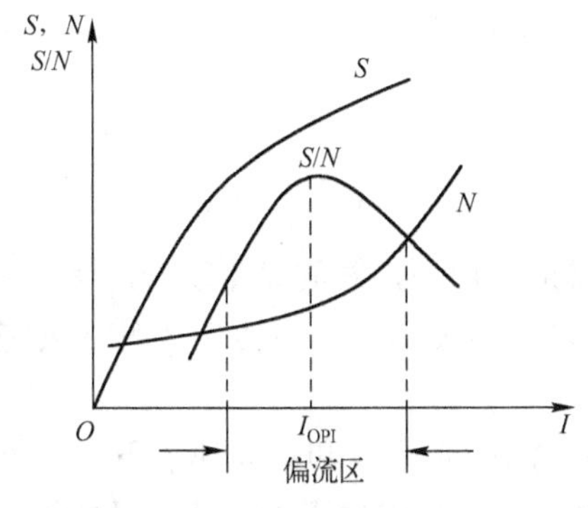

图 4.20 偏置电流 I 与信噪比的关系曲线

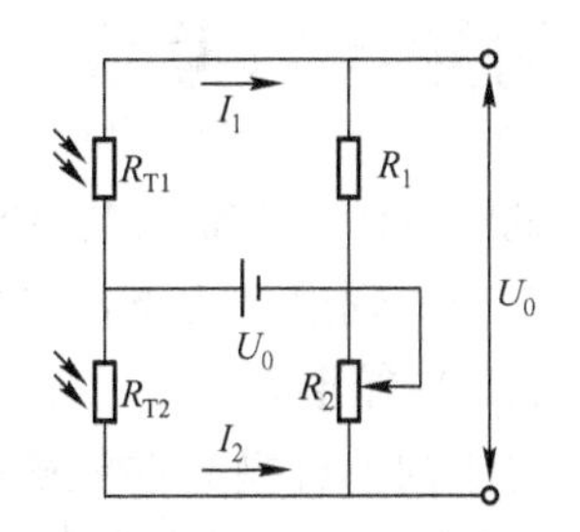

图 4.21 光敏电阻电桥电路

式中，R_{01} 为光敏电阻 R_{T1} 的暗电阻。此时电桥平衡破坏，开路电压 U_0 为

$$U_0=\frac{U_b(R_{01}+\Delta R)}{R_{01}+R_1+\Delta R}-\frac{U_bR_{T2}}{R_{T2}+R_2}=\frac{U_bR_2\Delta R}{(R_{01}+R_1+\Delta R)(R_{T2}+R_2)} \tag{4.55}$$

在弱光作用下有 $\Delta R \ll R_{01}+R_1$，取 $R_1=R_2=R$，$R_{01}=R_{02}=R_0$，则式（4.55）为

$$U_0=\frac{U_bR}{(R_0+R)^2}\Delta R \tag{4.56}$$

式中，R_{02} 是 R_{T2} 的暗电阻。

可见，输出电压 U_0 与光敏电阻的变化量 ΔR 成比例，并与补偿臂负载电阻 R 有关，令 $dU_0/dR=0$，可计算出当 $R=R_0$ 时，U_0 取最大值，为

$$U_{0\max}=\frac{U_b}{4}\cdot\frac{\Delta R}{R_0} \tag{4.57}$$

5．光敏电阻的应用

综上所述，光敏电阻有灵敏度高、工作电流大（达数毫安）、光谱响应范围与所测光强范围宽、无极性、使用方便的优点，但有响应时间长、频率特性差、强光线性差与受温度影响大的缺点，主要用在红外的弱光探测与开关控制。在使用时应注意以下几点：

① 用于测光的光源光谱特性必须与光敏电阻的光敏特性匹配；在用于光度量测试仪器时，必须对光谱特性曲线进行修正，保证其与人眼的光谱光视效率曲线相符合。

② 根据用途不同，选用不同特性的光敏电阻。一般来说，当用于模拟量测量时，因光照指数 γ 与光照强弱有关；只有在弱光照射下光电流才与入射辐射光通量成线性关系，即选用 γ 值小的光敏电阻好；当选用数字量测量时，选用亮电阻与暗电阻差别大的光敏电阻为宜，且尽量选用光照指数 γ 大的光敏电阻。

③ 光敏电阻的光谱特性与温度有关，在温度低时，灵敏范围和峰值波长都向长波方向移动，可采取冷却灵敏面的办法来提高光敏电阻在长波区的灵敏度。

④ 光敏电阻的温度特性很复杂，电阻温度系数有正有负。一般来说，光敏电阻不适于在高温下使用，特别是杂质光敏电阻，在温度高时输出将明显减小，甚至无输出。

⑤ 光敏电阻的频带宽度都比较窄，在室温下只有少数品种能超过 1000 Hz，并且光电增益与带宽之积为一常量，如果要求带宽较宽，则势必以牺牲灵敏度为代价。

⑥ 在设计负载电阻时，应考虑到光敏电阻的额定功耗，负载电阻值不宜太小。

⑦ 在进行动态设计时，应意识到光敏电阻的前历效应。

习题与思考题

1．说明为什么本征光电导器件在微弱的辐射作用下，时间显影越长，灵敏度越高。

2．在微弱辐射作用下，光电导材料的光电灵敏度有什么特点？为什么要把光敏电阻制造成蛇形？

3．对于同一种型号的光敏电阻来说，在不同的光照度和不同环境下，其光电灵敏度与时间常数是否相同？为什么？如果照度相同而温度不同，情况又如何？

4．已知某光敏电阻在 500 lx 的光照下阻值为 550 Ω，而在 700 lx 的光照下阻值为 450 Ω。求该光敏电阻在 550 lx 和 600 lx 光照下的阻值。

5．已知本征硅材料的禁带宽度 $E_g = 1.2$ eV，求该半导体材料的本征吸收长波限；已知某种光电器件的本征吸收长波限为 1.4 μm，求该材料的禁带宽度。

6．在如图 4.22 所示的照明灯控制电路中，用 CdS 光敏电阻用做光电传感器，光敏电阻最大功耗为 300 mW，光电导灵敏度 $S_g = 0.5\times10^{-6}$ S/lx，暗电导 $g_0 = 0$，若已知继电器绕组的电阻为 5 kΩ，继电器的吸合电流为 2 mA，电阻 $R = 1$ kΩ。问：使继电器吸合所需要的照度 E 是多少？要使继电器在照度为 3 lx 时吸合，应如何调整电阻 R？

7．利用光敏电阻等器件设计楼梯内的节能灯控制电路及测量应用中的自动增益控制电路。

8．试问：图 4.23（a）和图 4.23（b）分别属哪一种类型的偏置电路？为什么？分别写出输出电压 U_0 的表达式。

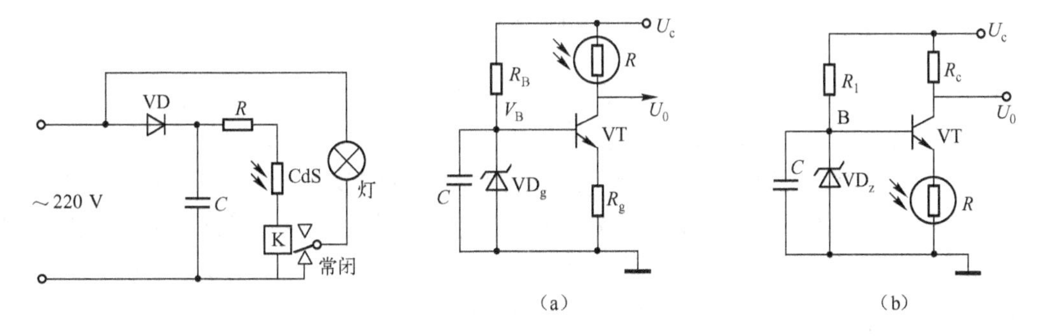

图 4.22　照明灯控制电路　　　　图 4.23　光敏电阻偏置电路

第 5 章　光伏特探测器

内容概要

光伏特探测器是基于内光电效应的器件，最典型的光伏特探测器是光电池、光电二极管和光电三极管，本章主要介绍这三个光伏特探测器的主要特性、使用要点、常用电路及选型依据。

学习目标

- 了解光电池的主要特性、使用要点、常用电路及选型依据；
- 了解光电二极管和光电三极管的主要特性、使用要点、常用电路及选型依据。

与光电导效应不同，光伏特效应具有由内建电场形成的内部势垒，将光照产生的电子和空穴分开，从而在势垒两侧形成电荷堆积，形成光生电动势。所以，如果说光电导现象是半导体材料的体效应，那么光伏特现象则是半导体材料的结效应。这个内部势垒可以是不同类型的半导体（N 型或 P 型）接触形成的 PN 结、P-I-N 结，金属和半导体接触形成的肖特基势垒，以及由不同半导体材料构成的 PN 异质结势垒等。这里，我们主要讨论 PN 结的光伏特效应，它不仅最简单，而且是应用最多、最重要的光伏特效应。

5.1　光伏特效应

5.1.1　无光照 PN 电流方程

在无光照时，PN 结内存在自建电场 E（N 区指向 P 区），在热平衡条件下，PN 结中漂移电流等于扩散电流，净电流为零。用电压表量不出 PN 结两端有电压，称为零偏状态。但是，如果有外加电压，则结内平衡被破坏。如果 PN 结正向偏置（P 区接正，N 区接负），则有较大正向电流流过 PN 结。如果把 PN 结反向偏置（P 区接负，N 区接正），则有一个很小的反向电流通过 PN 结，这个电流在反向击穿前几乎不变，称为反向饱和电流。PN 结的这种伏安特性如图 5.1 所示，经理论推导，在外加偏压 U 下，流过 PN 结的电流方程为

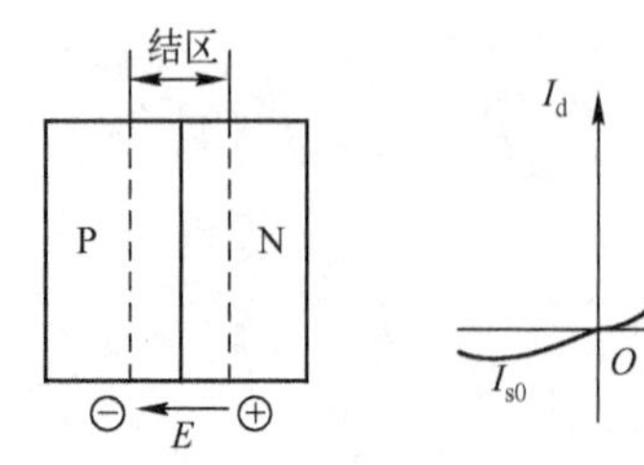

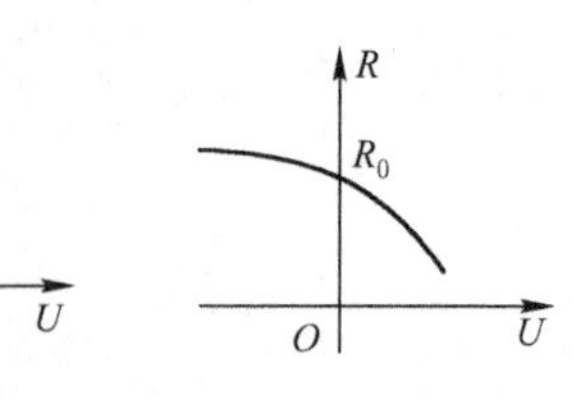

图 5.1　PN 结及其伏安特性

$$I_d = I_{s0}(e^{qU/KT} - 1) \tag{5.1}$$

式中，I_d是正向暗（指无光照）电流；I_{s0}是反向饱和电流；q 是电子电荷量；U 是结端偏置电压（正向偏置为正，反向偏置为负）；K 是玻耳兹曼常数；T 是热力学温度。

5.1.2　光照 PN 时电流方程

当光照射 PN 结时，只要入射光子能量大于材料禁带宽度，就会在结区产生电子−空穴对。在零偏置条件下，假定光辐射入射到 PN 结的 P 区表面，由于 P 区的多数载流子是空穴，光照前热平衡时空穴浓度本来就比较大，因此光生空穴对 P 区空穴浓度影响很小，而光生电子对 P 区的电子浓度影响很大。从 P 区表面到 P 区内部形成电子浓度梯度（表面电子浓度大，内部浓度小），引起电子从表面向内部扩散，如果 P 区的厚度小于电子扩散长度，那么大部分光生电子都能扩散进 PN 结，一旦进入 PN 结，就被内建电场扫向 N 区。这样，光生电子−空穴对就被内建电场分离开来，空穴留在 P 区，电子通过扩散流向 N 区。当光照射到 N 区时，则在内建电场的作用下，空穴通过扩散流入 P 区，电子留在 N 区。总之，不管光照在 P 区还是 N 区，入射光都会引起由 N 区流向 P 区的光电流 I_p。这时用电压表就能量出 P 区正、N 区负的开路电压 U_0，称为光生电压。同时，如果用一个理想电流表接通 PN 结，则有电流 I_0 通过，称为短路光电流，显然

$$U_0 = R_0 I_0 \tag{5.2}$$

式中，R_0为结电阻。光生电子与空穴的这一流动，使 P 区的电势增高，这相当于在 PN 结上加一正向偏压 U_0，这个正向电压使 PN 结势垒由 qU_D（U_D为内建电动势）降至 qU_D-qU_0。

同时，这个正向电压还引起电流 $I_d = I_{s0}(e^{qU_0/KT} - 1)$ 流过 PN 结，I_d的方向正好与上述光电流 I_p的方向相反。所以，在入射光辐射作用下流过 PN 结的总电流为

$$I = I_{s0}(e^{qU/KT} - 1) - I_p \tag{5.3}$$

其中，U 为外加偏压。这时 PN 结的 $I \sim U$ 关系曲线如图 5.2 所示。

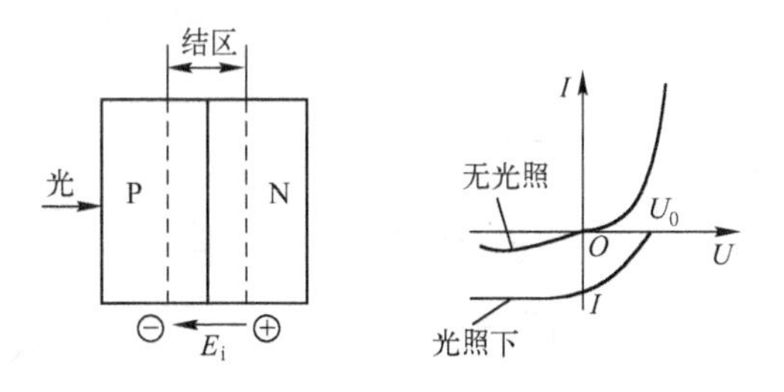

图 5.2　光照下 PN 结及其 $I \sim U$ 关系曲线

综上所述，光照零偏 PN 结产生开路电压的效应，称为光伏效应。这也是光电池的工作原理。

如果给 PN 结加上一个反向偏置电压 U，外加电压所建的电场方向与 PN 结内建电场方向相同，则 PN 结的势垒高度由 qU_D增加到 $qU_D + qU_0$，使光照产生的电子−空穴对在强电场作用下更容易产生漂移运动，提高了器件的频率特性。

在光照反偏条件下工作时，观察到的光电信号是光电流，而不是光电压，这便是结型光电探测器的工作原理。从这个意义上说，反偏 PN 结在光照下好像是以光电导方式工作

的，但实质上两者的工作原理是不同的。反偏 PN 结通常称为光电二极管。

与光电导效应相反，光伏特效应是一种少数载流子过程。少数载流子的寿命通常短于多数载流子的寿命，当少数载流子复合掉时，光生电压就消失了。由于这个原因，基于光伏特效应的光伏探测器比用相同材料制成的光电导探测器响应快。

光伏特器件是基于光伏特效应制成的光电转换器件，主要有光电二极管、光电三极管、光电池及场效应光电管等特种光电器件。其中光电二极管种类较多，有扩散型 PN 结光电二极管、PIN 硅光电二极管、雪崩光电二极管、肖特基势垒光电二极管、异质结光电二极管等。

原则上，任何本征半导体材料都可以用来制作结型光电器件，所以制作光伏效应器件的材料很多，但由于硅材料的稳定性好，故大多数 PN 结型光伏效应器件都用硅制作。最近几年用 $Pb_{1-x}Sn_xTe$ 和 $Hg_{1-x}Cd_xTe$ 材料制作光电二极管，通过调节组分 x 可以改变光谱响应范围，其光谱调节范围约为 1～14 μm。

5.2　光伏探测器的工作模式

根据光伏效应，知道了在光照下 PN 结的情况及其伏安特性，那么我们可以说，一个 PN 结光伏探测器就等效为一个普通二极管和一个恒流源（光电流源）的并联，如图 5.3（b）所示，它的工作模式则由外偏压回路决定。在零偏压的开路状态，如图 5.3（c）所示，PN 结型光电器件产生光生伏特效应，这种工作模式称为光伏工作模式。当外回路采用反偏电压 U，如图 5.3（d）所示，即外加 P 端为负、N 端为正的电压时，无光照时的电阻很大，电流很小；有光照时，电阻变小，电流就变大，而且流过它的光电流随照度变化而变化。从外表看，PN 结光伏探测器与光敏电阻一样，同样也具有光电导工作模式，所以称为光导工作模式，但是由于它与光敏电阻的工作机理不同，所以在特性上有较大差别。

对光伏器件而言，只是在光照下产生恒定的电动势，并在外电路中产生电流，如图 5.3(b) 所示，U 是外电路对器件形成的电压，I 为外电路中形成的电流，以箭头方向为正。

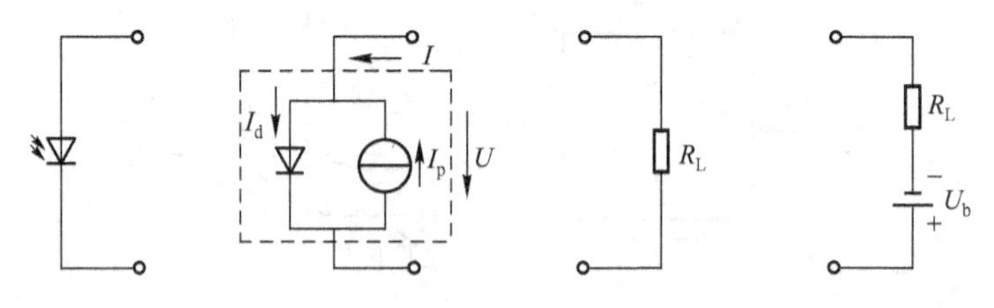

图 5.3　光伏探测器的工作模式

基于光伏效应制作的光伏探测器的伏安特性，用流过探测器的电流方程表示为

$$I = I_{\rm d} - I_{\rm p} = I_{\rm s0}({\rm e}^{qU/KT} - 1) - I_{\rm p} \tag{5.4}$$

有时为了讨论方便，式（5.4）也可写成

$$I = I_{\rm p} - I_{\rm d} = I_{\rm p} - I_{\rm s0}({\rm e}^{qU/KT} - 1) \tag{5.5}$$

式中，I 为流过探测器的总电流；I_{s0} 为反向饱和电流；q 为电子电荷；U 为探测器两端电压；K 是玻耳兹曼常数；T 是器件的热力学温度；I_p 是光生电流。

以式（5.4）中 I 和 U 为纵、横坐标做成曲线，就是光伏探测器的伏安特性曲线，如图 5.4 所示。由图可见，第一象限是正偏压状态，I_d 本来就很大，所以光电流 I_p 不起重要作用。作为光电探测器件，工作在这一区域没有意义。第三象限是反向偏压状态，这时 $I_d = I_{s0}$，它是普通二极管中的反向饱和电流，现在称为暗电流（对应于光功率 $P = 0$），数值很小，远小于光电流，故光伏器件中的总电流 $I = I_d - I_p = I_{s0} - I_p \approx -I_p$，即光电流是流过探测器的主要电流，对应于光导工作模式。通常把光导工作模式的光伏探测器称为光电二极管，因为它的外回路特性与光电导探测器十分相似。

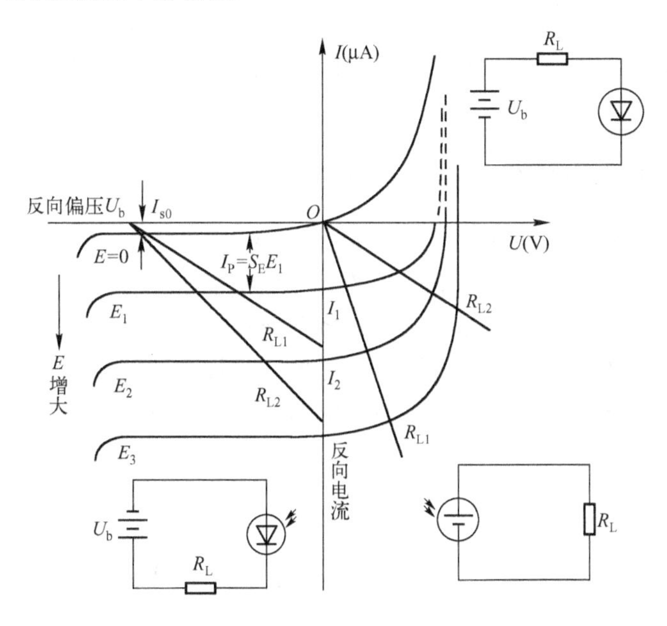

图 5.4　光伏探测器的伏安特性曲线

在第四象限中，外偏压为 0，流过探测器的电流仍为反向光电流。随着光功率的不同，器件的流出电流与电压呈现出明显的非线性。这时探测器的输出通过负载电阻 R_L 上的电压或流过 R_L 上的电流来体现，因此称为光伏工作模式。通常把光伏工作模式的光伏探测器称为光电池。

5.3　光电池

光电池是一种不需要加偏压就能把光能直接转换成电能的 PN 结光电器件，按光电池的用途可分为太阳能光电池和测量光电池。太阳能光电池主要用做电源，对它的要求是转换效率高、成本低，由于它具有结构简单、体积小、质量轻、可靠性高、寿命长、在空间能直接利用太阳能转换成电能等特点，因而不仅成为航天工业上的重要电源，还广泛应用于供电困难的场所和人们的日常生活中。测量光电池的主要功能是作为光电探测器用，即在不加偏置的情况下将光信号转换成电信号，对它的要求是线性范围宽，灵敏度高，光谱响应合适，稳定性好，寿命长，能广泛应用在光度、色度、光学精密计量和测量中。

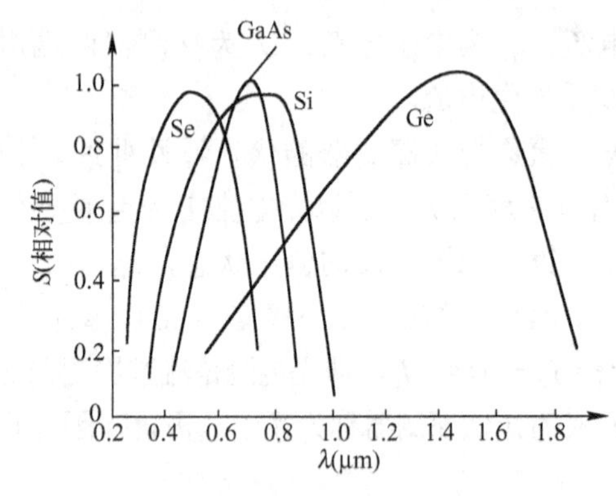

图 5.5　几种光电池的相对光谱响应曲线

光电池的基本结构就是一个 PN 结，由于制作 PN 结的材料不同，目前有硒光电池、硅光电池、砷化镓光电池和锗光电池 4 大类。它们的相对光谱响应曲线如图 5.5 所示。由图可见，硒光电池的光谱响应曲线与人眼的视觉函数 $V(\lambda)$ 相似，很适合作为光度测量的探测器，但由于稳定性差，目前已被硅光电池所代替。它性能稳定，光谱范围宽，频率特性好，换能效率高，能耐高温辐射。砷化镓光电池具有量子效率高、噪声小、光谱响应在紫外区和可见光区等优点，适用于光度仪器。锗光电池由于长波响应宽，适合作为近红外探测器。本节主要介绍测量用硅光电池的工作原理、特性指标及应用。

5.3.1　硅光电池的基本结构和工作原理

硅光电池按基底材料不同分为 2DR 型和 2CR 型。2DR 型硅光电池是以 P 型硅作为基底（即在本征型材料中掺入 3 价元素硼、镓等），然后在基底上扩散磷形成 N 型并作为受光面。2CR 型光电池则以 N 型硅作为基底（在本征型硅材料中掺入 5 价元素磷、砷等），然后在基底上扩散硼形成 P 型并作为受光面。构成 PN 结后，再经过各种工艺处理，分别在基底和光敏面上制作输出电极，涂上二氧化硅作为保护膜，即成硅光电池，如图 5.6 所示。

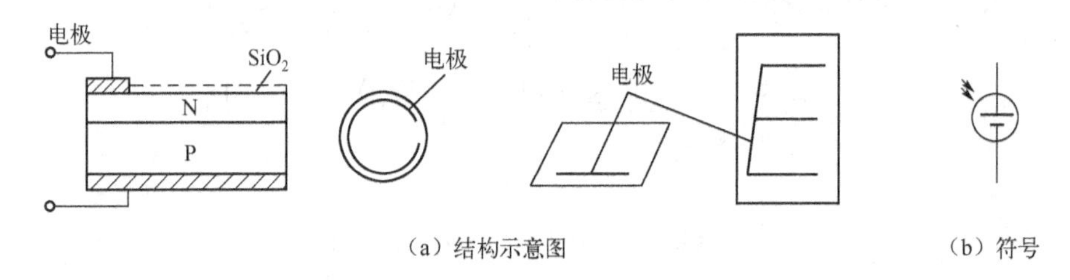

图 5.6　硅光电池结构及符号示意图

一般硅光电池受光面上的输出电极多做成梳齿状，有时也做成“Π”形，目的是便于透光和减小串联电阻。在光敏面上涂一层二氧化硅透明层，一方面起防潮保护作用，另一方面对入射光起抗反射作用，以增加对光的吸收。

硅光电池的工作原理与 4.1 节中光照 PN 结开路状态时的物理过程相同，它的主要功能是在不加偏置的情况下将光信号转换成电信号。硅光电池的工作原理如图 5.7（a）所示。根据 4.2 节的分析知，硅光电池的电流方程式与式（5.5）相同，即

$$I = I_p - I_d = I_p - I_{s0}(e^{qU/KT} - 1)$$

由式（5.5）可画出光电池的等效电路［图 5.7（b）］，图中 I_p 为光电流，与入射光照成正比；I_d 为流过 PN 结的正向电流；VD 为等效二极管；R_{sh} 为 PN 结的漏电阻，又称动态电阻或结电阻，$R_{sh} = -dU_L/dI_L$（$U_L = 0$）为坐标原点的斜率，它比 R_L 和 PN 结的正向电阻大得多，故流过的电流很小，往往可略去，在线性测量中，R_{sh} 值越大越好，目前可达到 $10^8 \sim 10^{10}$ Ω/cm，

计算时可视为开路；R_s 是串联电阻（引线电阻、接触电阻等之和，其值一般为零点几至几欧姆，在大多数情况下可忽略）；C_j 为结电容，在直流计算时可不予考虑；R_L 为负载电阻；I_L 为流过负载电阻的电流 $I_L = I_p - I_d$。若进一步简化，则可画成如图 5.7（c）所示的等效电路。

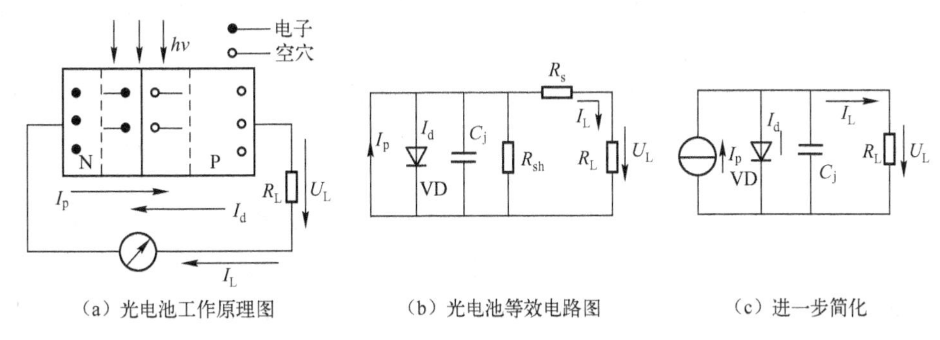

（a）光电池工作原理图　（b）光电池等效电路图　（c）进一步简化

图 5.7　光电池的工作原理图和等效电路

5.3.2　硅光电池的特性参数

1. 光照特性

光电池的光照特性主要有伏安特性、照度-电流电压特性和照度-负载特性。

硅光电池的伏安特性表示输出电流和电压随负载电阻变化的曲线。伏安特性曲线是在某一照度下（或光通量），取不同的负载电阻值所测得的输出电流和电压画成的曲线，图 5.8 所示为不同照度时的伏安特性曲线，与图 5.4 所示的光伏探测器的伏安特性对照，硅光电池工作在特性曲线的第四象限。若硅光电池工作在反偏置状态，则伏安特性将延伸到第三象限。

硅光电池的电流方程式同式（5.5），即

$$I = I_p - I_d = I_p - I_{s0}(e^{qU/KT} - 1) = S_e E - I_{s0}(e^{qU/KT} - 1)$$

当 $E = 0$ 时，

$$I = -I_{s0}(e^{qU/KT} - 1) = -I_d \tag{5.6}$$

式中，I_d 的计算式与式（5.1）相同；I_{s0} 为反向饱和电流，是光电池加反向偏压后出现的暗电流。

当 $I = 0$ 时，$R_L = \infty$（开路），此时曲线与电压轴交点的电压通常称为光电池开路时两端的开路电压，以 U_{OC} 表示，由式（5.5）解得

$$U_{OC} = \frac{kT}{q}\ln\left(\frac{I_p}{I_{s0}} + 1\right) \tag{5.7}$$

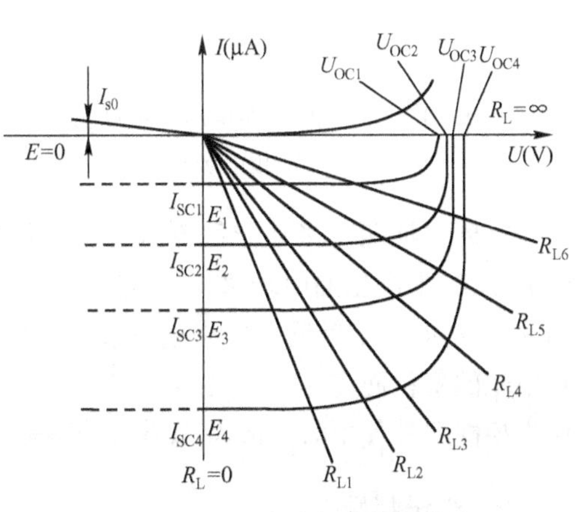

图 5.8　硅光电池伏安特性曲线

当 $I_p \gg I_{s0}$ 时，　$U_{OC} \approx (kT/q)\ln(I_p/I_{s0})$

U_{OC} 一般为 0.45～0.6 V，最大不超过 0.756 V，因为 U_{OC} 不能超过 PN 结热平衡时的接触电动势差或内建电势 U_D。

当 $R_L = 0$（即特性曲线与电流轴的交点）时所得的电流称为光电流短路电流，以 I_{SC} 表示，所以

$$I_{SC} = I_p = S_e E \tag{5.8}$$

式中，S_e 表示光电池的光电灵敏度（又称光电响应度）；E 表示入射光照度。硅单晶光电池短路电流可达 35～40 mA/cm^2。

从式（5.7）和式（5.8）可知，光电池的短路光电流 I_{SC} 与入射光照度（弱照度）成正比，而开路电压 U_{OC} 与光照度的对数成正比，如图 5.9 所示。

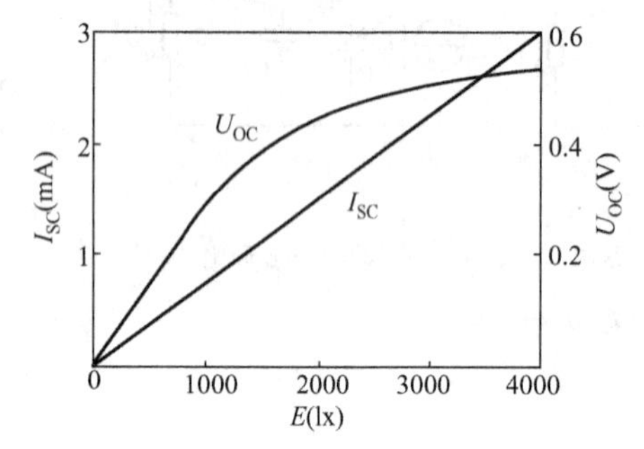

图 5.9 硅光电池的 U_{OC}、I_{SC} 与照度的关系

开路电压 U_{OC} 和短路电流 I_{SC} 与光电池受光面积也有关系。如图 5.10 所示，在光照度一定时，U_{OC} 与受光面积的对数成正比，短路电流 I_{SC} 与受光面积成正比。

光电池在不同负载电阻下的光电特性如图 5.11 所示。光电流在弱光照射下与光照度呈线性关系。光照增加到一定程度后，输出电流非线性缓慢地增加，直至饱和，并且负载电阻越大，越容易出现饱和，即线性范围较小。因此，如欲获得较宽的光电线性范围，则负载电阻不能取太大。

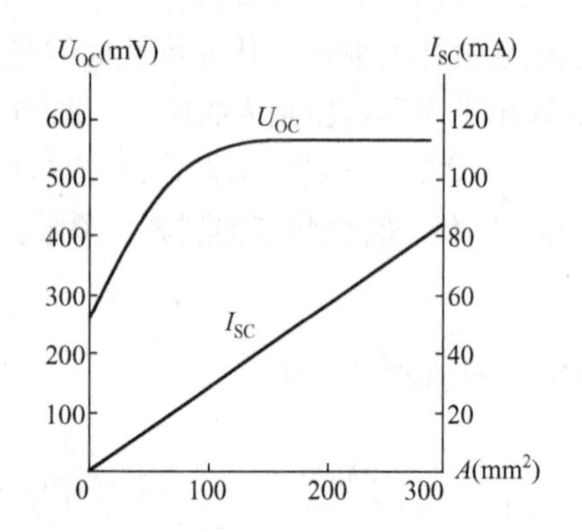

图 5.10 光电池的开路电压和短路电流与受光面积的关系曲线

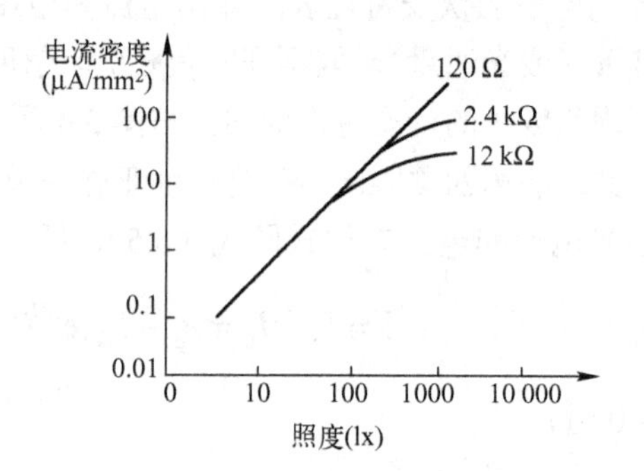

图 5.11 光电池在不同负载电阻下的光电特性

当光电池两端接某一负载 R_L 时，设流过负载的电流为 I_L，其上的电压降为 U_L，则光电池在 R_L 上产生的电功率为 $U_L I_L$。如图 5.8 所示，当 R_L 为 ∞ 时，U_L 等于开路电压 U_{OC}；当 R_L 很小时，I_L 趋近于短路电流 I_{SC}；当 $R_L = 0$ 时，$I_L = I_{SC}$。光电池的输出电功率也随负载电阻的变化而变化。在 $R_L = R_m$ 时，输出功率最大，为 P_{max}，R_m 称为最佳负载。在光电池作为换能器件使用时，应考虑最大功率输出问题，最佳负载同时也是入射光照度的函数。

2. 光谱特性

一般硅光电池的光谱响应特性表示在入射光能量保持一定的条件下，光电池所产生的短路电流与入射光波长之间的关系，一般用相对响应表示。器件的长波限取决于材料的禁带宽度 E_g，短波则受材料表面反射损失的限制，其峰值不仅与材料有关，而且随制造工艺及

使用环境温度不同而有所不同，如图 5.12 所示为 2CR 型硅光电池的光谱曲线，其响应范围为 0.4～1.1 μm，峰值波长为 0.8～0.9 μm。

在线性测量中，对硅光电池的要求，不仅要有高的灵敏度和稳定性，同时还要求与人眼的视见函数有相似的光谱响应特性，因此就要求硅光电池对紫蓝光有较高的灵敏度。现已研制出一种蓝硅光电池（也称硅蓝光电池），如图 5.12 所示为 2CR1133-01 型和 2CR1133 型光电池的光谱曲线，从中可以看出，在 0.48 μm 的光入射时，其相对响应度仍大于 50%，它们广泛应用在视见函数或色探测器件中。

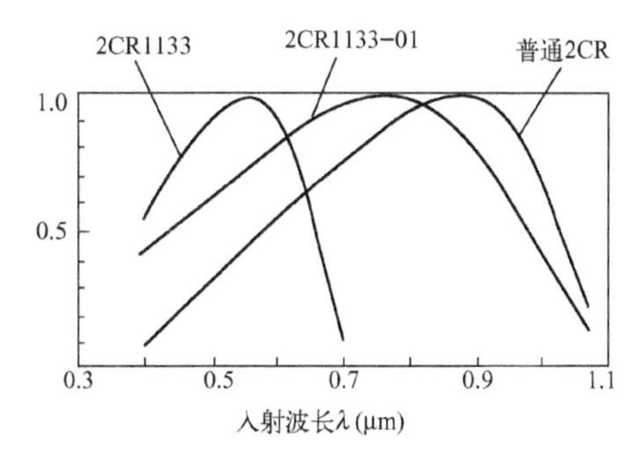

图 5.12　硅光电池及兰硅光电池的光谱响应曲线

3. 频率特性

对于结型光电器件，由于载流子在 PN 结区内的扩散、漂移、产生与复合都要有一定的时间，所以当光照度变化很快时，光电流就滞后于光照变化。对于矩形脉冲光照，可用光电流上升时间常数 t_r 和下降时间常数 t_f 来表征光电流滞后于光照的程度，国内生产的几种 2CR 型硅光电池的时间响应如表 5.1 所示，由表看出：①要得到短的响应时间，必须选用小的负载电阻 R_L；②光电池面积越大则响应时间越大，因为光电池面积越大则结电容 C_j 越大，在给定负载 R_L 时，时间常数 $\tau = R_L C_j$ 就越大，故若要求响应时间短，则须选用小面积光电池。

表 5.1　国内生产的几种 2CR 型硅光电池的时间响应

型　号	面　积	负载 $R_L = 100\ \Omega$		负载 $R_L = 500\ \Omega$		负载 $R_L = 1000\ \Omega$	
	mm^2	t_r (μs)	t_f (μs)	t_r (μs)	t_f (μs)	t_r (μs)	t_f (μs)
2CR21	5×5	15	15	20	20	25	25
2CR41	10×10	15	17	35	40	60	70
2CR51	10×20	30	40	60	80	150	150

若光电池接收正弦型光照时常用频率特性曲线表示，如图 5.13（a）示出的硅光电池的频率特性曲线，由图可见，负载大时频率特性变差，减小负载可减小时间常数 τ，提高频响，但是负载电阻 R_L 的减小会使输出电压降低，实际使用时视具体要求而定。

总的来说，由于硅光电池光敏面积大，结电容大，频响较低，为了提高频响，光电池可在光电导模式下使用，例如，只要加 1～2 V 的反向偏置电压，则响应时间就会从 1 μs 下降到几百纳秒。

4. 温度特性

光电池的参数都是在室温（25～30℃）下测得的，参数值随工作环境温度改变而变化。

光电池的温度特性曲线主要指光照射光电池时开路电压 U_{OC} 与短路电流 I_{SC} 随温度变化的情况，光电池的温度特性曲线如图 5.13（b）所示。由图可以看出：开路电压 U_{OC} 具有负温度系数，即随着温度的升高 U_{OC} 值反而减小，其值约为 2～3 mV/℃，短路电流 I_{SC} 具有正温度系数，即随着温度的升高 I_{SC} 值增大，但增大比例很小，约为 10^{-5}~10^{-3} mA/℃数量级。

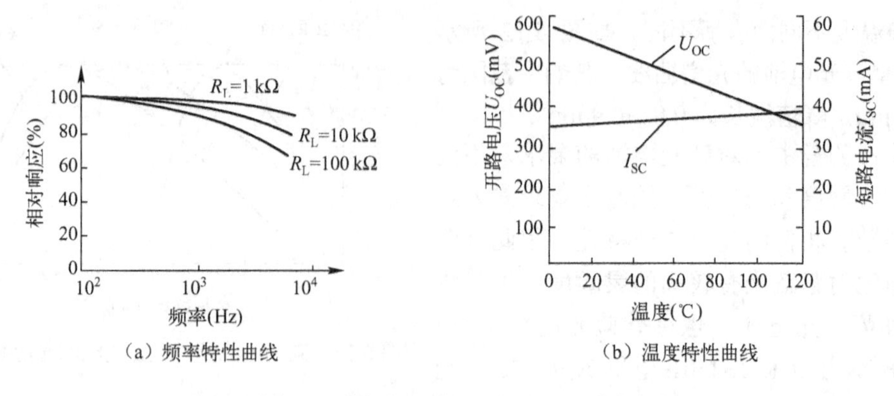

（a）频率特性曲线　（b）温度特性曲线

图 5.13　硅光电池的频率特性和温度特性

当光电池接受强光照射时必须考虑光电池的工作温度，如硒光电池超过 50℃或硅光电池超过 20℃时，它们因晶格受到破坏而导致器件的破坏。因此光电池作为探测器件时，为保证测量精度，应考虑温度变化的影响。

5.3.3　光电池偏置电路

测量用硅光电池的偏置电路是将硅光电池直接与负载电阻 R_L 连接，成为无偏置电压的电路，又称自给偏置电路，如图 5.14（a）所示。

图 5.14（b）和（c）给出了无偏置电路的等效电路及计算图解。根据等效电路得

$$U_L = I_L R_L$$

$$I_L = I_P - I_d = I_P - I_{s0}(e^{qU/KT} - 1) \tag{5.9}$$

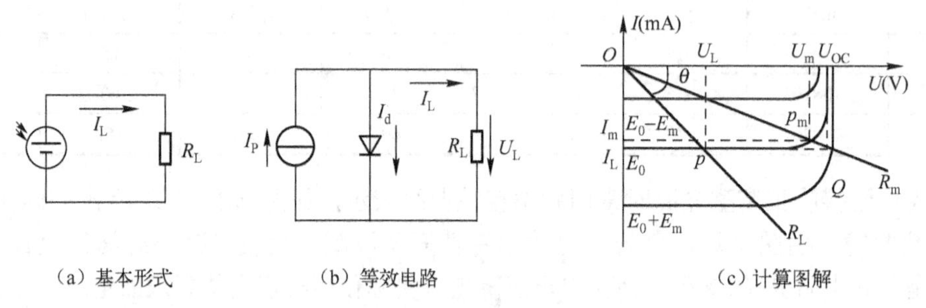

（a）基本形式　（b）等效电路　（c）计算图解

图 5.14　硅光电池无偏置电路

由伏安特性可知：在给定输入光照度 E_0 时，只要选定负载电阻 R_L，R_L 负载线就是斜率为 $\tan\theta = I_L/U_L = 1/R_L$ 的过原点的直线，工作点 P 即可由负载线与硅光电池相对于 E_0 的伏安曲线的交点确定。该工作点 P 所对应的电流值 I_L 和电压值 U_L 就是 R_L 上的输出值，此时，硅光电池输出的功率

$$P_L = I_L U_L \tag{5.10}$$

相对 E_0 的光通量增量 $\pm\Delta E$，将形成对应的电流变化 $\pm\Delta I$ 和电压变化 $\pm\Delta U$。

由于硅光电池特性的非线性，负载电阻 R_L 的变化会影响硅光电池的输出信号。从图 5.14 中看出，在照度为 E_0 时，负载电阻从 0 变化到∞，输出电压从 0 变化到 U_{OC}，输出电流从 I_{SC} 变化到 0，显然只有在某一负载（如 R_m）下才能得到最大输出功率 P_{max}，此时，R_m 称为

该硅光电池在上述一定光照度下的最佳负载电阻。在图 5.14 所示的伏安特性曲线上也可表示最大输出功率，过开路电压 U_{OC} 和短路电流 I_{SC} 做特性曲线的切线，其交点 Q 与原点 O 的连线即为最佳负载线，此最佳负载线与特性曲线的交点 P_m 为最大输出功率点，此时流过负载 R_m 上的电流为 I_m，压降为 U_m，则

$$P_{max} = I_m U_m \text{ 或 } R_m = \frac{U_m}{I_m} \tag{5.11}$$

如果光照度改变，则 R_m 也略有改变，并且随光照度的增加而稍微减小，如图5.14 所示。

也可以利用式（5.9）定量地描述负载电阻和入射光通量对电路工作状态（I, U, P）的影响，即

$$I = I_P - I_{s0}(e^{\frac{IR_L}{KT/q}} - 1) \tag{5.12}$$

$$U = \frac{kT}{q}\ln\frac{I_P - U/R_L + I_{s0}}{I_{s0}} \tag{5.13}$$

$$P = IU = \frac{kTU/q}{R_L}\left(\ln\frac{I_P - U/R_L + I_{s0}}{I_{s0}}\right) \tag{5.14}$$

根据上述公式，在同一入射光通量下，负载电阻对光电池输出电压、电流和功率的影响曲线如图 5.15（a）所示。

根据所选负载电阻的数值不同可以把光电池的工作曲线分成 4 个区域，分别由图5.15(b)中的 I、II、III、IV 表示，对应的 4 个工作状态为短路或线性电流放大、空载电压输出、线性电压放大和功率放大。下面讨论前三种工作状态。

① 短路或线性电流放大

这是一种电流变换状态，如图 5.15（b）中的 I 区域。要求硅光电池送给负载电阻 R_L（这时 $R_L < R_m$，且 $R_L \to 0$）的电流与光照度呈线性关系。如果需要放大信号，则应选用电流放大器。为此要求负载电阻或后续放大电路输入阻抗尽可能小，才能使输出电流尽可能大，即接近短路电流 I_{SC}，因为只有短路电流才与入射光照度有良好的线性关系，即

$$I_L = I_P - I_{s0}(e^{\frac{IR_L}{KT/q}} - 1)\Big|_{R_L \to 0} = I_{SC} = S_e E \tag{5.15}$$

如果光照变化，则

$$\Delta I_L = S_e \Delta E \tag{5.16}$$

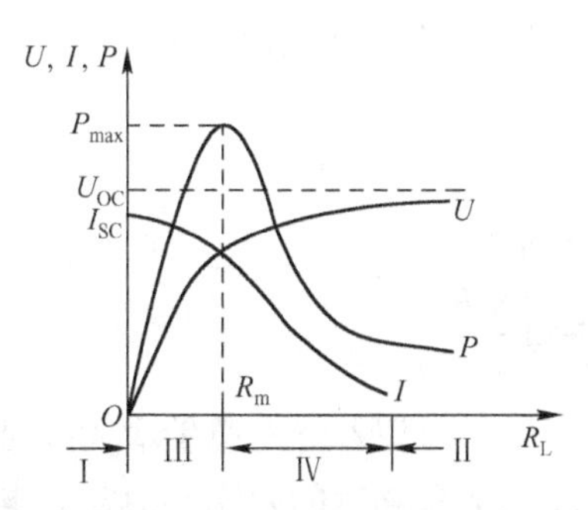

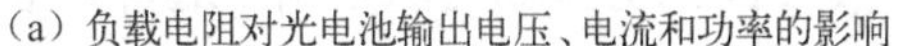

（a）负载电阻对光电池输出电压、电流和功率的影响

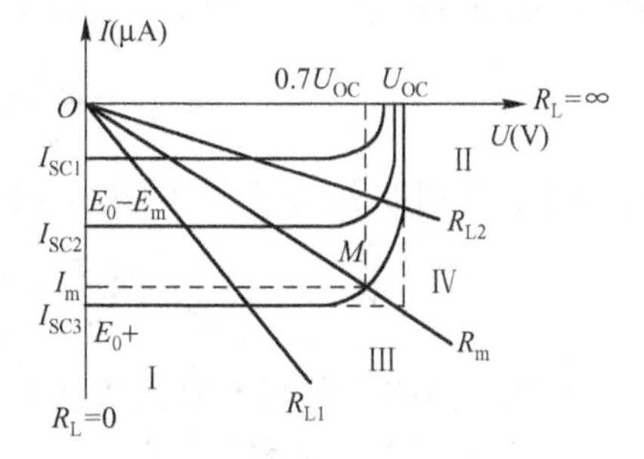

（b）光电池伏安特性的几个区域

图 5.15　光电池的不同工作区域情况

另外，在短路状态下器件的噪声电流较低，信噪比得到改善，因此适用于弱光信号的检测。

② 线性电压输出

当负载电阻很小甚至接近于零的时候，电路工作在短路及线性电流放大状态；而当负载电阻稍微增大，但小于临界负载电阻 R_m 时，电路就处于线性电压输出状态，如图 5.15(b)中的区域III，此时 $R_L < R_m$，在这种工作状态下，在串联的负载电阻上能够得到与输入光通量近似成正比的信号电压，负载电阻越大（越接近 R_m），光电池的输出电压就越高，但能引起输出信号的非线性畸变。通常，为了使线性区有余量，一般取 $R_L = 0.85R_m \approx 0.6U_{OC}/I_P$。

由式（5.9）有

$$I_L = I_P - I_{s0}(e^{\frac{U_L}{U_T}} - 1) = I_P - I_{s0}(e^{\frac{I_L R_L}{U_T}} - 1) \tag{5.17}$$

式中，$U_T = KT/q$。

令最大线性允许光电流为 I_m，相应的光通量为 Φ_m，则可得到输出最大线性电压的临界负载电阻 R_m 为

$$R_m = \frac{U_m}{S_e \Phi_m} \tag{5.18}$$

对于交变信号情况，对应 $\Phi_{max} \pm \Delta\Phi$ 的输入光通量变化，负载上的电压信号变化为

$$\Delta U = R_m \Delta I_P = \frac{U_m}{S_e \Phi_m} S_e \Delta\Phi = U_m \frac{\Delta\Phi}{\Phi_{max}} \tag{5.19}$$

在线性关系要求不高的情况下，可以利用图解法简单地得到临界电阻 R_m 的值。如图 5.15（b）所示，在电压轴上作临界电压 $U_m = 0.7U_{OC}$ 的垂直线，与对应的伏安曲线相交于 M 点，这样也可以得到临界电阻的负载线。因此

$$R_m \approx \frac{0.7U_{OC}}{I_P} = \frac{0.7U_{OC}}{S_e \Phi_{max}} \tag{5.20}$$

式中，U_{OC} 为对应 Φ_{max} 时的开路电压，倍数 0.7 是经验数据。

工作在线性电压放大区的光电池在与放大器连接时，宜采用输入阻抗高的电压放大器。

③ 空载电压输出（开路电压输出）

这是一种非线性电压变换状态，工作在图 5.15（b）所示的 II 区域。此时 $R_L > R_m$，且 $R_L \to \infty$，要求光电池通过高输入阻抗变换器与后续放大电路连接，相当于输出开路，开路电压可写成

$$U_{OC} = \frac{KT}{q} \ln\left(\frac{I_P}{I_{s0}} + 1\right) \tag{5.21}$$

当光通量较大时，$I_P \gg I_{s0}$，则式（5.21）可写成

$$U_{OC} \approx \frac{KT}{q} \ln \frac{I_P}{I_{s0}} = \frac{KT}{q} \ln \frac{S_e E}{I_{s0}} \tag{5.22}$$

式（5.22）表明，开路电压与入射光通量的对数成正比，即随入射光通量增大按对数规律增大，但开路电压并不会无限增大，它的最大值受 PN 结势垒高度的限制，通常光电池的开路电压为 0.45～0.6 V。在入射光强从零到某一定值跳跃变化的光电开关等应用中，简单地利用 U_{OC} 电压变化，无须加任何偏置电源即可组成控制电路，这是它的一个优点。

此外，由伏安特性可以看到，对于较小的入射光通量，开路电压输出变化较大，这对弱光信号的检测特别有利，但光电池开路电压与入射光功率呈非线性关系，同时受温度影响大，其频率特性也不理想，如果希望得到大的电压输出，则不如采用光电二极管或光电三极管。

若用硅光电池检测交流光信号，可采用图 5.16（a）所示的交流变换等效电路。图中 R_b 为静态条件下的负载电阻与结电容 C_j 的并联，R_L 为后级光电信号放大器的等效输入阻抗。

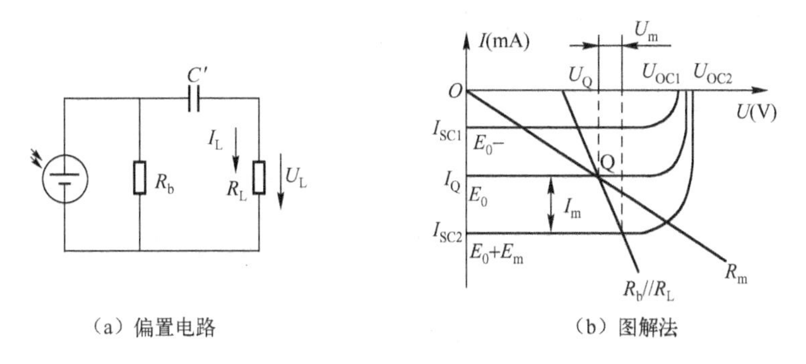

（a）偏置电路　　　　（b）图解法

图 5.16　交流变换等效电路及图解计算

为了分析方便，设入射光照度为正弦脉动形式，即 $E = E_0 + E_m \sin\omega t$，则光信号照度以 E_0 为平均值在最大值 $E_0 + E_m$ 和最小值 $E_0 - E_m$ 之间脉动。

设 R_m 为 $E_0 + E_m$ 光照度下的最佳负载电阻，根据式（5.20）有

$$R_m \approx \frac{0.7U_{OC}}{I_P} = \frac{0.7U_{OC}}{S_e(E_0 + E_m)}$$

由于硅光电池作为线性检测或变换，故硅光电池的工作状态必须选择在光电流线性工作区，即图 5.15(b)中的 I 和 III 区域，这时要求

$$R_b // R_L < R_m$$

所以工作情况同样也可以分为电流输出和电压输出状态。

在电流输出状态，要求 $R_L < R_b$，以使负载 R_L 上能得到更大的电流输出，同时又能获得更好的线性和频率特性。如果需放大光信号，则放大器应选用输入阻抗（与负载 R_L 等效）低的电流放大器。

在电压输出状态，为了获得高的输出电压，应使 $R_L > R_b$，此时采用输入阻抗高的电压放大器为好。显然频率特性变坏。

以上所述是选用负载电阻及放大器的原则，同样也可利用图 5.16（b）所示的图解法（利用交、直流负载线和不同光照下的伏安特性曲线）推导输出参数的计算公式。

图 5.17 示出了几种硅光电池的光电变换电路，这些电路都是按照线性要求设计的，所以硅光电池必须工作在 I 区，并且是电流输出，才能获得线性工作。

在图 5.17（a）所示的电路中，用于放大光电流的三极管必须采用锗管，不能用硅管。因为，一般硅三极管基极-射极电压高于 0.7 V 时才开始导通，但硅光电池的开路电压最高不超过 0.6 V，因此，用硅三极管是无法工作的；而锗三极管在开始导通时射极-基极电压约为 0.3 V，当有光照时，只要硅光电池的输出电压高于 0.3 V，锗管 3AX4 便开始导通，输出电压 V_{out} 由-10 V 上升，入射光的强度越强，输出电压越接近于地电位。由于 3AX4 的输入阻抗很低，所以硅光电池基本上工作在线性区。

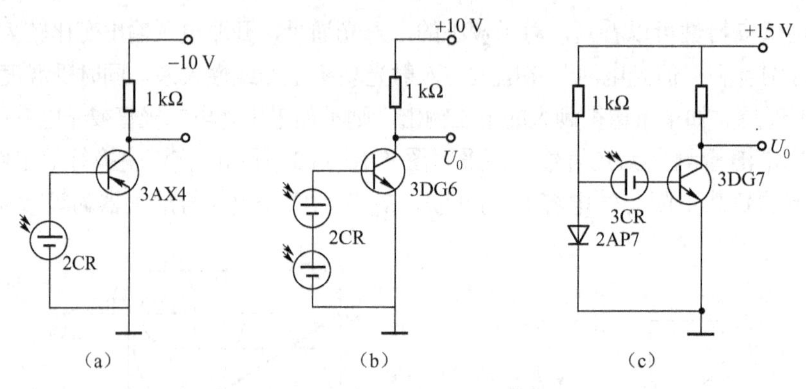

图 5.17　硅光电池的光电变换电路

图 5.17（b）和图 5.17（c）所示电路都使用硅三极管放大电流，前者采用两个硅光电池串联，以获得高于 0.7 V 的信号电压；后者则将锗二极管 2AP7 的正向压降 0.3 V 作为硅光电池的反向偏置电压，以使硅三极管得以投入工作。

上面所示的三种电路都以晶体三极管基极-射极间的正向电阻作为硅光电池的负载，因此硅光电池几乎工作在短路状态，从而获得线性工作特性。

5.3.4　光电池的应用

综上所述，光电池的应用主要有两个方面：一是作为光电探测器件，二是将太阳能转化为电能。

当光电池用作光电探测器件时，有着光敏面积大、频率响应高、光电流随照度线性变化等特点。因此，它既可作为开关应用，也可用于开关测量，如用在光电读数、光电开关、光栅测量技术、激光准直、电影还音等装置上。光电池作为测量元件使用时，后面一般接有放大器，并不要求输出功率最大，重要的是输出电流或电压与光通量按比例变化。因此在选择负载电阻时，在可能的情况下应选小一些的，这样有利于线性化及改善频率响应。

5.4　硅光电二极管和硅光电三极管

硅光电二极管和光电池一样，都是基于 PN 结的光电效应而工作的，它主要用于可见光及红外光谱区。硅光电二极管通常在反偏置条件下工作，即光电导工作模式。这样可以减小光生载流子渡越时间及结电容，可获得较宽的线性输出和较高的响应频率，适用于测量较高频率调制的光信号。硅光电二极管也可用在零偏置状态，即光伏工作模式，这种工作模式的突出优点是暗电流等于零。后继线路采用电流电压变换电路，线性区范围扩大，得到广泛应用。

制作硅光电二极管的材料很多，有硅、锗、砷化镓、碲化铅等，但目前在可见光区应用最多的是硅光电二极管。本节主要以硅光电二极管和三极管为例来介绍。

5.4.1　硅光电二极管结构及工作原理

硅光电二极管在结构和工作原理上与硅光电池也相似。如果应用于光伏工作模式，其机理与光电池基本相同，属于 PN 结型光生伏特效应。但是与光电池比较，略有不同：

①就制作衬底材料的掺杂浓度而言，光电池较高，约为$10^{16}\sim10^{19}$原子数/cm^3，而硅光电二极管掺杂浓度约为$10^{12}\sim10^{13}$原子数/cm^3；②光电池的电阻率低，约为 0.1～0.01 Ω/cm，而硅光电二极管则为 1000 Ω/cm；③光电池在零偏置下工作，而硅光电二极管通常在反向偏置下工作；④一般来说，光电池的光敏面面积都比硅光电二极管光敏面大得多，因此硅光电二极管的光电流小得多，通常在微安级。

硅光电二极管通常用于反偏的光电导工作模式，这里简略叙述如下。

硅光电二极管在无光照条件下，若 PN 结加一个适当的反向电压，则反向电压加强了内建电场，使 PN 结空间电荷区拉宽，势垒增大，流过 PN 结的电流（称反向饱和电流或暗电流）很小，反向饱和电流是由少数载流子的漂移运动形成的。

当硅光电二极管被光照时，若满足条件 $h\nu \geqslant E_g$，则在结区产生的光生载流子将被内建电场拉开，光生电子被拉向 N 区，光生空穴被拉向 P 区，于是在外加电场的作用下形成了以少数载流子漂移运动为主的光电流。显然，光电流比无光照时的反向饱和电流大得多，光照越强，表示在同样的条件下产生的光生载流子越多，光电流越大；反之，则光电流越小。

当硅光电二极管与负载电阻 R_L 串联时，则在 R_L 的两端，便可得到随光照度变化的电压信号，从而完成光信号到电信号的转换，如图 5.18 所示。

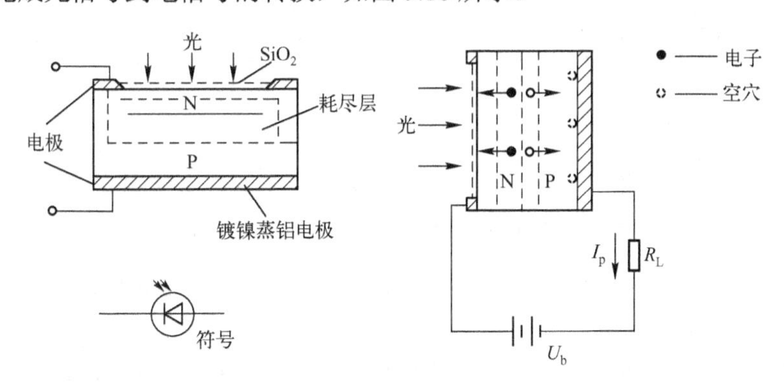

图 5.18　硅光电二极管原理图及符号

硅光电二极管与光电池一样，根据其衬底材料的不同可分为 2DU 型和 2CU 型。

5.4.2　硅光电三极管结构及工作原理

硅光电三极管（又称光电晶体管）是在硅光电二极管的基础上发展起来的，它和普通的晶体三极管相似，具有电流放大作用，只是它的集电极电流不只受基极电路的电流控制，还受光的控制，所以硅光电三极管的外形有光窗。硅光电三极管有三根引线的，也有两根引线的，管型分为 PNP 型和 NPN 型两种硅光电三极管，NPN 型称为 3DU 型硅光电三极管，PNP 型称为 3CU 型硅光电三极管。

今以 3DU（NPN）型为例说明硅光电三极管的结构和作用原理，如图 5.19 所示，图 5.19（a）中以 N 型硅片做衬底，扩散硼而形成 P 型，再扩散磷而形成重掺杂 N^+层，并涂以 SiO_2 作为保护层。在重掺杂的 N^+侧开窗，引出一个电极并称为“集电极 C”，由中间的 P 型层引出一个基极 b，也可以不引出来（由于硅光电三极管信号是以光注入的，所以一般不需要基极引线），而在 N 型硅片的衬底上引出一个发射极 e，这就构成一个硅光电三极管。

硅光电三极管的工作原理是，工作时各电极所加的电压与普通晶体管相同，即需要保证集电极反偏置，发射极正偏置，由于集电极是反偏置，在结区内有很强的内建电场，对 3DU 型硅光电三极管来说，内建电场的方向是从 c 到 b，与硅光电二极管工作原理相同，如果有光照到基极-集电极结上，能量大于禁带宽度的光子在结区内激发出光生载流子-电子空穴对，这些载流子在内建电场作用下，电子流向集电极，空穴流向基极，相当于外界向基极注入一个控制电流 $I_b = I_p$（发射极是正向偏置和普通晶体管一样有放大作用）。当基极没有引线，此时集电极电流

$$I_c = \beta I_b = \beta I_p = S_e E \beta$$

式中，β 为晶体管的电流增益系数；E 为入射照度；S_e 为光电灵敏度。由此可见，光电三极管的光电转换部分在集-基结区内进行，而集电极、基极、发射极又构成一个有放大作用的晶体管，所以在原理上完全可以把它视为一个由硅光电二极管与普通晶体管结合而成的组合件，如图 5.19（c）所示。

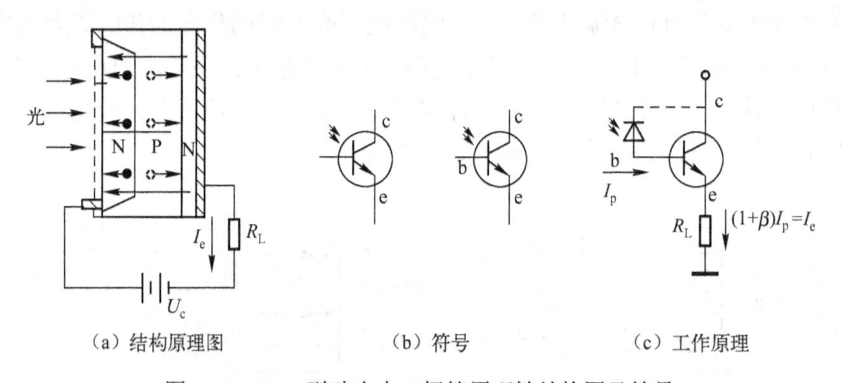

图 5.19　3DU 型硅光电三极管原理性结构图及符号

3CU 型硅光电三极管在原理上和 3DU 型相同，不同的只是它的基底材料是 P 型硅，工作时集电极加负电压，发射极加正电压。

为了改善频率影响，减小体积，提高增益，已研制出集成光电晶体管，它在一块硅片上制作一个硅光电二极管和三极管，如图 5.20 所示。图 5.20（a）和（b）分别为硅光电二极管-晶体管和达林顿光电三极管集成电路示意图。硅光电三极管除了上述形式外，也有按达林顿接法接成的复合管，装于一个壳体内，这种管子的电流增益可达到几百，如图 5.20（b）所示。目前，国产硅光电三极管的灵敏度约为 $1\,\mu A/lx$，光谱响应范围为 $0.4 \sim 1.2\,\mu m$，峰值波长约为 $0.85 \sim 0.9\,\mu m$；国产 2DU 型硅光电二极管的灵敏度约为 $0.025\,\mu A/lx$。由此可见，硅光电三极管的灵敏度约为硅光电二极管的 40 倍左右。

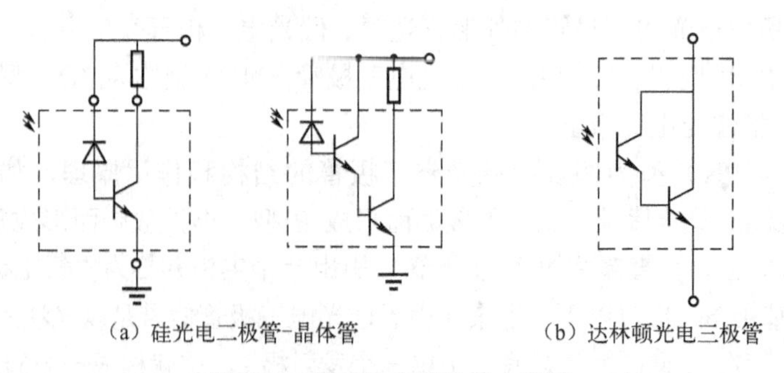

图 5.20　集成光电晶体管电路图

5.4.3　硅光电二极管与硅光电三极管特性比较

1．光照特性

所谓光照特性，是指光电管（硅光电二极管和硅光电三极管的总称）的光电流与照度之间的关系曲线，图 5.21 分别示出了硅光电二极管和硅光电三极管的光照特性曲线。从图中看出，硅光电二极管光照特性的线性较好，而硅光电三极管的光电流在弱光照时有弯曲，强光照时又趋向于饱和，只有在某一段光照范围内线性较好，这都是由于硅光电三极管的电流放大倍数在小电流或大电流时都下降而造成的，若采用较大面积的发射区 e，能提高弱光照（发射结）时的电流密度，而使起始段线性，有利于弱光探测；反之，则有利于强光时的线性。

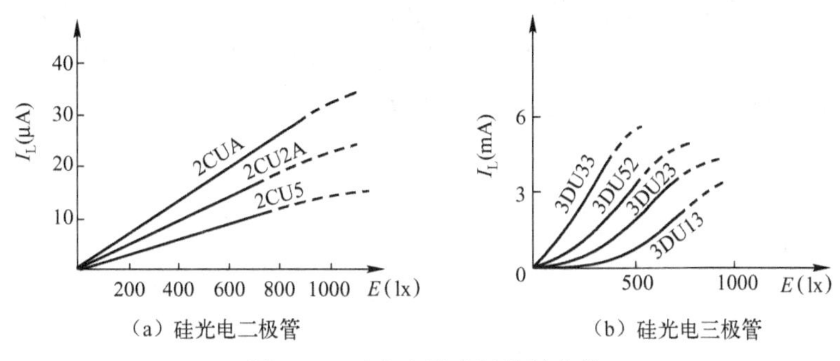

图 5.21　硅光电管光照特性曲线

2．伏安特性

光电管的伏安特性表示为当入射光的照度（或光通量）一定时，光电管输出的光电流与偏压的关系。图 5.22（a）和（b）分别表示硅光电二极管和硅光电三极管的伏安特性曲线。由图可见，硅光电三极管的伏安特性曲线与硅光电二极管的特性曲线稍有不同。

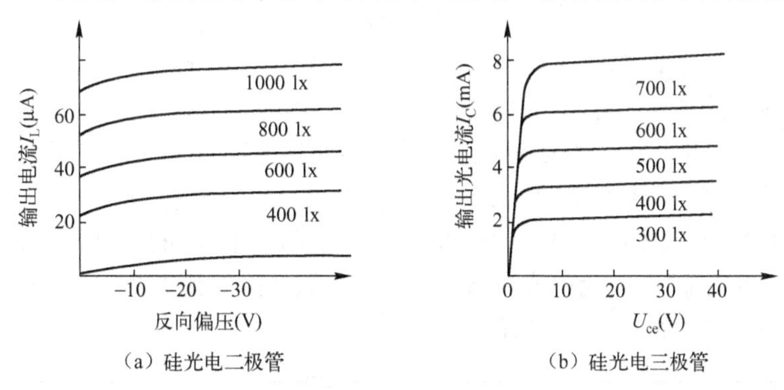

图 5.22　硅光电管的伏安特性曲线

① 在相同照度下，硅光电三极管的光电流比硅光电二极管大得多，一般硅光电三极管的光电流在毫安量级，硅光电二极管的光电流在微安量级；

② 在零偏置时硅光电二极管仍然有光电流输出，而硅光电三极管没有光电流输出，这是因为光电二极管具有光生伏特效应，而硅光电三极管集电极虽然也能产生光生伏特效应，

但因集电极无偏置电压，没有电流放大作用，故微小的电流在毫安级的坐标中表示不出来；

③ 当工作电压较低时输出的光电流为非线性，即光电流与偏压有关，但硅光电三极管的非线性较严重，这是因为硅光电三极管的 β 与工作电压有关，为了得到较好的线性，要求工作电压尽可能高些；

④ 在一定的偏压下，硅光电三极管的伏安特性曲线在低照度时较均匀，在高照度时曲线越来越密，虽然光电二极管也有这种现象，但硅光电三极管严重得多，这是因为硅光电三极管的 β 是非线性的。

3. 温度特性

硅光电二极管和硅光电三极管的光电流和暗电流均随温度而变化，但因有电流放大作用，所以硅光电三极管的光电流受温度影响比硅光电二极管大得多，如图 5.23 所示。暗电流的增强使输出信噪比变差，不利于弱光信号的探测，在用硅光电二极管和三极管检测弱光信号时，要减小温度的影响，常采取恒温或补偿措施。

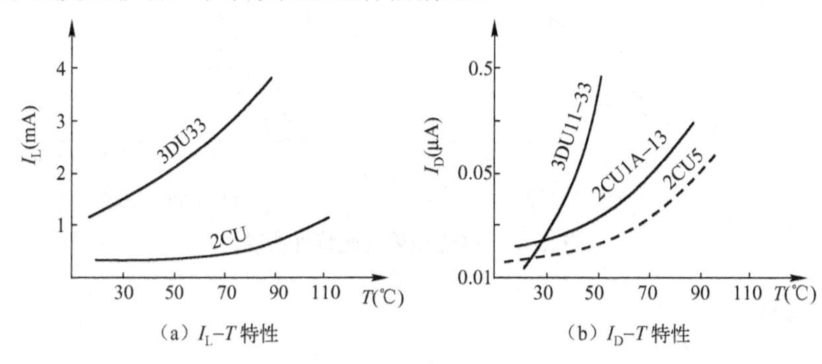

图 5.23　光电管的温度特性

4. 频率响应特性

硅光电二极管的频率特性主要取决于光生载流子的渡越时间、负载电阻 R_L 和结电容 C_j 的乘积。光生载流子的渡越时间包括光生载流子向结区扩散的时间和在结（耗尽层或阻挡层）电场中载流子的漂移的时间。对可见光来说，由渡越时间决定的频率上限很高，可不考虑，这时，决定硅光电二极管的频率响应上限因素是结电容 C_j 和负载电阻 R_L。

硅光电二极管的频率响应可以近似地用图 5.24 所示的交流等效电路来计算，图中，R_D 为反向偏置时硅光电二极管的结电阻；C_j 为反向偏置时的结电容；R_L 为负载电阻；I_p 为光生电流（电流源）；R_S 为硅光电流二极管的串联电阻（其值很小，可略去不计）。进一步简化的等效电路如图 5.24（b）所示。

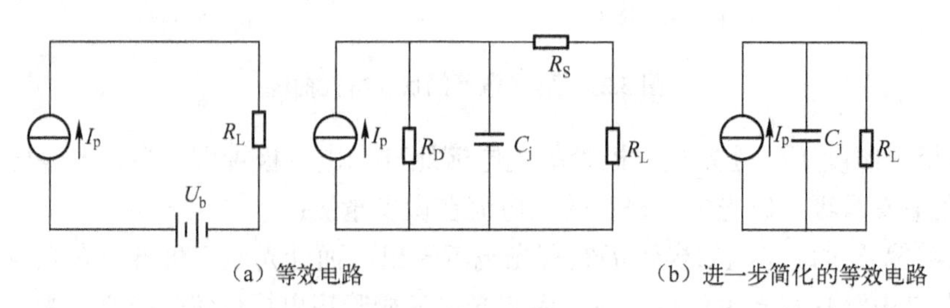

图 5.24　硅光电二极管等效电路图

对于调制频率 $\omega = 2\pi f$ 的入射光，输出电压可表示为

$$U_L = I_p \frac{1}{\dfrac{1}{R_L} + \dfrac{1}{R_D} + j\omega C_j} \tag{5.23}$$

考虑到 $R_D \gg R_L$，对式（5.23）求模变换，得

$$U_L = \frac{I_p R_L}{(1+\omega^2 R_L^2 C_j^2)^{1/2}} = \frac{I_p R_L}{(1+(\omega\tau)^2)^{1/2}} \tag{5.24}$$

式中，τ 为时间常数，并且 $\tau = R_L C_j$。由式（5.24）可知，要改善硅光电二极管的频率响应，就应减小时间常数 $R_L C_j$，即分别减小 R_L 和 C_j 的值。由于负载 R_L 同时出现在分子和分母中，因而在减小 R_L 提高频率响应（即减小时间常数）的同时，输出电压也会下降，因此，在实际使用时，应根据频率响应要求选择最佳的负载电阻。

硅光电三极管的频率响应除了与二极管相同外，还受硅光电三极管基区渡越时间和发射结电容的限制。图 5.25 示出了硅光电三极管的基本电路及等效电路图，为便于分析和计算，在等效电路中不考虑载流子通过基区所需的时间（即渡越时间）对信号的影响。图中，I_p 为 cb 结二极管电流源；C_{bc} 为 bc 结电容；r_{bc} 为 bc 结电阻；C_{be} 为 be 结电容；r_{be} 为 be 结正向电阻；I_c 为放大后的电流源，并且 $I_c = \beta I_p$，β 为三极管的电流放大倍数；R_{ce} 为 ce 极间电阻；R_L 为负载电阻。

由图可见，I_p、C_{be} 和 r_{bc} 构成与硅光电二极管的等效电路完全相同的电路。由于 $r_{bc} >> r_{be}$、$C_{be} >> C_{bc}$，不考虑 I_p 在 r_{bc} 及 C_{be} 中的分流作用，于是，硅光电二极管的交流等效电路可以简化为图 5.25（b）形式。

选择合适的负载，使 $R_L \ll R_{ce}$，经分析和变换后，输出电压为

$$U_L = \frac{\beta I_p R_L}{(1+\omega^2 r_{be}^2 C_{be}^2)^{1/2}(1+\omega^2 R_L^2 C_{ce}^2)^{1/2}} \tag{5.25}$$

由式（5.25）可看出，要增加硅光电三极管的频率响应，必须使时间常数 $r_{be}C_{be}$ 和 $R_L C_{ce}$ 尽可能小。对于 R_L 的选择同硅光电二极管，因此在实际使用中也要根据响应速度和输出幅度来选择负载电阻 R_L。

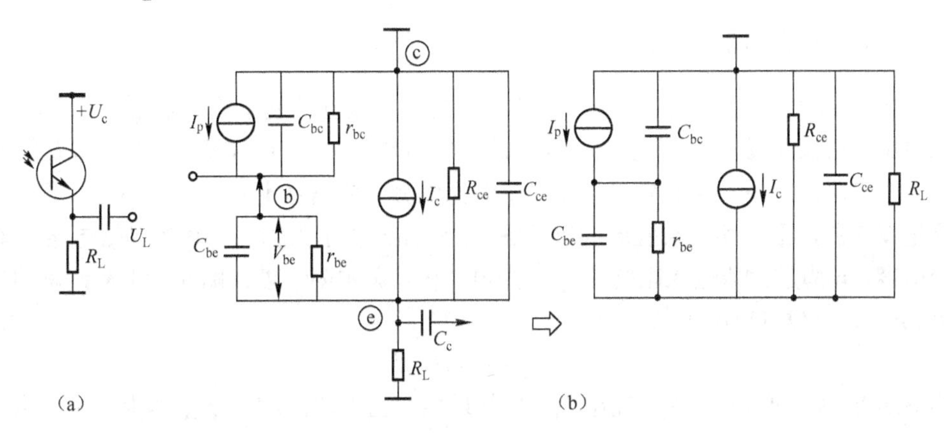

图 5.25　硅光电三极管的交流等效电路

图 5.26 示出了 2CU 型硅光电二极管用磷砷化镓半导体脉冲光源测出的响应时间与负载 R_L 的关系曲线，由图可看出，当负载超过 $10^4\ \Omega$以后，响应时间增加更快。

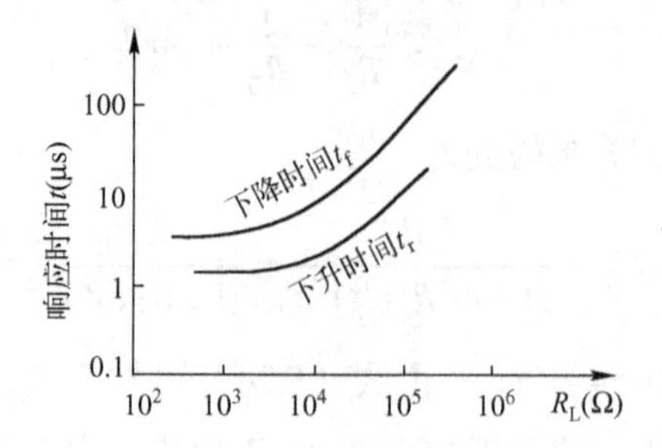

图 5.26　2CU 型硅光电二极管的响应时间-负载曲线

硅光电三极管的频率响应也可用上升时间 t_r 和下降时间 t_f 来表示，它们与放大后电流 I_c 的关系示于图 5.27 中。

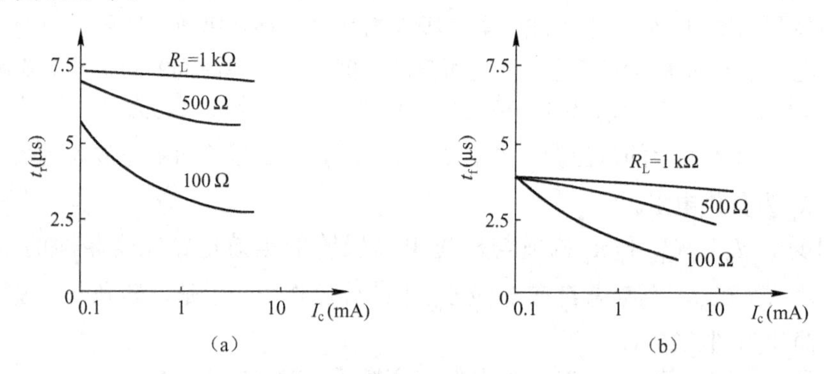

图 5.27　硅光电三极管的频率响应特性（$U_{ce}=5$ V，$T=25$℃）

综上所述，硅光电二极管的时间常数一般在 0.1 μs 以内，PIN 管和雪崩光电二极管的时间常数在 ns 数量级，而硅光电三极管的时间常数却长达 5～10 μs 。

5.4.4　光电二极管和三极管的偏置电路

1．光电二极管的偏置电路

图 5.28（a）给出了在反向偏置电压作用下光电二极管的基本输入电路。图中，U_b 是反向偏置电压；R_L 是负载电阻；R_L 两端输出的电压信号为 U_L。U_b、R_L 和光电二极管 VD 串联连接。在实际应用中，由光电二极管产生的光电流（或信号电压）比较小，一般不能直接用于测量或控制，可在其后设置放大器。图 5.28（b）所示为输入电路的等效电路，图中 C 为耦合电容，r_i 为放大器输入阻抗，R_g 为光电二极管漏电阻。若忽略 C 和 R_g，总的负载电阻为 $R_L//r_i$，则负载输出电压信号为

$$U_L=(R_L//r_i)I$$

当 $r_i \gg R_L$ 时，$R_L//r_i \approx R_L$，输出电压信号最大，由于 R_g 很大，I 基本上等于光生电流，所以输出电压信号与输入的光通量 Φ 成正比。因此光电二极管后接的前置放大及耦合电路应具有很高的输入阻抗，如果采用运算放大器，则应选择场效应晶体管型的运算放大器。

图 5.28（c）所示是光电二极管的伏安特性曲线，从该特性曲线中可以看出，光电二极管具有恒流源特性，这是光电二极管输入电路计算的基础。

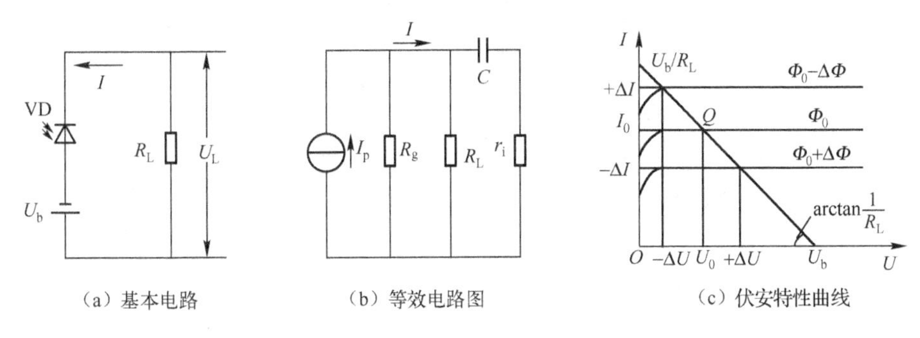

图 5.28　光电二极管输入电路

（1）图解计算法

对于图 5.28（a）所示的这种简单电路可列出回路方程

$$U(I) = U_b - IR_L \tag{5.26}$$

式中，$U(I)$是硅光电二极管两端电压，是非线性函数，可利用图解法进行计算。如图 5.28（c）所示，在伏安特性曲线上画出负载线 $U(I) = U_b - IR_L$，它是一条斜率为$-1/R_L$、通过 $U = U_b$ 点的直线，与纵轴交于 U_b/R_L 点。由于串联回路中流过各回路元件的电流相等，负载线和对应于输入光通量为 Φ_0 时的器件伏安特性曲线的交点 Q 即为输入电路的静态工作点。当输入光通量由 Φ_0 改变$\pm\Delta\Phi$ 时，在负载电阻 R_L 上会产生$\pm\Delta U$ 的电压信号输出和$\pm\Delta I$ 的电流信号输出。

上述图解法特别适用于大信号状态下的电路分析。例如，在大信号检测情况下可以定性地看到输出信号的波形畸变；在用作光电开关的情况下可以借助图解法合理地选择电路参数，使之能可靠地开关，同时保证不使器件超过其最大工作电流、最大工作电压和最大耗散功率。图 5.29 给出了输入电路参数 R_L 和 U_b 对输出信号的影响。在图 5.29（a）中，当偏置电压 U_b 不变时，对于同样的输入光通量 $\Phi_0 \pm \Delta\Phi$，负载电阻 R_L 的减小会增大输出信号电流而使输出电压减小。但 R_L 的减小会受到最大工作电流和功耗的限制。为了提高输出信号电压，应增大 R_L，但过大的 R_L 会使负载线越过特性曲线的转折点 M 而进入非线性区，而在非线性区，光电灵敏度 $S_e = \Delta I/\Delta\Phi$ 不再是常数，这会使输出信号的波形发生畸变。另外，在图 5.29（b）中，对应于相同的 R_L 值，当偏置电压 U_b 增大时，输出信号电压的幅度也随之增大，并且线性度得到改善；但电路的功耗随之加大，并且过大的偏置电压会引起光电二极管的反向击穿。利用图解法确定输入电路的负载电阻 R_L 和反向偏压 U_b 值时，应根据输入光通量的变化范围和输出信号的幅度要求使负载线稍高于转折点 M，以便得到不失真的最大电压输出，同时保证 U_b 不大于器件的最大工作电压 U_{max}。

（2）解析计算法

输入电路的计算也可以采用解析法。对实际非线性伏安特性按照一定的画法进行分段折线化，可以得到如图 5.30 所示的所谓折线化伏安特性曲线，具体画法视伏安特性曲线的形状而异。通常是在转折点 M 处将曲线分成两个区域。图 5.30（a）所示的情况是作直线与原曲线相切；图 5.30（b）所示的情况是经过转折点 M 和原点 O 连线，得到折线化特性曲线的非线性部分，再用一组平行的直线分别和实际曲线的恒流部分逼近，得到折线化特性的线性工作部分。

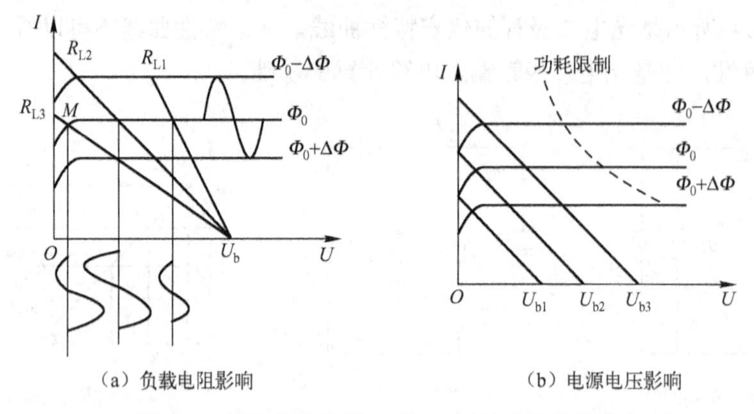

图 5.29　输入电路参数 R_L 和 U_b 对输出信号的影响

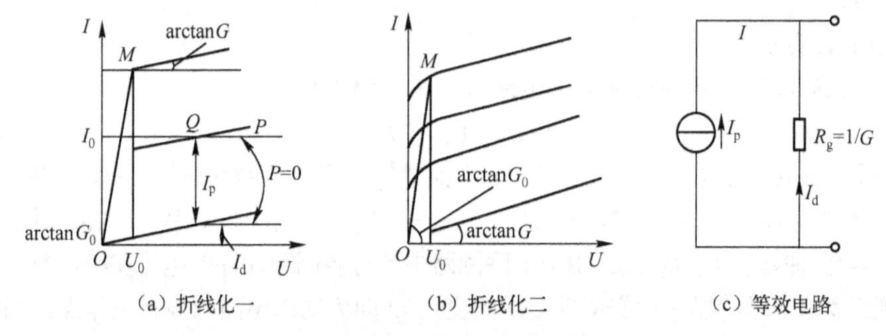

图 5.30　伏安特性曲线的分段折线化和微变等效电路

折线化伏安特性曲线可用下列参数确定：

① 折转电压 U_0。对应于曲线转折点 M 处的电压值。

② 初始电导 G_0。非线性区近似直线的初始斜率。

③ 结间漏电导 G。线性区内各平行直线的平均斜率。

④ 光电灵敏度 S_e。单位输入光功率所引起的光电流值。设输入光功率为 P，对应的光电流为 I_P，则有

$$S_e = I_P/P$$

式中，光功率 P 可以是光通量 Φ，也可以是光照度 E。光通量和光照度之间的关系为

$$\Phi = AE \tag{5.27}$$

式中，A 为器件光敏面受光面积。

利用折线化的伏安特性，可将线性区内任意点 Q 处的电流值 I 表示为两个电流分量的组合。这两个电流分量分别是，与二极管端电压 U 成正比、由结间漏电导形成的无光照电流（暗电流）I_d，以及与端电压无关、仅取决于输入光功率的光电流 I_P。因此，在线性区内的伏安特性曲线可以解析地表示为

$$I = f(U, \Phi) = I_d + I_P = GU + S_e\Phi \tag{5.28}$$

当输入光通量在确定的工作点附近微小变化时，只需对式（5.28）全微分即可得到微变等效方程

$$\mathrm{d}I = \frac{\partial I}{\partial U}\mathrm{d}U + \frac{\partial I}{\partial \Phi}\mathrm{d}\Phi = g\mathrm{d}U + S_e\mathrm{d}\Phi \tag{5.29}$$

式中，$g=\partial I/\partial U$ 是微变等效漏电导，$S_e=\partial I/\partial \Phi$ 是微变光电灵敏度，它们是伏安特性的微变参数。图 5.30（c）所示是伏安特性满足式（5.28）的理想光电二极管等效电路，它是由等效恒流源 I_P 和结间漏电阻 $R_g=1/G$ 并联组成的。

在输入光通量变化范围 Φ_{min}～Φ_{max} 已知的条件下，用解析法计算输入电路的工作状态可按下列步骤进行。

① 确定线性工作区域

由对应最大输入光通量 Φ_{max} 的伏安曲线弯曲处即可确定转折点 M。相应的转折电压 U_0 或初始电导值 G_0 可由图 5.31(a)中所示关系决定。在线段 $\overline{MN}$ 上有关系

$$G_0U_0=GU_0+S_e\Phi_{max} \tag{5.30}$$

由此可解得

$$U_0=\frac{S_e\Phi_{max}}{G_0-G}$$

或

$$G_0=G+\frac{S_e\Phi_{max}}{U_0} \tag{5.31}$$

式（5.31）给出了折线化伏安特性 4 个基本参数 U_0、G_0、G 和 S_e 之间的关系。

② 计算负载电阻和偏置电压

为保证最大线性输出条件，负载线和与 Φ_{max} 对应的伏安曲线的交点不能低于转折点 M。设负载线通过 M 点，此时由图 5.31(a)中的所示关系可得

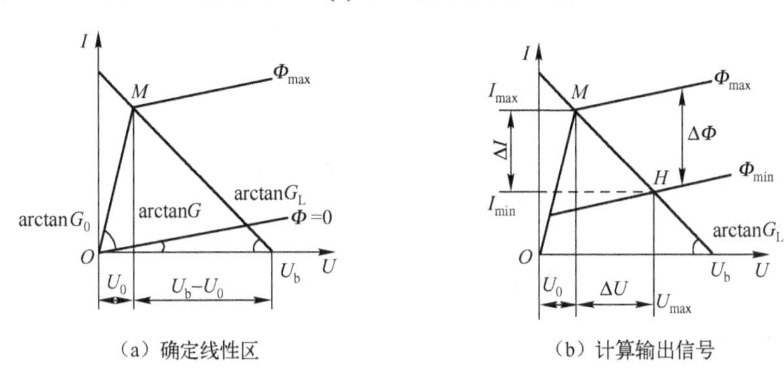

（a）确定线性区　　　　（b）计算输出信号

图 5.31　用解析法计算输入电路

$$\left(U_b-U_0\right)G_L=G_0U_0$$

当 U_b 已知时，可计算出负载电导 G_L 或电阻 R_L

$$G_L=G_0\frac{U_0}{U_b-U_0}=\frac{S_e\Phi_{max}}{U_b\left(1-\dfrac{G}{G_0}\right)-\dfrac{S_e\Phi_{max}}{G_0}}$$

$$R_L=1/G_L=\frac{U_b\left(1-G/G_0\right)}{S_e\Phi_{max}}-\frac{1}{G_0} \tag{5.32}$$

当 $R_L=1/G_L$ 已知时，可计算偏置电源电压 U_b 为

$$U_b=\frac{S_e\Phi_{max}\left(G_L+G_0\right)}{G_L\left(G_0-G\right)} \tag{5.33}$$

③ 计算输出电压幅度

由图 5.31（b）可知，输入光通量由 Φ_{min} 变化到 Φ_{max} 时，输出电压幅度为 $\Delta U = U_{max} - U_0$，其中 U_{max} 和 U_0 可由图中 M 和 H 点的电流值计算得到

$$G_L(U_b - U_{max}) = GU_{max} + S_e\Phi_{min} \quad （在 H 点）$$

$$G_L(U_b - U_0) = GU_0 + S_e\Phi_{max} \quad （在 M 点）$$

解上两式得

$$U_{max} = \frac{G_L U_b - S_e\Phi_{min}}{G + G_L}$$

$$U_0 = \frac{G_L U_b - S_e\Phi_{max}}{G + G_L}$$

所以

$$\Delta U = S_e \frac{(\Phi_{max} - \Phi_{min})}{G + G_L} = S_e \frac{\Delta\Phi}{G + G_L} \tag{5.34}$$

式（5.34）表明，输出电压幅度与输入光通量的增量和光电灵敏度成正比，与结间漏电导和负载电导成反比。

④ 计算输出电流幅度

由图 5.31（b）可知，输出电流幅度为

$$\Delta I = I_{max} - I_{min} = G_L\Delta U$$

将式（5.34）代入，可得

$$\Delta I = G_L\Delta U = S_e \frac{\Phi_{max} - \Phi_{min}}{1 + G/G_L} \tag{5.35}$$

通常 $G_L \gg G$，式（5.35）可简化为

$$\Delta I = S_e(\Phi_{max} - \Phi_{min}) = S_e\Delta\Phi \tag{5.36}$$

⑤ 计算输出电功率

由功率关系 $P = \Delta I\Delta U$ 可得

$$P = G_L\Delta U^2 = G_L\left(\frac{S_e\Delta\Phi}{G + G_L}\right)^2 \tag{5.37}$$

当硅光电二极管用来检测交变的光电信号时，首先根据不同的耦合形式（一般采用阻容耦合方式），算出后续电路的等效输入阻抗，再将后续电路等效输入阻抗和输入电路的直流负载电阻并联，组成交流变换电路的交流负载，然后根据不同要求确定直流工作点和输入电路参数。这里不再赘述。

2. 光电三极管的偏置电路

光电三极管的伏安特性曲线如图 5.32（c）所示。显然，伏安特性曲线并非等间隔和完全平行的，因此灵敏度 $S_e = \Delta I/\Delta\Phi$ 不是常数，但在照度变化较小的情况下，可近似视为常数。

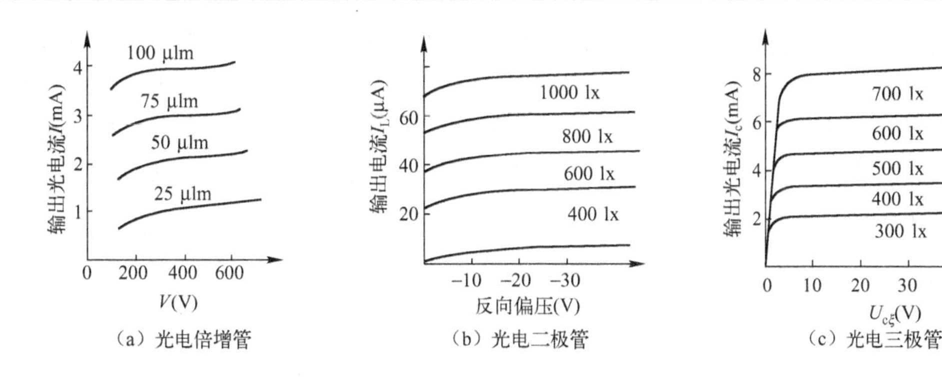

(a) 光电倍增管　(b) 光电二极管　(c) 光电三极管

图 5.32　恒流源型光电检测器件的伏安特性

由光电三极管的伏安特性可以看出，它与一般晶体管类似，差别为，前者由光通量 Φ 控制光电流，后者则由基极电流 I_b 控制集电极电流 I_c。因此，只要用光电三极管的灵敏度 S_e 代替晶体管的电流放大系数 β，就可以采用与晶体管放大器类似的方法对光电三极管电路进行分析和计算。

从图 5.32 可见，光电倍增管、光电二极管和光电三极管的伏安特性曲线很相似，所以在计算方法上，光电三极管也与光电二极管类似，也可以采用类似的图解计算法和解析计算法，这里不重复介绍。但是光电三极管有一个缺点，就是暗电流比较大，温度稳定性差。因此，在设计光电三极管电路时，还应考虑暗电流的影响。暗电流是一种噪声电流，光照射时的光电流和光遮断时的暗电流之比为信噪比。信噪比是表示元件性能好坏的参数之一，信噪比越大越好。

暗电流一般随着温度升高而增大，这一点对于半导体光电器件来说比较明显。在环境温度变化较大的情况下，为了使电路稳定地工作，必须把暗电流对输出特性的影响减到最低，这是设计光电检测电路的重要问题之一。

5.4.5　光电二极管和三极管的应用

1. 光电二极管的使用要点

从前面的分析可知，作为辐射探测器使用时，往往将入射的辐射调制成交变信号，这时光电二极管将在交流小信号下工作，如果器件的响应速度跟不上光信号的变化，则输出的光电流将随着调制频率的提高而减小，光电二极管的响应时间取决于光生载流子扩散到结区的时间、它们在势垒区中的漂移时间和势垒区电容引起的介电驰豫时间三个因素。对于不同波长的光，器件的响应时间不同。

在高频条件下工作的光电二极管，PN 结的势垒电容对光电二极管的频率特性有着决定性的影响，结电容与器件的光敏面积成正比，与 PN 结两端反向电压的平方根成反比，因此，为了提高器件的响应速度，可采取如下措施。

① 减小 PN 结面积，即选用光敏面积小的器件。

② 适当增加工作电压。

③ 尽量减小分布电容。

④ 在电路设计中选用最佳的负载电阻 R_L，做到既不使输出信号的幅度过分降低，又能满足电路对时间常数的要求。

最后必须指出，光电二极管和光电池虽然都是结型光伏效应器件，但工作条件不同，光电二极管需要加反向偏压，一般用于检测以及光电控制等，适用于需要高频响应的场合，而光电池有的做能源，有的用于检测。因而它们在结构、工艺及受光面积等方面均有所不同，性能和指标各不相同，互相通用是不合适的。例如，若把光电二极管作为光电池用，则它仅能提供很小的光电流。

2．光电二极管的使用方式

（1）反偏法

反偏法即在 PN 结上预先外加一个反向电压。按光电信号取出形式的不同，它又有如图 5.33 所示的两种基本电路。

首先考虑恒定光和低速开关情况，这时光电二极管的结电容不起作用，二极管本身的串联电阻很小，实际上可以略去不计。在图 5.33（a）中放大器的输入电压便是光电二极管输出的光电信号电压，它的表达式为

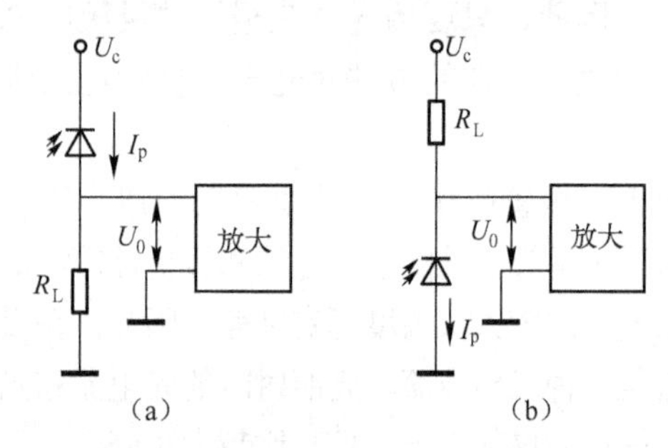

图 5.33　光电二极管反偏运用的两个基本电路

$$U_0 = (I_P + I_d)\frac{R_L r_i}{R_L + r_i} \tag{5.38}$$

式中，I_d 为光电二极管的暗电流；I_p 为光电二极管的光生电流；r_i 为放大器的输入阻抗。

在一般情况下，I_p 比 I_d 大得多，否则光电信号难以取出。若 $r_i \gg R_L$，式（5.38）便简化为

$$U_0 = I_p R_L \tag{5.39}$$

通过式（5.39）可以算出光电信号电压。对于图 5.38(b)所示情况，放大器的输入电压已不等于光电信号电压。假定 $I_p \gg I_d$，则放大器的输入电压

$$U_0 = \frac{U_c - I_p R_L}{1 + R_L / r_i} \tag{5.40}$$

若 $r_i \gg R_L$，则有

$$U_0 = U_c - I_p R_L \tag{5.41}$$

式中，$I_p R_L$ 仍然是光电二极管的光信号电压。比较式（5.39）和式（5.41）可以看出，上述两种电路输出的光电信号电压的幅值相同，但相位是相反的。

入射光是脉冲光或频率很高的正弦调制光时，前面的分析不适用。脉冲光可以看成一个恒定光和许多正弦调制光的叠加，输出的光信号电压也是这些光分别产生的光电信号电压之和。在正弦调制光下，图 5.33 所示的两个实际电路有完全相同的等效电路。

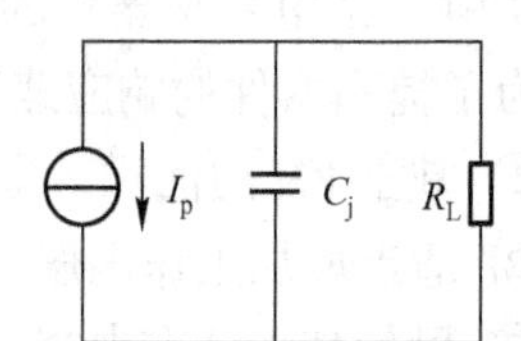

图 5.34　光电二极管的高频等效电路

由于二极管在反向偏压下的动态电阻远大于负载电阻，放大器的输入电阻 r_i 通常也比 R_L 大得多，所以它的等效电路变成图 5.34 所示的简单形式。根据这个等效电路，光电二极管输出的光电信号电压为

$$U_0 = \frac{I_p R_L}{1+\omega^2 C_j^2 R_L^2}(1 - j\omega C_j R_L) \tag{5.42}$$

此式表明，结电容 C_j 影响光电二极管的光电信号输出，电路时间常数 $R_L C_j$ 最终限制了光电二极管的频率特性。当入射光为波长较长的调制光时，光电二极管的频率特性常受其内部载流子运输过程的限制，即 I_p 通常也是调制频率 ω 的函数。

反向偏压下光电二极管的动态电阻很大，因而它的负载可以根据需要在相当大的范围内选择。例如，响应时间要求不高的应用，可选大阻值的负载电阻，以便获得较大的输出电压信号。对于调制频率很高的入射光，则要减小其负载电阻，保证有很小的电路时间常数。

反偏运用对于检测微弱的恒定光是不利的。二极管的光电流与暗电流接近时，光电信号是难以取出的。这时常采用斩波方法，把微弱恒定光转换为调制光，再对光电信号进行锁相放大，能够极大地提高检测灵敏度。在使用斩波器时，需要对它的形状和光路进行细致分析，方能找到光电信号和被测光通量的正确关系。

（2）开路法

开路运用的基本模式如图 5.35 所示。倘若放大器的输入电阻 r_i 比光电二极管的动态电阻 R_{SH} 大得多，这时二极管的直流输出电压便是开路电压，表达式为

$$U_0 = \frac{mKT}{q}\ln\frac{I_{sc}+I_d}{I_d} \tag{5.43}$$

式中，I_{sc} 是光电二极管的短路电流。这种电路的等效电路如图 5.36 所示。显然这个输入回路的时间常数是

$$\tau_D = R_{sh} C_j \tag{5.44}$$

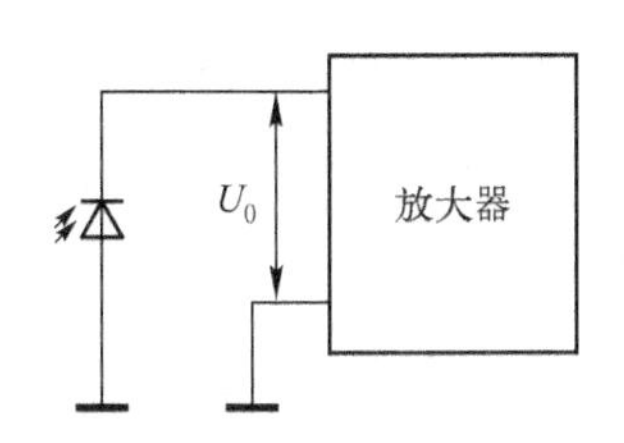

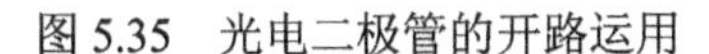

图 5.35　光电二极管的开路运用

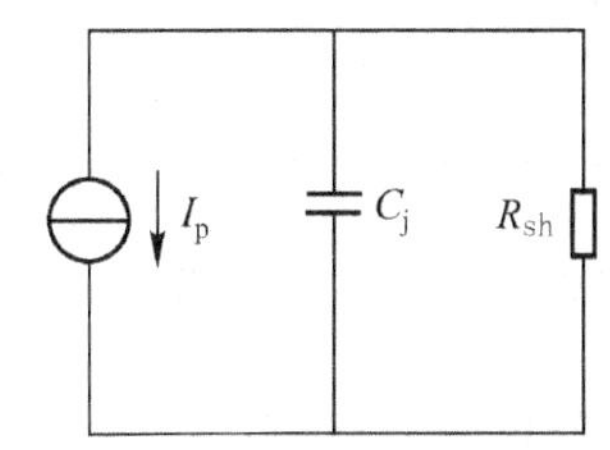

图 5.36　光电二极管开路运用等效电路

我们知道，室温下 KT/q 约为 26 mV，式（5.41）中的 m 值在 1～2 之间，从式（5.43）可以看出，即使 I_{sc} 比 I_d 小，也能获得可观的光电信号电压。假定暗电流 I_d 也很小，则利用图 5.35 的电路，原则上能够测得很微弱的恒定光。但是由于下述原因，这个电路实际上很少使用。第一，在弱光（即 I_{sc} 很小）和 I_d 很小的情况下，R_{sh} 是很大的，条件 $R_{sh} \ll r_i$ 实际上很难满足。第二，这种运用方式得到的光输出信号电压与入射光通量是对数关系，因而使用起来是不方便的。第三，由于 R_{sh} 非常大，时间常数 τ_D 也很大。在测量过程中，恒定弱光入射到光电二极管上，需要相当长的时间才能得到稳定的光电输出电压，使用起来也是很麻烦的。不过对于响应时间要求不高的光电开关电路，开路法仍然是一种可供选择的方案。

（3）短路法

光电二极管短路法运用的基本电路如图 5.37 所示。它的等效电路示于图 5.38 中。短路条件要求 $R_{sh} \gg R_L$，通常都有 $r_i \gg R_L$，所以输出的光电信号电压是

$$U_0 = I_p R_L \tag{5.45}$$

这个电路的时间常数是

$$\tau_S = R_L C_j \tag{5.46}$$

从式（5.45）和式（5.46）可以看出这种电路的一些优点。第一，为了满足短路条件，R_L 一般选得都比较小，因此这种电路有较小的时间常数，从而有好的频率特性；第二，I_p 是与入射光通量成正比的，因而输出的信号有好的光电线性特性和大的动态范围；第三，输出信号中不包括暗电流，能够比反偏法探测到更加微弱的光信号，因而是较好的弱光检测电路。当然这种电路的探测极限最终将受到二极管本身噪声的限制。但它的噪声很小，因此这个电路可以检测极弱的光信号。这种电路的缺点是，难以选择在各种光照条件下都满足短路条件的负载电阻。在弱光下因 I_p 很小，R_L 选得相当大也能满足短路条件，可是强光下的 I_p 很大，需要选用足够小的 R_L 才能满足短路条件。因此，负载电阻的选择要由被测光的强弱而定，这给使用带来某些不便。

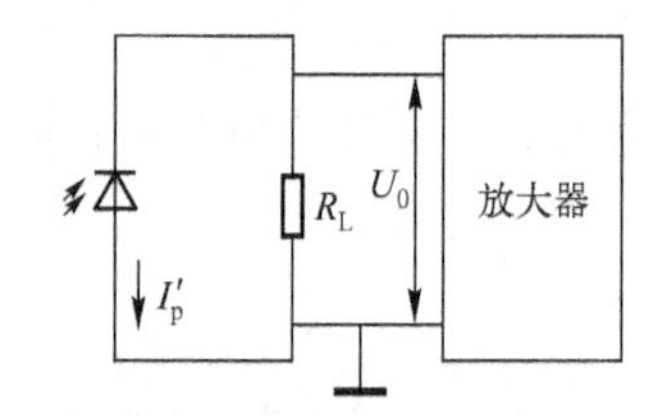

图 5.37　光电二极管短路运用的基本电路

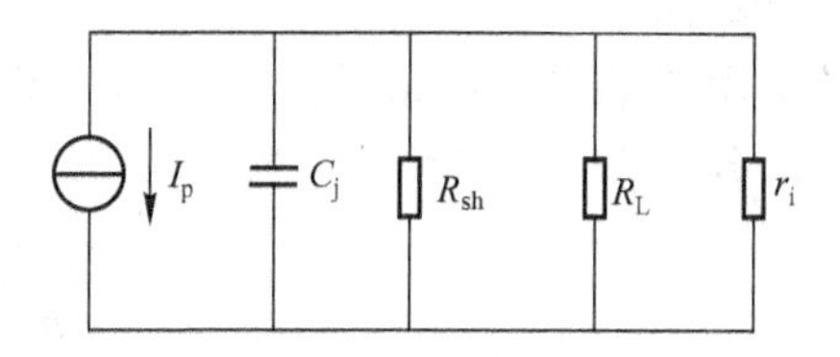

图 5.38　光电二极管短路运用的等效电路

比较上述三种用法，可以得到如下结论：反向偏压法可以减小结电容，从而有最小的电路时间常数，适合于脉冲和高频调制光的探测之用。但这种接法存在暗电流的干扰，不宜测量微弱的恒定光和低速调制光。与此相反，短路法使光电输出信号中不出现暗电流，所以非常适宜于恒定和低速微弱光的测量。开路法的缺点较多，实际上较少使用。

3. 光电三极管的使用要点

如前所述，从其结构看，光电三极管可分为无基极引线和有基极引线两种，下面就这两种分别加以讨论。

（1）无基极引线光电三极管

在结构上，这种光电三极管与普通晶体三极管的重要区别之一是，光电三极管没有基极引出线，它依靠光的“注入”，把集电极光电二极管的光电流加以放大，从而在集电极回路中得到一个放大了的光生电流

$$I_{eL} = (1+\beta) I_p \tag{5.47}$$

“注入”不同的光强，就能得到图 5.22（b）所示的光电输出特性曲线。如同使用通常的晶体三极管那样，在输出特性曲线上作负载线，便可求得共发射极时某个光强下光电三极管的光电输出电压。

这种无基极引线光电三极管的使用电路有电流控制电路和电压控制电路两种，分别示于图 5.39 和图 5.40 中。

无基极引线光电三极管的突出优点是，无光照时的暗电流 I_{ce0} 很小。对于响应速度要求

不高的开关电路，可以应用图 5.39 所示的电路结构直接串联灵敏继电器之类的负载，只要入射光强适当地大，继电器就能被启动，极方便地实现光电自动控制。

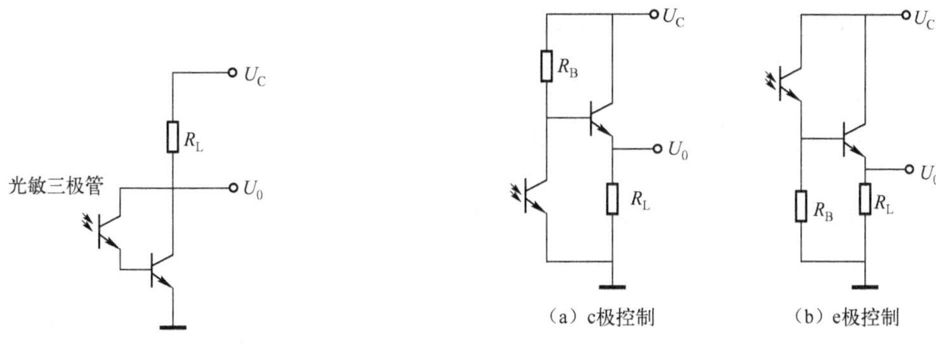

图 5.39　光电三极管电流控制电路　　　图 5.40　光电三极管电压控制电路

（2）有基极引线光电三极管

光电三极管装上基极引线的主要目的是为了给它预置一个基极偏流，这有两个好处：第一，减小光电三极管发射极电阻，极大地改善了弱光下的影响时间；第二，使三极管的交流放大系数进入线性区。这两点对调制光的检测特别有利。图 5.41 所示是有基极引线光电三极管的实际电路。

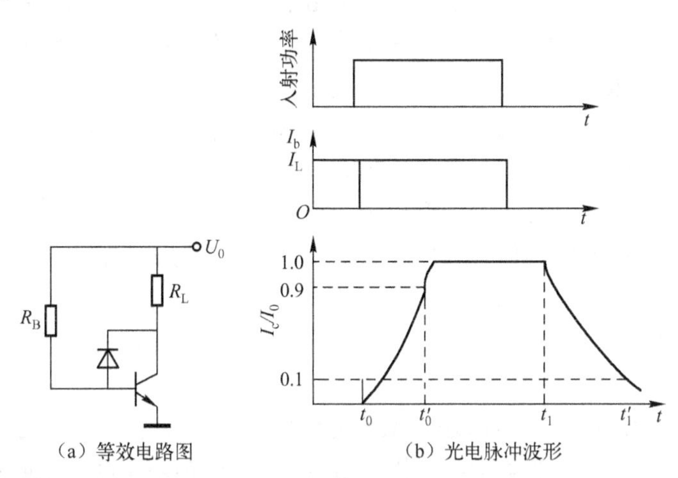

图 5.41　有基极引线光电三极管的实际电路

光电三极管的基极引线，还使它的应用功能扩大。使用基极-集电极结，是标准的光电二极管，让基极引线浮置，是无基极引线光电三极管。它们的几种使用形式示于图 5.42 中。

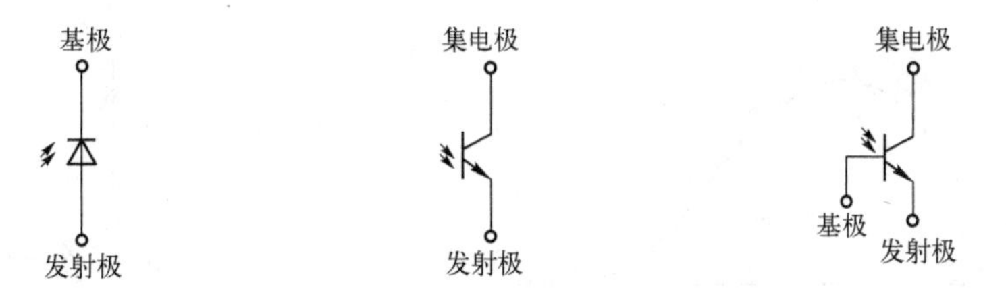

图 5.42　有基极引线光电三极管的几种形式

从以上讨论可知，无基极引线光电三极管比较适用于低速开关，对于调制光的检测和高速开关，则用带基极引线的光电三极管更为有利。

4．光伏效应器件应用中的几个问题

（1）热稳定性及温度补偿

光电管如同普通晶体管一样，使用时也要注意热稳定性。导致光电管温度漂移的因素如下。

① 硅光电二极管的反向饱和电流随温度升高呈指数上升。

$$I_{s0}(t) = I_{s0}(25^\circ \mathrm{C})\exp[K_t(t-25^\circ \mathrm{C})] \tag{5.48}$$

式中，$I_{s0}(t)$ 为温度 t 时的反向饱和电流；K_t 为温度系数，它的变化范围是 0.06～0.1，平均值是 0.082。由式（5.48）可知，温度上升 29℃，硅光电三极管的反向饱和电流要增加一个数量级。

② 三极管放大系数随着温度的变化将发生很大变化。造成这种变化的因素比较复杂，一般都归结于发射效率随温度改变。在-55℃时普通硅晶体管的放大系数比其室温值下降约50%，100℃时上升 1 倍以上，可见这个参数的变化是很大的。

③ 硅光电二极管长波长产生的光电流随温度升高而增加，不同温度下其绝对灵敏度随波长变化的曲线如图 5.43 所示。从图中所示曲线可以看出，红光及红外光产生的光电流随着温度的升高增加得很快。

在具体应用中，上述三种温度效应并不同时处于同等重要地位。例如，检测恒定弱光时，要特别注意反向饱和电流，应选用反向饱和电流小的光电二极管。但检测强光时，反向饱和电流的影响退居次要位置。对于调制光，常采用电容耦合输出，根本不必考虑反向饱和电流对光电输出信号的影响，但要选择放大系数随温度变化很小的光电三极管。若入射光的波长小于 550 nm，则温度对硅光电二极管光谱分布的影响可以忽略不计。

在电路上对温度效应进行补偿只能解决反向饱和电流问题。下面列出一些电路供参考。

如图 5.44 所示是用热敏电阻进行温度补偿的例子。随着温度升高，热敏电阻阻值下降，光电二极管反向饱和电流增加，其作用相当于二极管内阻下降，因而有可能使晶体三极管 V 的基极电位保持不变或变化很小，于是得到温度补偿。但光电二极管和热敏电阻的温度特性很难一致，因此这种补偿只能是部分的。

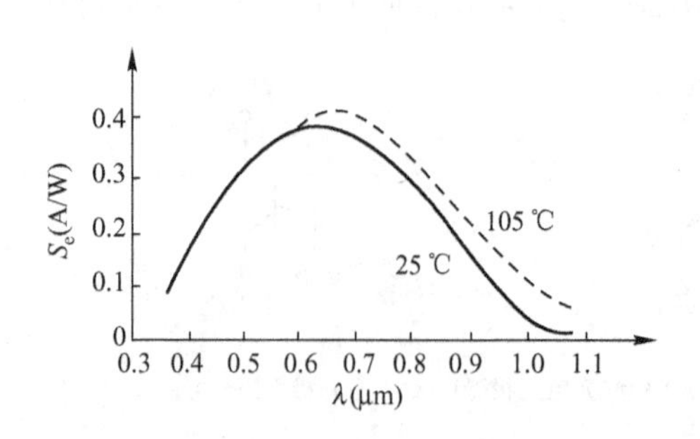

图 5.43　不同温度下硅光电二极管绝对灵敏度随波长变化

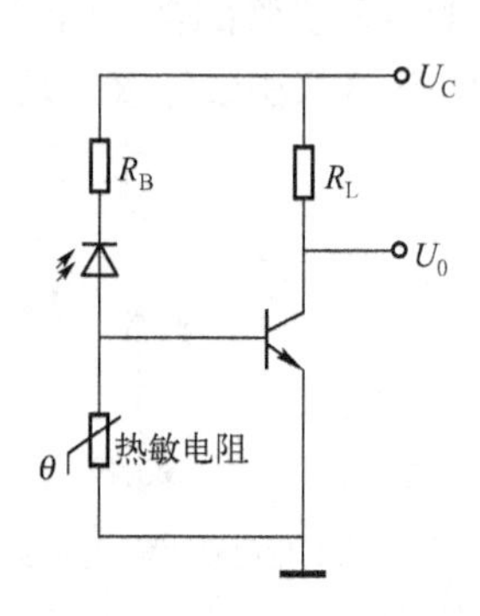

图 5.44　热敏电阻温度补偿电路

图 5.45 所示是有基极引线光电三极管最简单的温度补偿电路。接上基极电阻 r_{be} 可使光电三极管的暗电流显著减小，从而使其随温度变化的影响缩小，电路的温度稳定性得以改善。但是这种方法是以减小光电三极管的灵敏度为代价的。

温度补偿反向饱和电流的最好方法是使用对管，图 5.46 所示是最简单的一个例子。由于两管具有大体相同的暗电流温度特性，故随着温度的升高，光电管所增加的暗电流几乎可以被补偿管增加的暗电流抵消，使输出基本保持不变。

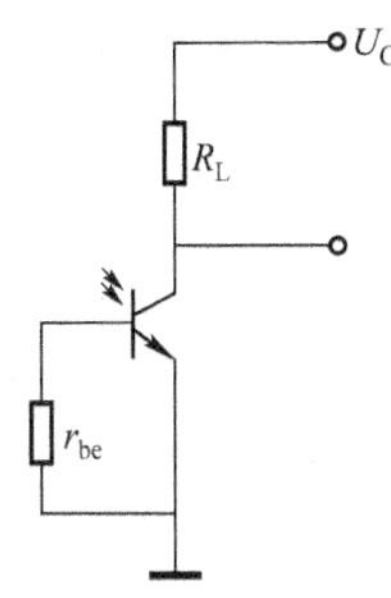

图 5.45　有基极引线光电三极管温度补偿电路　　　　图 5.46　对管温度补偿电路

（2）光谱匹配

光谱匹配基本上靠滤色片实现。普通光电二极管光谱响应的峰值大多在 800～900 nm 之间。不少紫外性能良好的光电二极管除了短波响应有明显提高外，其峰值移动并不显著。因此，为了获得某个波段的窗口，必须外加滤色片。例如，照度计探头的光谱分布应与光视效率的光谱一致，这就是靠滤色片实现的。

有一点要特别指出，在 200～300 nm 波长范围内使用硅光敏器件，应当选用金属外壳带石英窗口的管子。因为玻璃在这个波段的吸收系数较大，透过玻璃窗口落到光电管管芯上的辐射通量显著减小，因而这类光敏器件在上述波段内的光谱响应是不会太好的。

（3）视角及光路

由于光通过窗口后才落到管芯上，因此存在视角问题。所谓视角，就是管芯透过窗口能够接收到光的最大张角，它是用与光轴（穿过窗口中心垂直于管芯光敏面的线）所成的夹角来度量的。不同类型的光电管，其视角大小相差很大。例如，直径为 5 mm 的玻璃凸镜金属外壳光电管的视角大约为 ± 10°，平面石英窗口光电管的视角约为 ± 35°。塑料封装的上述尺寸光电管的视角比上面同类型的视角稍大些。为使被测光源发出的光尽可能多地被光电器件接收，必须细心安排光路。图 5.47 所示为用光电管探测点光源的示意图。从图中大致可以看出，调整光源、透镜和光电器件之间的相对位置，使通过透镜后的光线处于光电器件的视角之内，才能使光电器件接收到最大的辐射通量。对于面光源也有类似情况。因此检测某些微弱光时，常在光路上加一凸透镜，调整光源、透镜和探测器件之间的位置，以获得最佳检测效果。

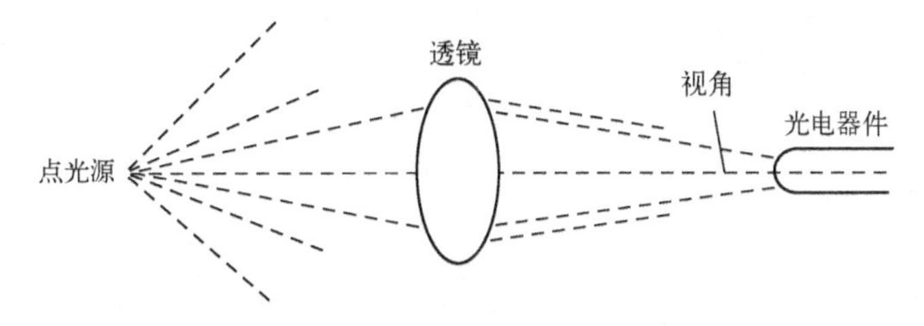

图 5.47　用光电管探测点光源的示意图

习题与思考题

1．为什么结型光电器件在正向偏置时没有明显的光电效应？它必须在哪种偏置状态？为什么？

2．为什么在光照度增大到一定程度后，硅光电池的开路电压不再随入射照度的增大而增大？硅光电池的开路电压为什么随温度上升而下降？为什么硅光电池的有效输出电压总小于相同照度下的开路电压？硅光电池的最大开路电压为多少？

3．若一光生伏特器件的光电流分别是 50 μA 与 300 μA，暗电流为 1 μA，试计算它的开路电压。

4．硅光电池的内阻与哪些因素有关？在什么条件下硅光电池的输出功率最大?

5．如果硅光电池的负载为 R_L，画出它的等效电路图，写出流过负载 I_L 的电流方程及 U_{OC}、I_{SC} 的表达式，说明其含义（图中标出电流方向）。

6．写出硅光电二极管的全电流方程，说明各项物理意义。

7．试比较硅整流二极管与硅光电二极管的伏安特性曲线，说明它们的差异。

8．影响光生伏特器件频率响应特性的主要因素有哪些？为什么 PN 结型硅光电二极管的最高工作频率$\leqslant 10^7$ Hz？怎样提高硅光电二极管的频率响应?

9．光电导器件的响应时间（频率特性）受哪些因素限制？光伏器件与光电导器件的工作频率哪个高？实际使用时如何改善其工作频率响应?

第6章　光电发射器件

内容概要

光电发射探测器是基于外光电效应的器件，最典型的光电发射探测器是光电倍增管，主要介绍了光电倍增管的主要特性、使用要点、常用电路及选型依据。

学习目标

- 了解光电倍增管的主要特性、使用要点、常用电路及选型依据。

6.1　光电发射（外光电）效应

当光照射到某种物质时，若入射的光子能量 $h\nu$ 足够大，那么它和物质中的电子相互作用，可致使电子逸出物质表面，这种现象称为光电发射效应，又称为外光电效应。能产生光电发射效应的物体，称为光电发射体，在光电管中称为光阴极。

光电子发射过程包括以下几个阶段：①光电发射体中的电子吸收入射光光子能量后其能量增大；②受激电子（得到光子能量的电子）从发射体内向真空界面运动；③电子越过发射体表面势垒向真空（或其他介质）中逸出。电子从吸收光子能量到逸出发射体表面的时间是很短的，这个时间约为 10^{-12} s。

研究发现，光电子发射服从如下基本规律。

① 当入射辐射的光谱分布不变时，发射的饱和光电流 I 与入射的光通量（或光强）Φ 成正比，即

$$I = S_e \Phi \tag{6.1}$$

式中，S_e 是比例系数，它反映了光电子发射体对入射光的灵敏度，单位是 A/W（Φ 为光强）或者 A/lm（Φ 为光通量）。

② 发射的光电子的最大动能随入射光子光频率的增加而线性地增加，而与入射光的强度无关。这就是著名的爱因斯坦定律，可表示为

$$\frac{1}{2} m_e V_{max}^2 = h\nu - W_\Phi \tag{6.2}$$

式中，m_e 为电子质量；V_{max} 为出射光电子的最大速度；ν 为入射光频率；W_Φ 为光电子发射体的逸出功，逸出功定义为光电子发射体内费米能级到真空能级的能量差。

对于金属或合金作为光电子发射体的情况，费米能级 E_F 及相应的逸出功 $W_\Phi = E_{真空} - E_F$ 是一个材料常数，产生光电子发射所必需的入射光子的最小能量等于金属材料的逸出功，即要求 $h\nu \geqslant W_\Phi$ 或 $hc/\lambda \geqslant W_\Phi$。由此得到金属光电子发射体的长波极限

$$\lambda = hc/ W_\Phi \tag{6.3}$$

由于金属光电子发射体的逸出功在几电子伏量级，因此，金属光电子发射体只能用于制作探测可见光和紫外光的光电子发射探测器。

半导体材料广泛用做光电子发射体。由于半导体的能带结构随掺杂的数量不同而发生变化，随引起费米能级的位置发生变化，因此在半导体中逸出功不再是一个常数。而电子亲和势 E_A 是材料常数，它定义为导带底的能级 E_C 与真空能级 $E_{真空}$ 之差，即 $E_A = E_{真空} - E_C$。E_A 与杂质无关，当 E_A 为正值或 $E_{真空} > E_C$ 时，半导体材料具有正的电子亲和势。这时半导体材料与金属光电子发射体一样，为了产生光电子发射，要求一个光子能量足以将一个电子激发到高于表面势垒的能级。由于半导体光电子发射体比金属光电子发射体需要的光激发能量小，因此，半导体光电子发射体的光谱响应可扩展到近红外波段。

当 E_A 为负值或 $E_{真空} < E_C$ 时，半导体材料具有负的电子亲和势。在这种半导体内，如果激发到导带的电子在到达激活表面前未被复合掉，那么它就可离开光电子发射体。图 6.1 所示为金属光电子发射体、正电子亲和势半导体光电子发射体及负电子亲和势半导体光电子发射体的光电子发射过程。对于具有负电子亲和势的半导体光电子发射体，入射光子的能量只需大于或等于半导体的能隙就能产生光电子发射，因此其光谱响应扩展到近红外波段，但其量子效率随波长的增加而下降。

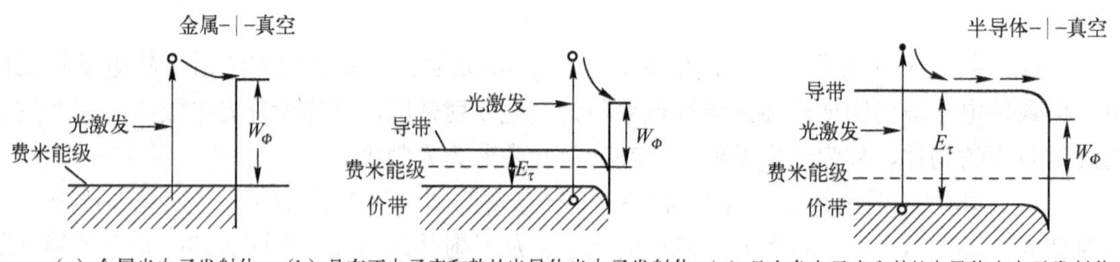

（a）金属光电子发射体　（b）具有正电子亲和势的半导体光电子发射体　（c）具有负电子亲和势的半导体光电子发射体

图 6.1　光电子发射过程

光电发射器件是利用外光电效应制成的光电探测器。主要有光电管、光电倍增管和其他器件（如摄像管等）。这些器件将不同波长的各种辐射信号转换为电信号，均依靠光电阴极，它关系到光电发射器件的各项光电性能。因此，作为一个良好的光电发射体，光电阴极应该具备：

① 光吸收系数大；

② 光电子在体内传输过程中能量损耗小，使逸出深度大；

③ 表面势垒低（或电子亲和势低），使表面逸出的概率高。

常见的光电阴极主要有银氧铯阴极（Ag-O-Cs 阴极）、铋银氧铯阴极（Bi-Ag-O-Cs 阴极）、单碱锑化物阴极、多碱锑化物阴极、负电子亲和势阴极和紫外光电阴极等。表征它们的主要参数有灵敏度、量子效率、光谱响应曲线和暗电流等。

下面就光电检测技术中常用的光电管和光电倍增管进行介绍。

6.2　光电管

光电管是一种比较简单的外光电效应器件，主要由光电阴极和阳极两部分组成。因管内有抽成真空或充入低气压惰性气体的不同，所以有真空型和充气型两种。它的工作电路如图 6.2 所示，阴极和阳极之间有一定的电压，阳极接正，阴极接负。

真空光电管的工作原理：当入射的光线透过光窗照射到光电阴极面上时，光电子从阴极发射至真空，在电场的作用下光电子在极间做加速运动，被高电位的阳极收集，其光电流的大小主要由阴极的灵敏度和光照强度等决定。真空光电管的最大优点是：光电阴极发射的电子数目在很宽的光强范围内精确地与阴极入射光通量成正比，因此，真空管可在光度学上用来精确地测量光强；其缺点是灵敏度低。

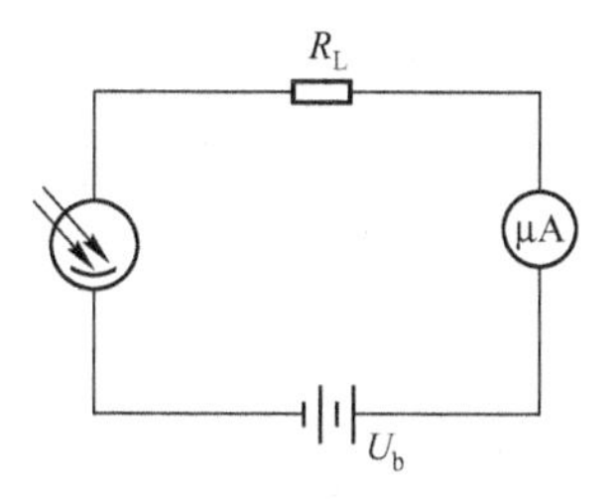

图 6.2　光电管工作电路

充气光电管的工作原理：光照产生的光电子在电场的作用下向阳极运动，由于途中与气体原子碰撞而发生电离现象，由于电离过程中产生的新电子与光电子一起都被阳极接收，正离子向反方向运动，被阴极接收，因此在阴极电路内形成数倍于真空光电管的光电流，使灵敏度得到改善；但充气光电管的稳定性差，线性也不好，且受温度影响大，暗电流也大，噪声电平高，响应时间长。

由于光电倍增管工艺的成熟及半导体光电器件的发展，光电管已基本被这些灵敏度更高、性能更为优良的器件所代替。

6.3　光电倍增管

光电倍增管是一种真空光电器件，它的工作原理是建立在光电效应、二次电子发射和电子光学的理论基础上的。它的工作过程是：光子入射在光电阴极上产生光电子，光电子通过电子光学输入系统进入倍增系统，电子得到倍增，最后阳极把电子收集起来，形成阳极电流或电压，因此，它比光电管有更高的灵敏度。

6.3.1　光电倍增管的结构

光电倍增管主要由光入射窗口、光电阴极、电子倍增器、二次发射倍增系统及阳极组成，如图 6.3 所示。光入射窗口主要有侧窗和端窗两种形式，常用的窗口材料有硼硅玻璃、透紫外玻璃、熔融石英（熔融二氧化硅）、蓝宝石、MgF_2 等。电子光学输入系统主要起两方面作用：一是使光电阴极发射的光电子尽可能全部会聚到第一倍增极上，而将其他部分的杂散热电子散射掉，提高信噪比；二是使阴极面上各处发射的光电子在电子光学系统中渡越的时间尽可能相等，以保证光电倍增管的快速响应，这一参数常用渡越时间的离散性 Δt 表示。

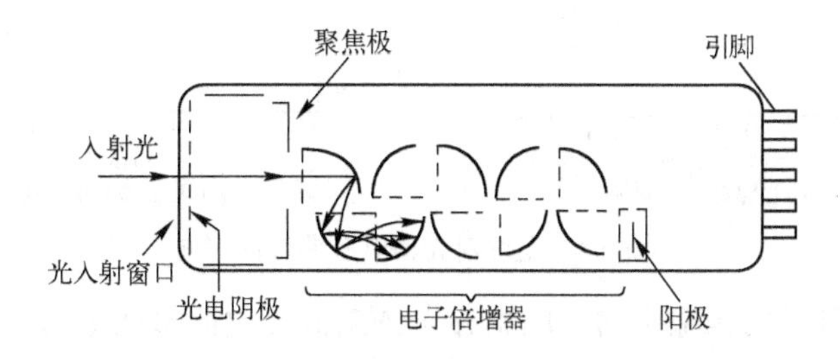

图 6.3　光电倍增管的结构

倍增极一般由几级到 15 级组成，工作时各级电极依次加上递增的电位。从光电阴极发射的光电子，经过电子光学输入系统入射到第一个倍增极上，产生一定数量的二次电子，这些二次电子在电场作用下入射到下一个倍增极，二次电子又得到倍增，如此不断进行，一直到电子流被阳极收集。倍增系统必须有高的倍增效益，增益 A 由下式确定：

$$A = \varepsilon_0 (\varepsilon\sigma)^n \tag{6.4}$$

式中，ε_0 为第一倍增极对阴极的电子收集效率，即光学系统的收集率；ε 为倍增极间的传递效率；σ 为次级发射系统的平均值；n 为倍增极的级数。二次倍增系统的结构可分为聚焦型和非聚焦型两种。聚焦型结构渡越时间分散小，脉冲电流较大，一般用于快速光电倍增管。

阴极是最后收集电子并输出电信号的电极，它与末级倍增极之间应该有最小的极间电容，允许有较大的电流密度，因此阳极往往做成栅网状。

6.3.2　光电倍增管的主要特性参数

1. 灵敏度

灵敏度是衡量光电倍增管探测光信号能力的一个重要参数，光电倍增管的灵敏度一般包括光谱响应、阴极光照灵敏度和阳极光照灵敏度，有时还包括辐照灵敏度以及阴极的蓝光、红光灵敏度等参数。

阴极的光谱灵敏度取决于光电阴极和窗口的材料性质；阳极的光谱灵敏度等于阴极的光谱灵敏度与光电倍增管放大系数的乘积，而其光谱响应曲线基本上与阴极的相同。

实际使用中还应注意环境温度对光电倍增管光谱响应度曲线的影响，图 6.4(a)和(b)分别表示锑铯光电阴极和多碱光电阴极的光谱响应曲线与温度的关系。曲线按 20℃时的光谱敏度归一化。显然，不同波长的温度系数是不同的。如果一个含有光电倍增管的仪器在温度急剧变化的环境下工作，则必然产生相当大的误差。

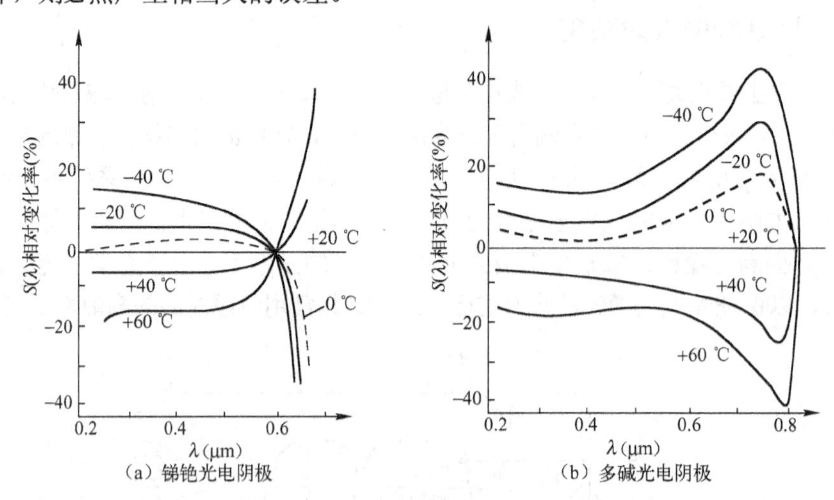

图 6.4　温度对光谱响应曲线的影响

阴极光照灵敏度是阴极输出的光电流 I_K 与入射到光电阴极面上的光通量Φ的比值，即

$$S_K = \frac{I_K}{\Phi}$$

式中，S_K 的单位为 μA/lm 或 A/lm。

阳极光照灵敏度表示，光电倍增管在接收分布温度为 2856 K 的光辐射时，阳极输出电流与入射光通量的比值，即

$$S_P = \frac{I_P}{\Phi}$$

式中，S_P为阳极光照灵敏度，单位为 A/lm；I_P为阳极输出电流。

2．放大倍数（电流增益）

在一定的工作电压下，光电倍增管的阳极电流和阴极电流之比称为管子的放大倍数或电流增益 A，可用下式表示：

$$A = I_P / I_K \tag{6.5}$$

如果光电倍增管有 n 级倍增管，那么阳极输出的电流为光电阴极发射的光电流经过各级倍增极倍增的电流，即

$$I_P = I_K \varepsilon_0 (\varepsilon_1 \sigma_1)(\varepsilon_2 \sigma_2) \cdots (\varepsilon_n \sigma_n) \tag{6.6}$$

式中，ε_0为电子光学系统的收集率；$\varepsilon_1, \cdots, \varepsilon_n$和$\sigma_1, \cdots, \sigma_n$分别为第 1, 2, …, n 级倍增极的电子收集率和二次电子发射系数。假定阳极电子收集率为 1，若各倍增极的ε和σ均相等，则

$$A = I_P/I_K = \varepsilon_0 (\varepsilon\sigma)^n \tag{6.7}$$

而其中σ与一次电子的加速电压 U_d有关，当 U_d在几十至几百伏范围时，有

$$\sigma = C U_d^K \tag{6.8}$$

式中，C 为常数；K 值与倍增极的材料和结构有关，一般取 0.7～0.8。将式（6.8）代入式（6.7），再假定倍增管均匀分压，极间电压 U_d 相等，那么放大倍数与光电倍增管所加电压的关系为

$$A = \varepsilon_0 \left[\varepsilon \cdot C \cdot \left(\frac{U_d}{n+1} \right)^K \right]^n = B \cdot U_d^{Kn} \tag{6.9}$$

由式（6.9）可知，光电倍增管的放大倍数和阳极输出电流随所加电压的 Kn 次方指数变化。因此，使用光电倍增管时，为使输出电流稳定，所加电压应保持稳定如下计算：

$$\frac{dA}{A} = Kn \cdot \frac{dU_d}{U_d} \tag{6.10}$$

一般 n 取 9～15。因此得出电压的稳定度应比测量精度高一个数量级的结论。例如，测量精度要求为 1%，则所加电源电压的稳定度应为 0.1%。

放大倍数也可以按一定工作电压下阳极灵敏度和阴极灵敏度的比值来确定。

3．暗电流

暗电流是指光电倍增管在完全无光照的情况下，加上规定的工作电压仍有电流输出，其输出电流的直流分量称为该管的暗电流。这个数值的大小决定了光电倍增管可测光通量的最小值，即极限灵敏度。

暗电流产生的原因是多种多样的，有阴极和第一倍增极电子的热发射、残余气体的离子发射、极间漏电阻、玻璃闪烁、场致发射等，并且很大程度上决定于阳极和阴极之间的电压，如图 6.5 所示。在低电压时，暗电流由漏电流决定；在电压较高时，主要是热电子发

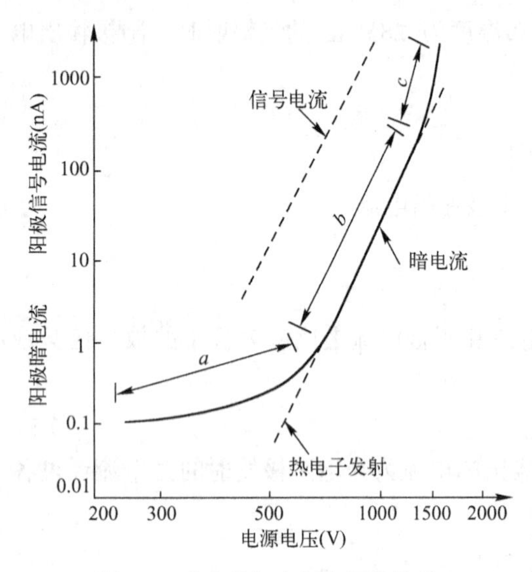

图 6.5　暗电流与电源电压的关系

射；电压再大，则导致场致发射和残余气体离子发射，使暗电流急剧增加，甚至可能发生自持放电。在实际使用中，为了得到比较高的信噪比 S/N，所加的电源电压必须适当，一般工作在图 6.5 中的 b 段。根据暗电流产生的原因不同，有不同的措施可以减小暗电流：直流补偿、选频和锁相放大制冷、电磁屏蔽法和磁场散焦法等。

4．噪声

光电倍增管的噪声主要有光电器件本身的散粒噪声、闪烁噪声以及负载电阻的热噪声等。散粒噪声包括背景光电流、信号光电流及暗电流的散粒噪声。闪烁噪声一般认为是由光电阴极发射的偶然起伏和倍增极材料的变化引起的，是一种 $1/f$ 噪声，通常只在低频区有一定的数值，随着工作频率的提高，其值迅速下降，因此可通过提高辐射的调制频率和减小通频带来降低或消除这类噪声。电阻热噪声主要来自负载电阻、运算放大器的反馈电阻和运算放大器输入阻抗。那么，热噪声电流为

$$\overline{I_{\mathrm{n}}^2} = 4KT\Delta f / R \tag{6.11}$$

5．时间响应

光电倍增管是一种快速外光电效应器件，响应速度很高，所以时间特性的参数是在极窄脉冲的 δ 函数光脉冲作用于光电阴极时测得的，为了使阳极输出信号波形与入射光脉冲波形完全一致，通常用阳极输出脉冲的上升时间和电子的渡越时间等参数来表示。

光电倍增管的阳极输出脉冲上升时间定义为整个光电阴极在 δ 函数的光脉冲照射下，阳极电流从脉冲峰值的 10%上升到 90%所需的时间，该 δ 函数的光脉冲半宽度一般小于 50 ps，如图 6.6 所示。PMT 上升时间的测试原理如图 6.7 所示，用一个重复的 δ 光脉冲照射光电阴极，阳极的输出信号作为示波器（通频带大于 100 MHz）的触发信号。光电倍增管的上升时间 τ_{S} 通常由下式计算：

$$\tau_{\mathrm{S}} = \sqrt{\tau_{\mathrm{S1}}^2 - \tau_{\mathrm{S2}}^2 - \tau_{\mathrm{S3}}^2 - \tau_{\mathrm{S4}}^2 - \tau_{\mathrm{S5}}^2}$$

式中，τ_{S1} 为示波器测得的上升时间；τ_{S2}、τ_{S3}、τ_{S4}、τ_{S5} 分别为光源、分路器、电缆以及示波器的上升时间。电缆的延迟时间可用时域反射计来准确测量。

一个 δ 函数的光脉冲（脉冲宽度小于 1 ns）到达光电阴极和阳极输出脉冲电流达到最大值的时间间隔，定义为光电子的渡越时间 t_{tr}，如图 6.6 所示。渡越时间的测试原理如图 6.8 所示。适当选择延迟电缆的长度，可将标记脉冲和输出脉冲都显示于示波器的显示屏上。于是光电倍增管的渡越时间为

$$t_{\mathrm{tr}} = t_{\mathrm{z1}} + t_{\mathrm{z2}} - (t_{\mathrm{z3}} + t_{\mathrm{z4}})$$

式中，t_{z1} 为标记脉冲与输出脉冲前沿半幅度点之间的时间间隔；t_{z2} 和 t_{z4} 分别为延迟线和电缆 A 的延迟时间；t_{z3} 为光时延，即光脉冲从光源到光电倍增管所需的时间。

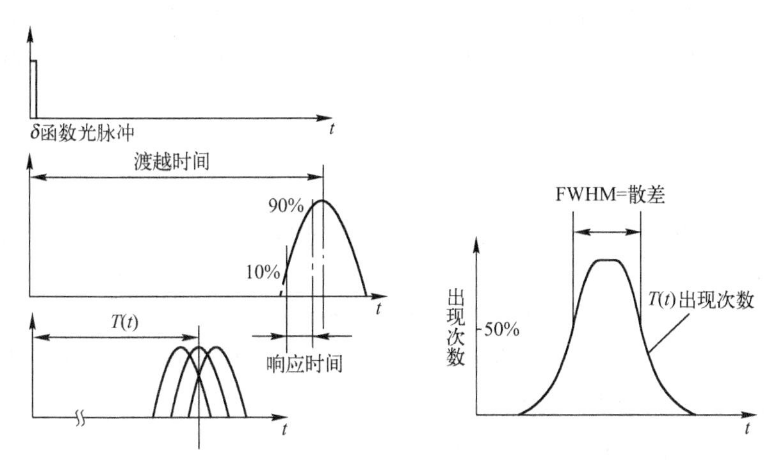

图 6.6　光电倍增管的时间特性

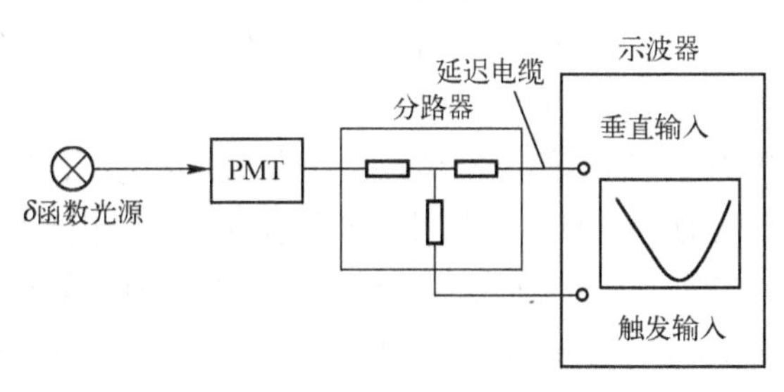

图 6.7　上升时间测试框图

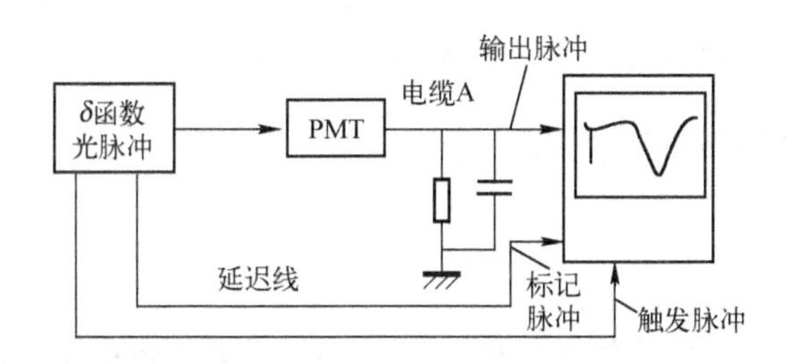

图 6.8　渡越时间测试框图

所谓渡越时间离散，即表示 δ 函数光脉冲照射到光电阴极的不同区域，发射的电子初速度不同，走过的路不同，在重复光脉冲输入时，到达阳极的渡越时间每次略有不同，有一定的起伏，该渡越时间的差值就是渡越时间分散。当输入光脉冲时间间隔很小时，渡越时间分散将使管子输出脉冲重叠而不能分辨，所以渡越时间离散 Δt 在时间分辨光信号测量中是一个十分重要的参数。

反映光电倍增管响应时间的上述参数主要与倍增管结构、电子光学系统及所加电压有关。

6. 线性度

在高精度的光电检测中，要求光电探测器的光特性具有良好的线性度，且线性范围尽可能宽。光特性是指倍增管输出信号电流随输入光通量变化的曲线，即 $I_p = F(\Phi)$。线性不仅与光电倍增管的内部结构有关，在很大程度上还取决于外部的高压供电电路及信号输出电路。一般认为产生光特性非线性的原因主要有两个：①内因是光阴极的电阻率及材料特性、管内空间电荷间的互阻作用，以及电子聚焦或收集效率的变化等。②外因是负载电阻的负反馈作用，以及信号电流过大而造成极间电位的重新分配等。

7. 稳定性

光电倍增管的稳定性主要是指阳极电流随工作时间的变化，它在闪烁计数和光度测量中是十分重要的。

光电倍增管工作的不稳定性主要表现在以下 3 个方面：

① 光谱响应随时间不可逆地缓慢变化，造成长时间性能漂移。这种变化在阴极超载或阳极在亮室中暴露时都会加剧，其变化主要发生在光谱的长波区。

② 在几分钟或几小时内，由于可逆的疲劳所构成的漂移（通常这种疲劳是在接近额定值条件下工作所引起的），光电倍增管表现为灵敏度缓慢下降，例如，RCA（PIZ）管以 100 μA 输出，经 100 min 后可降到 65 μA，这种下降在黑暗中放置几小时后就可恢复。为使工作稳定，阳极电流应远小于给定的额定值。

③ 滞后作用造成阳极输出的不稳定，其原因是施加的总电压或光通量的突然变化，响应度的滞后是暂时的，有时几秒钟，有时几分钟，通常检测应在开机光照后过几分钟再进行。

光电倍增管的特性除随时间和温度变化外，还受到电源电压的波动、电和磁的干扰等影响。电压影响倍增管的工作状态和灵敏度；电场、磁场影响电子的运动方向和路径，磁场的影响主要表现在阴极和第一倍增极间。有时当光电倍增管改变取向时，地磁场也可能影响它的正常工作。因此，在强磁场附近以及进行精密测量时，必须采取磁屏蔽措施。最简单的电磁屏蔽方法是采用一个和阴极同电位的坡莫合金屏蔽罩。

6.3.3　光电倍增管的供电和信号输出电路

1. 高压供电

光电倍增管的实用供电电路如图 6.9 所示。为了使光电倍增管正常工作，通常需在阴极（K）和阳极（P）之间加上 900～2000 V 电压。同时，还需在阴极、倍增极和阳极之间分配一定的极间电压，以保证光电子能被有效地收集，光电流通过倍增极系统得到放大。一般极间电压在 80～150 V 之间，极间的分压器通常采用电阻链分压，其值为 20 kΩ～1 MΩ，并联电容 C_1、C_2、C_3 的取值范围为 0.002～0.05 μF。分压器决定了管子的供电状态，而管子的供电状态又取决于管子的用途。所以，阴极与第一倍增管之间电压应尽可能高，一般应两倍于其他极间的电压或更高些，以保证第一倍增极有较高的二次发射系数，使光电子的渡越时间分散小；中间倍增极电压根据需要的增益来选择。在某些情况下，希望降低管子的阳极灵敏度而不改变总电压，简单的方法是调节中间倍增极之间的电压（在一定范围内适用）。中间倍增极一般采用均匀分压器；当输出电流大时，末级倍增极采用非均匀分压器，使最后两级或三级倍增极之间有较高电场，从而避免空间电荷效应。在弱光探测中，为了提高管子的灵敏度，有时最后一个电阻值取得小些。

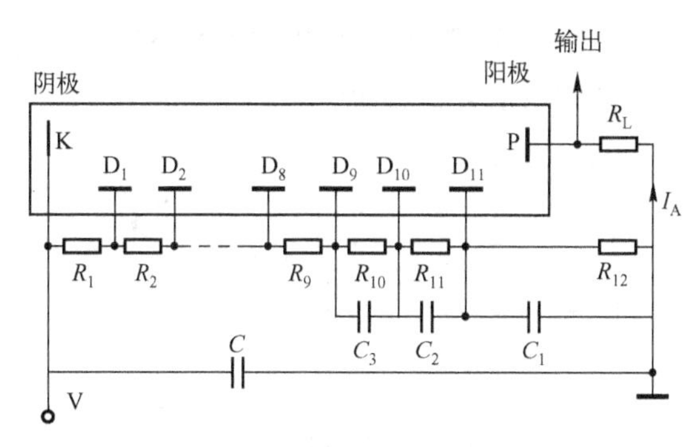

图 6.9　光电倍增管的实用供电电路

为了避免信号电流在最后几个倍增极上影响极间电位分布，需在若干个极间接上储能电容，在测量直流信号时，为了保证管子工作于线性状态，分压器电流应小于阳极电流的 1/20。但如果过于增大分压器电流，而且分压器靠近管子，则管子受到分压器热辐射的影响，会增大暗电流和噪声。分压器电阻的功率应为计算值的 2 倍，这样可以防备由于电阻发热而引起阻值改变。输出大脉冲电流（如 100 mA 以上），用一般分压器会出现电流饱和，这时可使后面几个极间的分压电阻值为前面的几倍至十几倍，饱和电流值会大大提高。

供给光电倍增管的高压电源，根据使用要求可采用正高压或负高压，一般有 3 种接地方法，每种方式各有优缺点。除了对管子的暗电流和噪声有苛刻要求的场合外，一般的分压电路采用阳极接地，负高压供电。这样阳极输出不需要隔直电容，可以直流输出，一般阳极分布参数也较小。可是在这种情况下，必须保证作为光屏蔽和电磁屏蔽的金属筒距离管壳至少 10～20 mm，否则由于屏蔽筒的影响，阳极暗电流和噪声可能会相当大地增加。如果在靠近管壳处再加一个屏蔽罩，并将它连接到阴极电位上，则要注意安全。采用正高压电源就失去了采用负高压电源的优点，这时在阳极需接上耐高压、噪声小的隔直电容，因此只能得到交变信号输出。但是，它可获得比较低的稳定暗电流和噪声。当倍增极作为信号输出极时，可采用中间接地法。

由于 PMT 的阳极灵敏度和放大倍数 A 都随工作电压变化而变化，因此，对高压供电电源的稳定性要求比较高。一般高压电源电压的稳定性应比光电倍增管所要求的稳定性高约 10 倍。在精密的光辐射测量中，通常要求电源电压的稳定度达到 0.01%～0.05%。

2．信号输出

（1）负载电阻输出

光电倍增管输出的是电流信号，如图 6.10 所示。用一只负载电阻将电流信号转换成电压信号，再将输出信号连接到其他电压放大器或电压表上。一般光电倍增管可视为恒流源，似乎可以用比较大的负载电阻将微小的电流信号转换成很大的电压信号；但实际上，这会使光电倍增管的频率响应和线性变差。

在图 6.10 中，设负载电阻为 R_L，倍增管的输出电容（包括连线等杂散电容）为 C_s，那么光电倍增管的上限截止频率 $f_c = 1/2\pi C_s R_L$。

可以看出，即使光电倍增管和后面的放大器具有很高的响应速度，实际的最高响应频率仍受到输出电路的限制。例如，$C_s = 100$ pF，$R_L = 150$ kΩ，那么 $f_c = 10$ kHz。此外，如果负载电阻太大，当光照比较大时，输出的阳极电流在负载 R_L 上会产生较大的压降，使得阳极和末级倍增极之间的电压下降。这样可能会出现明显的空间电荷效应，同时也降低了阳极的电子收集率，最后可能会因输出信号饱和而引起非线性。

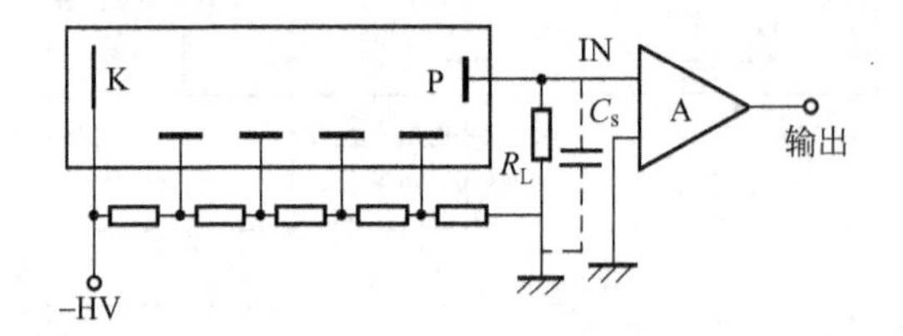

图 6.10　光电倍增管输出电路

若外部放大器的输入阻抗为 R_i，它与负载电阻 R_L 并联后，光电倍增管的等效负载阻抗 R_0 为 $R_L R_i/(R_L+R_i)$。若 $R_L = R_i$，则 $R_0 = 0.5R_L$。从这里可以看出，负载电阻上限值还受到放大器输入阻抗的限制，在实际使用中，负载电阻要比放大器输入阻抗小得多。上面讨论的负载电阻和放大器的输入阻抗都是纯电阻性的，实际的电路中还存在杂散电容和电感等，交流信号的相位也会受到影响，因此当信号频率增加时，应考虑这些电路的综合阻抗。

从上面的分析可得出选择负载电阻的 3 点建议：

① 在频响要求比较高的场合，负载电阻应尽可能小一些。

② 当输出信号的线性要求较高时，选择的负载电阻应使信号电流在它上面产生的压降在几伏以下。

③ 负载电阻应比放大器的输入阻抗小得多。

（2）运算放大器输出

从前面对负载电阻的分析中可看出，要保证光电倍增管具有良好的线性和频响特性，负载电阻需小，这又使得输出信号的转换效率很低，如果用运算放大器来代替负载电阻，实现电流电压的转换，上述问题就能解决。图 6.11 所示是运算放大器输出的基本电路，输出的电压

$$U_0 = -R_f I_p$$

式中，R_f 为运算放大器的反馈电阻。放大器等效的输入阻抗，即光电倍增管的等效负载

$$R_0 \approx R_f / A_{UO}$$

式中，A_{UO} 为运算放大器的开环增益，一般高达 $10^5 \sim 10^8$。

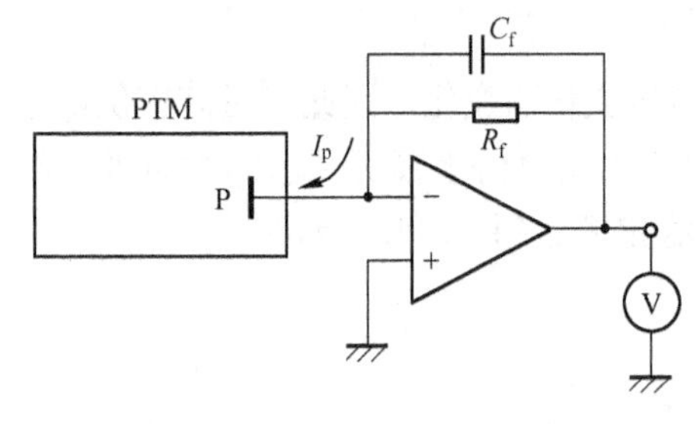

图 6.11　运算放大器输出电路

输出电路的最小可测量电流往往受到放大器的偏置电流、温度漂移、反馈电阻 R_f 的质量、电路板的绝缘性能等因素的制约。普通运算放大器往往有几十纳安的偏置电流，因此流过反馈电阻的电流由光电流 I_p 和放大器的偏置电流 I_{0s} 组成。于是，输出电压信号 $U_0 = -R_f(I_p + I_{0s})$。因此，在微弱的光辐射信号测量中，一般放大器的反向输入端加入一定的补偿电流，补偿电流与放大器的偏置电流方向相反，互相抵消。

当测量的光电流小于 100 pA 时，线路板和引线的漏电流都必须仔细考虑。在图 6.11 中，C_f 包括反馈电阻 R_f 及线路的各种杂散电容。因此，该放大电路的时间常数为 $R_f C_f$。由此可见，当测量高频信号时，响应频率受到限制；若测量的是低频信号，则在反馈电阻上并

联电容 C_f，可以减少信号中的高频噪声，改善信噪比。为了避免 C_f 的漏电流影响，一般 C_f 应选用聚苯乙烯或康宁玻璃电容。

6.3.4　微通道板光电倍增管

微通道板光电倍增管（MCP 光电倍增管）的基本功能与前面的倍增管没有太大差别，只是用微通道板代替了原来的电子倍增管。但是，这种新颖光电倍增管尺寸大为缩小，电子渡越时间很短，阳极电流的上升时间几乎降低了一个数量级，有可能响应更窄的脉冲或更高频率的辐射。由于有很高的静电场和通道结构，这种光电倍增管对磁场很不敏感，特别是当磁场平行管子轴线时，磁场对光电倍增管几乎没有影响。当阳极采用多电极结构时，还可以检测位置信号。

微通道板（MCP）是由成千上万根直径为 15～40 μm、长度为 0.6～1.6 mm 的微通道组成的。每个微通道是一根很细的玻璃管，如图 6.12 所示，它的内壁镀有高阻的二次发射材料，在它的两端施加电压后内壁出现电位梯度，在真空中的一次电子轰击微通道的一端，发射出的二次电子因电场作用而轰击另一处，再发射二次电子，这样通过多次发射二次电子，可获得约 10^4 的增益。

为了获得较高的增益，过分增加通道的长度是不利的。由于通道中存在电子电离残余气体或壁上吸附的原子，这些正离子朝电子的相反方向移动，在管壁上释放出更多的二次电子，当增益很高时可能会产生雪崩击穿；或者正离子在负端离开通道，破坏光电阴极。所以一般用弯曲通道，制成人字形或 Z 形的折断通道，以减小离子自由飞行的路程，可以减少由离子轰击发射的二次电子。带有两个串联的 MCP 光电倍增管的基本电路如图 6.13 所示，在这一近聚焦式的 MCP 倍增管中，光电阴极和第一微通道板的间距约为 0.3 mm，极间电压为 150 V；第二微通道板和阳极的间距为 1.5 mm，极间电压为 300 V，外加偏置电压的变化只改变微通道板上的电压，从而调节总的增益。

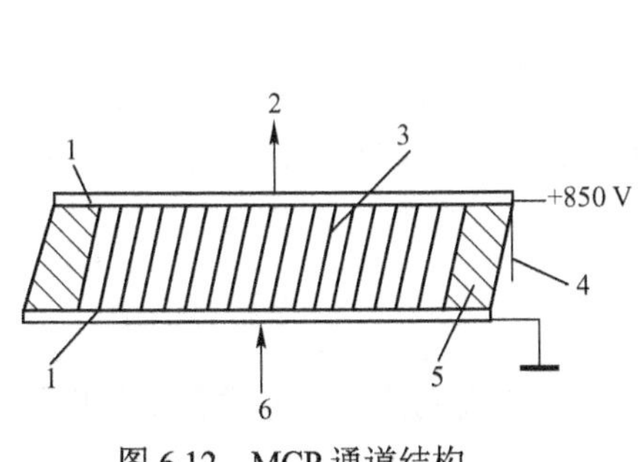

图 6.12　MCP 通道结构

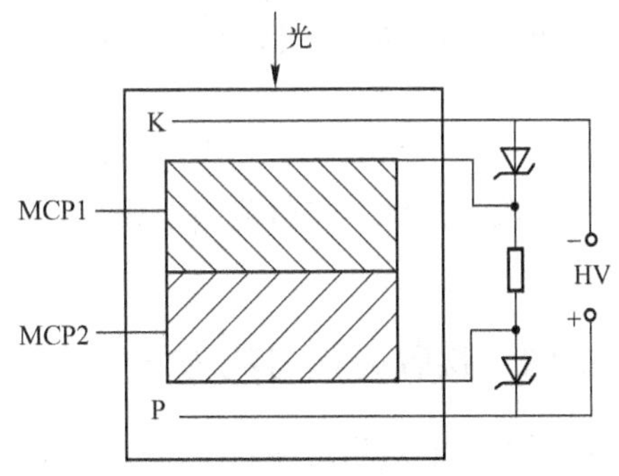

图 6.13　MCP 光电倍增管基本电路

6.3.5　光电倍增管的应用

光电倍增管具有灵敏度极高和快速响应等特点，目前它仍然是最常用的光电探测器之一，在许多场合还是唯一适用的光电探测器。在精密测量中，为了使光电倍增管稳定地工作，应注意以下几点。

① 为了减缓疲劳和老化效应，减少负载电阻反馈和分压器电压再分配效应，阳极电流应不超过 1 μA。

② 电压分压器中的电流应在 1 mA 的数量级，是阳极输出最大电流的 1000 倍，但应避免电流过大而发热。

③ 高压电源的稳定性必须是所测量精度的 10 倍，电压的波纹系数一般应小于 0.001%。

④ 光阴极和第一倍增极之间、最后一个倍增极和阳极之间的极间电压可独立于总电压，用稳压管进行单独稳压。

⑤ 光电倍增管的输出信号采用运算放大器做电流电压变换，有利于减小阳极负载，稳定回路的工作，以获得高的信噪比和好的线性。

⑥ 为减少外界磁场对极间运动电子的作用（其中包括地磁的作用），在高精度检测时必须屏蔽，最好使屏蔽筒与阴极处于相同电位。

⑦ 光电倍增管应存放在黑暗中。即使未加高压，也只能暴露在极弱光的条件下，工作前应在高压供电条件下并在黑暗中处理数小时。

⑧ 测量弱辐射时，需通过制冷减小暗电流，但制冷温度不宜过低，一般取-20℃即可。制冷过程会导致阴极电阻剧增，使噪声增加，信噪比下降。

⑨ 如果光电倍增管的灵敏度足够高，光阴极前应加性能良好的漫射器，以使入射光均匀照射全部光阴极面，可减少因光阴极区域灵敏度不同而引起的误差。

⑩ 光电倍增管不应在氦气环境中使用，因为氦气分子渗入管内电离会产生大的附加噪声。

⑪ 在对光电倍增管光谱特性的稳定性要求很高时，应选用存放数年后的管子。

⑫ 制造厂、参考书所提供的数据均是典型值，光电倍增管参数的离散性很大，要获得准确的数据，只能逐个测定。

总体来看，光电倍增管具有灵敏度高、响应速度快等优点，但由于需要高压直流电源，故价格高，体积大，另外还有经不起机械冲击等缺点。

6.4 各种光电探测器件的性能比较和应用选择

第 4～6 章详细介绍了光电导器件、光伏特器件和光电发射器件，它们都是基于光电效应的光电探测器件，应用范围十分广泛。本节对它们的性能进行归纳和比较，以便于进行应用选择。

6.4.1 接收光信号的方式

在应用光电检测器件的测量仪器和系统中，光电器件接收光信号的方式有以下几种。

1. 判断光信号的有无

由被测对象引起投射到光电器件上的光信号被截断或通过，如光电开关、光电报警等。这时不考虑光电器件的线性，但要考虑灵敏度。

2. 光信号按一定调制频率交替变化

这种光强度信号的输入被调制在一定的频带内或者某一调制频率下，必须使所选器件的上限截止频率大于光信号的调制频率，最好是能够工作在最佳状态下。

3. 检测光信号的幅度大小

当被测对象因光的反射率、透过率变化或者被测对象本身光辐射的强度发生变化时，此时的光信号幅度大小也改变。光电系统中的光电器件接收到的光照度也随之发生变化。为了准确测出幅度大小（即源信号大小）的变化，必须选用灵敏度适当、线性好、响应快、动态范围合适的光电器件，如光电倍增管或光电二极管。

4. 光信号的色度差异

当被测对象造成光电器件接收到的光辐射的色温发生变化，或被测物本身的表面颜色发生变化时，需要选择光谱特性合适的光电器件。

6.4.2 各种光电探测器件的性能比较

典型光电器件的工作特性比较如表 6.1 所示。由表中比较看出：在动态特性方面（即频率响应与时间响应）以光电倍增管和光电二极管为最好，尤其是 PIN 光电二极管和雪崩光电二极管；在光电特性方面（即线性），以光电倍增管、光电二极管和光电池的线性为最好；在灵敏度方面，以光电倍增管、雪崩光电二极管为最好，光敏电阻和光电晶体管较好；值得指出的是，灵敏度高不一定输出电流大，而输出电流大的器件有大面积光电池、光敏电阻、雪崩光电二极管和光电晶体管；外加电压最低的是光电二极管和三极管，光电池不需要外加电源便可工作；暗电流以光电倍增管和光电二极管为最小，光电池不加电源时无暗电流，加反向偏压后暗电流比光电倍增管和光电二极管大；在长期工作的稳定性方面，以光电二极管和光电池为最好，其次是光电倍增管和光电晶体管；在光谱响应方面，以光电倍增管和光敏电阻为最宽，并且光电倍增管的响应偏向紫外方面，光敏电阻的响应偏向红外方面。

表 6.1　典型光电探测器件工作特性的比较

	波长响应范围（nm）			输入光强范围（/cm）	最大灵敏度	输出电流	光电特性直线性	动态特性		外加电压	受光面积	稳定性	外形尺寸	价格	主要特点
	短波	峰值	长波					频率响应	上升时间						
光电管	紫外		红外	10^{-9}～1 mW	20～50 mA/W	10 mA（小）	好	2 MHz（好）	0.1 μs	50～400	大	良	大	高	微光测量
☆光电倍增管	紫外		红外	10^{-9}～1 mW	10^{6} A/W	10 mA（小）	最好	10 MHz（最好）	0.1 μs	600～2800	大	良	大	最高	快速、精密微光测量
CdS 光敏电阻	400	640	900	1 μW～70 mW	1 A/lm·V	10 mA～1 A（大）	差	1 kHz（差）	0.2～1 ms	100～400	大	一般	中	低	多元阵列光开关输出电流大
CdSe 光敏电阻	300	750	1220	1 μW～70 mW	1 A/lm·V	10 mA～1 A（大）	差	1 kHz（差）	0.2～10 ms	200	大	一般	中	低	
☆Si 光电池	400	800	1200	1 μW～1 W	0.3～0.65 A/W	1A（最大）	好	50 kHz（良）	0.5～100 μs	无	最大	最好	中	中	象限光电池输出功率大
Se 光电池	350	550	700	0.1～70 mW		150 MA（中）	好	5 kHz（差）	1 ms	无	最大	一般	中	中	光谱接近人的视觉范围
☆Si 光电二极管	400	750	1000	1 μW～200 mW	0.3～0.65 A/W	1 mA 以下（最小）	好	200 kHz～10 MHz（最好）	2 μs 以下	100～200	小	最好	最小	低	高灵敏度、小型、高速传感器
☆Si 光电三极管	400	750	1000	0.1 μW～100 mW	0.1～2 A/W	1～50 mA（小）	较好	100 kHz（良）	2～100 μs	50	小	良	小	低	有电流放大小型传感器

☆ 应用最典型。

6.4.3 光电检测器件的应用选择

光电检测器件的应用选择，实际上是应用时的一些注意事项或要点。在很多要求不太严格的应用中，可采用任何一种光电检测器件。不过在某些情况下，选用某种器件会合适些。例如，当需要比较大的光敏面积时，可选用真空光电管，因其光谱响应范围比较宽，故真空光电管在分光光度计中得到广泛应用。当被测辐射等级很低（信号微弱）、响应速率较高时，则采用光电倍增管最合适，因为其放大倍数可达 10^7 以上，这样高的增益可使其信号超过输出和放大线路内的噪声分量，使得对探测器的限制只剩下光阴极电流中的统计变化。因此在天文、光谱学、激光测距和闪烁计数等方面得到广泛应用。

目前，半导体工艺和技术的不断发展使固体光电器件的应用日益广泛。CdS 光敏电阻因成本低廉且性能稳定而在光亮度控制中得到采用，如照相机自动快门和路灯自动控制等方面。光电池是固体光电器件中具有最大光敏面积的器件，它除了可作为探测器外，还可作为太阳能变换器；硅光电二极管体积小，响应快，可靠性高，而且在可见光与近红外波段内有较高的量子效率，因而在各种工业控制中获得应用。硅雪崩管由于增益高、响应快、噪声小，而在激光测距与光纤通信中得到普遍采用。

为了提高传输效率，无畸变地变换光电信号，光电器件不仅要和被测光信号、光学系统，而且要和后续的电子线路在特性和工作参数上相匹配，使每个相互连接的器件都处于最佳的工作状态。现将光电检测器件的应用选择要点归纳如下。

① 光电检测器件必须和辐射信号源及光学系统在光谱特性上匹配。如果测量波长是紫外波段，则选光电倍增管或专门的紫外光电半导体器件；如果信号是可见光，则可选光电倍增管、光敏电阻或硅光电器件；如果是红外信号，则选光敏电阻；如果是近红外信号，则选硅光电器件或光电倍增管。

② 光电检测器件的光电转换特性必须和入射辐射能量相匹配。其中首先要注意的是，器件的感光面要和照射光在空间上匹配好。因光源必须照射到器件的有效位置，若发生变化，则光电灵敏度将发生变化。例如，太阳电池具有大的感光面，一般用于杂散光或者没有达到聚焦状态的光束的接收。又如，光敏电阻是一个可变电阻，有光照的部分电阻就降低，必须使得光线罩在两电极间的全部电阻体上，以便有效地利用全部感光面。光电二极管、三极管的感光面只是结附近一个极小的面积，故一般把透镜作为光的入射窗，要把透镜的焦点与感光的灵敏度对准。光电池的光电流比其他器件受照射光影响而产生的晃动要小些。其次，一般要使入射通量的变化中心处于检测器件光电特性的线性范围内，以确保获得良好的线性检测。最后，对微弱的光信号，器件必须有合适的灵敏度，以确保一定的信噪比，输出足够强的电信号。

③ 光电检测器件的响应特性必须和光信号的调制形式、信号频率及波形相匹配，以确保得到没有频率失真和有良好的时间响应。频率失真主要是选择响应时间短或上限频率高的器件造成的，但在电路上也要注意匹配好动态参数。

④ 光电检测器件必须和输入电路以及后续电路在电特性上相互匹配，以保证最大的转换系数、线性范围、信噪比以及快速的动态响应等。

⑤ 为了使器件具有长期工作的可靠性，必须注意选好器件的规格和使用的环境条件。一般要求在长时间的连续使用中，能保证在低于最大限额状态下正常工作。当工作条件超过

最大限额时，器件的特性急剧恶化，特别是超过电流容限值后，其损坏往往是永久性的。使用的环境温度和电流容限一样，当超过温度的容限值后，一般将引起缓慢的特性劣化。总之，器件要在额定条件下使用，才能保证稳定可靠地工作。

习题与思考题

1. 光电倍增管的短波限与长波限由什么因素决定？
2. 怎样理解光电倍增管的阴极灵敏度与阳极灵敏度？二者的区别是什么？二者有何关系？
3. 为什么光电倍增管不但要屏蔽光，而且要屏蔽电与磁？用什么样的材料制造光电倍增管的屏蔽罩才能达到既能屏蔽光、屏蔽电又能屏蔽磁的目的？屏蔽罩为什么必须与玻璃壳分离至少 20 mm？
4. 什么光电倍增管的疲劳与衰老？两者的差别是什么？能在明亮的室内观看光电倍增管的结构吗？为什么？
5. 某光电倍增管的阳极灵敏度为 10 A/lm，为何还要限制其阳极输出电流在 50～100 μA？
6. 光电倍增管供电电路分为负高压供电与正高压供电，试说明这两种供电电路的特点，并举例说明它们分别适用于哪种情况。
7. 光电倍增管 GDB44F 的阴极光照灵敏度为 0.5 μA/lm，阳极光照灵敏度为 50 A/lm，要求长期使用时阳极允许电流限制在 2 μA 以内。求：

   （1）阴极面上允许的最大光通量。

   （2）当阳极电阻为 75 kΩ时，最大的输出电压。

   （3）当要求输出信号的稳定度为 1%时，求高压电源电压的稳定度。

第7章　光电成像器件

内容概要

光电成像器件是一种能将成像在器件光敏面上的二维图像转变为一维时序电信号输出的光电探测器。它从成像原理上可分为扫描型和非扫描型两类。其基本特性包括光谱响应、转换特性和分辨率。随着MOS半导体集成电路工艺的发展成熟，性能优异的固体自扫描型成像传感器获得了广泛的应用。

学习目标

- 掌握光电成像器件的基本分类、工作原理及特性参数；
- 掌握电荷耦合器件（CCD）和自扫描光电二极管阵列（SSPD，又称为MOS型图像探测器的工作原理、主要性能及使用要点；
- 了解真空摄像管的基本工作原理和特性。

光电成像器件是指能输出图像信息的一类器件，它包括真空成像器件和固体成像器件两大类。真空成像器件根据管内有无扫描机构粗略地分为像管和摄像管，像管的主要功能是把不可见光（红外或紫外）图像或微弱光图像通过电子光学系统、电子倍增器件、荧光屏以及保持高真空工作环境的管壳等直接转换成可见光图像，如变像管、像增强器、X射线像增强器等。摄像管是一种把可见光或不可见光（红外、紫外或X射线等）图像通过电子束扫描后转换成相应的电信号，通过显示器件再成像的光电成像器件。固体成像器件不像真空摄像器件那样需用电子束在高真空度的管内进行扫描，只需通过某些特殊结构（即自扫描形式）或电路（电荷耦合转移）输出一维时间的视频信号，然后通过显示器件再成像。

按成像原理分，光电成像器件大体上可分为扫描成像器件和非扫描成像器件。根据扫描成像器件的不同又可分为光机扫描成像器件（如热像仪）、电子束扫描成像器件（如光导摄像管）、固体自扫描成像（如CCD摄像机）等。非扫描成像器件包括照相机、电影摄影机以及变像管等。本章主要介绍扫描（电子束扫描和自扫描）成像探测器。

近年来，另一种引人注目的互补金属-氧化物-半导体（CMOS）摄像器件和红外焦平面阵列正在光电成像技术领域异军突起，本章的最后将对它们进行简单介绍。

7.1　光电成像器件概述

7.1.1　光电成像器件的类型

扫描型光电成像器件又称为摄像器件。这种器件通过电子束扫描或自扫描方式，将被摄景物经光学系统成像在器件光敏面上的二维图像转变为一维时序信号输出。非扫描型光电成像器件常由像敏面（光电阴极）、电子透镜和显像面等组成，这种器件完成光学图像光谱变换（变像管）或图像强度的变换（像增强管）。如图 7.1 所示为光电成像器件的分类。

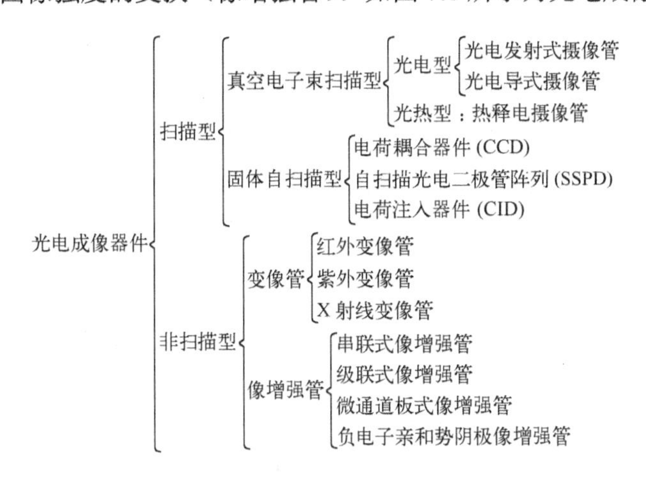

图 7.1　光电成像器件的分类

20 世纪 70 年代前，摄像的任务主要是由各种电子束摄像管来完成的。20 世纪 70 年代后，随着半导体集成电路技术，特别是 MOS 集成电路工艺的成熟，各种固体成像传感器得到迅速发展，特别是近十年来，固体图像传感器在军事和民用各个领域获得了广泛的应用。

固体像探测器（Solid State Imaging Sensor，SSIS）是固体图像传感器的核心，它主要有三种类型：第一种是电荷耦合器件（Charge Coupled Device，CCD）；第二种是 MOS 像探测器，又称自扫描光电二极管阵列（Self Scanned Photo Diode array，SSPD）；第三种是电荷注入器件（Charge Injection Device，CID）。目前前两种用得较多。与电子束摄像管比较，固体像探测器有以下显著优点。

① 全固体化，体积小，质量轻，工作电压和功耗都很低，耐冲击性好，可靠性高，寿命长。

② 基本不保留残像（电子束摄像管有 15%～20%的残像），无像元烧伤、扭曲，不受电磁干扰。

③ 红外敏感性。SSPD 光谱响应为 0.25～1.1 mm；CCD 可作为红外敏感型；CID 主要用于 3～5 μm 的红外敏感器件。

④ 像元的几何位置精度高（优于 1 μm），因而可用于不接触精密尺寸测量系统。

⑤ 视频信号与微机接口容易。

7.1.2　光电成像器件的基本特性

1. 光谱响应

光电成像器件的光谱响应取决于光电转换材料的光谱响应，其短波限有时受窗口材料的吸收特性影响。例如，属于外光电效应摄像管的光谱响应由光阴极材料决定；属于内光电效应的视像管和 CCD 摄像器件的光谱响应分别由靶材料和硅材料决定；热释电摄像管基于材料的热释电效应，它的光谱响应特性近似直线。

图 7.2 所示为多碱锑化物光阴极像管、氧化铅及 CCD 摄像器件的光谱响应特性。当然，采用减薄光敏材料的厚度及掺杂某种特殊材料，可以使摄像器件的紫外响应增强。

在选用光电成像器件时，应考虑器件的光谱响应与被测景物辐射光谱的匹配。

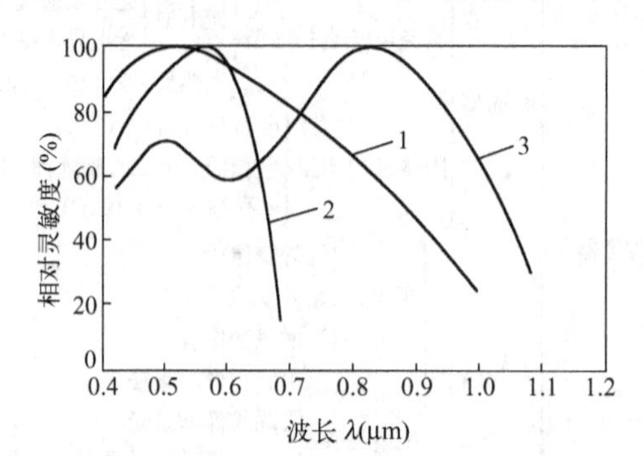

1—多碱锑化物光阴极像管；2—氧化铅摄像管；3—CCD 摄像器件

图 7.2　光谱响应特性曲线示意图

2．光电转换特性

光电转换特性通常被定义为光电成像器件的输出物理量与对应物理量的比值关系。转换特性的参量有灵敏度（或响应度）、转换系数及亮度增益等。

像管的输入量有辐射和光度两种度量单位，输出量常为光度量单位。例如，变像管的输入量为辐射量，输出量为光度量，它们的转换特性常用转换系数（Conversion Coeffcient）C 表示，即

$$C=\frac{\Phi_V}{\Phi_e}\quad(\text{lm/W})\tag{7.1}$$

而像增强管的输入量和输出量常常采用光度量单位，一般用亮度转换增益（G_L）来表示。通常定义为像管荧光屏的光出射度（M_V）与照射在光阴极面上的光照度 E_V 之比，即

$$G_L=\frac{M_V}{E_V}\tag{7.2}$$

G_L 是无量纲的倍数，因为荧光屏可以视为朗伯辐射体，其亮度 L_V 与光出射度 M_V 之间的关系为

$$M_V=\pi L_V\tag{7.3}$$

因此

$$G_L=\pi\frac{L_V}{E_V}\tag{7.4}$$

这样，亮度增益又具有了量纲（cd/lm）。

对于摄像器件，其输出量为信号电流（或电压），而输入量有辐射量和光度量，因此，摄像器件的灵敏度单位较多。若摄像器件的输入量为辐照度（E_e）或辐通量（Φ_e），则灵敏度 S 表示为

$$S=\frac{I}{E_e}(\mu\text{A}/\mu\text{W}/\text{cm}^2)\tag{7.5}$$

或

$$S=\frac{I}{\Phi_e}(\mu\text{A}/\mu\text{W})\tag{7.6}$$

式中，I 为摄像器件的信号电流。若摄像器件的输入量为光照度（E_V）或光通量（Φ_V），则 S 表示为

$$S = \frac{I}{E_V}(\mu A / lx) \tag{7.7}$$

或

$$S = \frac{I}{\Phi_V}(\mu A / lx) \tag{7.8}$$

为了保证摄像器件的光电转换特性为线性，希望器件的灵敏度 S 在一定范围内为一恒定值。对于光电发射式、硅靶及 CCD 摄像器件，其光电转换的线性关系是较好的。而对于视像管等光电导靶视像管，它们的光电转换特性受光电导材料的光电转换因子 γ 值的限制。因此，在电视系统中也常引入 γ 值表示摄像管的光电转换特性。

以 E_V 为视像管靶面照度，I 为像管的信号电流，则有

$$\ln I = \ln A + \gamma \ln E_V \tag{7.9}$$

式中，A 为常数。

电视系统的 γ 值关系到大面积信号灰度等级在转换过程中有无丧失。若 $\gamma = 1$，则从输入（景物）到输出（图像）的灰度等级没有丧失；若 $\gamma <1$，则强光信号被压缩；反之，$\gamma >1$，则对比度低的输入信号得到提高。

3. 分辨率

分辨率是用来表示成像器件分辨图像中明暗细节的能力。分辨率常用两种方式来描述：一种为极限分辨率，另一种为调制传递函数。分辨率有时也称为鉴别率或解像力等。

成像器件的极限分辨率常用专门的测试卡来测量。测试卡上有几组不同宽度的、等宽等间隔的黑白线条，而且它们的对比度尽可能大。通过光学系统把测试卡上的线条成像到靶面上，并在荧光屏（或显像管）上显示出来。然后用人眼观察，人眼能分辨的最细线条数就是器件的极限分辨率。变像管与像增强管的极限分辨率用每毫米线对数（lp/mm）表示。摄像管的极限分辨率用在图像范围内所能分辨的等宽度黑白线条数来表示。摄像管的分辨率又有水平分辨率和垂直分辨率之分。若在水平宽度内最多能分辨 300 对垂直黑白线条，则其水平分辨率为 600 线；若在垂直高度内最多能分辨 250 对水平黑白线条，则其垂直分辨率为 500 线。

客观评价成像器件分辨率的方法是调制传递函数（Modulation Transfer Function），简记为 MTF。

调幅波信号通过摄像器件传递到输出端后，通常调制度受到损失而减小，一般，调制度随着空间频率的增加而减小，输出调制度与输入调制度之比定义为调制传递系数 $T(f)$，即

$$T(f) = \frac{M_0}{M_i} \tag{7.10}$$

$T(f)$随空间频率 f 的关系函数称为 MTF。MTF 能客观地表示器件对不同空间频率的目标的传递能力。当 $f = 0$ 时，器件在传递过程中调制度没有损失，即 $T(f_0)$为最大，令 $T(f_0) = 1$（或 100%），随输入空间频率的提高，调制度损失逐渐增大；$T(f) < 1$，调制传递函数随频率增高而衰减。在广播电视中，要求摄像管在 400 线的 MTF 值不小于 35%～45%。一般将 MTF 值为 10%所对应的线数定为摄像管的极限分辨率。

7.2　真空摄像管

根据摄像管的作用（把入射的光学图像转换成视频信号并输出），摄像管应具有三个基本功能：光电变换、光电信息的积累、储存及扫描输出。因此摄像管主要由光电转换（光电变换与存储部分）和电子束扫描系统（阅读部分）组成。光电转换系统利用光电发射作用或光电导作用，将摄像机镜头所摄景物以电荷的形式存储起来。

在真空管形式的摄像器件中，扫描装置由电子枪产生的细电子束和按一定规律变化的电场或磁场构成。这样的装置虽然在原理上能输出随像素的亮度而变化的图像信号，但是由于扫描电子束在每个像素上停留的时间极短，致使摄像器件对光的利用率很低，以至实际上不能得到有实用价值的电信号。为了提高摄像器件对光的利用率，即提高摄像管的灵敏度，必须在每个与像素对应的光电变换元件上设置一个存储器，把每一像素在没有扫描的时间内由于光照而在光电元件上产生的光电流以电荷的形式存储起来，而在受到电子束扫描的极短时间内把所存储的电量全部输送出去。

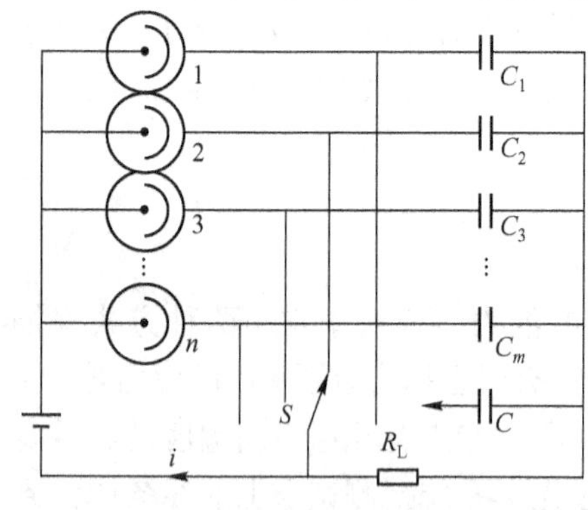

图 7.3　摄像器件原理示意图

图 7.3 所示是具有存储器的摄像装置的原理示意图。与每个光电管串接的电容器起着存储器的作用，在光的作用下，每个光电管电路流过的电流与投射到该光电管上的照度成正比，这个光电流以电荷的形式存储在相应的电容器上。借助扫描电子束 S，使各个光电管所串接的电容器依次与负载电阻 R_L 接通而放电，于是在负载电阻 R_L 上便可得到与光电管的照度成正比的电信号。

概括地说，摄像管的工作原理是：先将输入的光学图像转换成电荷图像，然后通过电荷的积累和储存构成电位图像，最后通过电子束扫描把电位图像读出，形成视频信号输出。

在 70 多年电视技术的发展过程中，遇到的主要问题是图像的传输、灵敏度的提高以及像质的改善等，这些问题都与作为电视系统核心部件的摄像管密闭相关。不同类型的摄像管采用不同的工作方式完成上述过程，但其摄像的基本原理是一致的。

7.2.1　成像原理

以如图 7.4 所示的光导电视摄像管为例，说明如何把光信号变成电信号。假如要发送一个“中”字，则将摄像机对准“中”字。这时“中”字经透镜成像后落在摄像管的靶面上，如图 7.5（a）所示。摄像管的靶面是由高电阻的光导材料做成的。若使透明电极相对于电子枪加有 20～300 V 的正高压，则电子束就可以穿过光导薄膜，形成一个回路，其中包括一个负载电阻 R_L。电子束在扫描电路的控制下对光导薄膜扫描，自左向右为一行。即先扫描 1*a*, 1*b*, …, 1*l*，再回头来扫描第二行的 2*a*, 2*b*, …, 2*l*，再扫描第三行、第四行……电子束做水平方向扫描称为行扫描，电子束从左到右称为行正程，返回称为行逆程，扫完最后一行后再返回第一行。这样一行接一行地自上而下扫完一遍，称为一帧。

扫描的实际作用就是按顺序将光导膜的一个一个小面元接入回路。由光导膜的性质可知，有“中”字笔画的地方（暗黑的地方）和无“中”字笔画的地方（明亮的地方），其光导是不同的，因此光导摄像管的输出信号也随之不同。相应于“中”字的输出信号波形如图 7.5（b）所示。这就完成了图像的光电转换。

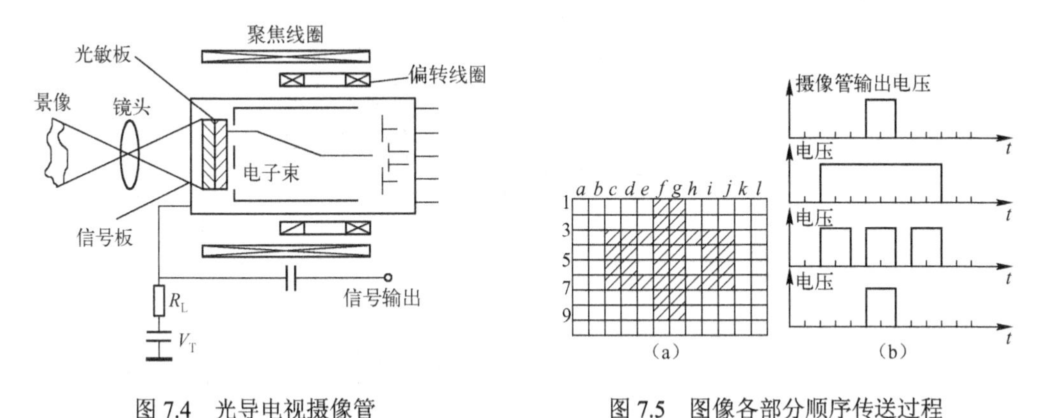

图 7.4　光导电视摄像管　　图 7.5　图像各部分顺序传送过程

7.2.2　摄像管的性能参数

表征一个摄像管指标的性能参数有很多，其中主要的性能参数包括光电转换特性、光谱响应特性、时间响应特性、输出信噪比、动态范围，以及表征摄像图像传递特性的鉴别率或调制传递函数。下面分别讨论。

1．摄像管的光电转换特性

摄像管的光电转换特性是以输入光阴极面上的照度 E_V 与输出视频信号电流 I（或电压 U）之间的关系确定的。在摄像管的工作范围内，两者的关系为

$$I = E_V^{\gamma} \tag{7.11}$$

若对式（7.11）两边取对数，即在双对数曲线下，可以得到各种摄像管的光电转换特性曲线，如图 7.6 所示。曲线的斜率为管子的灰度系数 γ 。由图可见，硫化锑视像管的γ值较小，在 0.6～0.7 之间，氧化铅视像管、硅视像管以及超正析像管的 γ 为 1。γ 值低的摄像管易于适应较宽范围的输入光照等级，γ 接近于 1 的摄像管，适合于彩色电视摄像的要求。超正摄像管在高光照时输出信号电流发生饱和，曲线弯曲。由光电转换特性曲线可以确定某类型摄像管的工作照度范围以及在某照度下的输出信号电平。

2．光谱响应特性

超正析像管等外光电效应摄像管的光谱响应取决于所用光电阴极材料。PbO 等视像管的光谱响应取决于靶材料及其结构。图 7.7 给出了几种摄像管的光谱响应特性曲线。

从图中可以看出，曲线 c 的光谱响应接近于人眼的光谱响应，为全色型的。这样，在彩色摄像时能获得色调的高保真度。而硅靶视像管的光谱响应范围最宽，适用于近红外摄像。

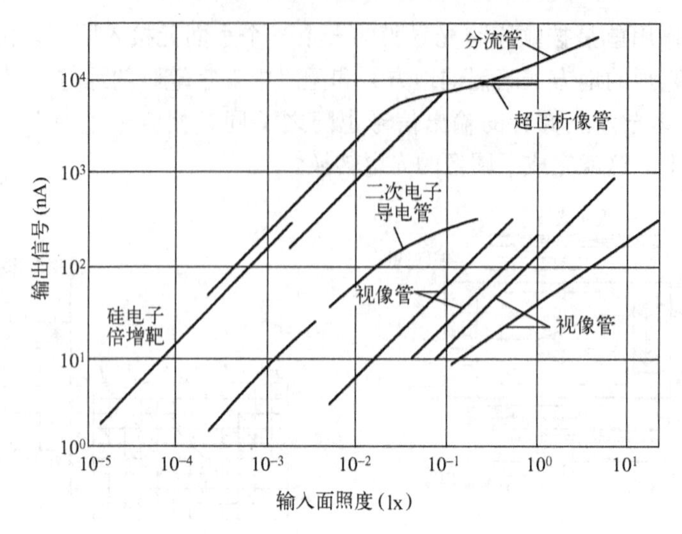

图 7.6　典型摄像管的光电转换特性

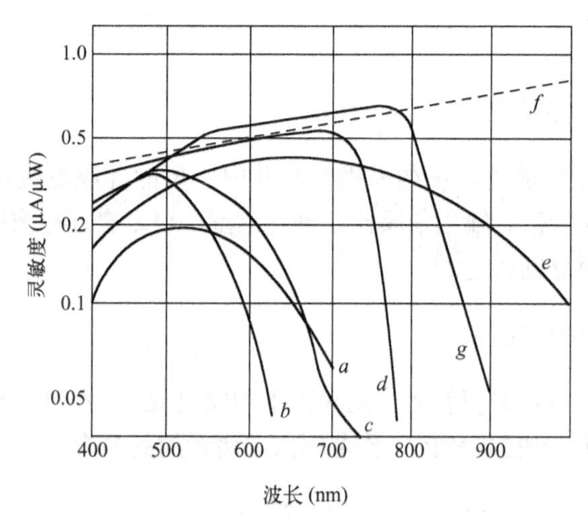

a—Sb_2S_3 光导摄像管；*b*—PbO 光导摄像管（标准型）；*c*—PbO 光导摄像管（全色型）；*d*—CdSe 光导摄像管；*e*—硅靶摄像管；*f*—SeAsTe 光导摄像管；*g*—ZnCdTe 光导摄像管

图 7.7　光导摄像管的光谱响应特性曲线

3．时间响应特性

在摄像管输入光照度突然截止后，取其第 3 场（或第 12 场）衰减的输出信号电流占未截止光照时的输出信号电流的百分比值，作为摄像管滞后特性的指标。图 7.8 所示为几种摄像管的时间滞后特性曲线。由图可见，滞后特性随输入照度增大而下降。

4．输出信噪比

输出信噪比取决于光阴极的量子噪声、靶噪声、扫描电子束的噪声、二次电子倍增器以及前置放大器的噪声等因素。图 7.9 示出了各种摄像管输出信噪比的特性曲线。曲线表明，随着入射照度的增加，输出信噪比得到提高。这是由于输出信号的调制度随着输入照度的增加而增大的缘故。

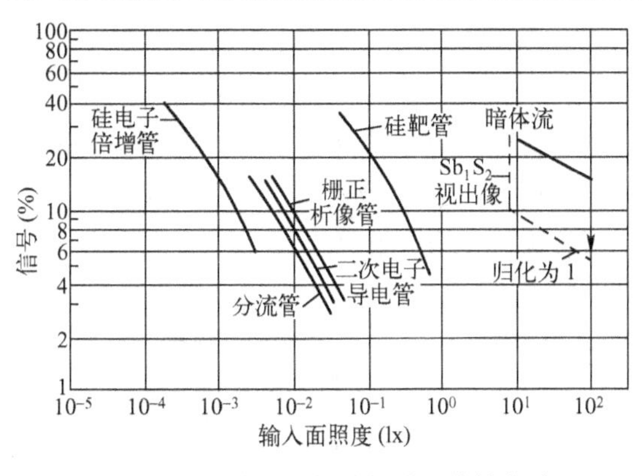

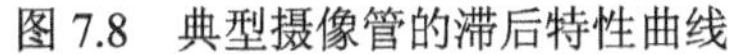

图 7.8　典型摄像管的滞后特性曲线

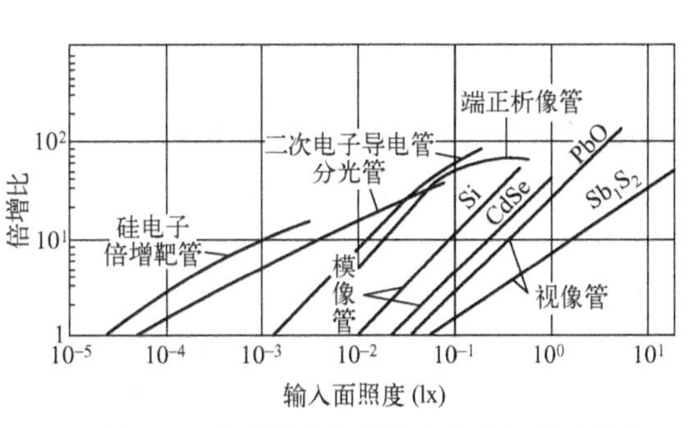

图 7.9　典型摄像管的输出信噪比特性曲线

5. 动态范围

摄像管的动态范围取决于摄像管的暗电流及其饱和电流。暗电流所引起的噪声决定了摄像管的最低输入照度，饱和电流决定了摄像管的最高入射照度。最高入射照度与最低入射照度之比为该摄像管的动态范围。

摄像管的暗电流一般都很小，在毫微安量级。图 7.10 所示为几种视像管的靶压与输出电流及暗电流的关系曲线。另外，暗电流还与温度有关，温度升高，暗电流增大。

6. 图像传递特性

摄像管的图像传递特性是，用输出信号电流的调制度来表示图像的调制度。其输出图像的空间频率用幅面的电视线数来表示。图 7.11 所示为用对数坐标画出的几种摄像管的调制传递函数。它们的图像传递特性取决于转移区的电子光学系统的相差、靶的电荷图像像差以及扫描电子束的弥散和滞后等因素。

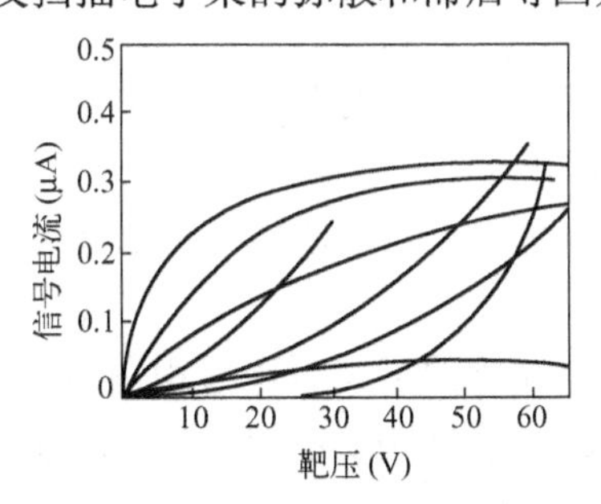

图 7.10　光导靶的伏安特性及暗电流曲线

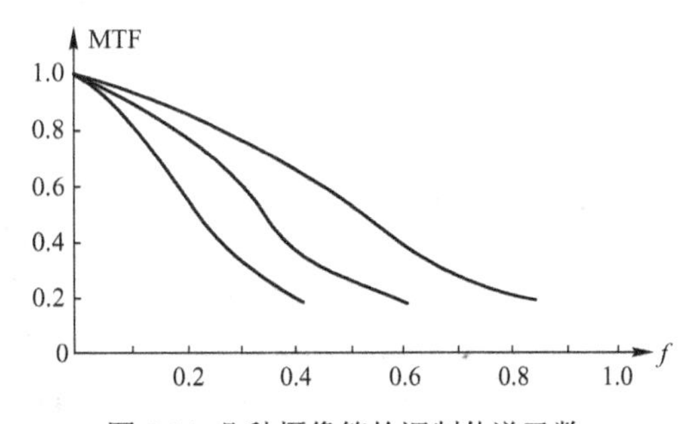

图 7.11　几种摄像管的调制传递函数

7.2.3　光电导式摄像管

光电导式摄像管利用光电导即内光电效应将光学图像转换成电势起伏。当光学图像投射到光电导体靶面时，因各个像素上照度不同而导致电导率差异，从而在靶面上产生电势起伏，再通过扫描电子束读出随电势起伏的视频信号。光电导式摄像管就属于这一类型的摄像器件。按靶面材料的不同，光电导式摄像管有硫化锌管、氧化铅管、硅靶管、异质结靶管等，习惯上统称为视像管。视像管具有光电转换效率高、结构简单、体积小、调节和使用方便等优点，是应用较多的摄像器件。

1. 视像管的结构和工作原理

视像管的结构如图 7.12 所示，它主要包括光电导靶和电子枪两大部分，在管外还装有聚焦、偏转和校正线圈。电子枪由灯丝、阴极、控制栅极、加速极（第一阳极）和聚焦极组成。聚焦极的电压可调，它与加速极形成的电子透镜起辅助聚焦作用。

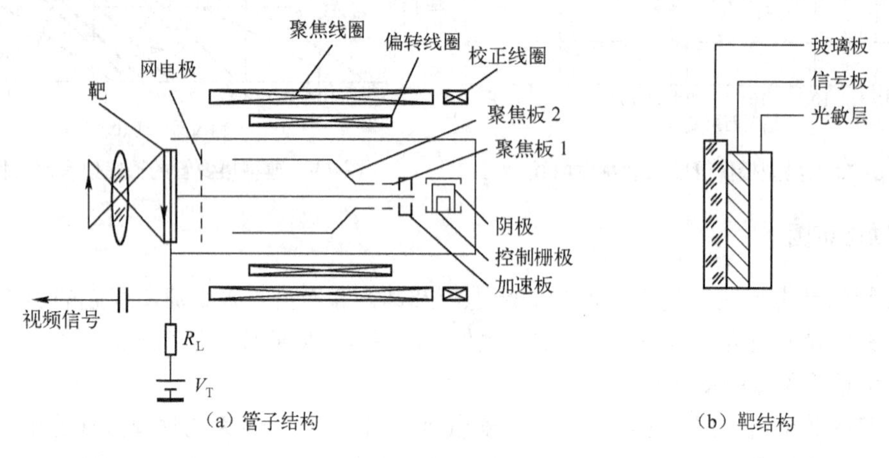

（a）管子结构　（b）靶结构

图 7.12　视像管结构示意图

在靶的右边装有网电极，它使靶前形成均匀电场，因而电子束在整个靶面都将垂直于靶。光电导靶既能完成光电变换又能存储信号，厚约几微米，如图 7.12（b）所示。靶向着景物的一侧为信号板，是喷涂在玻璃板上的一层透明金属氧化物导电层（如氧化亚锡 SnO_2），它具有较高的透射率和电导率。信号板引出的电极为信号电极，通过负载电阻 R_L 施加靶电压 V_T，V_T 值由靶面材料决定，一般为十至几十伏。靶的另一侧为光敏层，它由蒸镀在信号板上的一层具有内光电效应的材料制成。

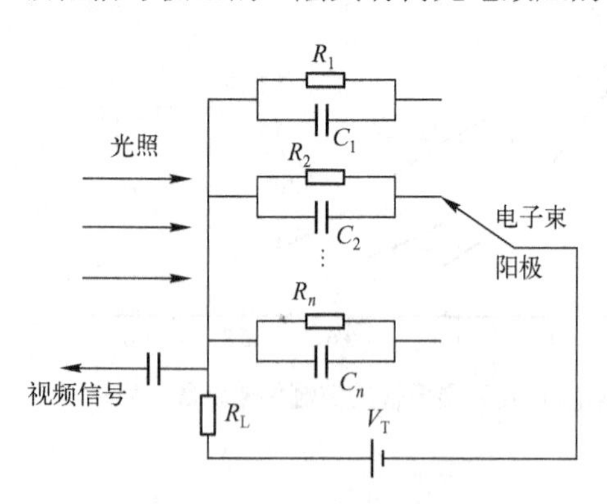

图 7.13　视像管工作原理图

光电导靶面向电子枪一侧表面的电位低于信号板电压，接近阴极电位，扫描电子束上靶时能量较低，二次电子发射系数$\sigma<1$，这样的扫描称为慢电子扫描。

视像管中光电导靶的工作原理可用图 7.13 说明，图中每个 RC 并联电路表示靶上一个像素。整个靶共有几十万个像素。

当靶面无光照射时，各像素的电阻很大，即暗电流很小。在电子束扫过某一像素的瞬间，该像素与电源正极（$+V_T$）和阴极接成通路，于是电容被充电，电容左侧电位上升到$+V_T$，而右侧为阴极电位。电子束离开后，电容通过电阻放电，由于暗电导很小，因此放电极慢。在两次扫描的间隔期内，电容右侧电位只上升一个很小的增量ΔV_T，当该像素受到下一次扫描时，右侧电位又恢复到阴极电位。此时的充电电流称为暗电流。为了克服靶面上各像素的差异引起的暗电流起伏干扰，就希望光电导材料有大的电阻率。

当光学图像成像到靶面上时，由于靶面受到光照，各像素的电阻值随入射光的照度而变化，照度大则电阻小，放电快，在两次扫描间隔期内靶右侧电位上升量大；照度小则电阻大，靶右侧电位上升量小。于是在一帧时间里，靶的右侧就形成了一幅与光学图像明暗分布相对应的电位图像，这就是图像的存储过程。经过扫描，电子束对像素电容充电，其充电电流称为光电流（即信号电流）。电子束扫完一帧图像后，这幅电位图像就转换为随时间变化的电信号。由于对应亮的像素流过 R_L 的电流大，对应暗的像素流过 R_L 的电流小，因此负载上输出的是负极性的图像信号。所以电子束扫描过程为信号的读取过程。当像素电容再次充电到电压 V_L（即右侧电位又恢复到阴极电位）时，像素存储信号被擦除掉。

为了满足信号电荷的存储功能且具有较小的惰性，要求光电导靶满足以下特性：

① 光电导层的电阻率 $\rho \geqslant 10^{12}\ \Omega\cdot\text{cm}$；

② 靶的静电电容在 600～3000 pF 的范围内；

③ 光电导材料的禁带宽度为 $1.7\ \text{eV} \leqslant E_g < 2\ \text{eV}$。

PN 结型靶由于阻挡层（势垒）的存在降低了暗电流，因此对电阻和禁带宽度的要求大大放宽，扩大了材料选择的范围。所以除了早期的视像管外，现在大多采用 PN 结型视像管靶，硅靶是其中之一。

2. 硅靶视像管

硅靶是由大量微小的光电二极管的阵列构成的，其结构和工作原理如图 7.14 所示。极薄的 N 型硅片的一面经抛光、氧化而形成一层绝缘良好的二氧化硅（SiO_2）膜。用光刻技术在膜上刻出圆形窗孔阵列（一英寸管有近 50 万个窗孔），通过窗孔将硼扩散入硅基片，形成 P 型岛阵列。每个 P 型岛与 N 型基片构成一个 PN 结光电二极管，而每个光电二极管被 SiO_2 膜隔开，形成一个单独的像素。这样 N 型硅片的一面为 N^+层，另一面为 P 型岛阵列，构成具有 40 多万个像素的硅靶。为使电子束扫描时不在电阻率很高的 SiO_2 膜上积累电荷而影响扫描电子束上靶的工作，可以给各 P 型岛加上相互绝缘的金属导电层，使每个二极管的导电电极有尽可能大的面积；或者在整个靶面上蒸发一层半绝缘性质的电阻层（如 CdTe 电阻层），使电荷可以流向各个光电二极管。

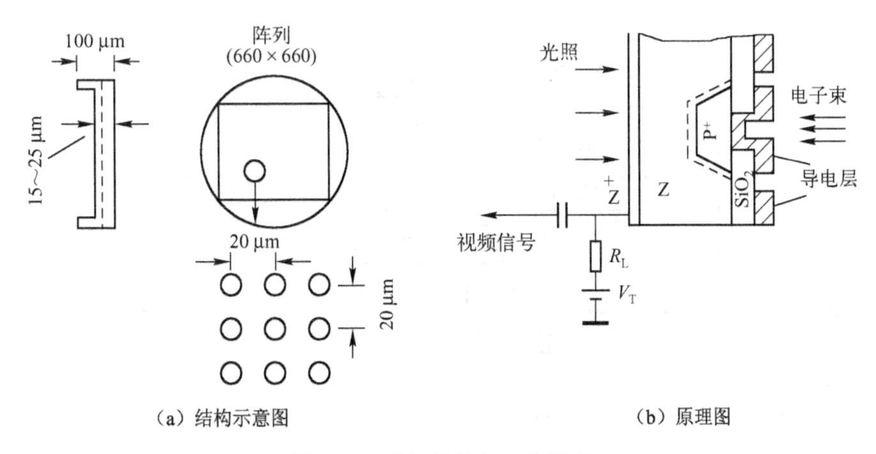

（a）结构示意图　　（b）原理图

图 7.14　硅靶结构与工作原理

硅靶靶压 V_T 一般为 8～10 V，使二极管反向偏置，所以在无光照时只有暗电流存在。当有光照时，在 N 型区（主要在耗尽层）中产生电子-空穴对。空穴向 P 区移动，使靶被扫描一侧的电位升高，其增量与光的照度成比例。这样，光学图像在 P 型岛阵列上形成电荷图像（存储过程）。当靶受到电子束扫描时，其电位被拉平到阴极电位，产生的光电流流经负载电阻 R_L 形成了与光学图像对应的视频电压信号，同时擦除了存储信号。

由于硅靶的量子效率高，在 0.35～1.1 μm 的光谱范围内能有效地工作，因此它是光谱响应最宽的一种视像管，可用于近红外电视。

硅靶管的灵敏度较高，光电特性接近于线性，此外，硅靶不易被烧伤，耐强光，耐高温，耐大电流轰击，耐振，而且使用寿命长，所以，硅靶管在工业电视、电视电话和医疗等方面得到了应用。硅靶管的主要缺点是暗电流较大、惰性较大、靶面有斑点疵病（由单元二极管缺陷引起）、分辨率尚不够高等，因而影响了在广播电视方面的应用。

7.2.4　光电发射式摄像管

光电发射式摄像管在结构和工作原理上与视像管都不相同，它带有移像部分，将光电转换和信号存储分开。图像的光电转换由光电阴极完成，存储靶进行光电信号的存储，通过电子束扫描拾取信号。

增强硅靶摄像管（Silicon Intensified Target，SIT）是在硅靶视像管的基础上发明的。其结构原理如图 7.15 所示，它将硅靶作为二次电子增益靶（电荷存储元件），并增加了电子光学移像部分与光电阴极。当光阴极受光照射时，发射出的光电子在移像区电场的作用下以高速度轰击靶面，在靶中产生大量的电子-空穴对。对硅而言，产生一个电子-空穴对，大约需要 3.5 eV 的能量。若光电子的加速电压为 V_p，则电子增益（即靶的倍增系数）G 可近似表示为

$$G \approx V_p/3.5 \tag{7.12}$$

若 $V_p = 10\,\text{kV}$，则 $G \approx 2800$。在一般情况下，可获得电子增益约 2000 倍。前面所述的硅靶摄像管灵敏度的典型值为 4500 μA/lm，而硅增强靶摄像管的灵敏度为 3×105 μA/lm，比硅靶视像管高两个数量级。带硅增强靶的摄像管广泛用于光学多道分析仪（OMA）的探测系统。

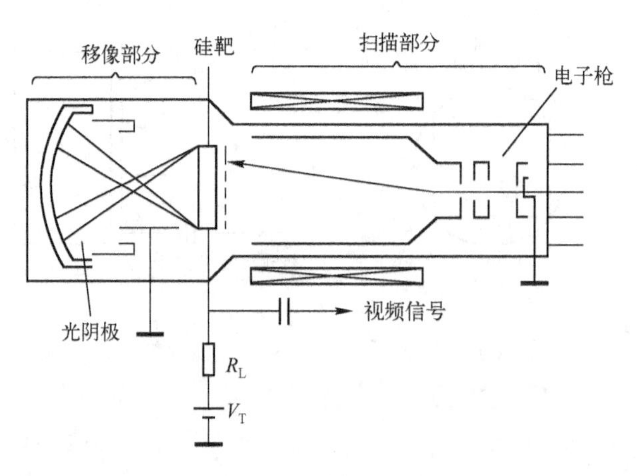

图 7.15　SIT 管结构原理示意图

下面以二次电子电导摄像管（Secondary Electron Conduction，SEC）为例介绍光电发射式摄像管。它也是增强型摄像管，其结构与增强硅靶摄像管类似，主要区别在于靶结构不

同，用 SEC 靶代替了硅靶。SEC 靶采用低密度的二次电子发射性能良好的材料，其结构如图 7.16 所示。它由三层组成，厚约 70 nm 的 Al_2O_3 层起支撑作用，真空蒸涂到 Al_2O_3 层上的 Al 层厚度约为 20～70 nm，作为导电信号板；低密度层厚约 10～20 μm，它的密度仅为通常板密度的 1%～2%。一般采用 KCI 制作低密度层，在约 266 Pa 的低压 Ar 气中把 KCI 蒸涂到 Al 层上，在形成纤维结构的低密度层中 98%～99% 的空间是真空，所以二次电子逸出到空间的概率很大。

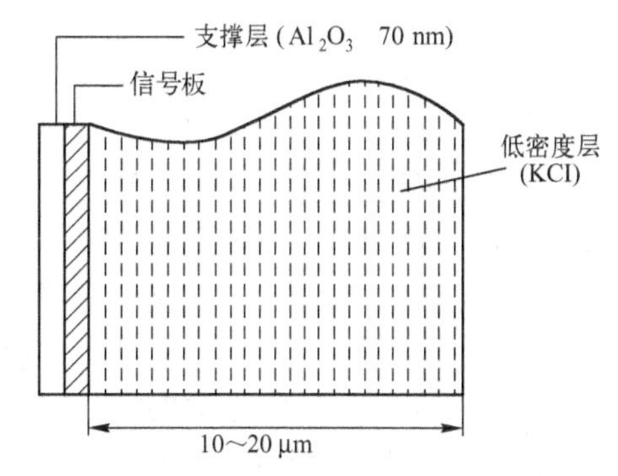

图 7.16　SEC 靶结构示意图

SEC 靶的工作原理是：光学图像经移像部分转换成高能的光电子图像，在光电子的轰击下，二次电子导电靶产生大量的二次发射电子，这些电子在低密度的二次电子导电层内运动，部分电子可以达到信号板，于是在靶的扫描面上建立起正的电势图像。当电子束扫描时，因靶面充电而从信号板取出信号。

二次电子导电摄像管的灵敏度高并具有长时间积累微弱信号的特点，因此可用于天文仪器、科研设备之中。

几种摄像管的特性参数比较见表 7.1。

表 7.1　几种摄像管的特性参数

参 数 管 种	灵敏度（μA·lm^{-1}）	极限分辨率（电视行·厘米$^{-1}$）	γ特性	光谱范围（μm）	第三场残余信号（%）	暗电流（nA）
PbO 管	400	750	≈1	可见光	<10	<1
硅靶管	4350	600	1	0.4～1.1 峰值 0.65～0.85	<10	10～50
CdSe 异质结靶管	2700	750	0.9～0.95	可见光	<10	≤1
SIT 管	4×10^3	600	1	决定于光阴极	<10	10～50
SEC 管	4×10^4	600	≈1	决定于光阴极	<10	—

7.3　电荷耦合器件（CCD）

电荷耦合器件（CCD）的突出特点是以电荷为信号，而与其他大多数器件以电流或者电压为信号不同。CCD 的基本功能是电荷的存储和电荷的转移。因此，CCD 工作过程的主要问题是信号电荷的产生、存储、传输和检测。

CCD 有两种基本类型，一是电荷包存储在半导体和绝缘体之间的界面，并沿界面传输，这类器件称为表面沟道 CCD（简称 SCCD），二是电荷包存储在离半导体表面一定深度的体内，并在半导体体内沿一定方向传输，这类器件称为体沟道或埋沟道器件（简称 BCCD）。本节主要介绍 SCCD。

7.3.1　电荷耦合器件工作原理

CCD 是一行行紧密排列在硅衬底上的 MOS 电容器阵列。它具有存储和转移信息的能力，故又称之为动态移位寄存器。为了了解 CCD 的工作原理，首先必须了解 MOS 电容对电荷的存储，MOS 电容之间耗尽层的耦合。

1. 电荷存储

构成 CCD 的基本单元是 MOS（金属-氧化物-半导体）结构。如图 7.17 所示，在栅极 G 施加正向偏压 U_G 以前，P 型半导体中的空穴（多数载流子）的分布是均匀的。当栅极施加正向偏压 U_G（此时 U_G 小于 P 型半导体的阈值电压 U_{th}）后，空穴被排斥，产生耗尽区，如图 7.17（b）所示。偏压继续增加，耗尽区将进一步向半导体体内延伸。当 $U_G > U_{th}$ 时，半导体与绝缘体界面上的电势（常称为表面势，用 Φ_s 表示）变高，将半导体体内的电子（少数载流子）吸引到表面，形成一层极薄但电荷浓度很高的反型层，如图 7.17（c）所示，反型层电荷的存在表明了 MOS 结构存储电荷的功能。然而，当栅极电压由零突变到高于阈值电压时，掺杂半导体中的少数载流子很少，不能立即建立反型层。在此情况下，耗尽区将进一步向体内延伸。而且，栅极和衬底之间的绝大部分电压降落在耗尽区上。如果随后可获得少数载流子，那么耗尽区将收缩，表面势下降，氧化层上的电压增加。当提供足够的少数载流子时，表面势可降低到半导体材料费米能级 E_F 的两倍。例如，对于掺杂为 $10^{15}\ cm^{-3}$ 的 P 型半导体，其费米能级为 0.3 V。耗尽区收缩到最小时，表面势 Φ_s 下降到最低值 0.6 V，其余电压降落在氧化层上。

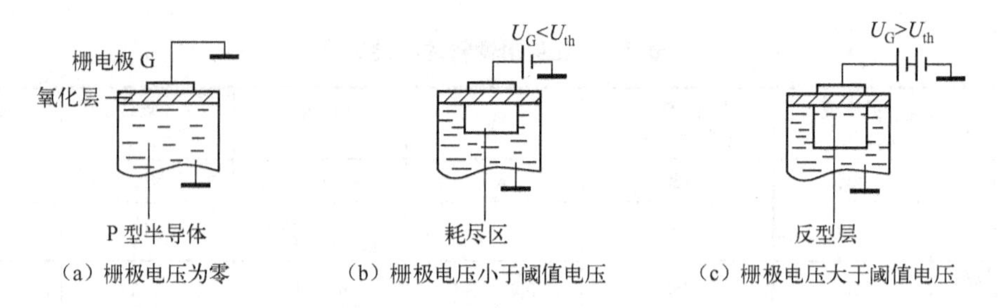

（a）栅极电压为零　（b）栅极电压小于阈值电压　（c）栅极电压大于阈值电压

图 7.17　单个 CCD 栅极电压变化对耗尽层的影响

2. 电荷耦合

为了理解在 CCD 中势阱及电荷是如何从一个位置移到另一个位置的，如图 7.18 所示，取 CCD 中四个彼此靠得很近的电极来观察。假定开始时有一些电荷存储在偏压为 10 V 的第二个电极下面的深势阱里，其他电极上均加有大于阈值的较低电压（如 2 V）。设图 7.18（a）所示为零时刻，过 t_1 时刻后，各电极上的电压变为如图 7.18(b)所示，第二个电极仍保持为 10 V，第三个电极上的电压由 2 V 变为 10 V，因为这两个电极靠得很紧（间隔只有几微米），故它们各自的对应势阱将合并到一起。原来在第二个电极下的电荷变为这两个电极下的势阱所共有，如图 7.18（b）和（c）所示。若此后电极上的电压变为如图 7.18（d）所示，第二个电极电压由 10 V 变为 2 V，第三个电极电压仍为 10 V，则共有的电荷转移到第三个电极下的势阱中，如图 7.18（e）所示。由此可见，深势阱及电荷包向右移动了一个位置。

通过一定规则变换的电压加到 CCD 各电极上，电极下的电荷包就能沿半导体表面按一定的方向移动。通常把 CCD 电极分为几组，并施加同样的时钟脉冲。CCD 的内部结构决定了使其正常工作所需的相数。图 7.18 所示的结构需要三相时钟脉冲，其波形如图 7.18（f）所示，这样的 CCD 称为三相 CCD。三相 CCD 的电荷耦合（传输）方式必须在三相交迭脉冲的作用下才能以一定的方向，逐个单元地转移。

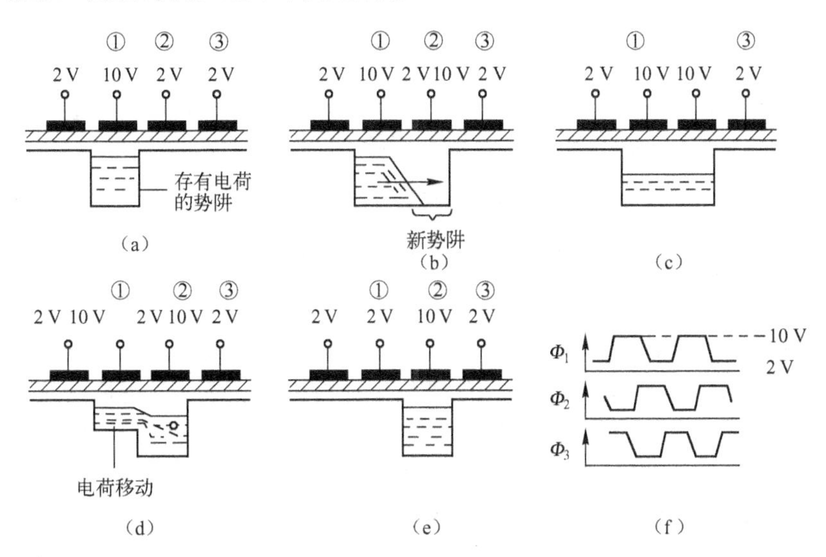

图 7.18　三相电荷的转移过程

应该指出，CCD 电极间隙必须很小，电荷才能不受阻碍地由一个电极转移到相邻电极下。能够产生完全耦合条件的最大间隙一般由具体电极结构、表面态密度等因素决定。

以电子为信号电荷的 CCD 称为 N 型沟道 CCD，简称 N 型 CCD。而以空穴为信号电荷的 CCD 称为 P 型沟道 CCD，简称 P 型 CCD。由于电子的迁移率远大于空穴的迁移率，所以 N 型 CCD 比 P 型 CCD 的工作频率高得多。

3. 电荷的注入和检测

（1）电荷的注入

在 CCD 中，电荷注入的方法有很多，可以分为两类：光注入和电注入。

1）光注入。当光照射 CCD 硅片时，在栅极附近的半导体内产生电子-空穴对，其对数载流子被栅极电压排开，少数载流子则被收集在势阱中形成信号电荷。光注入又可分为正面照射式和背面照射式。图 7.19 所示为背面照射光注入的示意图，CCD 摄像器件的光敏单元为光注入方式。光注入电荷 Q_{IP} 为

$$Q_{\mathrm{IP}} = \eta q \Delta n_{\mathrm{e0}} A T_0 \qquad (7.13)$$

式中，η 为材料的量子效率；q 为电子电荷量；Δn_{e0} 为入射光的光子流速率；A 为光敏单元的受光面积；T_0 为光注入时间。

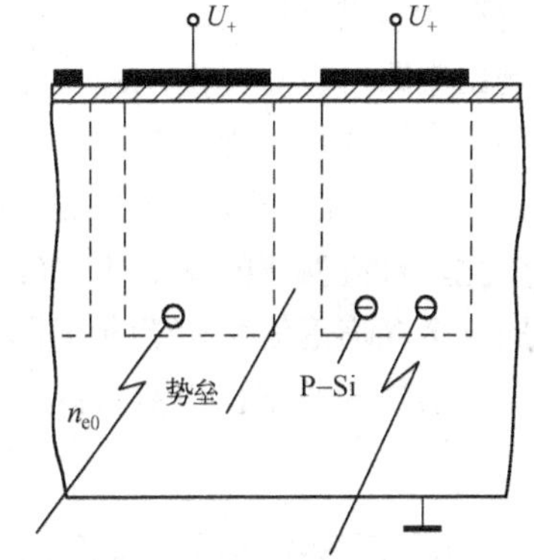

图 7.19　背面照射式光注入

2）电注入。所谓电注入就是 CCD 通过输入结构对信号电压或电流进行采样，将信号电压或电流转换为信号电荷。电注入的方法很多，这里介绍两种常用的电流注入法和电压注入法。

① 电流注入法。如图 7.20（a）所示，由 N^+扩散区和 P 型衬底构成注入二极管。IG 为 CCD 的输入栅，其上加适当的正偏压以保持开启并作为基准电压，模拟输入信号 U_{IN} 加

在输入二极管 ID 上。当Φ_2为高电平时，可将 N^+区视为 MOS 晶体管的源极。IG 为其栅极，而Φ_2为其漏极。当它工作在饱和区时，输入栅下沟道电流为

$$I_s = \mu \frac{W}{L_G} \cdot \frac{C}{2}(U_{IN} - U_{IG} - U)^2 \tag{7.14}$$

式中，W为信号沟道宽度；L_G为注入栅极 IG 的长度；μ为载流子表面迁移率；C为注入栅电容。

经过T_C时间注入后，Φ_2下势阱的信号电荷量Q_s为

$$Q_s = \mu \frac{W}{L_G} \cdot \frac{C}{2}(U_{IN} - U_{IG} - U)^2 T_C \tag{7.15}$$

可见这种注入方式的信号电荷 Q_s 不仅依赖于 U_{IN} 和 T_C，而且与输入二极管所加偏压的大小有关。因此，Q_s与U_{IN}的线性关系较差。

② 电压注入法。如图 7.20（b）所示，电压注入法与电流注入法类似，也是把信号加到源极扩散区上，所不同的是，输入栅 IG 电极上加与Φ_2同位相的选通脉冲，其宽度小于Φ_2的脉宽。在选通脉冲的作用下，电荷被注入第一个转移栅Φ_2下的势阱，直到阱的电位与 N^+区的电位相等时，注入电荷才停止。Φ_2下势阱中的电荷向下一级转移之前，由于选通脉冲已经终止，输入栅下的势垒开始把Φ_2下和 N^+的势阱分开，同时，留在 IG 下的电荷被挤到Φ_2和 N^+的势阱中。由此而引起起伏，不仅产生输入噪声，而且使信号电荷 Q 与 U_{IG}线性关系变坏。这种起伏，可以通过减小 IG 电极的面积来克服。另外，选通脉冲的截止速度减慢也能减小这种起伏。电压注入法的电荷注入量 Q 与时钟脉冲频率无关。

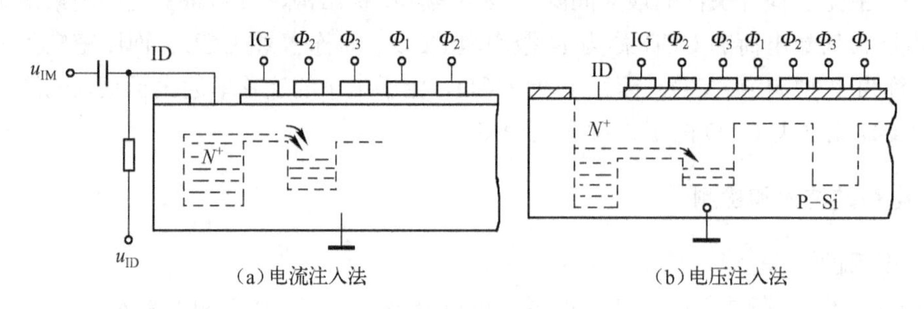

图 7.20　电荷的注入

（2）电荷的检测（输出方式）

在 CCD 中，有效地收集和检测电荷是一个重要问题。CCD 的重要特性之一是，信号电荷在转移过程中与时钟脉冲没有任何电容耦合，而在输出端则不可避免。因此，选择适当的输出电路可以尽可能地减小时钟脉冲容性地馈入输出电路的程度。目前 CCD 的输出方式主要有电流输出、浮置扩散放大器输出和浮置栅放大器输出。

① 电流输出。如图 7.21（a）所示，由反向偏置二极管收集信号电荷来控制 A 点电位的变化，直流偏置的输出栅 OG 用来使漏扩散和时钟脉冲之间退耦，由于二极管反向偏置，形成一个深陷落信号电荷的势阱，转移到Φ_2电极下的电荷包越过输出栅，流入深势阱中。

若二极管输出电流为I_D，则信号电荷Q_s为

$$Q_s = I_D \mathrm{d}t \tag{7.16}$$

② 浮置扩散放大器输出。如图 7.21（b）所示，前置放大器与 CCD 做在同一个硅片上，VT_1 为复位管，VT_2 为放大管。复位管在Φ_2下的势阱未形成之前，在 R_G 端加复位脉冲

Φ_k，使复位管导通，把浮置扩散区剩余电荷抽走，复位到 U_{DD}。而当电荷到来时，复位管截止，由浮置扩散区收集的信号电荷来控制 VT_2 管栅极电位变化，设电位变化量为ΔU，则有

$$\Delta U = Q_s/C_{FD} \tag{7.17}$$

式中，C_{FD} 为浮置扩散区有关的总电容，包括浮置二极管势垒电容 C_d，OG、DG 与 FD 间的耦合电容 C_1、C_2 及 VT 管的输入电容 C_g，即

$$C_{FD} = C_d + C_1 + C_2 + C_g \tag{7.18}$$

经放大器放大 K_V 倍后，输出的信号

$$U_0 = K_V \Delta U \tag{7.19}$$

以上两种输出机构均为破坏性的一次性输出。

③ 浮置栅放大器输出。图 7.21(c)所示为浮置栅放大器输出，VT_2 的栅极不是直接与信号电荷的转移沟道相连接，而是与沟道上面的浮置栅相连。当信号电荷转移到浮置栅下面的沟道时，在浮置栅上感应出镜像电荷，以此来控制 VT_2 的栅极电位，达到信号检测与放大的目的。显然，这种机构可以实现电荷在转移过程中进行非破坏性检测。由转移到Φ_2 下面的电荷所引起的浮栅上电压的变化ΔU_{FG} 为

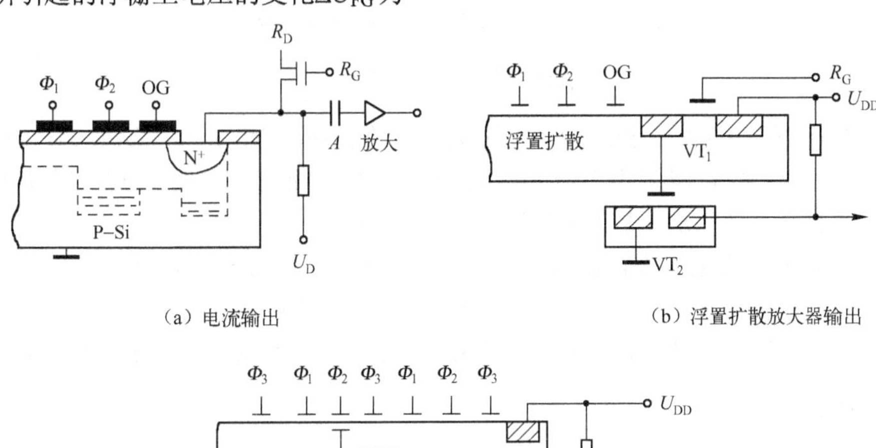

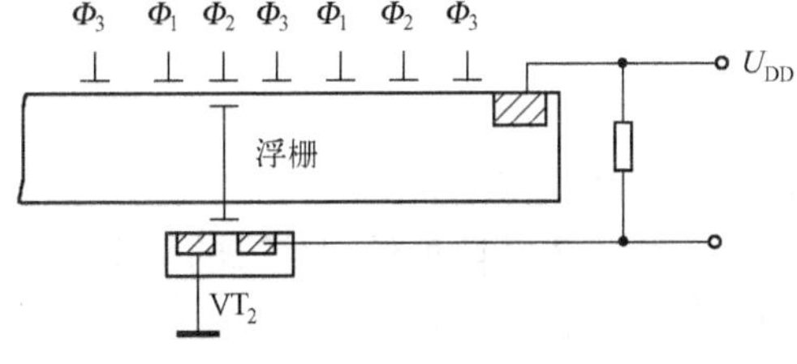

(c) 浮置栅放大器输出

图 7.21　电荷输出电路

$$\Delta U_{FG} = \frac{|Q_s|}{\dfrac{C_d}{C_1}(C_1 + C_2 + C_g) + (C_{\Phi_2} + C_g)} \tag{7.20}$$

式中，C_{Φ_2} 为 FG 与Φ_2 间的氧化层电容。图 7.22 绘出了浮栅放大器的复位电路及有关电容分布情况。ΔU_{FG} 可以通过 MOS 晶体管 VT_2 加以放大输出。

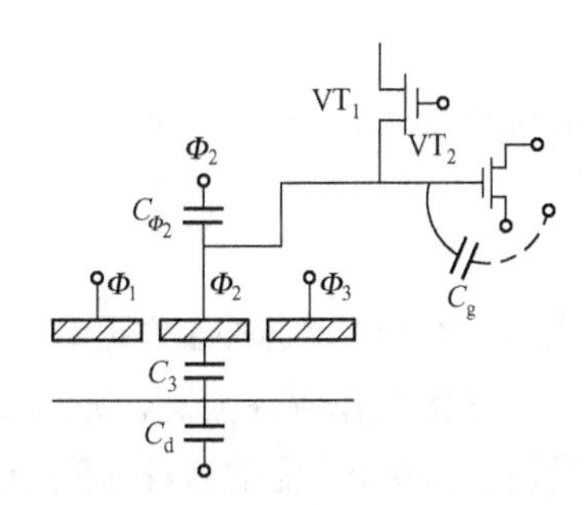

图 7.22　浮置栅放大器输出的等效电容

7.3.2　电荷耦合器件的物理性能参数

CCD 同其他固体成像器件一样，其物理性能是决定器件优劣的重要因素，也是器件理论设计的重要依据。下面对 CCD 的一些物理性能进行介绍和分析。

1．电荷转移效率和转移损失率

电荷转移效率是表征 CCD 器件性能好坏的一个重要参数。设原有的信号电荷量为 Q_0，转移到下一个电极下的信号电荷量为 Q_1，其比值

$$\eta = \frac{Q_1}{Q_0} \times 100\% \tag{7.21}$$

称为转移效率。没有被转移的电荷量设为 Q'，则与原信号电荷 Q_0 之比

$$\varepsilon = \frac{Q'}{Q_0} \times 100\% \tag{7.22}$$

称为转移损失率。显然，

$$\eta + \varepsilon = 1 \tag{7.23}$$

当信号电荷转移 n 个电极后的电荷量为 Q_n 时，总转移效率为

$$\frac{Q_n}{Q_0} = \eta^n = (1-\varepsilon)^n \approx \mathrm{e}^{-n\varepsilon} \tag{7.24}$$

在理想情况下，$\eta = 1$，但实际上电荷在转移中有损失。所以 $\eta < 1$。比如 $\eta = 0.99$，经过 24 次转移后，最后输出的电荷量只有初始电荷量的 78%，而经过 192 次转移后只有 14%，由此可见，提高转移效率 η 是电荷耦合器件能使用的关键。

影响转移效率的因素很多，如自感应电场、热扩散、边缘电场以及电荷与表面态及体内陷阱的相互作用等，其中最主要的因素是表面态对信号电荷的俘获。为此采用“胖零”的工作模式，即让“零”信号也有一定的电荷来填补陷阱，这就能提高转移效率和速率。

2．工作频率

由于 CCD 器件工作在不平衡状态，所以驱动脉冲频率的选择显然十分重要，频率太低，热激发少数载流子过多，它的加入便降低输出信号的信噪比；频率太高，又会降低总转移效率，便减小输出信号的幅值，同样降低信噪比。

为了避免热激发所产生的少数载流子对信号电荷的影响，信号电荷从一个电极转移到另一个电极的转移时间 t_1 必须小于少数载流子的寿命 τ。对于三相 CCD，其转移时间 t_1 应该是

$$t_1 = \frac{T_{\mathrm{L}}}{3} = \frac{1}{3f_{\mathrm{L}}} < \tau \tag{7.25}$$

所以

$$f_{\mathrm{L}} > \frac{1}{3\tau} \tag{7.26}$$

式中，f_{L} 为驱动脉冲工作频率下限。式（7.26）表明，工作频率下限与少数载流子的寿命有关。

如果工作频率太高，则将有一部分电荷来不及转移而使转移损失率增大。假设达到要求转移效率 η 所需的转移时间为 t_2，则信号电荷从一个电极转移到另一个电极的时间应大于

或等于 t_2，对于三相 CCD，其转移时间应该为

$$\frac{T_h}{3}=\frac{1}{3f_h}\geqslant t_2 \tag{7.27}$$

则 $f_h \leqslant \frac{1}{3t_2}$，式中 f_h 为工作频率的上限。所以，CCD 器件的工作频率应选择在 f_L 和 f_h 之间。

3．电荷储存容量

CCD 的电荷储存容量表示在电极下的势阱中能容纳的电荷量。由于 CCD 是电荷储存与转移的器件，因此电荷储存容量等于时钟脉冲变换幅值电压ΔV 与氧化层电容 C_{ox}（忽略耗尽层电容 C_d，因为 $C_{ox}\approx 10C_d$）的乘积，即

$$Q=C_{ox}\cdot\Delta V\cdot A \tag{7.28}$$

式中，ΔV 为时钟脉冲变换幅值；C_{ox} 为 SiO_2 层的电容；A 为栅极面积。

如果 SiO_2 氧化层的厚度为 d，则每个电极下的势阱中，最大电荷储存容量

$$N_{max}=\frac{C_{ox}\Delta V\cdot A}{q}=\Delta V\cdot\frac{\varepsilon_0\varepsilon_s}{d}A \tag{7.29}$$

若设电极下氧化层厚度 d = 1500A，而ΔV = 10 V，$\varepsilon_s=3.9$, $\varepsilon_0=8.85\times10^{-2}$ pF/cm，q = 1.6×10^{19} C，A = 1 cm^2，将以上各值带入式（7.29），计算得 N_{max} = 7×10^6，这足以容纳 1000 lx 的光照 2 ns 所产生的载流子。

提高时钟脉冲的幅值或减小 d 值，均可以增大电荷储存量。但这两个条件都受到 SiO_2 击穿电场强度的限制，通常电场强度 $E_{max}=5\sim10\times10^{10}$ V·cm^{-1}。

对体内沟道 CCD 在相同电极尺寸和相同时钟脉冲变化幅值下，当 N 沟道厚度为 1 μm 时，其最大电荷储存容量为表面沟道 CCD 的 50%。

4．CCD 的噪声

CCD 在储存和转移信息电荷的过程中，作为信息的各个少数载流子，在 P-Si 内保持隔离状态，可以认为 CCD 自身是低噪声器件。但信号电荷在注入、转移和检测等过程中都叠加了噪声，使信号再现的精度受到影响。CCD 的噪声归纳起来主要有三类，即散粒噪声、转移噪声及热噪声。

散粒噪声主要表现为微观粒子的无规律性，在 CCD 器件中，无论是用光注入、电注入还是热产生的信号电荷（电子数），总有一定不确定性（即随机变化），这就引起了散粒噪声。

在 CCD 器件中，由于信号电荷在每次转移后都剩下少部分电荷，对平均值来说，其总有一个涨落。另外，由于界面态和体内陷阱俘获而发射的电子，从 CCD 的一端转移到另一端，也是一个随机过程。这样就构成了转移噪声。

在 CCD 器件中，信号电荷注入回路及信号电荷检出时的复位回路均可等效为 RC 回路，由于电阻 R 的存在，就产生了电阻热噪声。

综上所述，以上三类噪声是独立无关的，因此 CCD 的总噪声功率应是它们的均方和。

7.3.3　电荷耦合摄像器件

电荷荷耦合摄像器件是 CCD 的重要应用领域，由 CCD 构成的摄像器件体积小，质量

轻，功耗小，坚固可靠，低压供电．价格低廉，深受各行各业用户越来越广泛的青睐。目前，在闭路电视、家庭用摄像机方面，CCD 摄像机呈现出了“一统天下”的趋势，在广播级电视摄像机中，CCD 摄像机也几乎完全取代了真空器件摄像机。在工业、军事和科学研究等领域中的应用，如方位测量、遥感遥测、图像制导、图像识别、数字化检测等方面，CCD 更是呈现出其高分辨率，高准确度、高可靠性等突出优点。这里只简单介绍 CCD 摄像器件的结构和工作原理。

电荷耦合摄像器件可分为一维（线阵，简称 LCCD）和二维（面阵，简称 ACCD）两种，它们都能把二维光学图像信号转变成一维视频信号输出。它们的原理是：首先用光学成像系统（光学镜头）将被摄的景物图像成像在 CCD 的光敏面（光敏区）上，在每个光敏单元（MOS 电容器）的势阱中储存与图像照度成正比的光生信号电荷——完成了光电转换和电荷的积累。然后，转移到 CCD 的移位寄存器中，在驱动脉冲的作用下有顺序地转移和输出，成为视频信号。

对于一维 CCD，它可以直接接收一维光学图像，而不能直接将二维图像转变成视频信号输出。为了能得到二维图像的视频信号，就必须另加一维机械扫描来实现。

1.（一维）线阵 CCD

图 7.23 所示是一维 LCCD 三相单沟道线阵 CCD 的结构原理图。

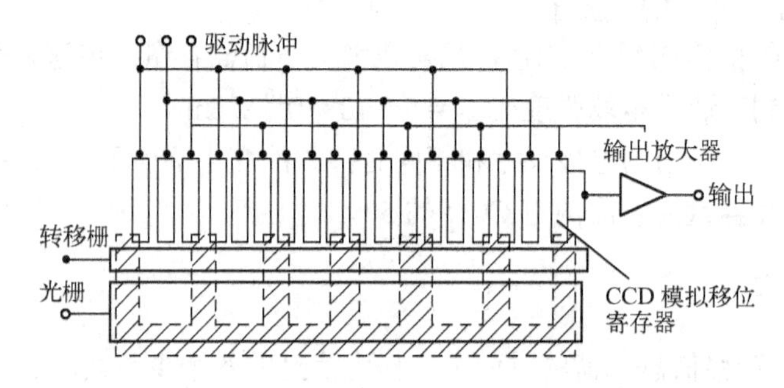

图 7.23　三相单沟道线阵 CCD 结构原理图

由图可知，单沟道线阵 CCD 由光敏阵列、转移栅、CCD 模拟移位寄存器和输出放大器等构成。光敏阵列一般由光栅控制的 MOS 光积分电容或 PN 结光电二极管构成，光敏阵列与 CCD 模拟移位寄存器之间通过转移栅相连，转移栅既可以将光敏区与模拟移位寄存器分隔开来，又可以将光敏区与模拟移位寄存器沟通，使光敏区积累的电荷信号转移到模拟移位寄存器中。通过加在转移栅上的控制脉冲，完成光敏区与模拟移位寄存器隔离与沟通的控制。当转移栅上的电位为高电平时，二者沟通；当转移栅上的电平为低电平时，二者隔离。二者隔离时，光敏区再进行光电注入，光敏单元不断地积累电荷。有时将光敏单元积累电荷的这段时间称为光积分时间。转移栅电极电压为高电平时，光敏区所积累的信号电荷将转移栅转移到 CCD 模拟移位寄存器中。通常转移栅电极为高电平的时间很短，为低电平的时间很长，因而光积分时间要远远超过转移时间。在光积分时间里，CCD 模拟移位寄存器在三相交叠脉冲的作用下一位位地移出器件，经输出放大器形成时序信号（或称视频信号）。

这种结构的线阵 CCD 转移次数多，效率低，调制传递函数 MTF 较差，只适用于光敏单元较少的摄像器件。

双沟道结构的线阵 LCCD 具有两列 CCD 模拟移位寄存器 A 和 B，分别在像敏阵列的两边，如图 7.24 所示。当转移栅 A 和 B 为高电位（对于 N 沟道器件）时，光敏阵列势阱里积存的信号电荷包将同时按箭头指定方向，分别转移到对应的模拟移位寄存器内，然后在驱动脉冲的作用下分别向右转移，最后经输出放大器以视频信号方式输出。显然，像敏单元的双沟道线阵 CCD 要比单沟道线阵 CCD 的转移次数少一半，转移时间缩短一半，它的总转移效率大大提高。因此，在要求提高 CCD 的工作速度和转移效率的情况下，常采用双沟道方式。然而，双沟道器件的奇、偶信号电荷分别通过 A、B 两个模拟移位寄存器和两个输出放大器输出，而两者之间参数不可能完全一致，从而导致奇、偶输出信号不均匀，所以有时为确保像敏单元参数的一致性，在较多像敏单元的情况下也采用单沟道的结构。

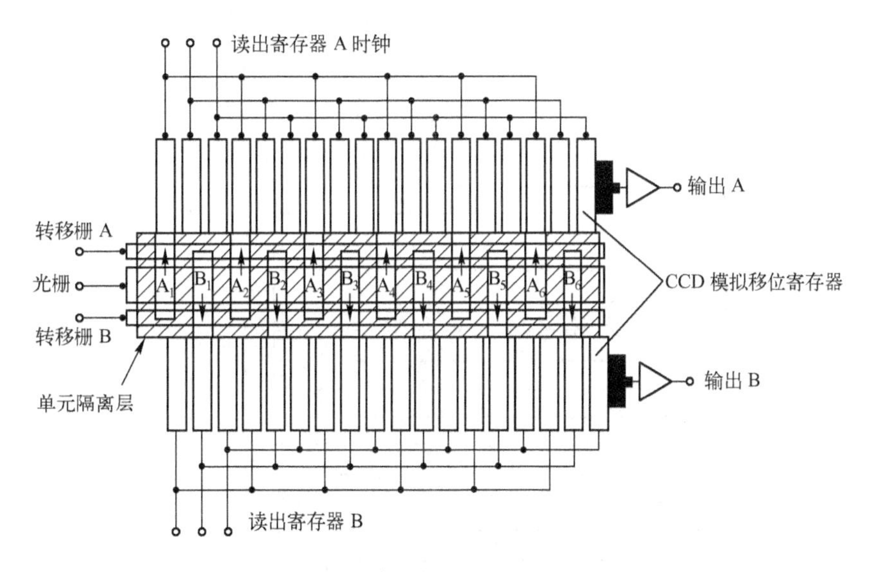

图 7.24　三相双沟道线阵 CCD 结构原理图

2. 二维（面阵 CCD 图）

按照一定的方式将一维线阵 CCD 的光敏单元及移位寄存器排列成二维阵列，即可构成二维面阵 CCD。由于排列方式不同，面阵 CCD 常有帧转移方式、隔列转移方式和线转移方式 3 种。

（1）帧转移面阵 CCD

图 7.25 所示是帧转移三相面阵 CCD 的原理结构图。它由上、下两部分组成，上半部分是集中了像素的光敏区域，下半部分是被遮光的存储区域和水平移位寄存器（行读出寄存器）。像敏区由并行排列的若干个（设 m 个）电荷耦合沟道组成（图中虚线方框），各沟道间用沟阻隔开，使沟道内的电荷不能横向移动，但水平驱动电极横贯各沟道，每个沟道有 n 个光敏单元，因此整个光敏区有 $n\times m$ 个光敏单元。暂存区的结构和单元数与光敏区相同，而暂存区和水平移位寄存器均被铝遮蔽（如图中的斜线部分）。

帧转移面阵 CCD 工作过程是：图像经物镜成像到成像区，在场正程期间（为光积分区间），成像区的某一相电极加适当的偏压，光生电荷将被收集到这些电极下方的势阱里，这样就将被摄光学图像变成了光积分电极下的电荷包图像，存储于成像区。

光积分周期结束后，进入场逆程。在场逆程期间，加到成像区和存储区电极上的时钟脉冲将成像区所积累的信号电荷迅速转移到暂存区。场逆程结束后进入下一场的场正程时间，在场正程期间，成像区又进入光积分状态。暂存区与水平读出寄存器在场正程期间按行周期工作。在行逆程期间，暂存区的驱动脉冲使暂存区的信号电荷产生一行的平行移动，图 7.25 中下边一行的信号电荷转移到水平移位寄存器中，第 N 行的信号移到第 N-1 行中。行逆程结束后进入行正程。在行正程期间，暂存区的电位不变，水平读出寄存器在水平读出脉冲的作用下输出一行视频信号。这样，在场正程期间，水平移位寄存器输出一场图像信号。当第一场读出的同时，第二场信息通过光积分又收集到光敏区的势阱中。一旦第一场的信号被全部读出，第二场的信号马上就传送给寄存器，使之连续读出。

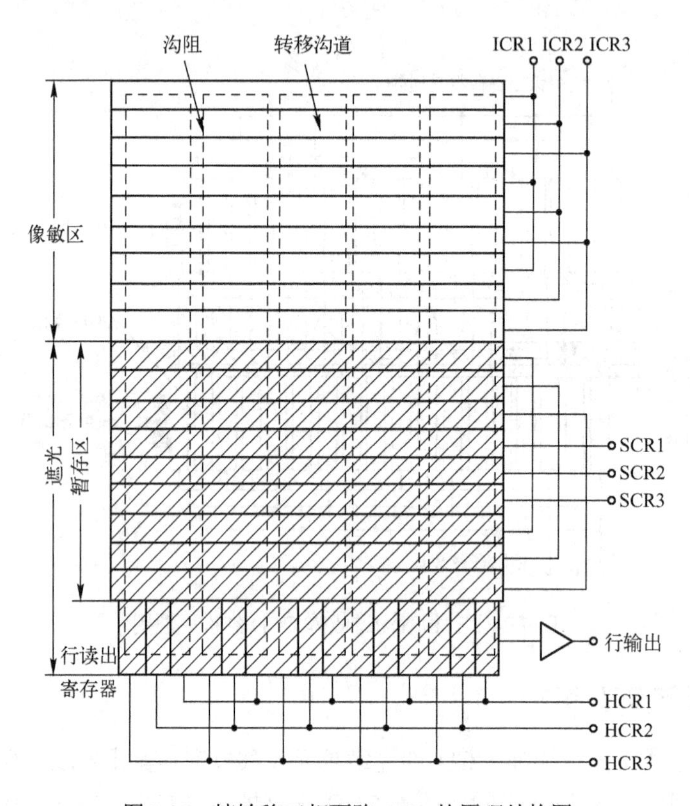

图 7.25　帧转移三相面阵 CCD 的原理结构图

这种 CCD 的特点是结构简单，光敏单元的尺寸可以做得很小，但由于光敏区和暂存区的结构与光敏单元数一样，故芯片尺寸显得较大，然而与真空摄像管相比，其体积显得很小。

（2）隔列转移型面阵 CCD

隔行转移型面阵 CCD 结构如图 7.26（a）所示。它的像敏单元（图中虚线方块所示）呈二维排列，每列像敏单元被遮光的读出寄存器及沟阻隔开，像敏单元与读出寄存器之间又有转移控制栅。由图可见，每一像敏单元对应于两个遮光的读出寄存器单元（图中斜线表示被遮蔽，斜线部位的方块为读出寄存器单元）。读出寄存器与像敏单元的另一侧被沟阻隔开。由于每列像敏单元均被读出寄存器所隔，因此，这种面阵 CCD 称为隔列转移型面阵 CCD。图中最下面的部分是二相时钟脉冲 CR1，CR2 驱动的水平读出寄存器和输出放大器。

隔列转移型面阵 CCD 工作在 PAL 电视制式下，按电视制式的时序工作。在场正程期间，光敏区进行光积分，这个期间转移栅上为低电平，转移栅下的势垒将像敏单元的势阱与读出寄存器的变化势阱隔开。像敏区在进行光积分的同时，移位寄存器在移位驱动脉冲的驱动下，一行行地将每一列的信号电荷向水平移位寄存器转移。场正程结束（光积分时间结束）时进入场逆程，在场逆程期间，转移栅上产生一个正脉冲，在 SH 脉冲的作用下，将像敏区的信号电荷并行地转移到垂直寄存器中。在转移过程结束后，光敏单元与读出寄存器又被隔开，转移到读出寄存器的光生电荷在读出脉冲的作用下，一行行地向水平读出寄存器中转移，水平读出寄存器快速将其经输出端输出。在输出端得到与光学图像对应的一行行的视频信号。

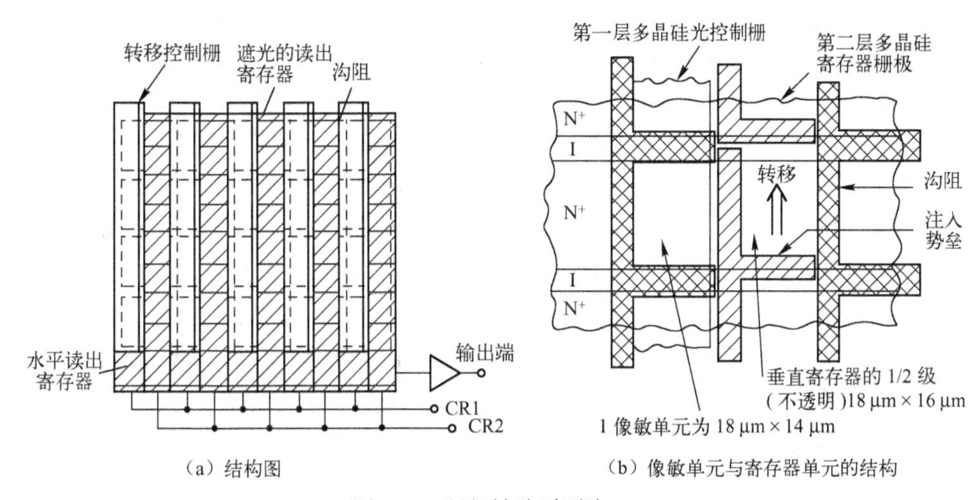

（a）结构图　　（b）像敏单元与寄存器单元的结构

图 7.26　隔行转移型面阵 CCD

（3）线转移型面阵 CCD

如图 7.27 所示，与前两种转移方式相比，线转移型面阵 CCD 取消了存储区，多了一个线寻址电路。它的像敏单元一行行地紧密排列，类似于帧转移型面阵 CCD 的光敏区，但是它的每一行都有确定的地址；它没有水平读出寄存器，只有一个垂直放置的输出寄存器。当线寻址电路选中某一行像敏单元时，驱动脉冲将使该行的光生电荷包一位位地按箭头方向转移，并移入输出寄存器。输出寄存器在驱动脉冲的作用下，使信号电荷包经输出放大器输出。根据不同的使用要求，线寻址电路发出不同的数码，就可以方便地选择扫描方式，实现逐行或隔行扫描。也可以只选择其中的一行输出，使其工作在线阵 CCD 的状态。因此，线转移型面阵 CCD 具有有效光敏面积大、转移速度快、转移效率高等特点，但电路比较复杂。

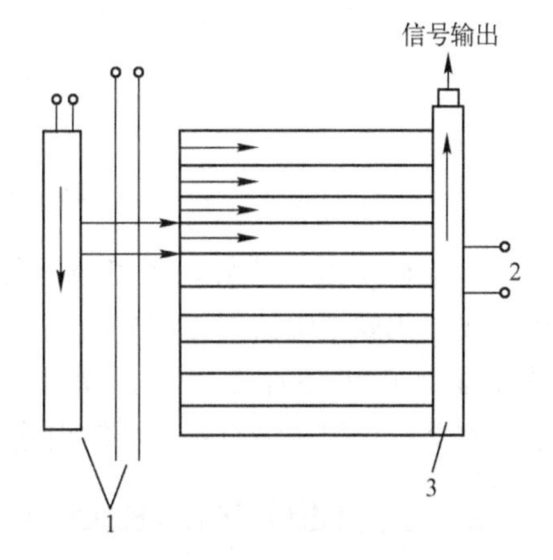

1—线寻址电路；2—驱动脉冲；3—输出寄存器

图 7.27 线转移型面阵 CCD 示意图

7.3.4　增强型电荷耦合器件

尽管性能良好的普通 CCD 能够在$(1.5\sim2.0)\times10^{-2}$ lm/m^2 下成像，但在夜晚光条件下工作则还需借助于图像增强技术，采用了图像增强手段的 CCD 既具有 CCD 的优点，同时又能在夜晚光下工作，曾有人预言，微光 CCD 将取代以往的硅增强靶摄像管等而成为微光电视系统的主要器件。微光 CCD 与硅增强靶摄像管相似，其增强可用光子型或电子型，即可用像增强器与 CCD 耦合在一起，构成图像增强型 CCD（ICCD），也可从用光电子轰击 CCD 的像敏元，构成电子轰击型 CCD（EBCCD）。此外，还可以在输出积累上想办法，如采用延时—积分（TDI 模式）。

1. 光学耦合像增强器型 CCD（ICCD）

这种耦合方式可分为光学耦合方式和光纤耦合方式。光学耦合方式是利用光学成像系统将像增强器和 CCD 耦合起来,如图 7.28（a）所示。光纤耦合方式是用光学纤维面板将像增强器和 CCD 直接耦合起来，如图 7.28（b）所示。图 7.29 是光纤耦合的具体结构，从增益和分辨率考虑，像增强器可以采用两级级联的方式：如第一级采用高增益的三代 18 mm 的 GaAs 光阴极的近贴像增强器。其光灵敏度达 1800 μA/lm，光谱响应为 0.6～0.9 μm，极限分辨率为 64 lp/mm（9 kV 工作电压）；第二级采用多碱阴极的一代单级倒像式像增强器，用 18∶14 的缩像器把两级连接起来。两级增益达 13500，这相当于 CCD 在 2×10^{-6}lx 的照度下信号电荷为 400 个电子/像素。在对比度为 1，照度为 1×10^{-4}lx 的条件下，可清晰成像。当对比度降为 0.2 时．仍能在 10^{-3}lx 下工作。该装置的光学图像用 2.54 cm 长的光纤耦合到 CCD 上。实验表明，光纤与 CCD 耦合界面上的光损失很小。可以忽略。实际中，为了使耦合图像与 CCD 光敏间匹配大多采用纤维光锥耦合器进行耦合。

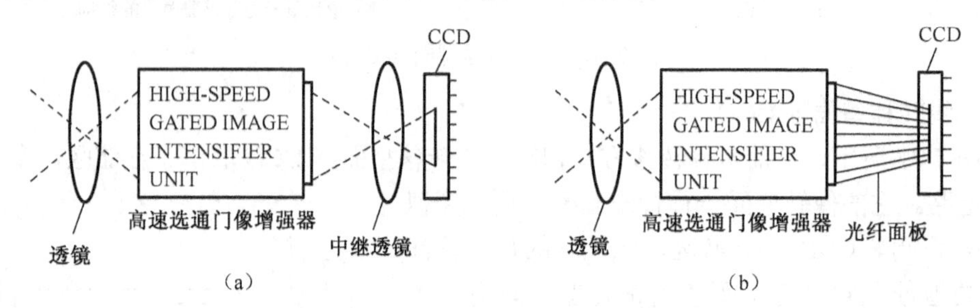

图 7.28　像增强器与 CCD 芯片的耦合方式

除上述所说方式外，还可根据具体要求和用途进行不同形式的耦合。如现已制成的有近贴式二代像增强器同 CCD 的耦合；倒像式二代像增强器与 CCD 的耦合等。由于二代像增强器和 CCD 的体积小，质量轻，所以用它们耦合而成的 ICCD 也具有上述优点，在军事、安全检查等领域有着广泛的用途。

2. 电子轰击型 CCD（EBCCD）

这种微光 CCD 与硅增强靶摄像管的结构十分相似，只是把靶换成 CCD 芯片。电子轰击（EB）工作模式的基本原理是入射光子照射光阴极转换为光电子，光电子被加速（约 10～15 kV）并聚焦成像在 CCD 芯片，损失掉一部分能量后，在 CCD 像敏元中产生信号电荷，积分结束时，信号电荷被转移到寄存器输出。

目前常用的三种电子光学成像方式都可用于 EBCCD，其中静电聚焦简单，得倒像，但易产生枕形畸变；磁聚焦分辨率高，得正像，但笨重且常引起螺旋形畸变；近贴型得正像如图 7.30 所示，但因靠阴极表面的强电场来保证分辨率，故会引起场致发射，构成强背景辐射。倒像式 EBCCD 的结构如图 7.31 所示。

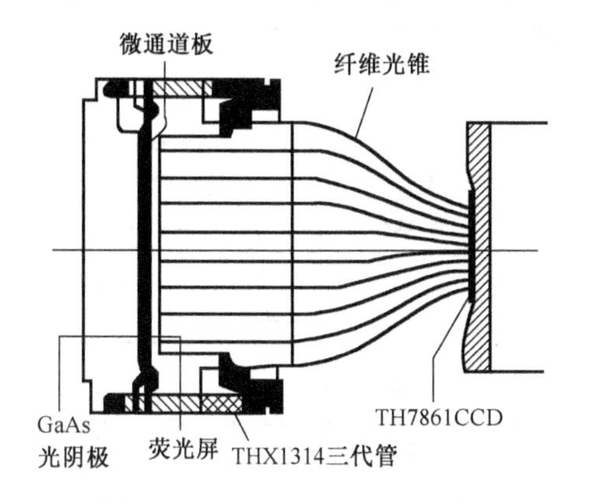

图 7.29　光纤耦合的 ICCD 结构

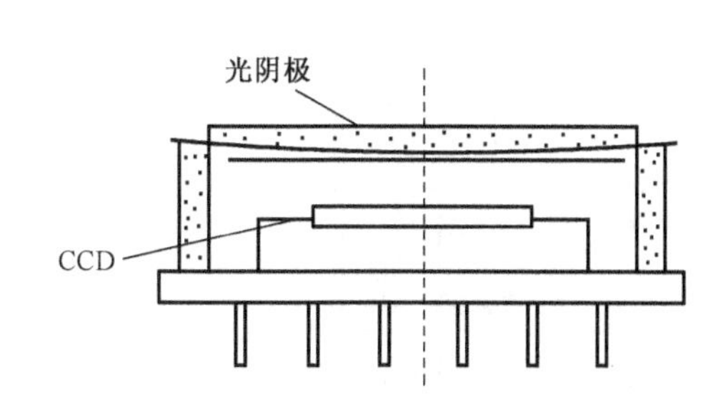

图 7.30　近贴式 EBCCD 的结构

根据加速电压和覆盖层情况不同，轰击到 CCD 像敏元上的电子能量也不同。一般，每个光电子可以产生大约 2000～3000 个电子。作为光子探测器应用，这种增益量级已经足够。例如，若 CCD 芯片上放大器噪声为 300 个电子，则很易分清有一个光电子或者没有光电子。而作为微光摄像应用，由于二代像增强器光阴极的灵敏度可达 400 μA/lm 以上，所以，EBCCD 也可以实现高灵敏度、高电子增益和低暗电流。

EBCCD 的不足是工作寿命短。CCD 在高速电子轰击下会产生辐射损伤，辐射损伤使暗电流和漏电流增加，转移效率下降，从而严重影响 CCD 的寿命。采用背面辐照方式，情况有所改善，但需要增加工艺步骤，成品率低。

除上述两种得到应用的微光 CCD 外，还可以使背照减薄的帧/场转移结构 CCD 在低温下工作，以大大地降低暗电流，并允许增加每场光积分时间，而进一步提高信噪比。正面光照器件的量子效率典型值为 25%左右，而背照器件的量子效率可高达 80%。制冷器件适用于凝视工作模式，已经在天文观察方面获得成功的应用。

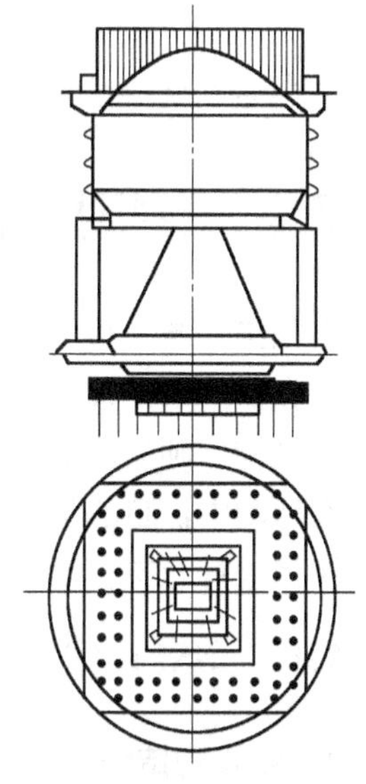

图 7.31　倒像式 EBCCD 的结构

3. 电子倍增 CCD 成像器件

电子倍增 CCD 成像器件（Electron Multiplying CCD，EMCCD）继承了 CCD 器件优点，并具有与 ICCD 相近的灵敏度。EMCCD 芯片中具有一个位于 CCD 芯片的转移寄存器和输出放大器之间的特殊的增益寄存器，如图 7.32 所示。增益寄存器的结构和一般的 CCD 类似，只是电子转移第二阶段的势阱被一对电极取代，如图 7.33 所示，第一个电极上为固定值电压，第二个电极按标准时钟频率加上一个高电压（40～50 V）。通过两个电极之间高电压差形成对待转移信号电子的冲击电离形成新的电子。尽管每次电离能够增加的新电子数目并不多，但通过多次电离，就可将电子的数目大大提高。目前每次电离后电子的数目大约是原来的 1.015 倍. 如果通过 591 次倍增后，电子数目是原先的 6630 倍。由于大幅提高了输出信号的强度，使得 CCD 固有的读出噪声对于系统的影响减小。EMCCD 具有很高的信噪比，且具有比 ICCD 更好的空间分辨率. 输出图像的质量也更好，但目前还没有得到广泛的应用。

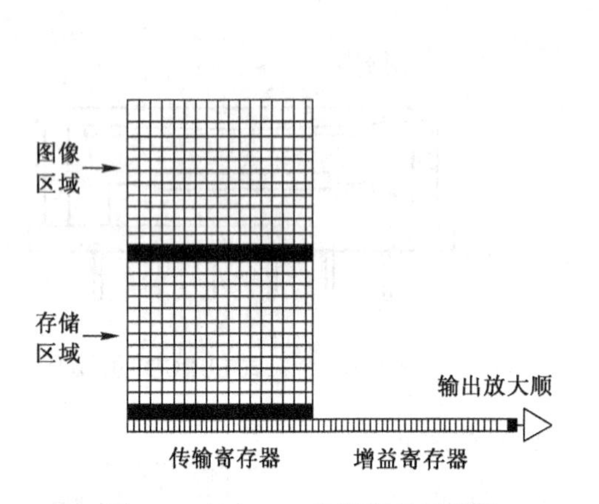

图 7.32 EMCCD 倍增原理示意图

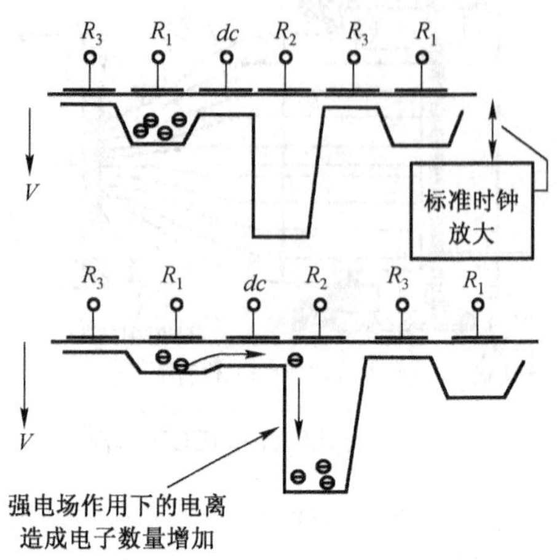

图 7.33 电离效应倍增电子示意图

7.4 自扫描光电二极管阵列

自扫描光电二极管阵列（SSPD）又称为 MOS 型图像探测器，它的自扫描电路由 MOS 移位寄存器构成。根据像元的排列形状不同，它又分为线阵列和面阵列两种。线阵列如不另加扫描机构，则只能对移位的光强分布进行光电转换。但由于它的成本低，且许多被测对象本身在运动中，自然形成另一维扫描，故在机器视觉检测方面用量很大。面阵列可以直接对二维图像进行光电转换。

7.4.1 SSPD 线阵列

1. 线阵的结构

图 7.34 是一种再充电采样的 SSPD 线阵电路框图，它主要由三部分组成。

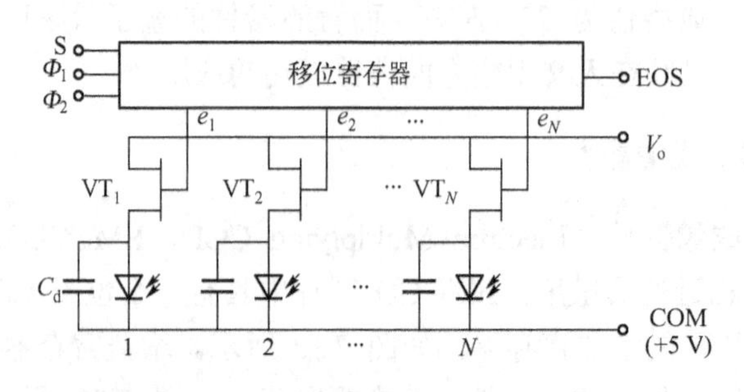

图 7.34 SSPD 线阵电路框图

① N 个形状和大小完全相同的光电二极管，每个二极管有相同的存储电容 C_d，用半导

体集成电路技术在硅片上把它们等间距地排成一条直线，称为线阵列。所有二极管的负极连在一起，组成公共端 COM。图中 N 为阵列的位数（像元数）。

② N 位多路开关，由 CMOS 场效应晶体管（FET）（VT_1～VT_N）组成，每个 FET 的源极分别与相应的二极管正极相连，而所有的漏极连在一起，组成视频输出线 V_o。

③ N 位 MOS 动态移位寄存器，做扫描电路用。移位寄存器每一位的输出 e_1～e_N 与对应的 MOS 开关的栅极相连。给移位寄存器加上两相互补的时钟脉冲 Φ_1 和 Φ_2，用一个周期性的起始脉冲 S 引导每次扫描的开始，移位寄存器就产生依次延迟一拍的采样脉冲，使多路开关 VT_1～VT_N 按顺序闭合、断开，从而把 1～N 位二极管上的光电信号从视频线上串行输出，这就是所谓的“自扫描”功能。

2. 移位寄存器电路

图 7.35（a）所示是一种典型的四管单元动态移位寄存器电路。其中两相互补时钟 Φ_1 和 Φ_2 是作为动态电源用的，S 是扫描起始信号。这种移位寄存器主要利用 MOS 场效应晶体管输入阻抗很大（109～1010 Ω）和栅电容能存储电荷的特点构成的。该电路工作波形如图 7.35（b）所示，其工作原理如下。

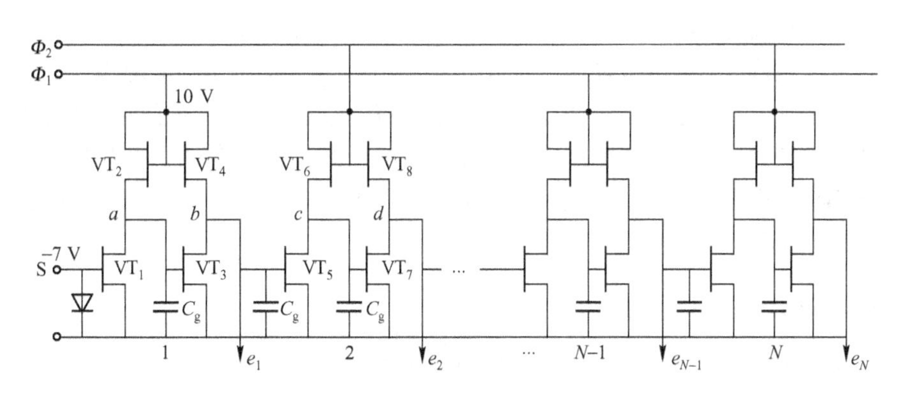

（a）一种四管单元动态电路

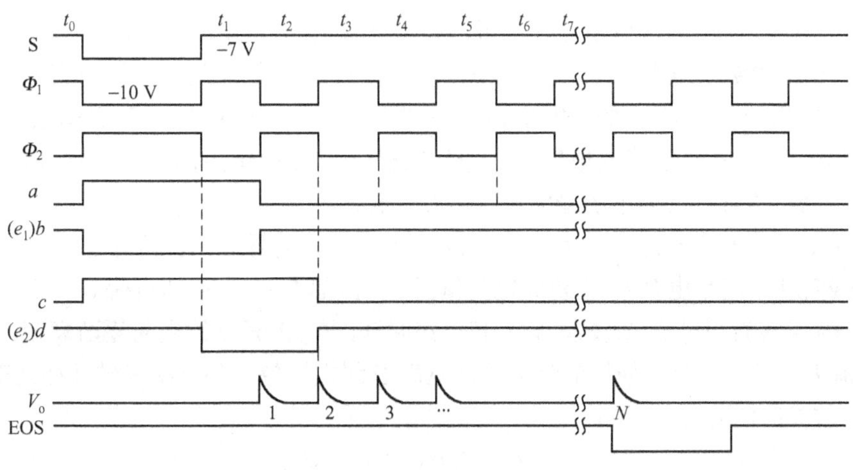

（b）工作波形

图 7.35　普通移位寄存器电路工作原理图

在 t_0～t_1 期间，Φ_1 仍为第一位移位寄存器提供负电源（-10～-15 V），起始脉冲 S 的幅度 V_s = -7 V 左右，大于 VT_1 的开启电压 V_{th}（-1～3 V），使 VT_1 导通。VT_1、VT_2、VT_3、VT_4 分别组成两级反相器（其中 VT_2、VT_4 为"负载管"，其作用相当于一个电阻），故 a 点波形反相为正（V_a = 0 V），b 点再反相一次为负（其幅值与 Φ 脉冲的负电子大小有关，为-7～-12 V）。在 t_1～t_2 期间，Φ_1 变为"正"电平（约为地电位），第一位移位寄存器由于无供给电源而不工作，但由于 VT_3 及其栅电容 C_g（以及 a 点和 b 点的寄生电容）的电荷存储效应，使 a、b 两点的波形继续保持。在 t_1～t_2 期间，Φ_1 再次变为负电平，而此时 S 已变为"正"，使 a、b 两点电位被迫改变。b 点的波形即为第一位移位寄存器的输出 e_1，如图 7.35（b）所示。

在 V_b 为负时，VT_3 管导通，c 点电位被拉到零电平左右。在这期间，当 Φ_2 变为负电平时，VT_5～VT_8 组成的第二位移位寄存器工作，由 V_o = 0，VT_1 一直断开，故 d 点电位在 Φ_2 为负期间也变为负电平。同理，由于相应的 MOS 驱动管栅电容的电荷存储效应，使 c、d 点电位在 t_1～t_2 期间继续保持原状，直到 t_1～t_2 时刻才被迫改变，如此等等。从而在移位寄存器输出端形成依次延迟一拍（$\frac{1}{2}\Phi$ 脉冲周期）的扫描脉冲，去控制相应的多路 MOS 开关，以便串行读出各位二极管 E 的光电信号。

在实际的移位寄存器结构中，为了减小起始脉冲 S 和移位寄存器末位输出信号对视频信号的干扰，往往在移位寄存器首尾各另加 1～2 位移位寄存器，使得实际的视频信号从第 2～3 位移位寄存器输出位置才开始［见图 7.35（b）中的 V_o］。另外，为了测试和应用方便，往往把移位寄存器末位输出信号引出，称为 EOS（End Of Scan）信号，即扫描结束信号。它通常采用 MOS 管开漏方式提供。当需要此信号时，可简单地外接一个 5 kΩ电阻到地，即可在 EOS 端得到 EOS 信号，如图 7.35(b)所示。

3．电荷存储方式工作原理

电荷存储方式的基本原理是：如果把光电二极管的 PN 结反向偏置到某一固定偏压（一般为几伏），然后断开电路，那么存储在二极管电容上的电荷的衰减速度与入射光照度成正比。下面结合 SSPD 电路进行分析。

我们取出 SSPD 中的一位电路来分析，如图 7.36（a）所示。其中，C_d 为光电二极管的等效电容（包括 PN 结电容和附加的 MOS 电容），R_L 为负载电阻，V 为视频线偏压，VT_i 为与第 i 位二极管 VD_i 相连的 MOS FET 开关，e_i 为第 i 位移位寄存器输出的采样脉冲信号。这里暂不考虑视频等效电容 C_d。图 7.36（a）可转化为图 7.36（b）所示的等效电路。这里 I_D 为二极管在反偏下的暗电流，I_L 为光电流。

设 t_1 时刻 e_i 为一负脉冲，如图 7.36（c）所示，则 VT_i 导通，偏压电源 V 通过负载电阻 R_L 和开关 VT_i 使二极管电容 C_d 很快充电到偏压 V，因而在 C_d 上存储电荷 $Q = C_dV_o$。当 e_i 的负脉冲结束后，VT_i 截止，二极管 VD_i 和电路断开，C_d 上充满的电荷逐渐衰减。在无光照时，光电流 I_L = 0，只有二极管的暗电流使电荷 Q 缓慢泄放。到下次采样脉冲到来时（t_2 时刻），C_d 上放掉的电荷为

$$\Delta q_o = I_D(t_2 - t_1) = I_D T_{int} \tag{7.30}$$

称 $T_{int} = t_2 - t_1$ 为采样周期或积分时间，它就等于起始脉冲周期 T_a，这就是图 7.36（d）中光强 $H = 0$ 的一条曲线。室温下，二极管暗电流 I_d 的典型值小于 1 pA，一般可以忽略不计。

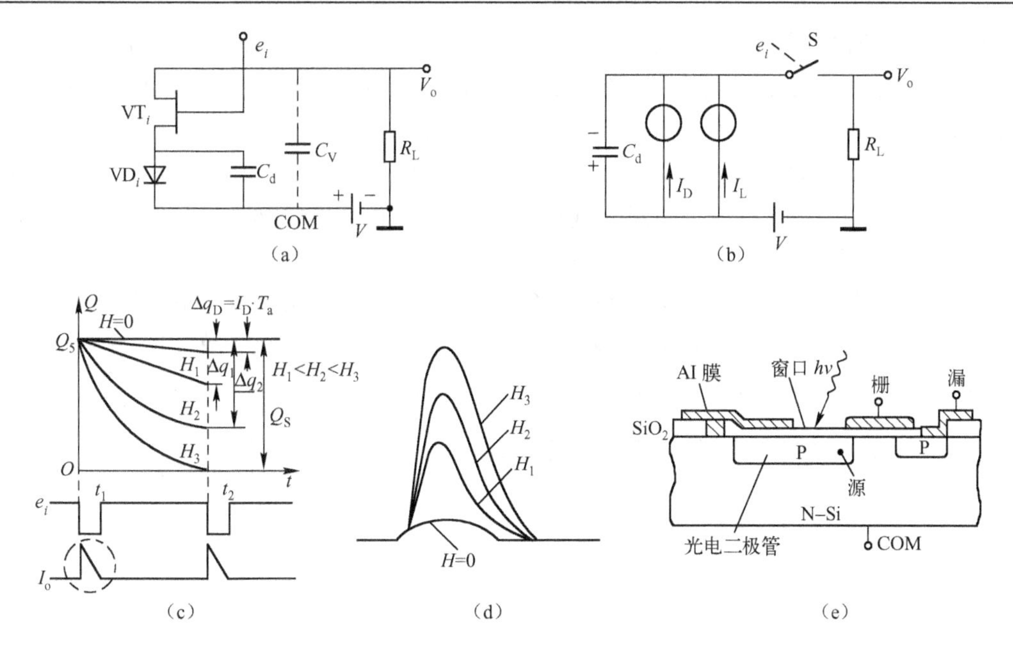

图 7.36　电荷存储方式工作原理图

当光照射到二极管上时，产生光电流 I_L，使上述放电过程加速。在积分时间一定的情况下，C_d 上放掉的电荷Δq 随着光强 H 的增大而增大，如图 7.36（d）中的 H_1、H_2 等曲线所示。当光强增大到某一光强 H_S 时，放掉的电荷$\Delta q_S = I_L T_S = Q = C_d V$，即二极管电容 C_d 上原来充满的电荷 Q 被全部放掉。此后，即使光强比 H_S 再增大，放掉的电荷Δq 也不可能再增加。称 $Q_S = C_d V$ 为饱和电荷，而 H_S 为饱和光强，称 $E_S = H_S T_S$ 为饱和曝光量。

显然，如果 t_1～t_2 期间光强为 $H(t)$，光电流为 $I_L(f)$，都是时间 t 的函数，则 t_1～t_2 期间光电流放掉的电荷Δq 为

$$\Delta q = \int_{t_1}^{t_2} I_L(t)\mathrm{d}t = \bar{I}_L T_a \tag{7.31}$$

式中，$\bar{I}_L$ 为平均光电流。可见，这里有个积分效应或积累效应。

第二个采样脉冲到来时（t_2 时刻），MOS 开关 VT_i 又导通，偏压 V 通过负载 R_L 向二极管电容 C_d 再充电，使之恢复到原来的偏压 V。显然，补充的电荷等于积分时间内 C_d 上消失的电荷Δq，再充电电流 I_0 的波形如图 7.36（c）所示，其峰值随光强 H 的增大而增大。I_0 在负载电阻 R_L 上产生的电压脉冲就是 SSPD 器件的视频输出信号。图 7.36（d）是实现电荷存储工作方式的单元结构图，这里把 MOS 开关的源极和光电二极管的 P 区合为一体了。

4．多相时钟线阵列

在研制高位数 SSPD 器件时，出现了移位寄存器尺寸难以做得很小的问题。而如果线阵长度太大，由于硅材料的均匀性难以保证，器件成品率会大大降低。解决这一问题比较好的方法就是采用多相时钟电路。

图 7.37（a）所示是一种四相电路方案。它采用两组独立的移位寄存器，分别安置在芯片的上、下两边，中间布置连续的光电二极管线阵列。上边的移位寄存器对奇数位二极管进

行采样，下面的移位寄存器对偶数位二极管采样。两组互补的时钟脉冲Φ_1、Φ_2与Φ'_1、Φ'_2的相位对应错开 1/4 个时钟周期，得到的奇数位视频信号和偶数位视频信号正好错开半位。在外部把两路视频信号合在一起，就得到连续按时序分布的串行视频信号，其波形如图 7.37（b）所示。这样的设计可以在移位寄存器宽度为 50 μm 的情况下，使二极管阵列像元中心距缩小为 25 μm。线阵总体尺寸减小一半，对制作大位数器件有很大意义。

实际上，这种电路还有另外两种用法：

① 把奇、偶两组移位寄存器的时钟和 S 信号合用一组（如都用Φ_1、Φ_2和 S 驱动），则得到两路奇、偶视频信号分开的并行输出信号。分别进行读出处理，可使工作频率提高一倍（美国 Reticon 公司的某些器件就采用这种用法）。

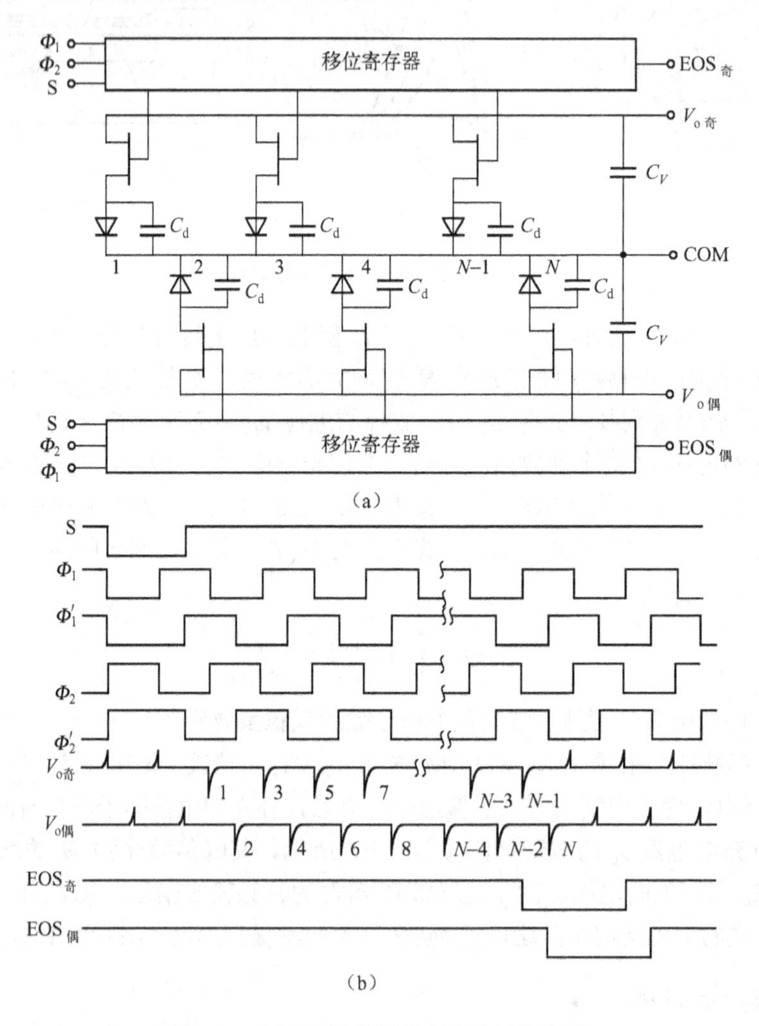

图 7.37　四相时钟线阵列电路及工作波形

② 两组时钟相同，但第二组（偶数）的起始脉冲信号 S2 由第一组移位寄存器的 EOS 输出信号加适当驱动后代替。这时，第一组的起始信号 S1 的周期应延长一倍以上。这样，得到奇数位视频信号在前、偶数位视频信号在后、分组串行输出的视频信号。这种用法可简化外部时钟驱动电路，适合于某些尺寸的检测应用。

7.4.2 SSPD 面阵列

线阵列只能直接对空间一条线上的光强分布进行光电转换，若要直接对一个平面的光强分布进行光电转换，就要用面阵列。

1．再充电采样型面阵列

图 7.38 所示是 3×4 = 12 个像元的 MOS 型图像探测器面阵原理框图，其右下角是一个单元电路。水平扫描电路输出的 H_1～H_4 扫描信号控制 MOS 开关 VT_{H1}～VT_{H2}；垂直扫描电路输出的 V_1～V_3 信号控制每一像素内 MOS 开关的栅极，从而把按二维空间分布照射在面阵上的光强信号转变为相应的电信号，从视频线 V_0 上串行输出。这种工作方式又称为 XY 寻址方式，其工作原理实质上和前述线阵完全相同。图 7.39 所示是它的工作波形。例如，Reticon 公司的 RA50×50 就属于这种图像探测器。

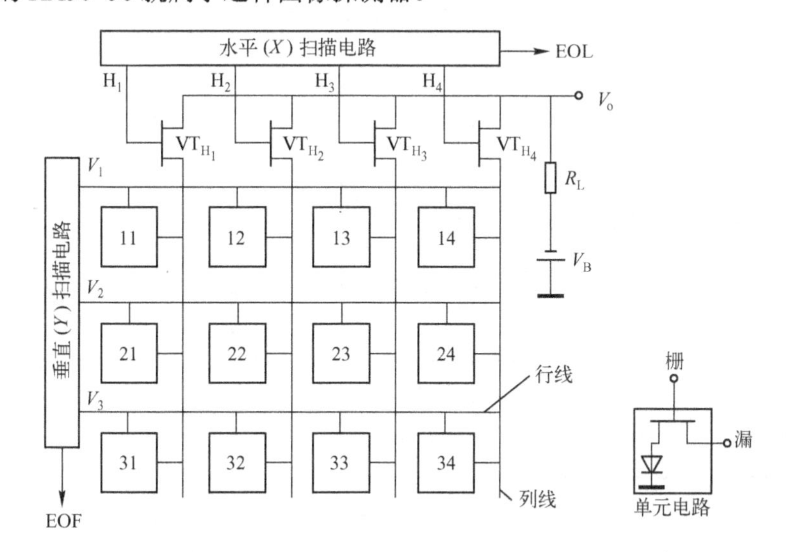

图 7.38　3（V）× 4（H）MOS 型图像探测器面阵原理框图

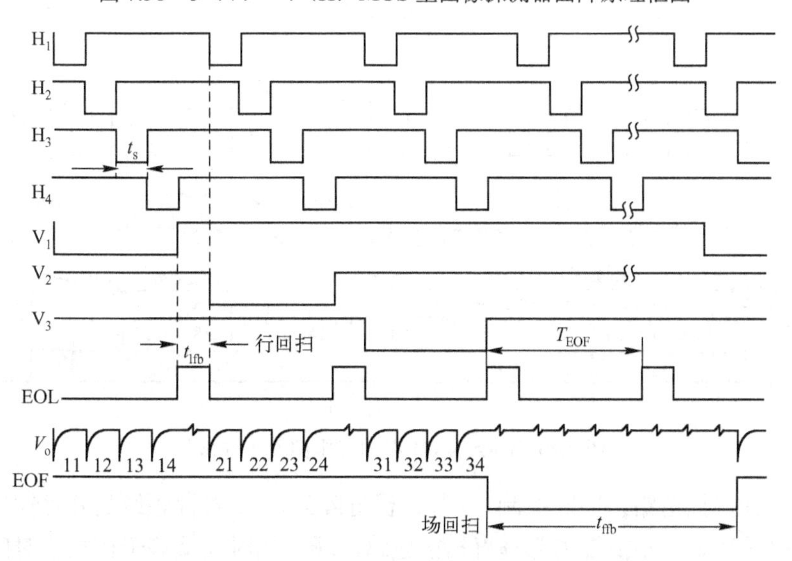

图 7.39　3（V）× 4（H）面阵工作波形示意图

面阵的时序电路要考虑“回扫”时间问题。一般每一行扫完后，要留出两个像元采样时间间隔。图中，t_{lfb} 为行回扫时间，t_{s} 为像元采样周期，T_{EOF} 为行采样周期，t_{ffb} 为场（帧）回扫时间。一般 $t_{\mathrm{lfb}} \geqslant 2t_{\mathrm{s}}$，$t_{\mathrm{ffb}} \geqslant 2T_{\mathrm{EOF}}$，这便于在荧光屏上再现图像时产生相应的回扫锯齿波并消隐。

有的面阵采用相邻的像元位置错开半位的方案，可使分辨率提高一倍。还有的采用隔行`扫描的方案，这里不一一详述。

2. 电压采样型面阵

下面以日本冲绳电气公司的 OPA14×41 型面阵为例，介绍电压采样型阵列，如图 7.40 所示。

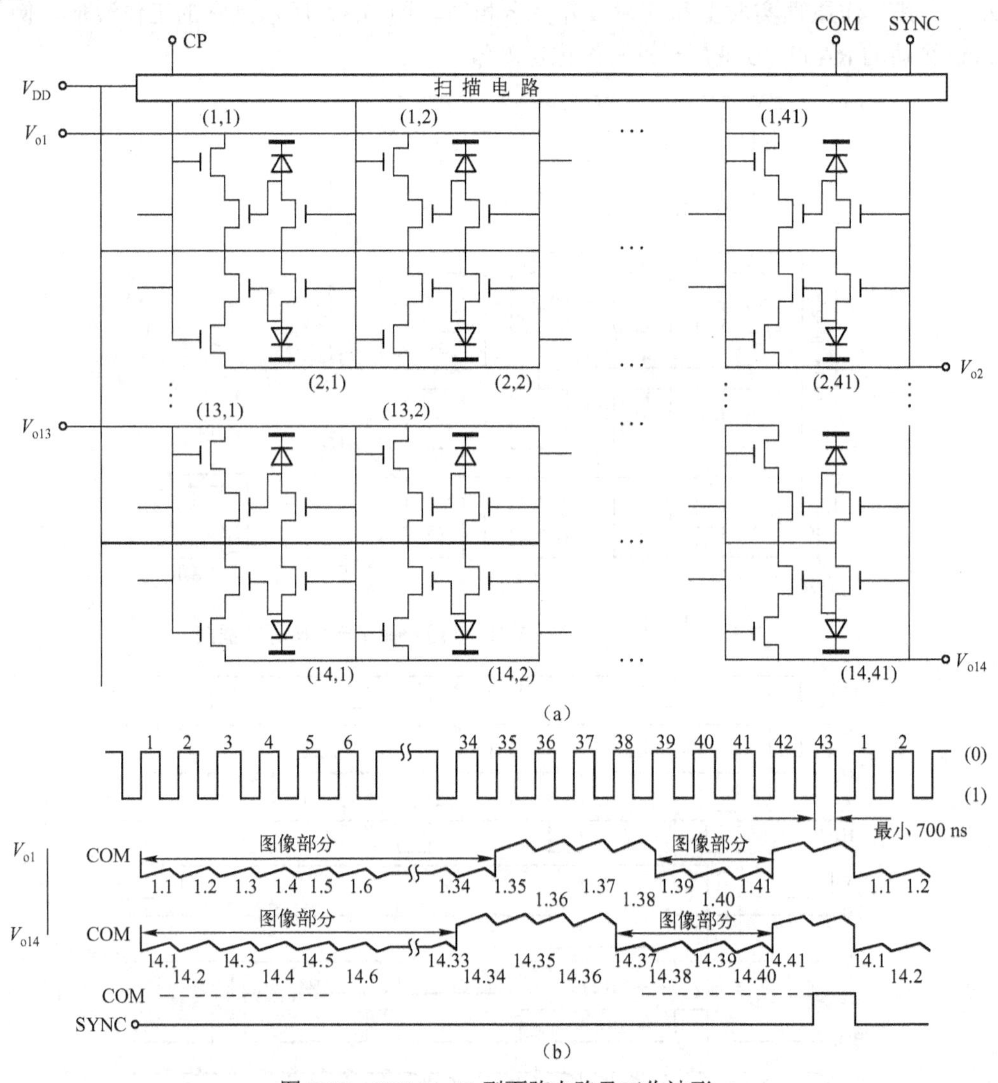

图 7.40　OPA14×41 型面阵电路及工作波形

它只有一行扫描电路，同时控制 14 行二极管阵列，14 条视频线是并行输出的。这种结构的扫描电路很简单，不需要内部垂直扫描电路，场扫描时间就等于行扫描时间，因而采样时很快，但 14 条视频信号需要并行处理。

下面分析其中的一个单元电路的工作原理，如图 7.41 所示。其中，MOS 管 VT_3 是预充电开关，在 e_2 扫描信号作用下，VT_3 导通，使像元二极管 VD 的结电容 C_d 预充电到 $-V_{DD}$。VT_3 断开后，二极管开始对光积分，光电流使 C_d 上的电压 V_1 逐渐减小，到一个积分周期时，扫描信号 e_1 为负，使采样开关 VT_1 导通（此时 VT_3 早已断开），由 VT_2、R_1 组成一个源随器电路，输出电压 V_o 的大小与二极管电容 C_d 两端电压成正比。由于 V_d 是一个稍带衰减的直流电平，因此视频输出 V_o 在 VT_1 导通期间也是一个稍带衰减的直流电压。各位视频信号串联起来，V_o 就形成所谓的“箱形波”，如图 7.41（b）所示。

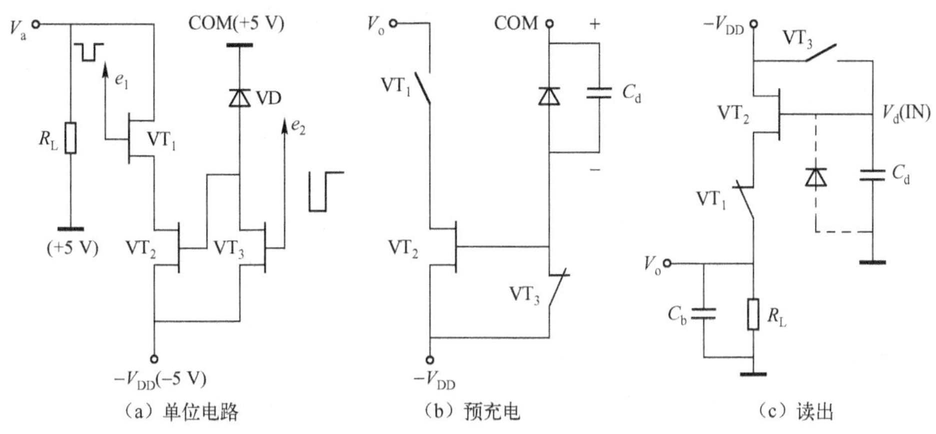

图 7.41　电压采样列阵工作原理图

这种电压采样型电路的优点是视频输出电压大且为箱形波，给信号处理带来方便；缺点是噪声比较大。

在面阵中间存在着开关噪声问题，人们对消除 MOS 型器件的噪声做了许多努力，提出了一系列方法，目前在电路上采取措施后，已能有效地抑制这种开关噪声。

7.5　CMOS 摄像器件

互补金属-氧化物-半导体（CMOS）型固体摄像器件是早期开发的一类器件，基于 CMOS 工艺的 CMOS 图像传感器较 CCD 具有可在芯片上进行系统集成、随机读取和低功耗、低成本等潜在的优势。最早出现的 CMOS 摄像器件是无源像素传感器（Passive Pixel Sensors，PPS），但受到低灵敏度、高噪声等困扰。随着 CMOS 技术和制造工艺技术的进展，通过改进结构，采用 PG（Photo Gate）、PD（Photo diode）像素结构和相关双采样 CDS（Correlated Double Sampling）、双 Δ 采样 DDS（Double Delta Sampling）技术。特别是采用固定图像噪声消除电路等，使得它在当前的单片式彩色摄像机中得到了广泛应用，各种规格的 CMOS 型摄像器件已经普遍应用于低端的数码相机和摄像机商品，事实上目前它已成为 CCD 摄像器件的一个有力的竞争者。

7.5.1　结构与工作原理

CMOS 图像传感器的光电转换原理与 CCD 基本相同、其光敏单元受到光照后产生光生电子。而信号的读出方法却与 CCD 不同，每个 CMOS 源像素传感单元都有自己的缓冲放大器，而且可以被单独选址和读出。

1. CMOS 像敏元结构

CMOS 图像传感器像敏元结构主要有光敏二极管型无源像素结构、光敏二极管型有源像素结构和光栅型有源像素结构。

（1）光敏二极管无源像素结构（Passive Pixel Sensor，PPS）

如图 7.42(a)所示，PPS 结构由一个反向偏置的光敏二极管和一个开关管构成。当开关管开启，光敏二极管与垂直的列线连通。位于列线末端的电荷积分放大器读出电路保持列线电压为一常数，并减小噪声。当光敏二极管存储的信号电荷被读取时，其电压被复位到列线电压水平。与此同时，与光信号成正比的电荷由电荷积分放大器转换为电压输出。PPS 结构的像素可以设计成很小的像元尺寸。它的结构简单、填充系数高（有效光敏面积和单元面积之比）。由于填充系数大及没有覆盖一层类似于在 CCD 中的硅栅层（多晶硅叠层），因此量子效率（积累电子与入射光子的比率）很高。

PPS 结构有个致命的弱点，即由于传输线电容较大面使读出噪声很高，主要是固定噪声（FPN），一般为 250 个方均根，而商业型 CCD 的读出噪声可低于 20 个方均根。而且 PPS 不利于向大型阵列发展，很难超过 1000×1000，不能有较快的像素读出率，这是因为这两种情况都会增加线容，若要更快地读出就会导致更高的读出噪声。

（2）光敏二极管型有源像素结构（Active Pixel Sensor，PD-APS）

像元含有源放大器的传感器称有源像素传感器，如图 7.42（b）所示。由于每个放大器仅在读出期间被激发，故 CMOS 有源像素传感器的功耗比 CCD 小。因为光敏面没有多晶硅叠层，PD-APS 量子效率很高。它的读出噪声受复位噪声限制，小于 PPS 的噪声典型值。PD-APS 结构在像素里引入至少一个晶体管，实现信号的放大和缓冲，改善 PPS 的噪声问题，并允许更大规模的图像阵列。起缓冲作用的源跟随器可加快总线电容的充放电，因而允许总线长度的增长，增大阵列规模。另外像素里还有复位晶体管（控制积分时间）和行选通晶体管。虽然晶体管数目增多，但 APS 像素和 PPS 像素的功耗相差并不大。光敏二极管型有源像素每个像元采用三个晶体管，典型的像元间距为 15×最小特征尺寸，适于大多数中低性能应用。

（3）光栅型有源像素结构（Active Pixel Sensor，PG-APS）

PG-APS 结合了 CCD 和 X-Y 寻址的优点，其结构如图 7.42（c）所示。光生信号电荷积分在光栅（PG）下，输出前，浮置扩散节点（A）复位（电压为 V_{DD}），然后改变光栅脉冲，收集在光栅下的信号电荷转移到扩散节点。复位电压水平与信号电压水平之差就是传感器的输出信号。光栅型有源像素结构每个像元采用 5 个晶体管，典型的像元间距为 20×最小特征尺寸。采用 0.25 μm 工艺将允许达到 5 μm 的像元间距。读出噪声比光敏二极管型有源像素结构要小一个数量级。PG-APS 是以 PD-APS 为基础在像素里增加了噪声控制，因此也增加复杂性和影响了填充系数。Photobit 的 PG-APS 产品的读出噪声只有 5 个方均根，而一般 PD-APS 的读出噪声为 100 个方均根。PD-APS 常用干中低性能应用，PG-APS 用于高性能科学应用和低光照应用。

自美国喷气推进实验室（JPL）开始发展和支持有源像素传感器在太空上的应用之后，一些美国公司也加入了有源像素传感器的研究，如 Kodak、Motorola、Lucent、National Semiconductor、Intel 和 Hewlett-Packard，并取得了很大的进展。有源像素传感器通常比无源像素传感器有更多的优点，包括低读出噪声、高读出速度和能工作在大型阵列中。但是由于像素和晶体管数目的增多，恶化了阈值匹配和增益一致性，引发了固定噪声问题，而且填充系数也变小（20%～30%）。为解决填充系数的问题，APS 引进 CCD 的微透镜技术，使有效填充系数增为原来的 2～3 倍。为解决固定噪声问题，1993 年 NASA 通过采用双关取样（CDS），消除了像素信号里的部分固定噪声和相关的瞬态噪声，在 CMOS 图像传感器方面取得了显著的进步。

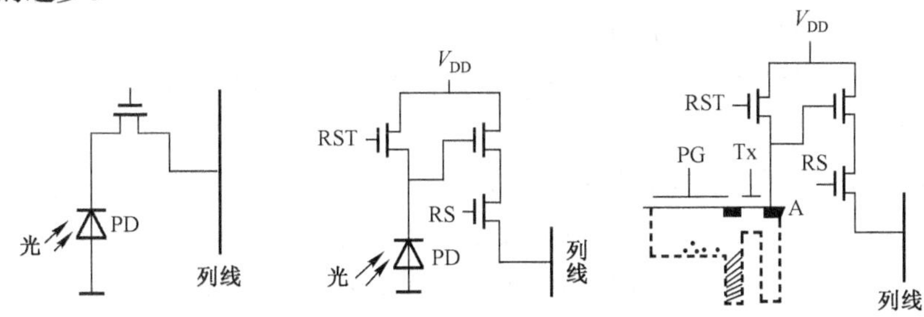

（a）光敏二极管无源像素结构（b）光敏二极管有源像素结构（c）光栅型有源像素结构图

图 7.42　CMOS 像素结构

有源像素还有其他特殊结构，如对数传输型、浮栅放大器型等。在考虑灵敏度、噪声、像素大小以及线性度的情况下，每种类型都有各自的优缺点，可根据不同的应用做出不同的选择。

2. CMOS 图像传感器阵列结构

图 7.43 所示是 CMOS 像敏元阵列结构，它由水平移位寄存器、垂直移位寄存器和 CMOS 像敏元阵列组成。图 7.44 是 CMOS 摄像器件原理框图。如前所述，各 MOS 晶体管在水平和垂直扫描电路的脉冲驱动下起开关作用。水平移位寄存器从左至右顺次地接通起水平扫描作用的 MOS 晶体管，也就是寻址列的作用，垂直移位寄存器顺次地寻址阵列的各行。每个像元由光敏二极管和起垂直开关作用的 MOS 晶体管组成，在水平移位寄存器产生的脉冲作用下顺次接通水平开关，在垂直移位寄存器产生的脉冲作用下接通垂直开关，于是顺次给像元的光敏二极管加上参考电压（偏压）。被光照的二极管产生载流子使结电容放电，这就是积分期间信号的积累过程。而上述接通偏压的过程同时也是信号读出过程。在负载上形成的视频信号大小正比于该像元上的光照强弱。

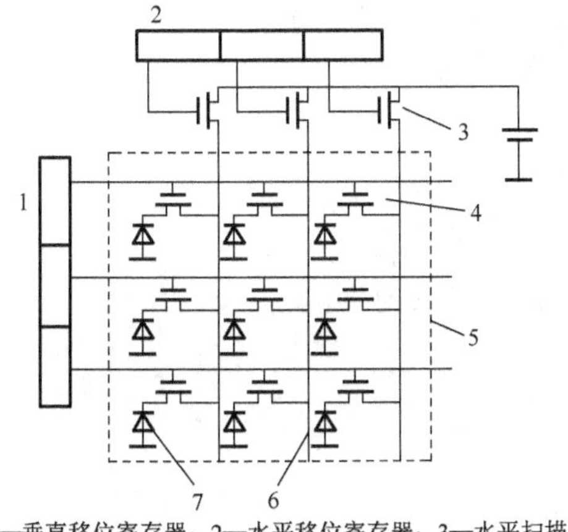

1—垂直移位寄存器；2—水平移位寄存器；3—水平扫描开关
4—垂直扫描开关；5—像敏元阵列；6—信号线；7—像敏元

图 7.43　CMOS 像敏元阵列结构

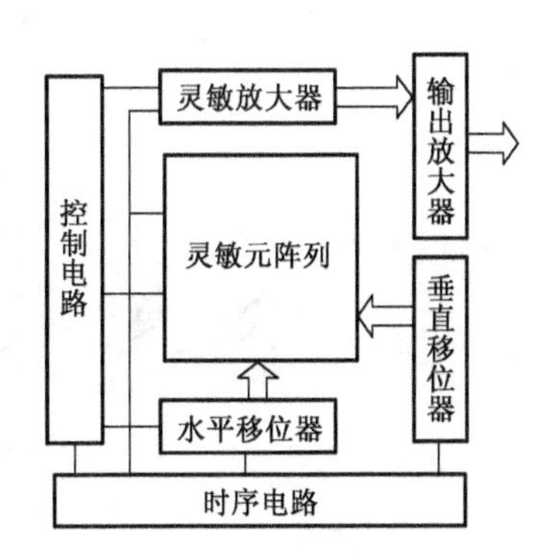

图 7.44　CMOS 摄像器件原理框图

7.5.2 固定图像噪声（FPN）消除电路

目前，CMOS 型固体摄像器件还存在以下几个问题：

① 当行、列均增加像元数时，垂直传输各光敏二极管信号的布线电容随 MOS 漏数目的增加而增大，进而读出各列光敏二极管的有效扫描时间变短。当水平扫描时，在传输电容上会产生残读信号，使垂直分辨率降低。

② PN 结区对不同波长的响应灵敏度不同，难以满足三原色信号灵敏度平衡的要求，会产生偏色现象。

③ 由于光敏二极管的充电电压不会超过电源电压，当为了扩大动态范围，提高电源电压时，在水平扫描的 MOS 栅上需要加上比电源电压高出 V_T（MOS 阈值电压）的较大的扫描脉冲。因此，通过栅漏间的寄生电容，在视频信号中将混入扫描脉冲的尖峰噪声。

④ 读出各光敏二极管的视频信号时，由于各漏极的暗电流不均匀等原因，容易产生固定图像噪声（Fixed-Pattern Noise，FPN）。对于这些问题，除要求采用高跨导、低栅电容的负反馈放大器外，主要采用消噪声电路来获得改善，如图 7.45 所示。

图 7.45（a）表示一个像元与水平扫描电路的一个单元的等效电路。其中，C_V 为场信号传输线的电容，C_H 为行信号传输线的电容，C_G 为 MOS 开关的驱动脉冲电容，C_{GD} 是行 MOS 开关驱动脉冲与偏置间的电容。

当水平移位寄存器发出脉冲驱动水平方向各 MOS 开关工作时，由于电容 C_{GD} 也被充放电，则输出会产生尖峰脉冲，如图 7.45（b）所示。信号的成分比尖峰脉冲小，尖峰脉冲的宽度是一定的，其包络线的变化表现为固定图像噪声，在图像的垂直方向出现竖条干扰。

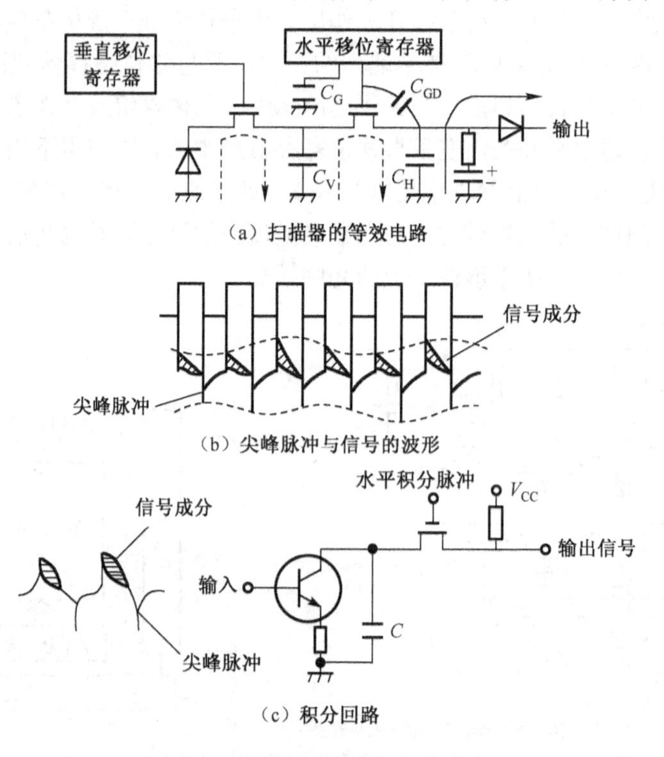

图 7.45　固定图像噪声消除电路

为了抑制这种固定图像噪声采用图 7.45（c）所示积分电路。摄像单元的输出信号经预放后加至积分电路。该信号成分包含尖峰脉冲信号，晶体管的集电极电容 C，在积分脉冲的一个周期内积分，正负一对尖峰脉冲田面积相等，通过积分电路后被除掉。这时信号成分的电荷，仅由集电结电容积累。该信号电荷是在行积分脉冲的最后瞬间通过 MOS 开关被读出。已有证明附加这样一个简单的 FPN 抑制电路可使 CMOS 摄像器件的信号与固定图像噪声之比（S/FPN）由原来无抑制电路的 46 dB 提高到 68 dB。同样条件下，信号峰值与随机均方根噪声之比为 66 dB，可见固定图像噪声消除电路有明显效果。

7.5.3　CMOS 图像传感器的主要特性

1. 填充系数

光电二极管是 CMOS 图像传感器中主要感光元件，它占据了每个像素的一部分面积，除了光电二极管，像素中还含有一个或多个晶体管，这些元组成的电路都会减小像素单元的感光面积。图像传感器的填充系数=像素感光面积/像素单元总面积，所以感光面积越大，填充率越高。较高的填充率可以接收更多的光信号，这对降低图像传感器的噪声和提高传感器的线性响应度具有很大的帮助。但是随着 CMOS 工艺和集成电路技术的发展，填充系数不再是图像传感器的决定性因素。

2. 暗电流

CMOS 图像传感器在理想的情况下产生的光电流大小与光强成线性关系，在光照为 0 的情况下光电流也为 0。然而 CMOS 图像传感器在制造过程中由于半导体工艺的缺陷而造成非理想情况的发生，即使没有光照的情况下，传感器内也会有非光照引起的电流产生，我们称这种电流为暗电流。

很明显，暗电流在很大程度上影响了输出电压与光照的关系。在低照度环境下，由于光电流较小，暗电流对成像质量的影响将是致命的。

3. 光谱响应灵敏度

图像传感器对不同波长的光吸收能力不同，这种对不同波段光的吸收能力称为光谱响应灵敏度。不同的图像传感器光谱响应不同，此特性往往由光谱响应曲线给出。如图 7.46 所示，横轴表示入射光的波长范围，单位为 nm，纵轴是不同波长单位辐射情况下的光谱响应度，也可以用量子效率来表示。图中给出了图像传感器对 R、G、B 的光谱响应度，由于人眼对绿光较为敏感，所以我们通常会选择对绿光响应度较高的传感器。在 890～980 nm 波段范围内，CMOS 的光谱响应度要比 CCD 芯片高很多，并且随波段的增长其衰减梯度也较慢。在实际应用中，我们要根据不同的应用环境来选择具有特定光谱响应度的图像传感器。如安防类应用，需要在傍晚光线较弱的情况下成像时，就可以选择近红外谱段的芯片。

4. 动态范围

自然界中一些特殊场景最强光照与最弱光照之比可达百万以上，用 dB 表示为 200 dB 以上，人眼的动态范围也可以达到 120 dB 以上。在图像传感器领域中，我们用动态范围来表示图像传感器可以感知场景中的最强和最弱光照，以数学式表示可写为 $DR = 20\log(I_{max}/I_{min})$，单位为 dB。动态范围是衡量图像传感器成像质量的一个重要指标，反映了成像器件对目标场景中全部细节信息的获取能力。目前，CMOS 图像传感器研究的一项重要内容就是动态范围的扩展技术。

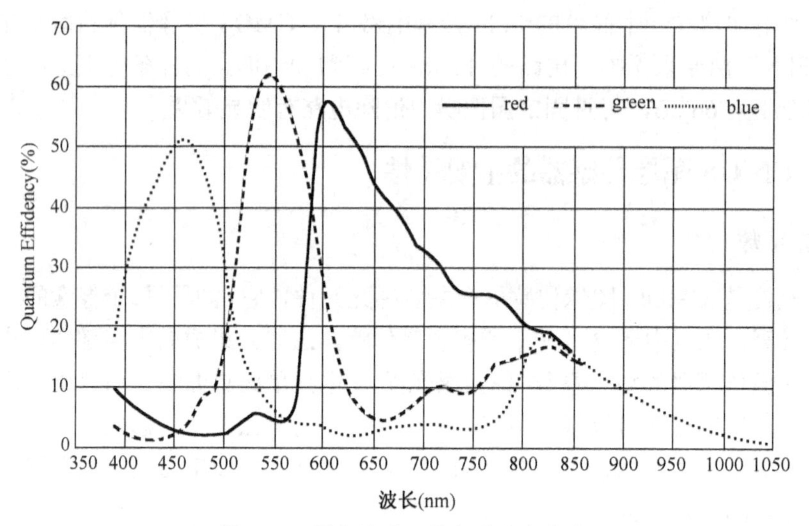

图 7.46　图像传感器的光谱响应曲线

5．可靠性

在特殊的应用环境下，如空间应用，由于无法进行系统维护和修理，必须考虑系统的可靠性，即使在普通应用环境下，也要对系统的可靠性给出评估。CMOS 图像传感器由于集成度较高，信号处理电路、接口电路以及 ADC 等均集成在一块芯片上，外部只有较少的焊点，所以可靠性要比 CCD 高得多。

6．抗辐射性

CCD 的像素单元由 MOS 管电容等组成，由光电荷激发的量子效应容易受到空间电磁辐射影响；而 CMOS 的像素结构由几个有源晶体管和一个光电二极管构成。所以，CMOS 图像传感器在强辐射环境中性能要比 CCD 优良得多，这在军用和空间探测等应用环境中将比 CCD 相机更具优势。

7.5.4　CMOS 图像传感器的应用

随着 CMOS 图像传感器的成熟和不断发展，加之 CMOS 图像传感器体积小、质量轻、成本低、功耗低、集成度高和高可靠性以及高辐射性能，应用目前的 CMOS 图像传感器技术，可以在一块芯片上集成很多功能模块，如 A/D 转换、自动增益控制、自动曝光控制、自动白平衡处理、黑电平校正、行读出噪声消除及伽马校正等，CMOS 图像传感器越来越广泛地应用于包括工业、交通、数码影像、医疗、军事以及空间探测等领域在内的各个方面。

1．工业上的应用

CMOS 图像传感器成像系统在工业中具有广泛的应用，其中应用最多的场合有：工业检测、自动控制以及危险环境的监控等。目前，CMOS 成像系统在钢材、木材、钢构、机械零部件的动态检测和测量，质量检测，表面缺陷，二维码识别等领域使用较为广泛，这些成像系统可以大幅提高工作工作人员的工作效率和工作精度，同时降低了工作强度。这些系统的工作原理是通过前端 CMOS 成像系统对目标进行拍摄，并将图像传到计算机或者 DSP 系统进行分析和处理，然后将处理结果反馈回控制系统或者输出，典型应用时在机器人控制系统中。在一些比较危险的环境中，人们无法进行现场监控，就可以在现场安装成像设备，并将实时图像数据传回控制室，这些应用场合有高温控制、强辐射、低氧环境等。通过这些成像设备，可以很大程度扩展人眼的视觉范围。

2. 汽车，交通工程应用

可以在城市主干道或者高速公路的路口安装若干 CMOS 成像系统对交通状况和交通安全进行实时监控，交通管理人员只需要根据 CMOS 摄像装置传回来的图像就可以完成交通状况的监控和指挥，了解交通的流动状况，及时正确地疏导交通。也可以在 CMOS 摄像装置前加长焦可调镜头，对较远的路段进行监控来预知车流密度，然后配合其他交通检测手段进行车辆的动态参数测定。利用 CMOS 成像装置还可以对违反交通规则的车辆进行监控，这就是我们常见的“电子警察”。在车辆的后面装上微型 CMOS 成像装置，可以让驾驶员在倒车时看清后面的车况，消除后视盲区。CMOS 摄像设备也可以装在公交车或公路巡逻车的前端，对占道行驶和违规车辆进行拍摄取证，并将图像传回交通管理部门进行处理。总之，CMOS 图像传感器在交通的各个领域都有着重要作用，尤其在现代计算机技术高速发展的今天，善于使用 CMOS 成像系统来降低人工劳动越来越受到人们的重视。

3. 数码影像中的应用

随着图像传感器的制造工艺和半导体技术的发展，图像传感器已经广泛运用到数码影像领域，目前，图像传感器在分辨率和噪声方面已经可以和传统的胶片相提并论了。市场上用于数码摄像的图像传感器有 CCD 和 CMOS 两种，在成像质量要求很高的设备（如单反相机，数码摄像机等）中依旧使用 CCD 图像传感器；但是 CMOS 以其体积小、功耗低和价格低等特点在许多便携设备和低成本设备中广泛运用。如手机上的摄像头装置，它的分辨率已经可以达到 1000 万甚至更高的水平。在一些卡片相机中，也广泛使用 CMOS 图像传感器，随着 CMOS 图像传感器性能的提高，越来越多的摄像设备中将会选择 CMOS 图像传感器来替代 CCD。

4. 军事上的应用

一些发达国家制定了“单兵作战系统”来提高机械部队和特种部队的作战能力和作战灵活性。在士兵的步枪上装上一台 CMOS 摄像装置，将前方视野的战况拍摄下来并通过内部网络传送给附近的战友来达到协同作战，指挥官也可以根据传回来的图像信息判断战情并准确迅速地作出战略决策。在士兵的头盔上安装全景相机，可以让士兵看到 360° 的视野以防敌人背后偷袭。又如在无人机系统中，可以使用 CMOS 图像传感器来对航线附近的物体进行成像，然后将图像送入计算机或者 DSP 系统进行分析处理，并将处理结果反馈给飞行控制系统，对飞机的飞行路线不断进行修正。在轰炸机上，可以装上 CMOS 成像系统对地面目标进行拍摄，然后将所成图像经过处理后与国际目标进行匹配，达到对攻击目标准确轰炸的目的。

7.6　红外焦平面阵列探测器

从 1917 年的 Case 研制出第一只硫化铊光子探测器问世，到 20 世纪 40 年代初，PbS、硒化铅、碲化铅等新材料制备的单元探测器相继出现。伴随着半导体技术的发展推动了红外探测工艺的进步，又出现了 InSb、HgCdTe、掺杂 Si、PtSi 等灵敏度较高的新型器件，然而带隙只有 0.22 eV 的电学特征决定了这些新型探测器的响应波长不会超过 5.7 μm，也只能在中短波范围来使用。1959 年 Lawso 研制出碲镉汞（$Hg_xCd_{1-x}Te$）的长波红外探测器，这是红外技术史上的一次重要进展。碲镉汞材料可以通过改变汞的比例达到连续改变该材料带隙在 0 到 0.8 eV 之间任意设定，从而实现从红外中波 3～5 mm 以及长波 8～14 mm 两个波段的全范围响应。

近几十年来，红外探测器已由单元发展到线列，由线列发展到凝视阵列探测器，红外凝视阵列探测器的出现，是红外成像系统史上又一个划时代的革命，它把红外成像系统的灵敏度提高了一个数量级，体积相对于光机扫描红外成像系统减少 10 倍之多。而且从根本上消除了光机扫描方式所固有的弊端，即：扫描过程的非线性，严重影响图像质量；扫描速度的变化和扫描过程中抖动引起目标信息采样点的无规则的变化，从而限制系统精度的提高。

电荷耦合器件引用到红外探测器后，成功地解决了焦平面上红外探测器阵列输出信号延迟积分和多路传输问题，使得红外焦平面凝视阵列完全实用化，信息率和信噪比也大幅度提高，使热成像系统的结构发生了根本的变革。由于这类器件可以采用集成电路式的制造工艺原则上可以大批量生产，因此可能得到价格较低的红外焦平面阵列器件。尤其是对混成结构的焦平面阵列，探测元件和信息处理元件可分别测试，都合乎标准后才互连，可望有更高些的成品率。由于预见到红外焦平面阵列在军事上应用的重要意义，一些发达国家政府和军事部门都给以巨额资助，所以发展速度极快，尤其是 20 世纪 80 年代后期，发展速度更是惊人。

7.6.1　红外焦平面阵列的工作原理和结构

红外焦平面陈列探测器（IRFPA）就是将 CCD 技术引入红外波段所形成的新一代红外探测器，它是红外系统及热像仪的核心部件，它被安放于红外光学系统焦平面位置处，从无限远处发射的红外线通过光学系统的作用后能够将整个视场内景象的图形全部投影到探测器敏感元上，敏感元再把各个像素产生的电信号依次读出，这就完成了一幅景象被转换成电子信号的光电转换过程。电信号经过保持，输出缓冲器和多路选择传输系统，积分放大等，最终送到监视器显示图像。

红外焦平面阵列的分类方式很多，按制冷方式分有低温制冷和非制冷；依照光电信号产生机理划分为光子探测器和热探测器；按照波长划分为：1～3 mm 的短波红外、3～5 mm 的中波红外以及 8～14 mm 的长波红外，这是由于使用搭载红外设备的空间工具如卫星及其他时，只有这三个波段能在太空通过大气层对地球表面目标进行探测，所以人们也将它们称为大气窗口；按照成像方式可分为机械扫描和阵列直接成像两种。

探测器组件两个核心部件就是光敏感元和读出电路。这两部分对材料的要求有所不同，光敏感元主要是考虑材料的红外光谱响应，而读出电路是从电荷的存储与转移的角度考虑。目前没有同时很好地满足二者要求的材料，因而红外焦平面阵列的结构存在多样性，按照结构组成又可分为单片式和混合式两种。

1. 单片式

单片式又称整体式，它沿用可见光 CCD 的概念和结构，即整个 IR-CCD 做在一块芯片上。它具体又可分为两种情况：一种是 CCD 本身就对红外敏感，融探测、转移功能于一体；另一种是把红外敏感元同转移机构做在同一基底上。基底是一块窄禁带本征半导体或掺杂的非本征半导体材料。单片式 IR-CCD 几乎都是采用 MIS（即金属-绝缘物-半导体）器件工艺，它又主要分为以下三种类型。

（1）本征单片式 IR-CCD

本征单片式 IR-CCD 是将红外光敏部分与转移部分同时制作在一块窄禁带宽度的本征半导体上。本征单片式 IR-CCD 原理和结构上类似于可见光 Si-CCD，但是它必须工作在低温下，比杂质硅的温度高。受重视的材料有 HgCdTe，主要是这类本征材料具有较大的吸收系数。这类器件工作模式与可见光 Si-CCD 也相同，即采用反型的表面深势阱收集信号电荷。其优点是量子效率较高；缺点是转移效率低（$\eta = 0.9$），响应均匀性差，且由于窄禁带材料的隧道效应限制了外加电压的幅度，则表面势不大，因此存储容量较小。

（2）非本征单片式 IR-CCD

它利用非本征材料作光敏部分，然后转移送给同一芯片上的 CCD。这类器件所用的材料主要有非本征硅和非本征锗。如在硅中掺磷、镓、铟等，用离子注入法在所需的光敏区掺入杂质并工作在合适的温度下，使杂质处于未电离状态。当受到红外辐射作用时，杂质将电离，光生载流子被送入有排泄或抗弥散的二极管存储区。如果采用背景减除电路，就能够取出叠加在固定背景上的小信号，达到探测目的。

原则上讲，掺杂不同就可以得到对应不同辐射波长响应的探测器。实际上由于大多数有用的杂质在基质半导体的晶格中因溶度低，使得其灵敏度很低。目前用于三个大气窗口的非本征硅大致上为：第一和第二个窗口可用 In、S 和 Tl 掺杂。但 S 的固溶度低，扩散快，可能导致外延层污染。Tl 比较合适，但只适用于 3.4～4.2 μm。第三个窗口的掺杂剂主要是 Ga，而 Mg 杂质由于存在一个 0.04 eV 浅能级，故需要补偿才有希望作为长波长探测器材料。

由于非本征硅光电导材料在低温下的电阻率高，因而能用来做积累式 CCD 的衬底。在积累模式 MIS 结构中，栅极是加偏压的，因而多数载流子就沿绝缘体和半导体界而存储和转移，这时在栅下形成了局部势阱。但在电荷转移的动力学过程上与普通可见光 CCD 的反型模式有很大差别。因为在积累式器件中，横向电场一直延伸到背面电极，而不像反型模式的横向电场只限制在耗尽区。

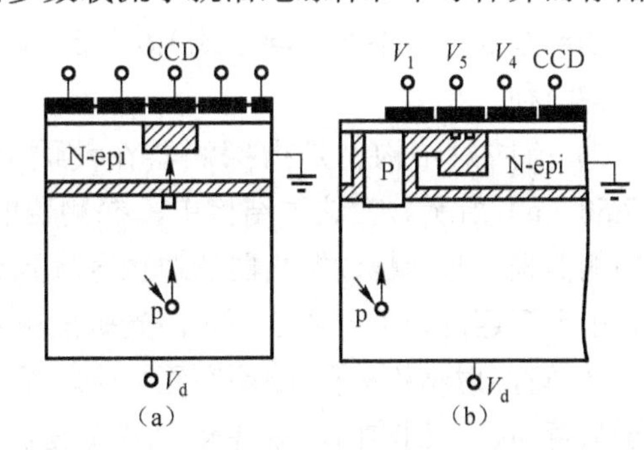

图 7.47　少数载流子工作的 IR-CCD 结构

不过也可以用少数载流子工作模式，如图 7.47（a）和（b）所示，它由非本征衬底和导电类型相反的外延层组成，非本征衬底中的多子注入外延层成为少子。图 7.47 结构称为直接注入模式，其中图 7.47（a）类似于双极性晶体管，而图 7.47（b）则类似于 MOS 场效应管。为了降低外延层和 PN 结区的复合，引起收集效率降低，栅压一般要求高些。

（3）肖特基势垒单片式 IR-CCD

肖特基势垒单片式 IR-CCD 是基于肖特基势垒的光电子发射效应，它是为解决大面积均匀性问题而设计出来的。其主要是利用硅集成电路工艺在硅基底上制作肖特基势垒二极管面阵及信息处理部分，构成焦平面阵列。它不需要掺深能级杂质，可以获得 10^5 个电荷的载荷量，基本结构由沉积在硅上的金属（Pt 或 Pd）构成，在金属和 P 型硅之间形成肖特基势垒。

肖特基势垒光电探测器与其他红外探测器相比，最大优点是可直接用硅集成电路工艺。此外，硅肖特基焦平面灵敏元之间的均匀性比一般红外探测器焦平面高 100 倍以上。其他红外探测器焦平面均匀性不好是因为载流子寿命、扩散长度及合金组分不均匀，而硅肖特基势垒焦平面是基于热电子发射，与上述参数无关。器件均匀性好，减少了固定图像噪声，使它们能对低对比的红外景物成像，并需要最少的信息处理，且焦平面机械性能坚固。

2. 混合式

混合式是指红外探测器敏感元和读出电路分别选用两种不同的材料制备之后再通过如倒装互连等工艺技术将二者连接构成一个整体使用，如图 7.48 所示为一种互连方式。图中所示混合式结构的探测器为异质结，即在 PbTe 上制备 PbSnTe。上下两层金属垫片分别同硅和探测器阵列相连接，垫片间用铟连接。工作时，辐射透过 PbTe 基底照在异质结上，产生信号，并立即导入 CCD。利用 HgCdTe 光电二极管阵列也可做成这种结构。单片式和混合式的基本结构均如图 7.49 所示，只是构成方式不同。

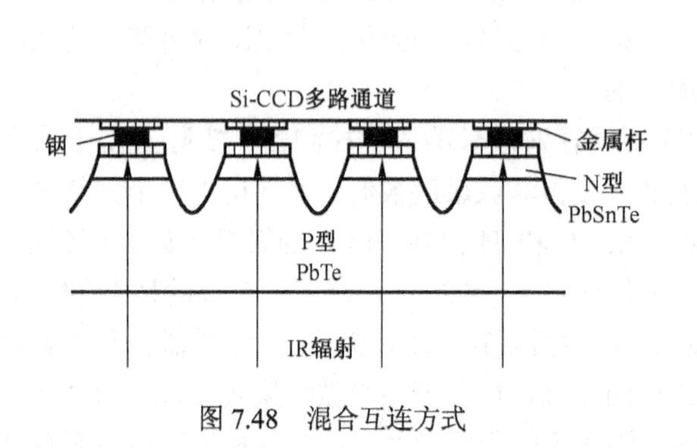

图 7.48　混合互连方式

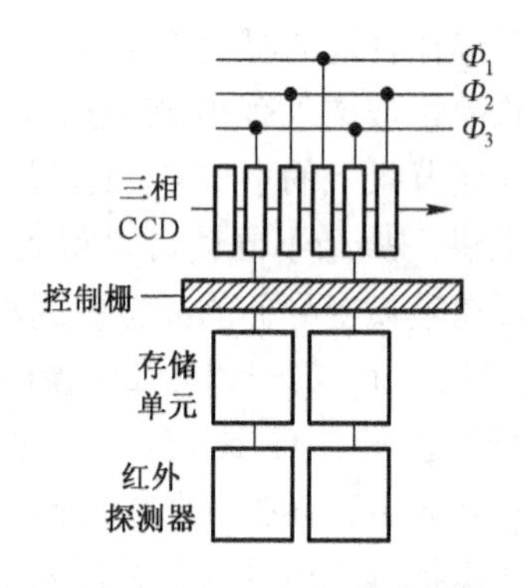

图 7.49　IR-CCD 基本结构

由于互连方式不同，混合式 IR-CCD 又有多种结构，但基本结构分为前照射结构和背照射结构两种。

① 前照射结构：是指探测器在前面受到照射，电信号就在这同一面上被抽出，如图 7.50（a）所示。在这种结构中，探测器的前面与多路传输器面向同一个方向，电学引线从探测器来，必须越过探测器的边缘区域到达多路传输器。这种引线方式要求探测器阵列较薄。由于互连占去了一部分面积，光敏面也减小了，填充因子受到一定影响。

② 背照射结构：要求镶嵌探测器有薄的光敏层，在光敏层上吸收辐射，产生的光生载流子从背面扩散到前面，被 PN 结检测得到信号如图 7.50（b）所示。背照射使用外延生长薄层材料（厚度小于少子扩散长度），用透明衬底。如果用体材料也可以达到背照射，但必

须机械减薄到小于少子扩散长度，否则将会产生像元间的串扰。这种结构中电学互连很短，是在探测器和多路传输器间直走的。由于没有遮蔽，它很容易达到高的填充因子。这种结构又称为“平面混合焦平面阵列”。目前焦平面阵列大多是基于这种结构。

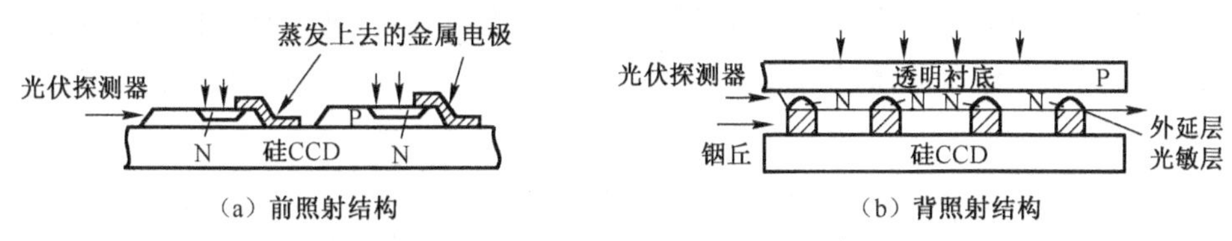

图 7.50　混合红外焦平面

7.6.2　z 平面红外焦平面探测器

z 平面技术是红外焦平面发展的又一种方式，它不同于单片式混成式的二维焦平面阵列。所谓 z 平面，是指立体的焦平面阵列，它将信号读出及处理功能的芯片（包括低噪声前放、滤波器和多路传输等）采用叠层的方法组装起来．形成信号处理模块，再把模块与探测器和输入/输出线等连接在一起，其结构原理如图 7.51 所示。

z 平面技术可用于光导型、光伏型等各种探测器信号的读出、处理。该技术自 20 世纪 70 年代开始出现，起初许多人认为它的工艺难度大，不宜生产，无使用价值。然而，近几年的发展表明，z 平面技术的工艺全部以现有半导体生产工艺为基础，能批量生产，模块化，使用维修方便，短期内可能会走出实验室进入生产阶段。另外，由于它的数据预处理能力，对于抑制噪声，提高灵敏度及缩小整机体积都具有较好性能，尤其适用于采用神经网络技术等进行多目标的识别和成像跟踪。

早期的 z 平面技术是在陶瓷基片上完成的，并应用到 PbS 探测器上，制成 4096 像元的 PbS 组件。PbS 是沉积在陶瓷板边缘的。目前，随着 z 平面技术的发展，已制成对中红外响应的 InSb、MCT 组件，探测器采用铟焊技术或将导电环氧树脂黏合在芯片边缘上。像元数也从初期的 64×64 像元发展到超过 256×256 像元的 z 平面焦平面阵列。

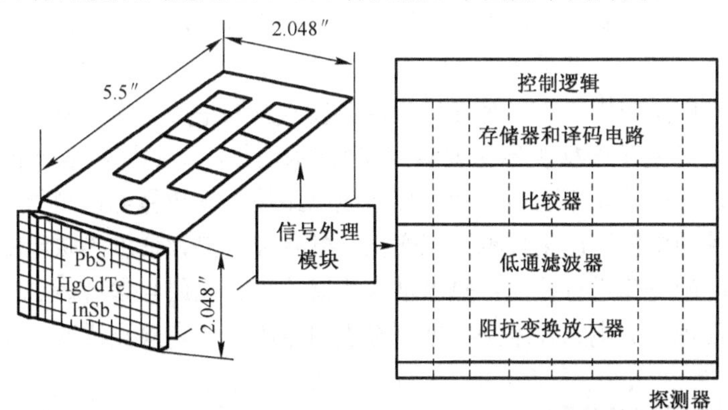

图 7.51　z 平面焦平面阵列原理示意图

7.6.3　非制冷红外焦平面阵列探测器

基于 HgCdTe、InSb 和 PtSi 的光电探测器使热成像技术得到迅速发展，但由于需要制冷使系统成本高昂，可靠性较低，成为阻碍其广泛应用的主要原因。但自 20 世纪 90 年代中期开发出来热探测器非制冷焦平面阵列（Uncooled Focal Plane Array，UFPA）以来，这一僵局被迅速打破。

非制冷焦平面阵列省去了昂贵的低温制冷系统和复杂的扫描装置，突破了历来热像仪成本高昂的障碍，可靠性大大提高、维护简单、工作寿命延长，因为精细的低温制冷系统和复杂扫描装置常常是红外系统的故障源。图 7.52 所示为 TI 公司的热释电焦平面阵列的像元结构。

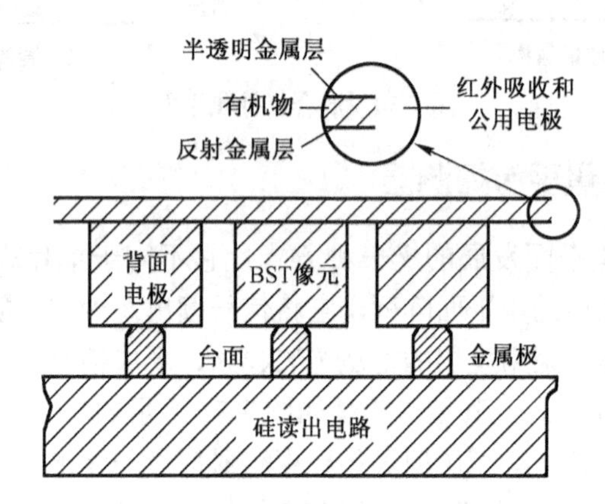

图 7.52　TI 公司的热释电焦平面阵列的像元结构

非制冷探测器的灵敏度比低温碲镉汞要小一个量级以上，但是以大的焦平面阵列增加信号积分时间来弥补，可与第一代 CMT 探测器的热成像系统争雄。对许多应用，特别是一般的监视与夜视而言其性能基本满足需要，因此，在广阔的准军事和民用市场更是它施展拳脚的领域。

非制冷红外探测器采用成熟的硅集成电路工艺，制造大型高密度阵列和推进系统集成化的信号处理，即大规模焦平面阵列技术，可具有低成本，形成批量产品生产能力，发展潜力十分巨大，且可避免大量投资。

综上所述，UFPA 具有较高的性能价格比、无须制冷、功耗低、体积小、质量轻、易携带等特性，无论在军事上、还是在工业（电力、石化冶金、建筑、消防等）、医学、科学研究等诸多领域都有广泛应用，被称为红外热成像技术发展中的一次变革。

目前非制冷红外焦平面探测器主要有 4 种技术途径，即热释电焦平面技术、微测辐射热计焦平面技术、热电堆焦平面技术和常规集成电路技术。热释电探测器通过检测与吸收材料温度变化率有关的电压输出来检测温度变化；微测辐射热计通过热敏电阻材料的温度变化而引起吸收层温度的变化进行检测；热电堆探测器检测吸收层与参考热层（一般是探测器的底）间的温差，常规集成电路技术是根据测量正向电压变化来检测温度变化。

习题与思考题

1. 比较逐行扫描与隔行扫描的优缺点。说明为什么 20 世纪的电视制式要采用隔行扫描方式的电视制式，我国的 PAL 电视制式是怎样规定的。
2. 为什么说 N 型沟道 CCD 的工作速度要高于 P 型沟道 CCD 的工作速度，而埋沟 CCD 的工作速度要高于表面沟道 CCD 的工作速度？

3．为什么要引入胖零电荷？胖零电荷属于暗电流吗？能通过对 CCD 器件制冷消除胖零电荷吗？
4．试说明帧转移型和隔列转移型面阵 CCD 的信号电荷是如何从像敏区转移出来成为视频信号的。
5．在 CMOS 图像传感器中的像元信号是通过什么方式传输出去的？CMOS 图像传感器的地址译码器的作用是什么？
6．CMOS 图像传感器能够像线阵 CCD 那样只输出一行信号吗？若能，试说明怎样实现。
7．CMOS 图像传感器与 CCD 图像传感器的主要区别是什么？
8．为什么 CMOS 图像传感器要采用线性-对数输出方式？说明采用线性-对数输出方的优点，同时会带来什么问题？
9．SSPD 中产生开关噪声的原因是什么？怎样才能减小开关噪声？
10．比较 CCD 器件和 SSPD 器件的主要优缺点。

第 8 章　光电检测常用电路

内容概要

光电探测系统中，探测器输出的信号一般是很微弱的调制信号，只有经过充分的放大和处理后才能记录下来，因此前置放大电路和信号解调电路是整个光电检测系统的一个重要组成部分。本章主要讨论前置放大电路设计中的一些基本问题，调幅波、调频波、调相波和脉冲调制信号的解调电路以及细分与辨向电路等。

学习目标

- 掌握基本前置放大电路的设计方法；
- 掌握各种解调电路的设计原理和方法；
- 了解细分与辨向电路。

8.1　前置放大器

在光电检测系统中，信号处理的关键在于前置放大器的设计。本节着重讨论设计的一般原则。

光电器件偏置电路输出信号较强时，前置放大器及后续放大器的设计主要是从增益、带宽、阻抗匹配和稳定性着手，在此基础上考虑噪声的影响。

如果供给前置放大器的信号很小，那么设计适用于弱信号的低噪声前置放大器将十分重要。应以尽力抑制噪声作为考虑问题的出发点。

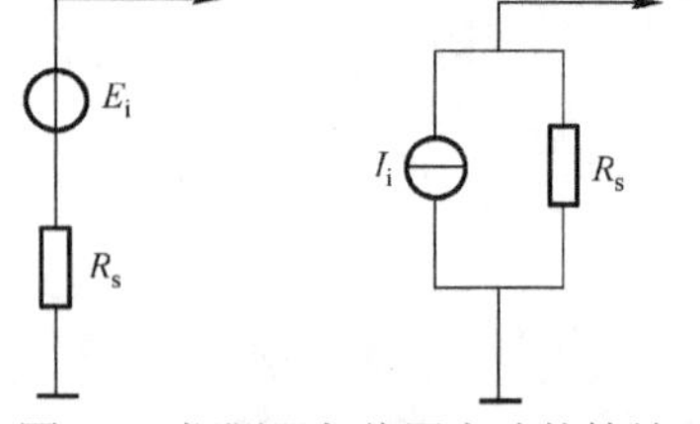

图 8.1　探测器与偏置电路的等效

通常在选定探测器和相应的偏置电路以后，就可知所获信号和噪声的大小。用恒压信号源或恒流信号源来等效探测器和偏置电路的输出信号如图 8.1 所示。同时用源电阻的热噪声来等效探测器和偏置电路的总噪声 $I_{nt}^2 = 4kTR_s\Delta f$，用最小噪声系数原则设计前置放大器。

8.1.1　前置放大器设计的大致步骤

在光电检测系统中，由于工作所选光电或热电探测器不同，要求不同，设计者的考虑方法不同，使前置放大器的电路形式差别很大，这里按一般原则介绍大致的步骤：

① 测试或计算光电探测器及偏置电路的源电阻 R_S。

② 从噪声匹配原则出发，选择前置放大器第一级的管型，选择原则如图 8.2 所示。如果源电阻小于 100 Ω，可采用变压器耦合；在 10 Ω～1 MΩ，可选用半导体三极管；在 1 kΩ～1 MΩ，可选用运算放大器（OPOMP）；在 1 kΩ～1 GΩ，可选用结型场效应管（JFET）；1

MΩ 以上，可选用 MOS 场效应管（MOS-FET）。

③ 在管型选定后，第一、二级应采用噪声尽可能低的器件，按照最佳源电阻的原则来确定管子的工作点，并进行工作频率、带宽等参数的计算及选择。

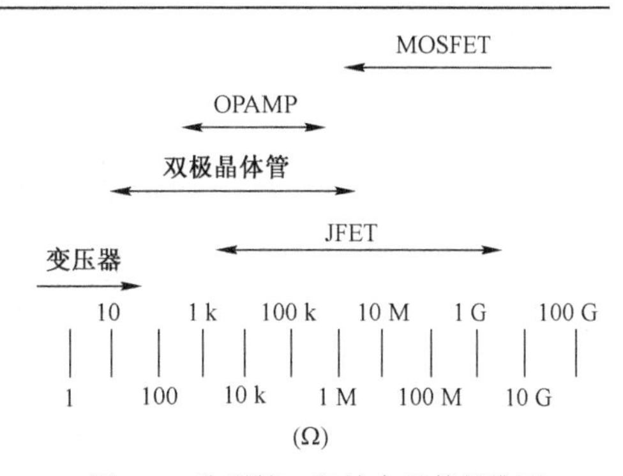

图 8.2　选用第一级放大器件的准则

8.1.2　放大器设计中频率及带宽的确定

在光电检测系统的电路参量选择中，从减小噪声影响的原则出发，正确地选择工作频率及带宽十分重要。这里介绍一些选择原则。

① 根据所采用的光电探测器的噪声谱和选定放大器的典型噪声谱，确定工作（调制）频率。典型探测器的噪声谱如图 8.3（a）所示，在低频时主要是 $1/f$ 噪声，并随频率增高而影响减小，进入以散粒噪声等白噪声形式为主的区域，曲线平直。显然频率应选在这一区域中。典型晶体管放大器噪声系数的频率特性大致如图 8.3（b）所示，综合考虑工作频率应选择在两者共同的噪声较低的频率区中。

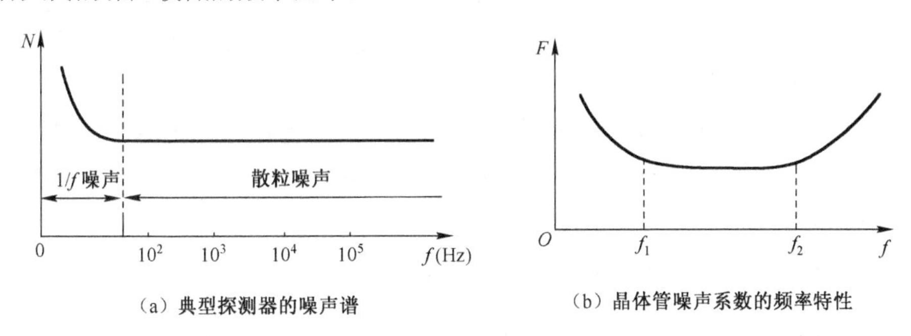

（a）典型探测器的噪声谱　　（b）晶体管噪声系数的频率特性

图 8.3　探测器噪声的频率特性

应当注意，实际工作频率还要考虑探测器频率特性，应选在灵敏度开始下降的频率之前，即频率不应选择得过高。

② 光电检测系统中按照白噪声的特点，工作频率选定后，应尽可能减小电路的频带宽度。这是减小噪声影响的重要措施，可采用选频放大、锁相放大等技术。

③ 当信号频率在一定范围内变化，不能选用固定频率的窄带滤波方式工作时，除确定必要的窄带外，可采用实际选通积分器的方法来抑制噪声，原理是在选通时间内，把信号去除并经积分器积分，而积分作用对噪声来说是取平均值，对信号来说是叠加增强，从而达到抑制噪声提高信噪比的目的。

④ 在某些系统如脉冲系统中，为保持信号的波形，必须采用频带宽度较宽的处理电路。电路系统的频率特性由滤波器带宽决定，如果要保持矩形脉冲波形，则要求无限宽的带宽，即使在白噪声的情况下，带宽增宽，噪声功率也要按正比增加，从而使信噪比下降。在实际系统中，从提高信噪比考虑，很少要求精确保持波形，而按实际需要适当牺牲高频成分，保持必要的脉冲特性。图 8.4 说明了所需保持波形和电路 3 dB 带宽 Δf 之间的关系。参量 τ 是脉冲持续时间。$\Delta f_\tau < 0.5$ 时，信号峰值幅度减小；$\Delta f_\tau = 0.5$ 时，信号峰值幅度保持，这时信噪比最大；$\Delta f_\tau = 1$ 时，有一点矩形波的轮廓；较正确复现波形则需 $\Delta f_\tau = 4$ 。

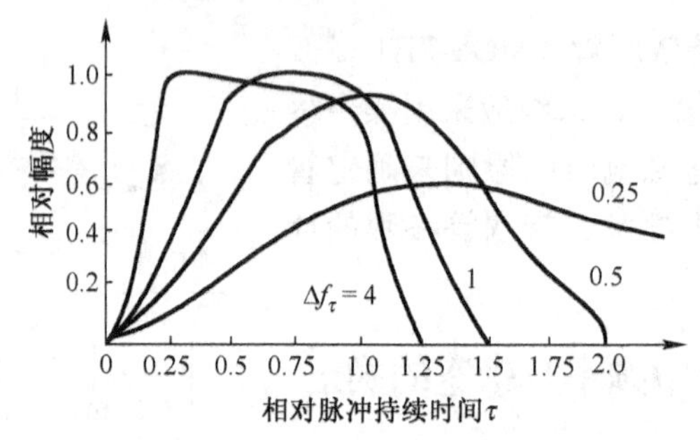

图 8.4　带宽对矩形脉冲波形和幅值的影响

8.1.3　放大器设计中的其他考虑

在光电检测系统的电路设计中，一些其他考虑归纳如下：

① 按最小噪声系统原则设计前置放大器时，为减少后面各放大级噪声对总噪声的影响，其电压放大倍数 A_v 不应小于 10，从而使 $F \approx F_1$。当然，过高的前置放大器放大倍数没有必要，且不易实现。

② 采用多级级联放大器时，总放大倍数 A_v 可分配到各级中去，即 $A_v = A_{v1} A_{v2} \cdots A_{vn}$。

③ 级间加入不同型式的负反馈电路，可以起到提高电路的稳定性、调整输入阻抗、调整放大倍数和改变带宽等作用。

④ 大部分光电检测系统要求有好的线性度和宽的动态范围，在电路设计中应给予考虑。

⑤ 完成电路设计前应验证设计是否满足噪声系数、电压放大倍数、频带宽度、稳定性、阻抗匹配、线性度、动态范围等要求。如不满足则应反复修正。

8.1.4　光电器件与集成运算放大器的连接

各种类型的集成运算放大器广泛应用于光电变换，尤其是在大多数微弱光信号的检测中，它与光电器件组合在一起的组合器件也已生产。集成运算放大器因结构简单、使用方便而得到广泛应用。下面介绍几种光电器件与集成运算放电路的典型连接方式。

（1）电流放大型

图 8.5（a）是电流放大型 IC 变换电路，硅光电二极管和运算放大器的两个输入端同极性相连，运算放大器两输入端间的输入阻抗 Z_{in} 是硅光电二极管的负载电阻，可表示为

$$Z_{in} = R_f / (A_{uo} + 1)$$

式中，A_{uo} 是放大器的开环放大倍数；R_f 是反馈电阻。

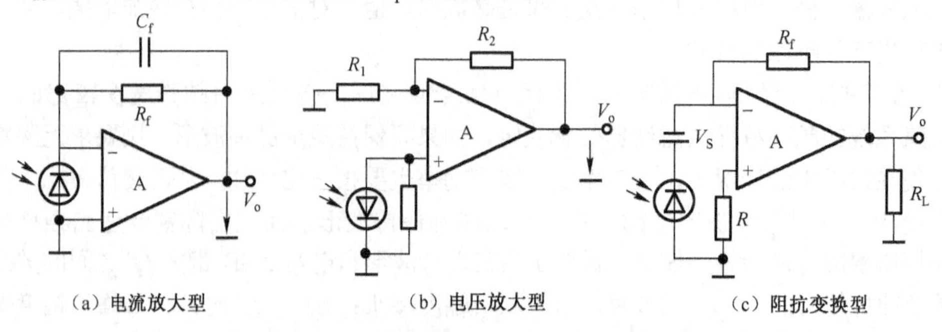

图 8.5　光电二极管和 IC 放大器的连接

当 $A_{uo}=10^4$，$R_f=100\,k\Omega$ 时，$Z_{in}=10\,\Omega$，可以认为硅光电二极管处于短路工作状态，能输出近于理想的短路电流。处于电流放大状态的运算放大器，其输出电压 V_o 与输入短路光电流 I_{sc} 成比例关系：

$$V_o = I_{sc}R_f = R_f S_e E \tag{8.1}$$

即输出信号与输入光照度成正比。此外，电流放大器因输入阻抗低而响应速度较高，噪声较低，信噪比高，因而被广泛应用于弱光信号的变换中。

（2）电压放大器

图 8.5（b）是电压放大器 IC 变换电路，硅光电二极管的正端接在运算放大器的正端，运算放大器的漏电流比光电流小得多，具有很高的输入阻抗。当负载电阻 R_L 取 1 MΩ 以上时，运行于硅光电池状态下的硅光电二极管处于接近开路状态，可以得到与开路电压成正比的输出信号，即

$$V_o = A_v V_{oc} \tag{8.2}$$

式中，$A_v=\dfrac{R_2+R_1}{R_1}$ 是该电路的电压放大倍数。根据（8.1）式，代入得

$$V_o \approx A_v \frac{kT}{q}\ln(S_e E / I_o) \tag{8.3}$$

（3）阻抗变换型

反向偏置硅光电二极管或 PIN 硅光电二极管具有恒流源性质，内阻很大，且饱和光电流与输入光照度成正比，在很高的负载电阻情况下可以得到较大的信号电压，但如果将这种处于反偏状态下的硅光电二极管直接接到实际的负载电阻上，则会因阻抗的失配而削弱信号的幅度，因此需要有阻抗变换器将高阻抗的电流源变换成低阻抗的电压源，然后再与负载相连。图 8.5（c）所示的以场效应管为前级的运算放大器就是这样的阻抗变换器，该电路中场效应管具有很高的输入阻抗，光电流是通过反馈电阻 R_f 形成压降的，其电路的输出电压为

$$V_o = -I_{sc}R_f = -R_f S_e E \tag{8.4}$$

V_o 与输入光照度成正比，当实际的负载电阻 R_L 与放大器连接时，由于放大器输出阻抗 R_o 较小，R_L 远远大于 R_o 时，则负载功率为

$$P_o = \frac{V_o^2 R_L}{(R_o+R_L)^2} \approx \frac{V_o^2}{R_L} = \frac{R_f^2 I_p^2}{R_L} \tag{8.5}$$

另一方面，由式（8.5）也可计算出硅光电二极管直接与负载电阻相连时，负载上的功率等于 $I_p^2 R_L$。比较以上两种情况可见，采用阻抗变换器可以使功率输出提高 $(R_f / R_L)^2$ 倍。例如，当 $R_L = 1\,M\Omega$，$R_f = 10\,M\Omega$ 时，功率提高 100 倍。这种电路的时间特性较差，但用在信号带宽没有特殊要求的缓变光信号检测中，可以得到很高的功率放大倍数。此外，用场效应管代替双极性晶体管作为前置级，其偏置电流很小，因此适用于光功率很小的场合。

8.2　解调电路

将被测信息从已调信号中分离出来的过程称为解调，常用的解调方法有如下两种：①光学

方法，包括相干光干涉场解调（见第 10 章）和光电探测器解调；②电学法，主要包括峰值检波电路、相敏检波电路、鉴频器和鉴相器等。

8.2.1 调幅波的解调

从调幅波中检出输入信号的过程就是解调。调幅信号的解调，通常称为检波，其实现方法可分为包络检波和同步检波两大类。前者只适用于 AM 波，而 DBS（双边带）或 SSB（单边带）信号只能用同步检波。同步检波也可解调 AM 信号，但因比包络检波器电路复杂，所以 AM 信号很少采用同步检波。

1. 二极管包络检波电路

二极管包络检波电路分为峰值包络检波和平均包络检波。前者输入信号电压大于 0.5 V，检波器输出、输入间是线性关系——线性检波；后者输入信号较小，一般为几毫伏至几十毫伏，输出的平均电压与输入信号电压振幅的平方成正比，又称平方率检波，广泛应用于测量仪表中的功率指示。

图 8.6 是两种包络检波电路。图 8.6（a）采用二极管 VD 作为整流用非线性元件，图 8.6（b）采用晶体管 VT。如输入的调幅波 u 具有图 8.7（a）所示波形，那么经整流后其波形如图 8.7（b）所示。为了获得调制信号，还要用滤波器滤除载波分量。

图 8.6（b）所示晶体管检波器与图 8.6（a）所示电路的第一个区别是晶体管有放大作用，即晶体管的输出电压 i_cR_L 可能大于 u_s 的半波整流值。这一点在图 8.7（b）上未得到体现，可以认为其比例尺不同。其次是在晶体管检波电路中，集电极电压的变化对集电极电流 i_c 影响很小，因此 i_c 基本上由 u_s 确定，而与 RLC 上的输出电压 u_o 无关。由于晶体管 VT 只在半个周期导通，半个周期 i_c 对电容 C 充电，另半个周期电容 C 向电阻 R_L 放电，流过 R_L 的平均电流只有 $i_c/2$，这种检波称为平均值检波，其输出波形如图 8.7（c）所示。当 $R_LC \gg 1/\omega_c$ 时，可以认为由于电容 C 充放电造成的残余高频分量很小，输出信号的波形是与调制信号相似的平滑曲线。

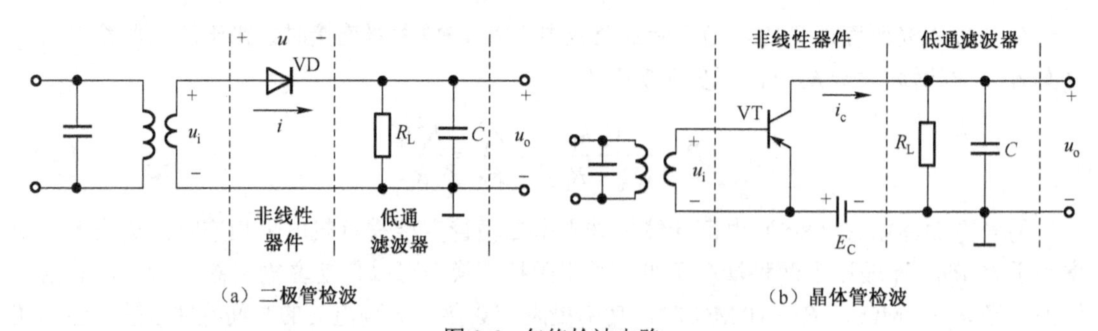

（a）二极管检波　（b）晶体管检波

图 8.6 包络检波电路

在二极管检波电路中，由于整个电路是串联的，加在二极管两端的电压 u 是输入高频电压 u_s 与输出电压 u_o 之差。如果图 8.6 中二极管 VD 与晶体管 VT 都具有理想的线性特性，那么在晶体管检波器中，余弦电流脉冲的通角为 $\theta = \pi/2$。而在二极管检波器中负载 R_L 与二极管正向电阻 r 之比越大，需要向滤波器提供电的时间越短，余弦电流脉冲的通角 $\theta = \arccos(u_o/u_{sm})$ 越小。这种检波器称为峰值检波器，其输出波形加图 8.7（d）所示。低通滤波器的时间常数应满足$1/\omega_c \ll R_L C \ll 1/\Omega$，以滤除载波信号，同时保留调制信号。“峰值”是指高频信号的峰值。

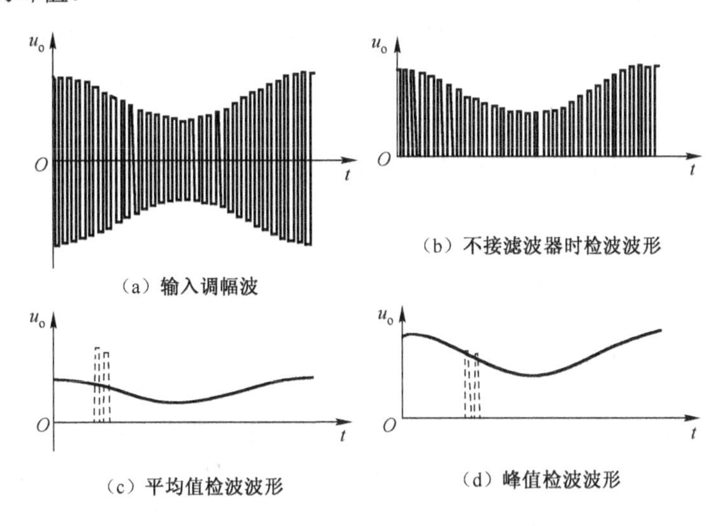

图 8.7　包络检波中各点的波形

包络检波存在两个问题：一是解调的主要过程是对调幅信号进行半波或全波整流，无法从检波器的输出鉴别调制信号的相位。第二，包络检波电路本身不具有区分不同载波频率的信号的能力。对于不同载波频率的信号，它都以同样方式对它们整流，以恢复调制信号，这就是说它不具有鉴别信号与噪声的能力。为了使检波电路具有判别信号相位和频率的能力，提高抗干扰能力，需采用相敏检波电路。

2. 相敏检波电路

相敏检波电路有乘法器式相敏检波电路、开关式相敏检波电路、相加式相敏检波电路、精密整流型相敏检波电路、脉冲钳位式相敏检波电路。除了脉冲钳位式相敏检波电路，其他相敏检波的工作原理如图 8.8 所示。它由模拟乘法器和低通滤波器组成。设$u_i(t)=u(t)\cos\omega_c t$为振幅调制信号，即待测的振幅缓慢变化的信号；$u_L(t)=u_L\cos(\omega_c t+\phi)$是本机振荡或参考信号，则乘法器的输出信号为

$$u_1(t)=K_M u(t)\cos\omega_c t\cdot u_L\cos(\omega_c t+\phi)=\frac{1}{2}K_M u(t)u_L[\cos\omega_c t+\cos(2\omega_c t+\phi)] \tag{8.6}$$

低通滤波器滤去高频2ω的分量，其输出量为

$$u_o(t)=\frac{1}{2}K_M K_\phi u(t)u_L\cos\phi \tag{8.7}$$

式中，K_ϕ为低通滤波器的传输系数。

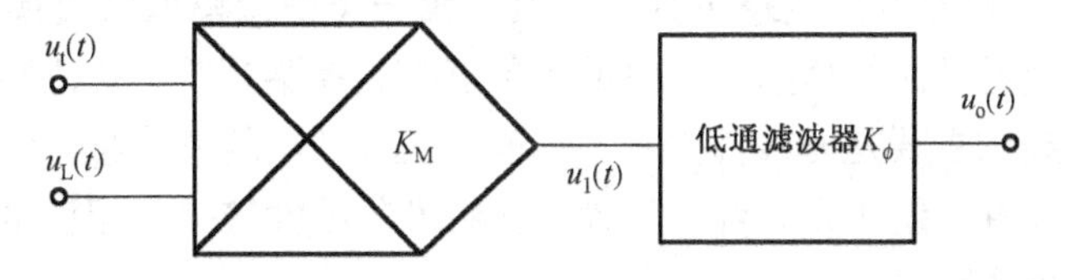

图 8.8　相敏检波器原理框图

（1）相敏检波电路的选频特性

相敏检波电路的选频特性是指它对不同频率的输入信号有不同的传递特性。如果输入信号中有高次谐波，即设 n 次谐波为 $u_n(t)=u_n\cos n\omega_c t$，由它产生的附加输出为

（8.8）

即相敏检波电路具有抑制各种高次谐波的能力。

同理，当实际电路中常采用方波信号作为参考信号时，输入信号需要与归一化后的方波载波信号相乘，即

$$\begin{aligned}u_n&=\frac{1}{2\pi}\int_0^{2\pi}u_n\cos n\omega_c t\left[\frac{1}{2}+\frac{2}{\pi}\cos\omega_c t-\frac{2}{3\pi}\cos 3\omega_c t+\cdots\right]\mathrm{d}(\omega_c t)\\&=\frac{1}{2\pi}\int_0^{2\pi}u_n\left[\frac{1}{\pi}\cos(n-1)\omega_c t-\frac{1}{3\pi}\cos(n+1)\omega_c t+\cdots\right]\mathrm{d}(\omega_c t)\end{aligned}\tag{8.9}$$

这时输出信号对于所有偶次谐波在载波信号的一个周期内平均输出为零，即它有抑制偶次谐波的功能。对于 n = 1, 3, 5 等各奇次谐波，输出信号的幅值相应衰减为基波的 1/ n，即信号的传递系数随谐波次数增高而衰减，对高次谐波有一定抑制作用。

（2）相敏检波电路的鉴相特性

如式（8.6）和式（8.7），如果输入信号 $u_i(t)$ 与参考信号 $u_L(t)$ 或 u_L 为同频信号，但有一定相位差，这时输出信号随相位差 ϕ 的余弦而变化。

由于在输入信号与参考信号同频但有一定相位差时，输出信号的大小与相位差有确定的函数关系，可以根据输出信号的大小确定相位差的值，从而判别被测量变化的方向。相敏检波电路的这一特性称为鉴相特性。

8.2.2　调频波的解调

对于调频波的解调电路来说，其作用是从调频波中取出原低频调制信号（调制信号常以低频正弦波为代表），即输出电压与输入信号的瞬时频率偏移成正比，完成频率-电压的变换作用，即鉴频，能完成这种作用的电路称为鉴频器。图 8.9 所示为其输入/输出信号。为了消除干扰，通常鉴频器中包含限幅器。

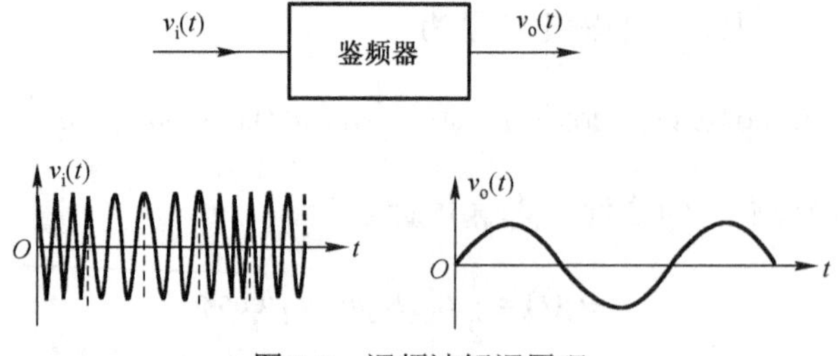

图 8.9　调频波解调原理

实现调频信号解调的鉴频电路可分为三类：第一类是调幅调频变换型，第二类是相移乘法鉴频型，第三类是脉冲均值型。常见的鉴频器有斜率鉴频器、相位鉴频器、比例鉴频器等，对这些电路的要求主要是非线性失真小、噪声门限低。斜率鉴频器的电路比较简单，但回路失谐时其谐振特性曲线不是直线，因而鉴频特性的线性较差。相位鉴频器鉴频特性的线性较好，鉴频灵敏度也较高。

1. 斜率鉴频器

斜率鉴频器属于调幅调频变换型。它先通过线性网络把等幅调频波变换成振幅与调频波瞬时频率成正比的调幅调频波，然后用振幅检波器进行振幅检波。图 8.10 所示为其原理框图及各环节波形图。

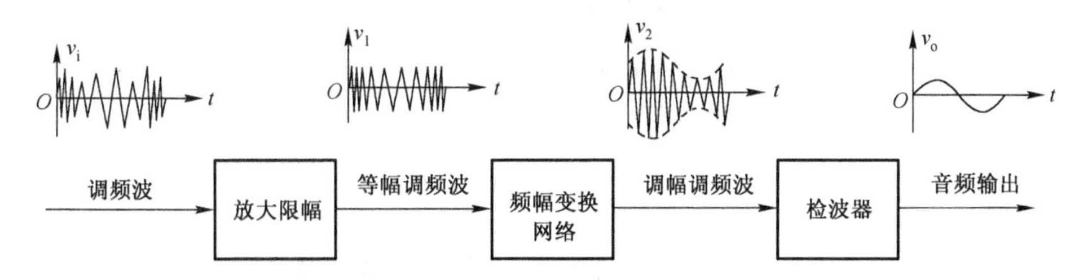

图 8.10　斜率鉴频器原理框图及各环节波形图

通常，斜率鉴频器由线性变换电路与幅值检波器构成，图 8.11（a）所示是单失谐回路斜率鉴频器。其线性变换部分是利用谐波回路的频率特性工作的。图中调频波 u_F 经过 L_1、L_2 耦合，加于 L_2、C_2 组成的谐振回路上，在 L_2、C_2 并联振荡回路两端获得如图 8.11（b）所示的电压频率特性曲线。当输入信号频率 ω_0 与谐振回路的固有频率 ω_n 不相同时，不在 LC 回路的谐振点上，所以这种鉴频器称为失谐回路鉴频器，又称斜率鉴频器。当 $\omega_0 > \omega_n$ 时，其输出电压 $u_{F,A}$ 将随输入调频波的频率增加而减小。在适当的范围内，$u_{F,A}$ 与 ω 呈线性关系。L_2、C_2 大小的选择应使调频波的频率变化范围 $\omega_0 \pm \Delta\omega$ 正好在特性曲线的线性范围内，这时线性变换电路输出的电压 $u_{F,A}$ 为调频调幅波。将 $u_{F,A}$ 经过 RC 组成的滤波器滤波，滤波器的输出电压 $u_o(t)$ 与调制信号 $c_1(t)$ 成比例。

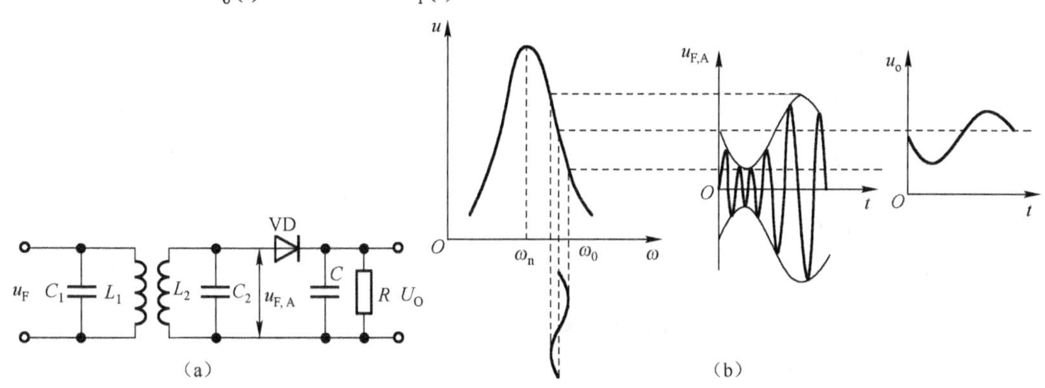

图 8.11　调频波的解调

为了改善其线性，可以采用图 8.12（a）所示双失谐回路鉴频器。两个谐振回路的固有频率 f_{01}、f_{02} 分别比载波频率 f_c 高和低 Δf_0。随着输入信号 u_s 的频率变化，回路 1 的输出 u'_{s1} 与回路 2 的输出 u'_{s2} 分别如图 8.12(d)与图 8.12（e）所示。回路 1 的输出灵敏度，即单位频率变化而引起的输出幅值变化 $\Delta u_m/\Delta f$ 随着频率升高而上升，而回路 2 的输出随着频率升高而下降。总输出为二者绝对值变化之和，从而使线性得到改善，同时使输出灵敏度提高一倍。二极管 VD_1、VD_2 用于包络检波，电容 C_1、C_2 用于滤出高频载波信号。R_L 为负载电阻。滤波后的输出如图 8.12（f）所示。

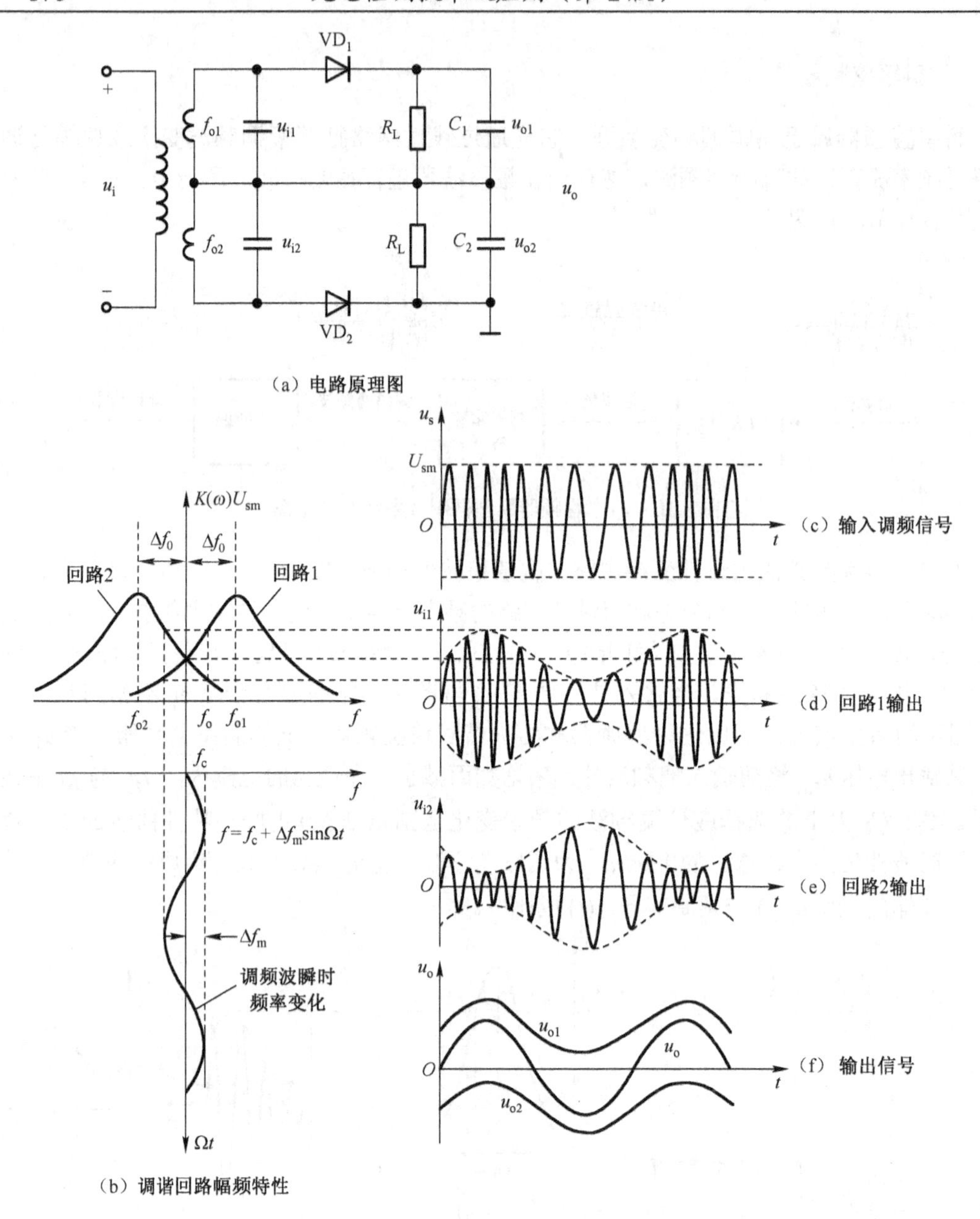

图 8.12　双失谐回路鉴频器

2. 相位鉴频器

相位鉴频器属于相移乘法鉴频型。它将调频波经过移相电路变成调相调频波，其相位的变化正好与调频波瞬时频率的变化呈线性关系，然后将调相调频波与原调频波进行相位比较，通过低通滤波器取出解调信号。因为相位比较器通常由乘法器组成，所以称为相移乘法鉴频。图 8.13 所示为相位鉴频器原理框图。

相位鉴频的基本原理是，首先将 u_i 的瞬时频率变化转换为相位变化，然后利用鉴相检出所需调制信号。

图 8.14 是相位鉴频电路。经放大后的调频信号 $\dot{U}_1$ 分两路加到相位鉴频电路：一路经耦合

电容 C_0 加到扼流圈 L_3 上，它相当于相敏检波器的参考电压。由于在调频波的角频率 ω_c+mx 范围内，C_0 的容抗远小于 L_3 的感抗，可认为加在 L_3 的电压即为放大器输出电压 $\dot{U}_1$；另一路信号经互感耦合加到谐振回路 L_2、C_2 上。这一电压相当于相敏检波器的信号电压。

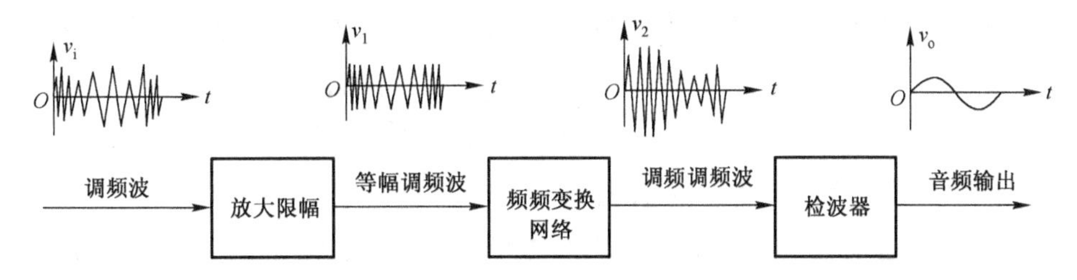

图 8.13　相位鉴频器原理框图

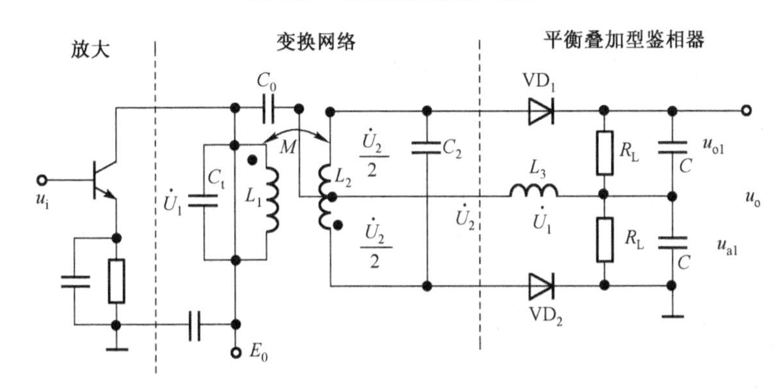

图 8.14　相位鉴频电路

互感耦合回路单独绘于图 8.15（a）中。一次侧和二次侧回路应这样调谐，使它们的固有频率 $\omega_0=\dfrac{1}{\sqrt{L_1C_1}}=\dfrac{1}{\sqrt{L_2C_2}}=\omega_c$。设两线圈参数相同，即 $L_1=L_2$、$C_1=C_2$、$r_1=r_2$。若调频信号的瞬时角频率为 ω，在二次侧回路开路情况下，流过 L_1 的电流为

$$\dot{I}_1=\frac{\dot{U}_1}{r_1+\mathrm{j}\omega L_1}\approx\frac{\dot{U}_1}{\mathrm{j}\omega L_1} \tag{8.10}$$

其相位比 $\dot{U}_1$ 滞后 90°。$\dot{I}_1$ 通过互感 M 的耦合作用，在二次侧回路中产生感应电势

$$\dot{E}=\dot{I}_1\mathrm{j}\omega M=\frac{M}{L_1}\dot{U}_1 \tag{8.11}$$

与 $\dot{U}_1$ 同相。$\dot{E}$ 在二次侧回路中产生的电流为

$$\dot{I}_2=\frac{\dot{E}}{r_2+\mathrm{j}\left(\omega L_2-\dfrac{1}{\omega C_2}\right)}=\frac{M}{L_1}\cdot\frac{\dot{U}_1}{Z_2}\mathrm{e}^{-\mathrm{j}\phi} \tag{8.12}$$

其中，$z_2=\sqrt{r_2^2+(\omega L_2-\dfrac{1}{\omega C_2})^2}=r_2\sqrt{1+\xi^2}$，

$$\xi=\frac{\left(\omega L_2-\dfrac{1}{\omega C_2}\right)}{r_2}=\frac{\omega_0L_2}{r_2}\cdot\frac{\omega}{\omega_0}-\frac{1}{r_2\omega_0C_2}\cdot\frac{\omega_0}{\omega}=Q_2\left(\frac{\omega}{\omega_0}-\frac{\omega_0}{\omega}\right)\approx Q_2\frac{2\Delta\omega}{\omega_0} \tag{8.13}$$

$$\phi = \arctan\xi \tag{8.14}$$

这里，$Q_2 = \dfrac{\omega_0 L_2}{r_2}$ 为二次侧回路的品质因数，ξ 称为广义失调量，Z_2 为二次侧回路的阻抗，$\Delta\omega = \omega - \omega_0$ 为角频率变化量。$\dot{I}_2$ 的相位较 $\dot{U}_1$ 滞后 ϕ，它在二次侧回路两端产生的电压为

$$\dot{U}_2 = -\dot{I}_2 \frac{1}{\mathrm{j}\omega C_2} = \frac{\omega_0^2 M}{\omega Z_2}\dot{U}_1 \mathrm{e}^{\mathrm{j}\left(\frac{\pi}{2}-\phi\right)} \tag{8.15}$$

它比 $\dot{I}_2$ 超前 90°，其矢量图见图 8.15（c）。

两个具有相位差 $\pi/2-\phi$ 的电压 $\dot{U}_1$ 和 $\dot{U}_2$ 送到一个相敏检波电路。这里相敏检波电路用做鉴相器，其输出 u_o 与 $U_2\cos\left(\dfrac{\pi}{2}-\phi\right) = U_2\sin\phi = \dfrac{\omega_0^2 M U_1}{\omega r_2(1+\xi^2)}\xi$ 成正比。$\omega \approx \omega_0$ 时，广义失调量 ξ 很小，可以认为 u_0 与 ξ 成正比，即 u_o 与偏频量 $\Delta\omega$ 呈线性关系。u_o 的大小反映角频率 ω 的变化，即它是调制信号的线性函数。

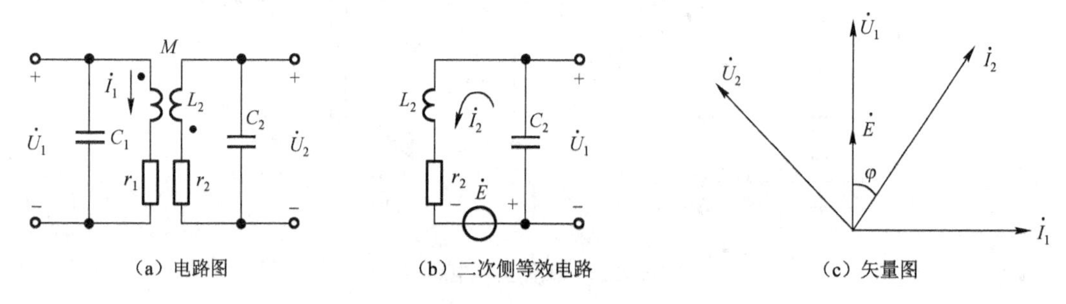

（a）电路图　（b）二次侧等效电路　（c）矢量图

图 8.15　互感耦合中的相位关系

3. 比例鉴频器

在图 8.14 所示相位鉴频电路中，输出电压 u_o 的大小与 U_1 有关，为使 U_1 稳定，常在鉴频器前增加一个限幅器。图 8.16 所示比例鉴频电路本身具有抑制寄生调幅的能力。从本质上说它也是一个相位鉴频电路。它与图 8.14 主要有两点区别：①用图 8.16 所示的单式半波相敏检波电路代替了图 8.12(a)所示的常见的半波相敏检波电路；②在 a、b 两点并联了一个大电容 C_5。

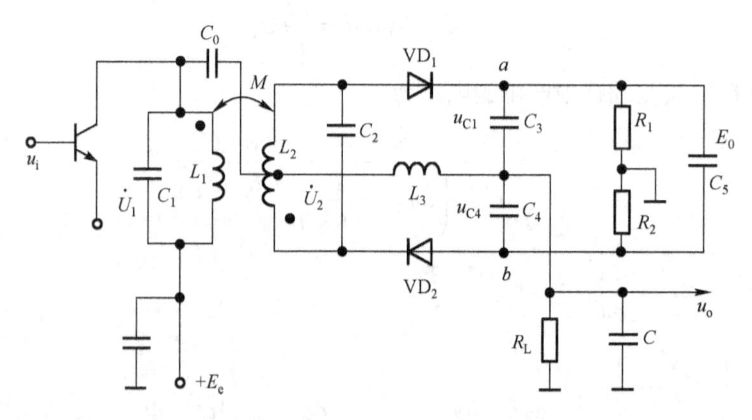

图 8.16　比例鉴频电路

电容 C_5 的值常达 10 μF，它和 R_1、R_2 组成的回路时间常数很大，达 0.1～0.2 s。在检波过程中，它对寄生调幅呈现惰性，使 ab 两端电压保持常值 E_0。当 $\dot{U}_1$、$\dot{U}_2$ 的幅值增大时，通过二极管 VD_1、VD_2 向电容 C_3、C_4、C_5 的充电电流增大。由于 $C_5 \gg C_3$、$C_5 \gg C_4$，增加的充电电流绝大部分流入 C_5，使 u_{C3}、u_{C4} 基本不变。显然这时二极管 VD_1、VD_2 的导通角 θ 要增大，它导致二次侧的电流消耗增大，品质因数 Q_2 下降。二次侧的电流消耗增大又反映到一次侧，使放大器的放大倍数减小，使 $\dot{U}_1$、$\dot{U}_2$ 的值趋向恒定。另一方面，由式（8.13），Q_2 的下降又导致使广义失调量 ξ 减小，使输出 u_o 减小。正是由于这种负反馈作用，使比例鉴频电路有自行抑制寄生调幅能力，输出基本上不受幅值波动的影响。

在 $R_1 = R_2 = R_0$ 条件下，输出电压

$$u_o = -\frac{u_{C3} - u_{C4}}{2R_L + R_0} R_L = -E_0 \frac{1 - \dfrac{u_{C4}}{u_{C3}}}{1 + \dfrac{u_{C4}}{u_{C3}}} \cdot \frac{R_L}{2R_L + R_0} \tag{8.16}$$

即 u_o 只与 u_{C4} 与 u_{C3} 的比例有关。正因为如此，这种鉴频电路常称为比例鉴频电路。

4．脉冲均值型鉴频器（脉冲计数式鉴频器）

调频信号瞬时频率的变化，直接表现为单位时间内调频信号过零值点（简称过零点）的疏密变化，如图 8.17 所示。调频信号每周期，有两个过零点，由负变为正的过零点称为“正过零点”，如 O_1、O_3、O_5 等，由正变为负的过零点称为“负过零点”，如 O_2、O_4、O_6 等。如果在调频信号的每个正过零点处由电路产生一个振幅为 U_m、宽度为 τ 的单极性矩形脉冲，这样就把调频信号转换成了重复频率与调频信号的瞬时频率相同的单向矩形脉冲序列。这时单位时间内矩形脉冲的数目就反映了调频波的瞬时频率，该脉冲序列振幅的平均值能直接反映单位时间内矩形脉冲的数目。脉冲个数越多，平均分量越大；脉冲个数越少，平均分量越小。因此实际应用时，不需要对脉冲直接计数，而只需用一个低通滤波器取出这一反映单位时间内脉冲个数的平均分量，就能实现鉴频。

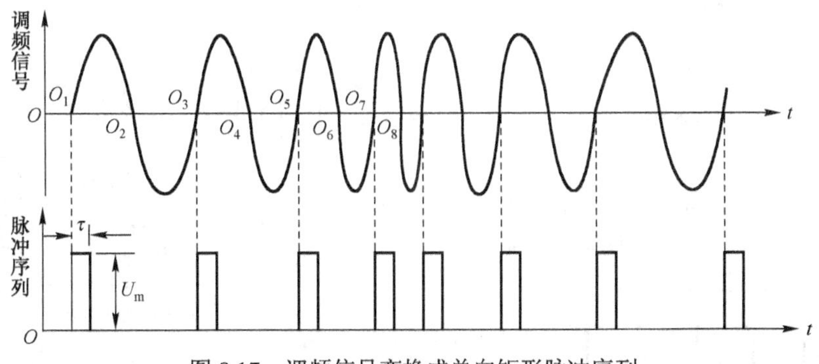

图 8.17　调频信号变换成单向矩形脉冲序列

设调频信号通过变换电路得到一个矩形脉冲序列，并让这一脉冲序列通过传输系数为 K_ϕ 的低通滤波器进行滤波，则滤波后的输出电压 u_o 可写成

$$u_o = u_{av} = U_m \tau K_\phi / T = U_m \tau K_\phi f \tag{8.17}$$

式中，u_{av} 表示一个周期内脉冲振幅的平均值；τ 是脉冲宽度；U_m 是脉冲振幅；K_ϕ 是低通滤波器的传输系数；f 是重复频率，也就是调频信号的瞬时频率；T 是重复周期。

由式（8.17）可知，滤波后输出电压与调制信号的瞬时频率 f 成正比。脉冲计数式鉴频器的优点是线性好、频带宽、易于集成化，一般能工作在 10 MHz 左右，是一种应用较广泛的鉴频器。

8.2.3　调相波的解调

调相波的解调电路，是从调相波中取出原调制信号，即输出电压与输入信号的瞬时相位偏移成正比，又称为鉴相器。

鉴相电路通常分为模拟电路和数字电路两大类。而在集成电路系统中，常用的电路有乘积型鉴相和门电路鉴相。鉴相器除了用于解调调相波外，还可构成移相鉴频电路。特别是在锁相环路中作为主要组成部分得到了广泛的应用。

1．乘积型鉴相

前面所提到的乘法器式相敏检波电路、开关式相敏检波电路、相加式相敏检波电路以及精密整流型相敏检波电路都有鉴相特性，因此可以用相敏检波器鉴相。

2．门电路鉴相

如图 8.18 所示，两个方波信号 U_s 与 U_c 可以利用异或门（半加器）EO 实现鉴相。输出信号 U_o 的脉宽 B 等于两个信号的相位差 φ，在比相信号的一个周期出现两个这样的脉宽信号。可以利用低通滤波器滤除载波信号后，获得与相位差 φ 成正比的平均电压 u_0。也可以用 U_o 作为门控信号，通过与门 G 的高频时钟脉冲数与脉宽 B 成正比，见图 8.18（c）。当 U_o 出现下跳沿时，发出寄存指令，将计数器所计时钟脉冲数 N 送入寄存器，通过译码，显示相位差 φ（图中未表示）。发出寄存指令后，延时片刻将计数器清零。延时片刻的作用是使寄存器能可靠地拾取所计相位差。清零的目的是使寄存器的显示值为一个比相周期中检出的相位差 φ，而不是若干周期的相位差累积和。

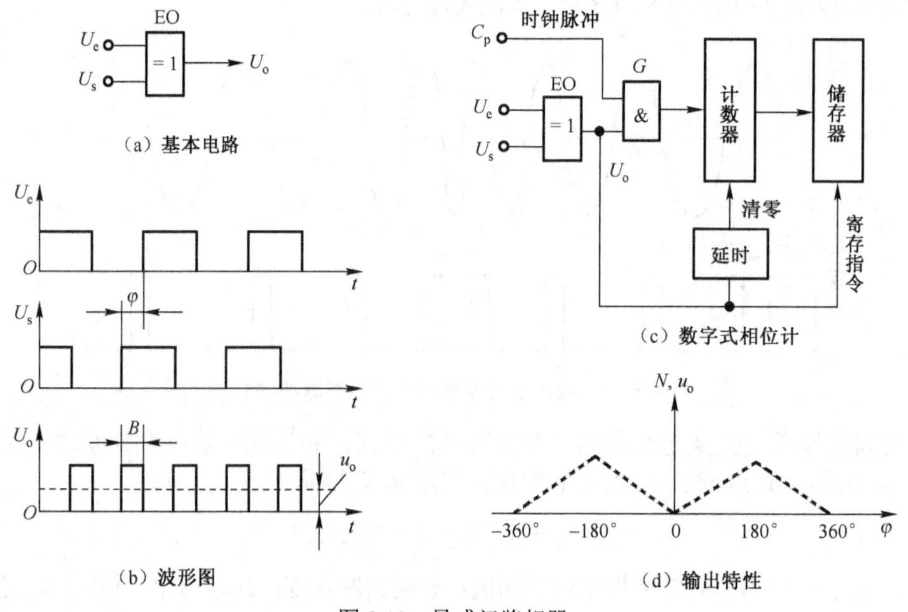

图 8.18　异或门鉴相器

相位计的灵敏度，或者说每一计数脉冲的当量与时钟脉冲的频率有关。如果时钟脉冲的频率为比相信号频率的 n 倍，则相位计的脉冲当量为 $360°/n$，相位差为

$$\varphi=\frac{N}{n}360° \tag{8.18}$$

异或门鉴相器的鉴相范围为 $0°\leqslant\varphi\leqslant180°$，它不能鉴别相位超前或滞后，辨别相位超前滞后需用辨向电路，这将在后续小节中介绍。U_s 的波形超前或滞后 U_c，输出 U_o 的波形相同。相位计输出特性如图 8.18（d）所示。这种相位计常工作在相位差90°附近，鉴相范围常写为 $90°\pm90°$。

异或门鉴相器要求输入比相信号为占空比为 50%的方波信号。对于正弦波信号，需先将它整形为方波信号。

8.2.4　脉冲调制信号的解调

在脉冲调制中具有广泛应用的一种方式是脉冲调宽，它的解调主要有两种方式。一种是将脉宽信号 U_s 送入一个低通滤波器，滤波后的输出 U_o 与脉宽 B 成正比。另一种方法是 U_o 用做门控信号，只有当 U_o 为高电平时，时钟脉冲 C_p 才能通过门电路进入计数器。这样进入计数器的脉冲数 N 与脉宽 B 成正比。两种方法均具有线性特性。

脉冲调宽信号可利用图 8.18（c）所示数字电路解调。这时不需要异或门 EO，而用脉宽信号直接去控制与门 G。在一个周期内进入计数器的时钟脉冲数与脉宽成正比，脉宽的下跳沿发出寄存指令，然后使计数器清零，由寄存器可读出与脉宽成正比的计数值。脉冲调宽信号也可以用低通滤波器取平均值实行解调。在利用数字电路解调时，不需要图 8.18（c）所示相位鉴频电路中的异或门 EO、与门 G 和时钟脉冲源，调宽脉冲可直接进入计数器。

脉冲调频信号可以用图 8.19 所示的窄脉冲鉴频电路解调，但需要用单稳形成窄脉冲，因为只有在脉冲宽度恒定情况下，U_o 才与频率成正比。

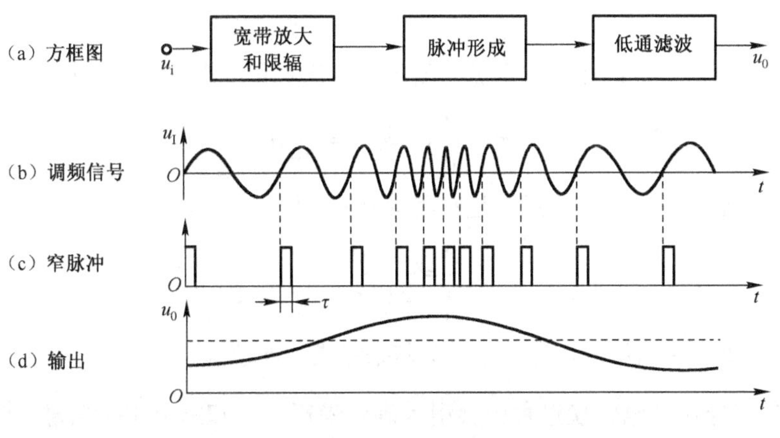

图 8.19　窄脉冲鉴频电路

微分鉴频、相位鉴频和比例鉴频都要利用正弦波的一些特性，它们不适用于脉冲调频信号的解调。

脉冲调相信号可以用 RS 触发器鉴相器或脉冲采样鉴相器解调。对于占空比为 50%的方波调相信号，也可采用异或门鉴相器或除了采样记忆式相敏检波器以外的各种相敏检波器鉴相。

8.3 细分及辨向电路

8.3.1 细分概述

计量光栅技术近年来在精密仪器、超精加工、数控机床等领域得到了广泛应用。它的基本原理是将直线或角度位移量转化为莫尔条纹信号，再对条纹信号进行细分和计数，从而得到位移量。莫尔条纹信号处理技术是计量光栅技术中的关键技术，包括细分和计数两部分。

细分电路的功用是提高仪器的分辨率，同时使测量信号数字化。它的输入信号在其一个周期内常为模拟量，输出信号为数字脉冲。这里，细分电路是一种模数转换器，或称为编码器。输出代码除了脉冲数外，还可能为其他形式，如 BCD 码、格雷码等。在有的情况下，细分电路的输入信号已是数字脉冲，这时细分电路仅起使脉冲当量细化的作用。

细分电路的主要技术指标有：与分辨率密切相关的细分数，细分精度，响应速度等。

以光栅形成的莫尔条纹为例，在忽略高次谐波的情况下，光电元件输出的电压 U 和光栅位移 x 之间的关系为

$$u = U\sin\left(\frac{2\pi x}{d}\right) = U\sin\left(\frac{2\pi v}{d}t\right) = U\sin\omega t = U\sin\theta \tag{8.19}$$

$$\omega = \frac{2\pi v}{d} \tag{8.20}$$

式中，v 为光栅移动速度，d 为栅距，U 为电压幅值。

当 x 从 0 增加到 d 时，光栅移过一个栅距，电压变化一个周期。如果用走过距离对应电压变化的周期数表示，那么和计量栅距数没有两样。为提高检测精度，采用电子细分技术，将每个周期分解为若干份，通过对每份的测量，使精度提高若干倍。即由式（8.19）可知

$$\theta = \frac{2\pi}{d}x \quad 或 \quad x = \frac{d}{2\pi}\theta \tag{8.21}$$

即对位相 θ 进行 n 细分，实质上是对测量值 x 进行 n 细分，即

$$\frac{x}{n} = \frac{d}{2\pi}\cdot\frac{\theta}{n} \tag{8.22}$$

特别是 $\theta = 2\pi$，$\frac{x}{n} = \frac{d}{n}$ 时，即对一个莫尔条纹进行 n 细分。

由于莫尔信号在光电转换过程中会引入高频噪声信号和随机干扰信号，光电转换器件性能的波动还可能产生直流电平漂移。因此，有必要在细分和辨向处理前对采集的信号进行滤波处理。这样做一方面可以得到比较平滑的信号，以利于处理，另一方面可以改善莫尔信号质量，提高了系统的测量精度。

电子学细分电路按工作原理可分为直传式细分电路和平衡补偿式细分电路两大类。直传式细分电路包括位置直接细分、电阻链分相细分、电平切割细分、门电路细分和脉冲填充

法细分。平衡补偿电路又分为跟踪式（相位跟踪、幅值跟踪、脉冲调宽型幅值跟踪、频率跟踪）细分和程序平衡式电路。细分电路所处理的信号有调制信号和非调制信号，因而也可分为调制信号细分电路和非调制信号细分电路。细分电路可按电信号的幅值、相位、频率来细分，因而又可分出鉴幅式、鉴相式和倍频式细分电路。

8.3.2　电子学细分

莫尔条纹信号具有周期性，信号每变化一个周期就对应着空间上的一个固定位移量，而电子学细分是根据信号周期性测量信号的波形、振幅或者相位的变化规律，在一个周期内进行插值，从而获得优于一个信号周期的更高分辨率。下面介绍几种细分方法。

1．直接细分

直接细分又称四倍频细分，基本原理是利用 4 个过零比较器（或微分电路）将获得的两路相位依次相差 90° 的莫尔条纹信号分别过零，得到图 8.20 所示的 4 路脉冲信号，不难看出，4 路脉冲相位依次相差 π/2，得到的 4 路脉冲信号通过单稳电路后即可实现对输出信号的四倍频细分，通过判断上升（下降）沿的出现顺序可判断莫尔条纹的移动方向。直接细分法对于传感器无附加的要求，电路也不复杂，原理简单，易于实现。

电压比较器一般接成施密特触发电路的形式，使回差电压大于信号中的噪声幅值，回差电压越大，抗干扰能力越强，可避免比较器在触发点附近因噪声来回反转，但回差电压的存在使比较器的触发点不可避免地偏离理想触发位置，因此回差电压的选取应该兼顾抗干扰和精度两方面的因素。

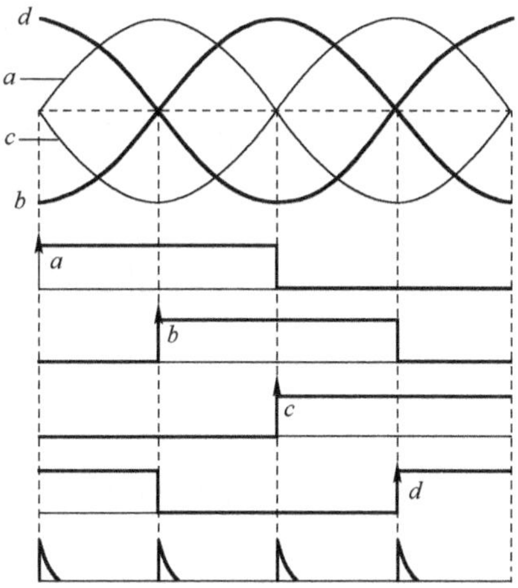

图 8.20　四路细分

2．移相电阻链细分法

该方法借助于电阻链中不同位置可以产生不同相位的正弦电压函数这一特点，获得 n 组相位差 $2n/R$ 的 M 个正弦电压细分信号。其原理如图 8.21 所示。在电阻两端分别加入 $\sin\varphi$ 和 $\sin(\varphi+\pi/2)$ 的电压信号，电阻中各点电位分布随 φ 角变化，在 $u=f(x)$ 图中的直线表示电阻中电位的线性分布。由电阻上任一点按相位 φ 周期变化可得到相应的正弦曲线，并附加了一个初相角 φ_i（取值范围为 $0\sim\pi/2$），按要求的 φ_i 取出多个正弦电压函数，供细分电路使用。幅值的不一致，可通过放大器来调整。在同一电阻上获取多组电位函数的方法称为串联电阻相移法，这种方法的缺点是，电阻细分需要从输入信号中消耗一定的功率，细分数越大，消耗的功率也越大，电路元件也成倍增加，致使移相细分电路变得复杂，因而细分数就会受到相应的限制，另外电阻细分对细分信号的波形、幅值和正交性都有严格的要求，否则会带来测量结果的误差，因此不适合于进行高倍数细分。

目前多采用并联电阻相移法。如图 8.22 所示，在每个电阻上，只采样一个信号，相互不影响，调整方便，并可获较高的精度。

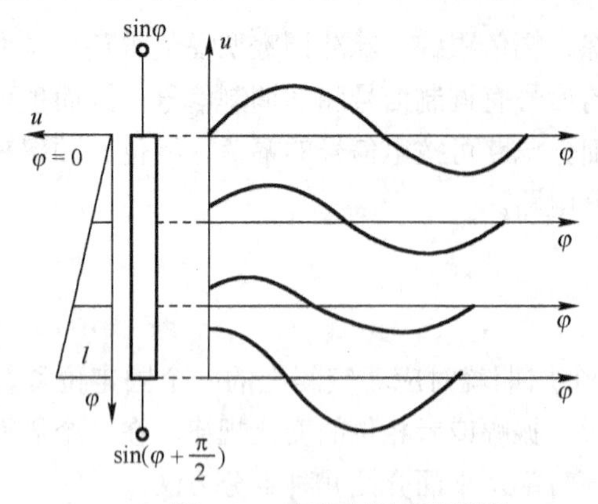

图 8.21　串联电阻相移原理

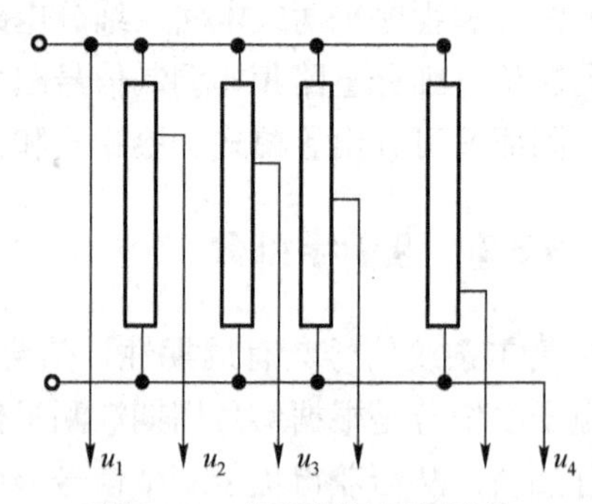

图 8.22　并联电阻相移原理

实际使用的相移并联电阻链细分法，取样电路原理如图 8.23 所示。可供输出用于细分的 n 个正弦电压函数为

$$u_{10} = \sin\varphi$$

$$u_{11} = \sin\left(\varphi + \frac{2\pi}{n}\right)$$

$$u_{12} = \sin\left(\varphi + \frac{4\pi}{n}\right)$$

$$\vdots$$

$$u_{1n} = \sin\left(\varphi + \frac{\pi}{2} - \frac{2\pi}{n}\right)$$

$$u_{20} = \sin\left(\varphi + \frac{\pi}{2}\right)$$

$$u_{21} = \sin\left(\varphi + \frac{\pi}{2} + \frac{2\pi}{n}\right)$$

$$\vdots$$

$$u_{2n} = \sin\left(\varphi + \pi - \frac{2\pi}{n}\right)$$

$$u_{30} = \sin(\varphi + \pi)$$

$$u_{31} = \sin\left(\varphi + \pi + \frac{2\pi}{n}\right)$$

$$\vdots$$

$$u_{3n} = \sin\left(\varphi + \frac{3\pi}{2} - \frac{2\pi}{n}\right)$$

$$u_{40} = \sin\left(\varphi + \frac{3\pi}{2}\right)$$

$$u_{41} = \sin\left(\varphi + \frac{3\pi}{2} + \frac{2\pi}{n}\right)$$

$$\vdots$$

$$u_{4n} = \sin\left(\varphi + 2\pi - \frac{2\pi}{n}\right)$$

$$u_{50} = \sin(\varphi + 2\pi) = u_{10}$$

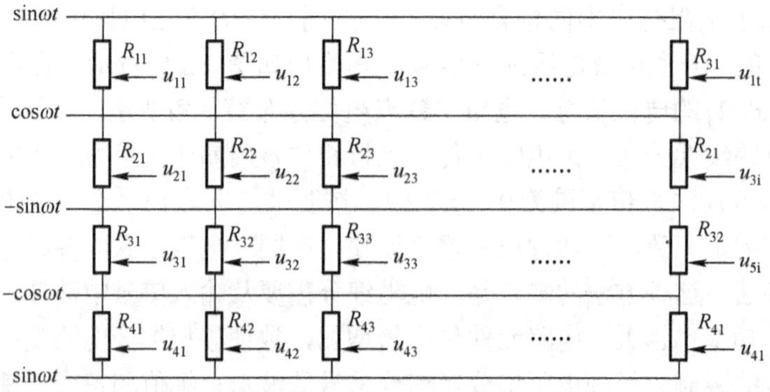

图 8.23　实用并联电阻相移细分电路

利用以上 n 个正弦电压函数，采用与直接四倍细分法完全相同的方案，可获 n 倍细分的效果。为保证精度，该方法常用于 20 倍左右的细分。

3．电平切割比较细分

电平切割比较细分法又称为幅值切割比较法，基本原形如图 8.24 所示。将莫尔条纹变化产生的正弦信号 $\sin\varphi$ 进行幅值分割，形成比较电压 $U_1, U_2, \cdots, -U_1, -U_2, \cdots$。测量时将变化的莫尔条纹正弦信号与比较电压相对照，正半周与正信号比，负半周与负信号比。当两者相同时，比较器发出跳变信号，形成计数脉冲。如要进行 n 倍细分，则要在一个电压变化周期内设置 n 个比较电压，测量信号变化一个周期，就可获得 n 个计数脉冲信号。

该方法的最大缺点是正弦函数各点斜率不等，在拐点附近斜率大，细分间隔电位变化大，易于实施，而在极值附近斜率接近于零，细分间隔电位变化很小，易受干扰，不易实施。

为克服上述缺点，有多种方法可对它进行改造。下面介绍一种近似三角波法实施细分。如图 8.25 所示为利用正弦函数和余弦函数合成的近似三角形波

$$F(\varphi) = |\cos\varphi| - |\sin\varphi| \tag{8.23}$$

该波形各点具有相同的斜率，容易实施细分，且细分间隔间电位变化基本相等。实施时，同时采用两组光电取样系统，获得相位差为 $\pi/2$ 的两组信号电压：$\sin\varphi$ 和 $\sin(\varphi + \pi/2) = \cos\varphi$。通过电路取两者绝对值之差，形成光栅移动的信号电压。将信号电压与三角波细分比较电压相对照，两信号一致时产生计数脉冲。该方法可获 40～80 倍的细分。

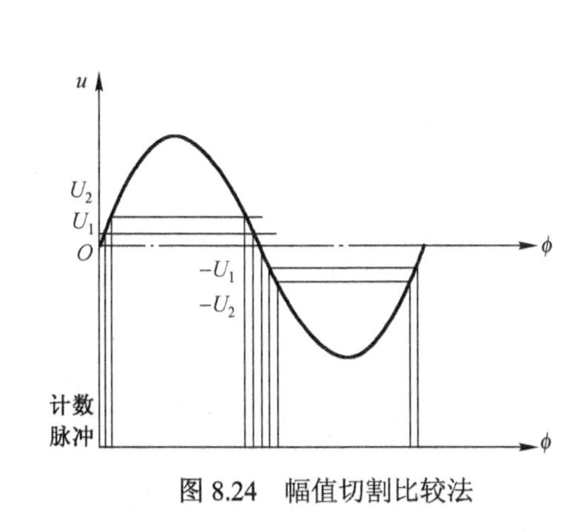

图 8.24　幅值切割比较法

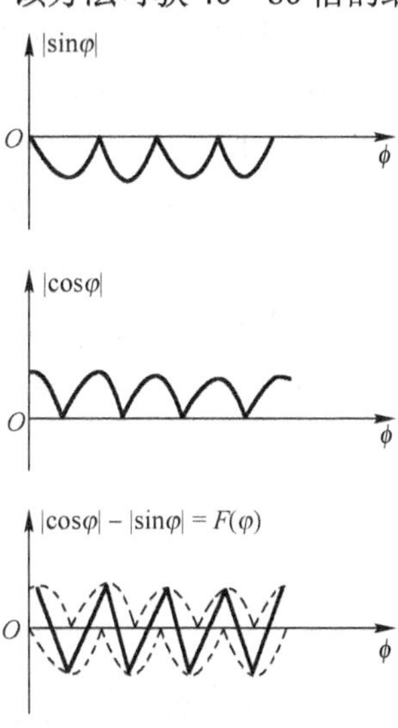

图 8.25　近似三角波的形成

4．调制信号细分

上述三种方法都是非调制信号细分法。图 8.26 所示为调制信号细分法的原理。把光栅莫尔条纹上取出的正弦信号 $u_0\sin\varphi$ 和余弦信号 $u_0\cos\varphi$ 分别引入乘法器 A 和 B。再设法获取一组辅助的调制正、余弦信号 $u_1\sin\varphi$ 和 $u_1\cos\varphi$，并把它们按图示引入相应的乘法器，乘法器输出信号 u_A 和 u_B 分别为

$$u_A = k_1 u_0 u_1 \cos\omega t \sin\varphi \tag{8.24}$$

$$u_B = k_1 u_0 u_1 \sin\omega t \cos\varphi \tag{8.25}$$

将u_A和u_B经加法器后，输出信号为

$$u = k_1 k_2 u_0 u_1 (\sin \omega t \sin \varphi + \cos \omega t \sin \varphi) = K \sin(\omega t + \varphi) \tag{8.26}$$

式中，k_1为乘法器的传输系数；k_2为加法器的传输系数；ω为调制辅助信号的圆频率；φ为取样点莫尔条纹的相位角。φ反应了光栅移动量的大小。将输出信号u与作为基准信号的正弦辅助调制信号$u_R = u_1 \sin \omega t$同时输入相位计进行比相细分，则可获得对光栅移动信号的电子细分。

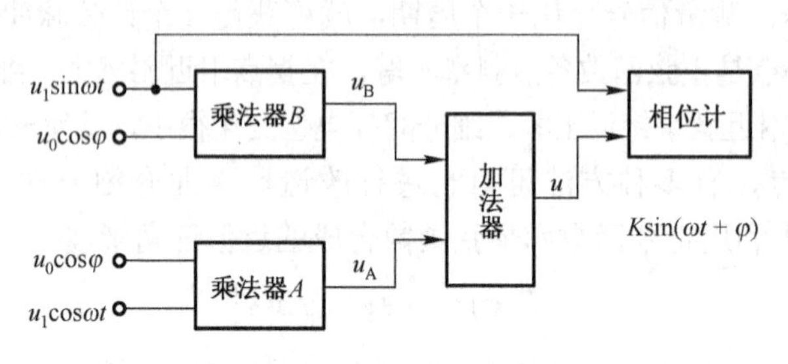

图 8.26　调制信号细分法原理

调相信号细分也是一种常用电子细分法，实现的关键是鉴相细分，下面介绍脉冲填补法的鉴相细分原理。相位计原理如图 8.27 所示。它主要由鉴零器、整形器、RS 触发器、时钟发生器和计数器等组成。调相信号 u 与基准信号 u_R 经鉴零器和整形器后形成方波信号 u 和 u_R，两者间相位差仍是φ，如图 8.28 所示的波形。将它们分别引入 RS 触发器的两输入端，由触发器输出对应φ的两方波间隔信号u_φ，用u_φ控制计数门的开关。将时钟发生器产生的高频脉冲引至计数器并计数。所计数N_φ对应开门时间，也对应u_φ和φ。如在圆频率一个周期内产生 M 个脉冲，每个脉冲对应$360° / M$，对应光栅移动 d/M。N_φ对应光栅移动距离$N_\varphi d/M$。使用时还应注意，移动量超过整周期时，应有其他方式记录；此外，上述计数是每个调制周期测定一次，变换周期时，应先使计数器清零。

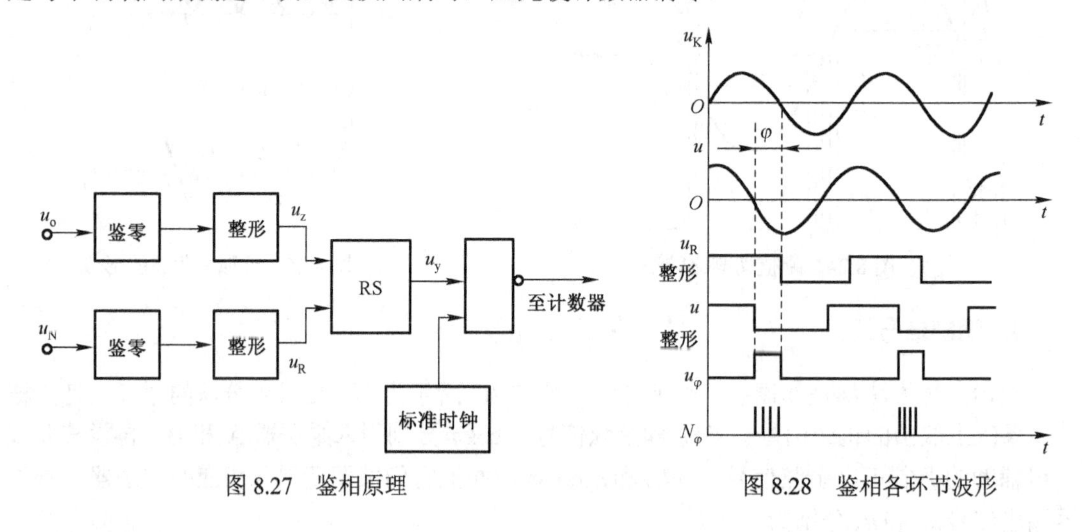

图 8.27　鉴相原理　　图 8.28　鉴相各环节波形

5. 锁相细分法

细分技术中利用锁相技术的原理如图 8.29 所示，其中的关键是产生稳定的倍频信号输出。动光栅连续运动时，从变化的莫尔条纹中取出的光电信号频率为 f，如要进行 n 倍细

分，则使倍频振荡器产生频率为 $F = nf$ 的信号输出。采用锁相技术，以确保 F 跟踪 f 并始终是其 n 倍。方法是将倍频振荡器输出信号经 n 分频，再与光栅信号进行相位比较。设某时刻分频信号相位是 φ_F，莫尔条纹光电信号的相位是 φ_0，两者相位差 $\varphi_r = \varphi_0 - \varphi_F$。当 φ_r 固定时输出正常 $F = nf$。当 φ_r 不固定时，存在相位差的变化，表示 n 倍频有偏差。应将变化的相位差经相位电压变换器，使输出电压 U_x 变化。保持放大器输出信号 U_K 不变，直到下一次鉴相信号到来之前。信号 U_K 的变化使压控倍频振荡器输出频率发生变化，以保持 $F = nf$ 的正确关系。通过鉴相调整频率的过程每一周期中进行一次，使之及时跟踪，形成稳定的倍频输出。由倍频振荡器输出的信号每变化一个周期，产生一个脉冲信号使计数器计一个数，从而实现 n 倍电子细分。锁相细分技术可实现 100～1000 倍的细分，而电路也不太复杂。但从原理上来看，它只适用于光栅连续运动的场合，且希望移动速度基本不变，这将限制它的应用范围。

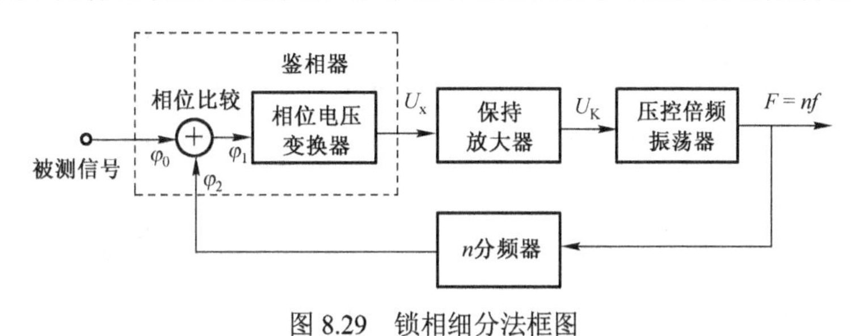

图 8.29　锁相细分法框图

8.3.3　辨向电路

无论测量直线位移还是测量角位移，都必须能够根据传感器的输出信号判别移动的方向，即判断是正向移动还是反向移动，是顺时针旋转还是逆时针旋转。

以光栅测量为例，仅有一个光电元件的输出无法判别光栅的移动方向，因为在一点观察时，不论主光栅向哪个方向运动，莫尔条纹均做明暗交替变化。为了辨别方向，通常采用在相隔 1/4 莫尔条纹间距 B 的位置上安放两个光电元件，获得相位差为 90° 的两个信号，然后送到如图 8.30 所示的辨向电路进行处理。

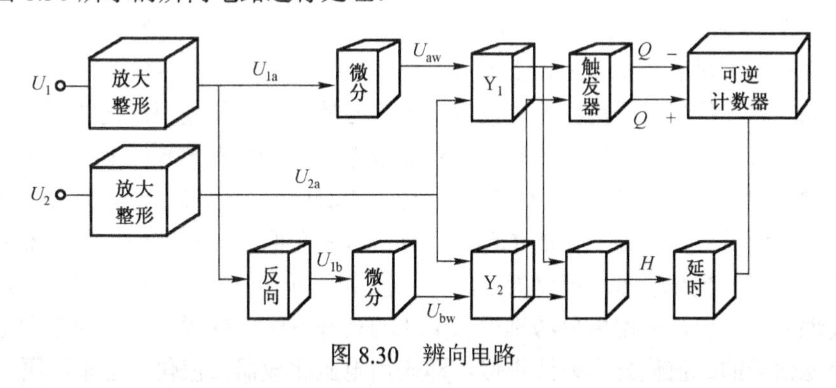

图 8.30　辨向电路

假设当主光栅向左移动时，莫尔条纹向上移动，两个光电元件分别输出电压信号 U_1 和 U_2，如图 8.31（a）所示，经过放大、整形，得到两个相位差为 90° 的方波信号 u_{1a} 和 u_{2a}。u_{1a} 经反相后得到 u_{1b}，u_{1a}、u_{1b} 经过微分电路后得到两组电脉冲 u_{aw}、u_{bw}，分别输入到与门 Y_1、Y_2。对于与门 Y_1，由于 u_{aw} 处于高电平时，u_{2a} 总是为低电平，故脉冲被阻塞，Y_1 输出为零；对于与门 Y_2，u_{bw} 处于高电平时，u_{2a} 也为高电平，故允许脉冲通过，并触发加减控制触发器使之置 1，可逆计数器对与门 Y 输出的脉冲进行加法计数。同理，当标尺光栅向右移动时，输出信号波形如图 8.31（b）所示，与门 Y_2 被阻塞，Y_1 输出脉冲信号使触发器置 0，可逆计数器对与门 Y_2 输出的脉冲进行减法计数。主光栅每移动一个栅距，辨向电路只输出一个脉冲。计数器所计的脉冲个数即代表光栅的位移。

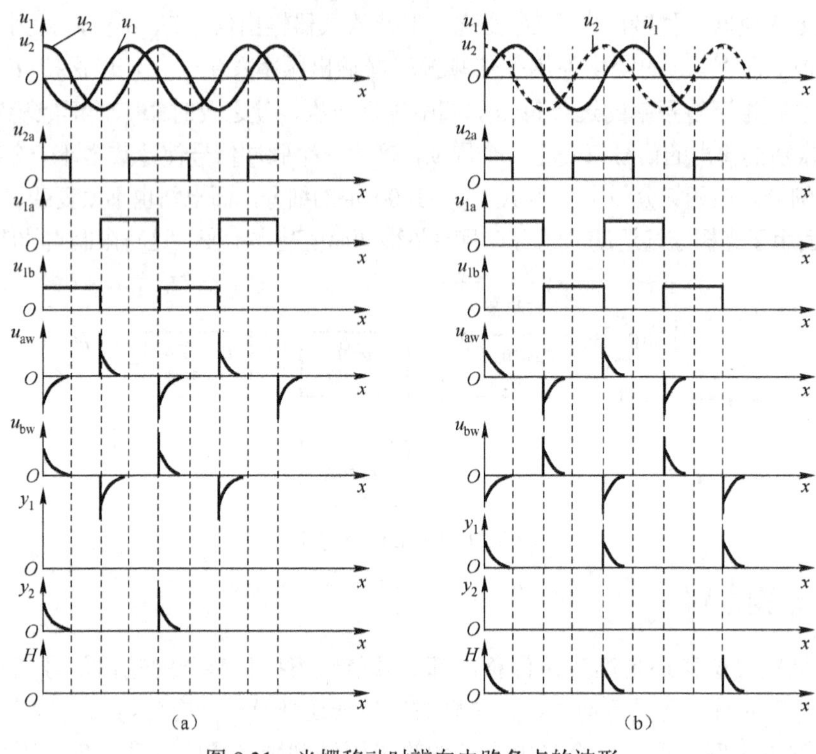

图 8.31　光栅移动时辨向电路各点的波形

8.4　视频信号的二值化处理

在不要求图像灰度的系统中，为提高处理速度和降低成本，要尽可能使用二值化图像。实际上许多检测对象在本质上也表现为二值情况，如图纸、文字的输入，尺寸、位置的检测等。在输入这些信息时采用二值化处理是很恰当的。二值化处理是把图像和背景作为分离的二值图像对待。例如，光学系统把被测对象成像在 CCD 光敏元件上，由于被测物与背景在光强上的强烈变化，反映在 CCD 视频信号中所对应的图像尺寸边界处会出现明显的急剧的电平变化。通过二值化处理会把 CCD 视频信号中图像的尺寸部分与背景部分分离成二值电平。实现 CCD 视频信号二值化处理的方法很多，可以用电压比较器进行固定阈值或浮动阈值的处理方法，也可采用微分法进行二值化的处理方法。视频信号的固定阈值法和浮动阈值法与单元信号的二值化处理方法类似，即采用电压比较器二值化，这里不再讨论。这里重点介绍对 CCD 视频信号边界特征提取的典型二值化处理方法。

8.4.1　微分法实现二值化处理方法

将 CCD 视频输出的脉冲调制信号经过低通滤波后变成连续信号，该连续视频信号通过微分 I 电路，电路输出是视频信号的变化率，信号电压的最大值对应视频信号边界过渡区变

化率最大点 A 及 A'。微分 I 电路对应视频信号的上升边与下降边输出了两个极性相反的信号，经过绝对值电路将微分 I 电路输出的信号都转变为同极性——绝对值。信号的最大值对应边界特征点。信号通过微分 II 电路后，获得对应绝对值最大值处的过零信号，再经过过零触发电路后，输出了两个过零脉冲信号，这两个过零脉冲就是视频信号起初边界的特征信息。计算这两个脉冲的间隔，可获得图像的二值化宽度。微分法的电路原理如图 8.32 所示，该电路的工作波形如图 8.33 所示。

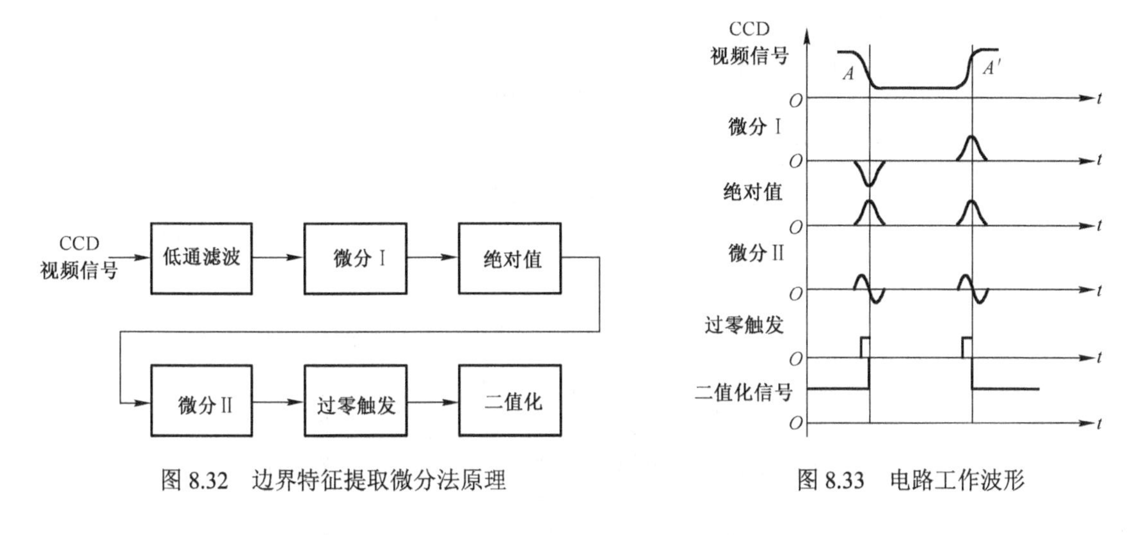

图 8.32 边界特征提取微分法原理

图 8.33 电路工作波形

8.4.2 用比较法硬件电路实现二值化方法

比较法提取边界特征实现二值化的原理电路如图 8.34 所示。CCD 视频信号经放大后，由时序电路产生时钟脉冲 Φ_1 与 CCD 光敏元件输出脉冲调制信号相同步，由其控制接通模拟开关对 CCD 光敏元件输出的序列电平进行采样和保持。Φ_2 驱动脉冲延迟 Φ_1 脉冲 T_2，用由 Φ_2 控制接通模拟开关电路对 Φ_1 采样的信号再一次进行采样和保持，故由 Φ_2 采样的是第 n 元信号，Φ_1 采样的就是 $n+1$ 元的信号，将这两个信号求差，其输出电压最大值就对应着边界点。

为了提取边界特征，将差值信号送到具有正阈值和负阈值的两个电压比较器的输入端，只有在边界点减法器输出电压值最大时，其绝对值超过阈值的绝对值。因此电压比较器输出正脉冲信号，负阈值比较器的输出脉冲对应边界的上升沿，正阈值比较器的输出脉冲对应边界的下降沿。这两个脉冲信号就是边界特征标志，用该标志脉冲间隔形成一个脉冲宽度相当的信号就是所求的 CCD 视频信号转换的二值化信号。为了使电路工作更精确，对边界特征提取比较器所用的阈值采用浮动阈值方法。通过计算机对照明系统光强进行实时采样，处理后再经过 D/A 转换成模拟信号作为比较器阈值的参考源，以消除照明光源波动的影响。比较器所取的阈值是很重要的，对于不同的被测物体是有差别的，要根据实际被测特性通过实验的方法求得所要的阈值。为了排除 CCD 缺陷元所带来的干扰，又采用了两个电压比较器作为 CCD 弊病元鉴别器，所使用的弊病鉴别阈值要比正常检测边界的阈值的绝对值大，当 CCD 有弊病元出现时，弊病鉴别比较器及边界检测比较器都会有脉冲输出，将它们的输出经过异或运算，在异或门的输出端不会产生错误的标志脉冲输出，这样就消除了 CCD 缺陷元所带来的影响，保证二值化电路工作的可靠性。该电路的工作波形如图 8.35 所示。

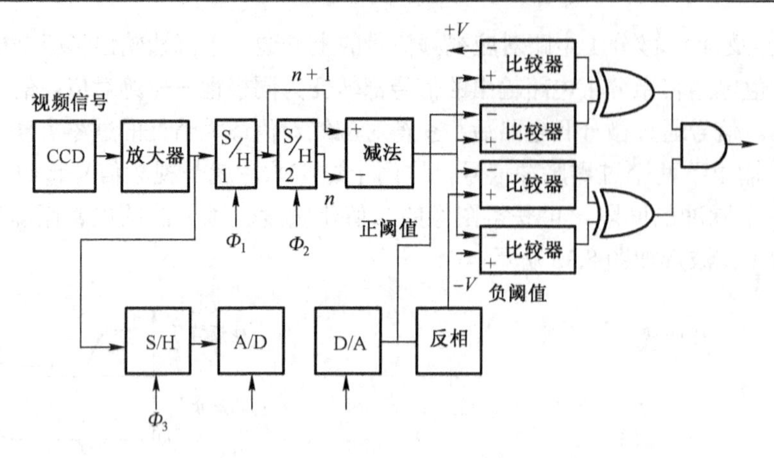

图 8.34　比较法提取边界特征

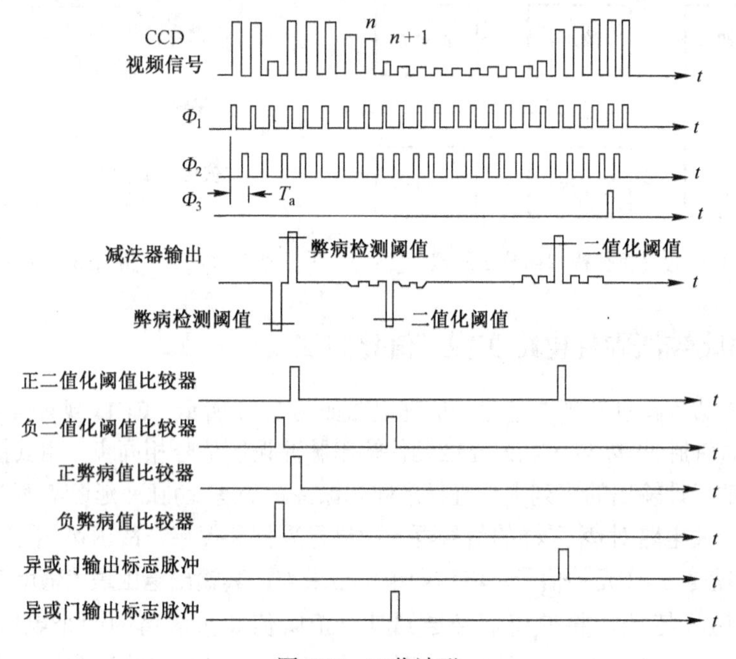

图 8.35　工作波形

习题与思考题

1．什么是调幅？写出线性调幅信号的数学表达式，并画出其波形。
2．什么是调频？写出线性调频信号的数学表达式，并画出其波形。
3．什么是调相？写出线性调相信号的数学表达式，并画出其波形。
4．什么是脉冲调宽？写出线性脉冲调宽信号的数学表达式，并画出其波形。
5．什么是相敏检波电路的鉴相特性与选频特性？为什么对于相位称为鉴相，而对于频率称为选频？
6．脉冲调制主要有哪些方式？为什么没有脉冲调幅？

第9章　非相干检测方法与系统

内容概要

按光学变换系统将被测量转换为光信息方式的不同，可将光电检测系统分为相干检测系统和非相干检测系统。被测量被携带于光载波的强度之中或加载于调制光载波的振幅、频率或者相位变化之中，这样组成的系统则称为非相干检测系统。被测信息加载于光频载波（只能是相干光源）的幅度、频率或相位之中的系统称为相干检测系统。非相干光电信号按其时空特点分为随时间变化的光电信号和随空间变化的光电信号。

学习目标

- 掌握相干检测系统和非相干检测系统的基本分类定义；
- 掌握直接检测系统（被测量被携带于光载波的强度之中）的基本原理、组成及特性；
- 了解各种常用非相干检测方法的主要组成、基本特性及使用要点。

前面几章我们主要从技术基础方面讨论了光电检测技术，为了更好地学习和理解光电检测技术，本章和第 10 章我们从系统的实体概念出发，讨论光电检测系统的分类以及光电检测技术中光电信号的变换和处理方法。

9.1　光电信号变换及光电检测系统分类概述

从第 1 章可知，光电检测系统主要由光源、光学变换系统和光电接收器件构成。在光电检测系统中，光学变换系统是将非光量变换为光量，将一种光量变换为另一种光量，或将连续光量变换为脉冲光量的系统，这种变换主要是为了：

① 将待测信息加载到光载波上，进而形成光电接收器件易于接收的光电信号。

② 改善系统的时间或空间分辨率和动态品质，提高传输效率和检测精度。

③ 改善系统的信噪比，提高工作可靠性。

光电信号的变换通常要借助于几何光学、物理光学和光电子学的方法，因此从光学原理看，光电信号的变换方法分为几何光学法、物理光学法和光电子学法。表 9.1 给出了典型的光电信号变换方法和应用范围。

表 9.1　光电信号变换方法与应用范围

变换方法	光学原理	应用范围
几何光学法	透射、反射、折射、散射、遮光、光学成像等非相干光学现象或方法	光开关、光学编码、光扫描、瞄准定位、光准直、外观质量检测、测长测角、测距等
物理光学法	干涉、衍射、散斑、全息、波长变换、光学拍频、偏振等相干光学现象或方法	莫尔条纹、干涉计量、全息计量、散斑计量、外差干涉、外差通信、光谱分析、多普勒测速等
光电子学法	电光效应、声光效应、磁光效应、空间光调制、光纤传光与传感等	光调制、光偏转、光开关、光通信、光记录、光存储、光显示等

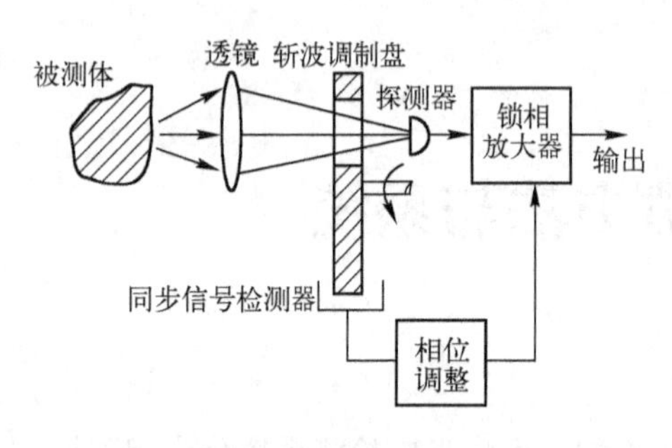

图 9.1　采用锁相放大的被动式光电检测系统

由于检测对象、任务要求、检测原理及检测精度等指标的不同，形成了各种各样的光电检测系统。按照光电系统中光源来源不同，系统可分为主动系统和被动系统。如果光电系统所接收的信号完全来自于被测对象的自发辐射而不用人工光源照明的系统，则称为被动光学系统，如图 9.1 所示。如果被测信息通过调制光源的电压或电流，把信息加载到光载波上，而发射调制光；或者用人工光源照射目标再进行光电变换，然后由光电接收系统接收的系统，称为主动光电检测系统，如图 9.2 所示。

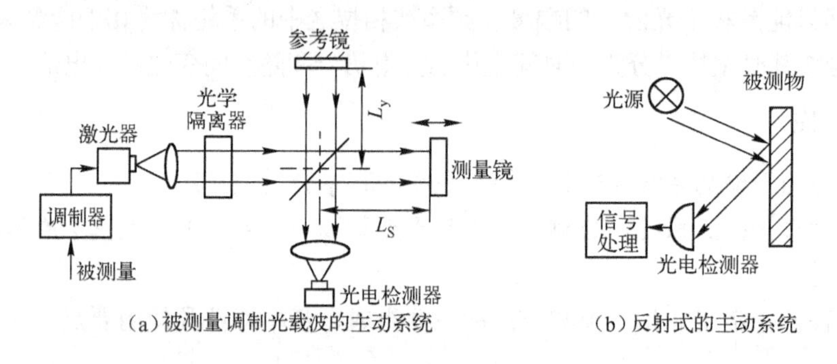

图 9.2　主动光电检测系统

在被动光电检测系统中，光载波所携带的被测光信息有很多种。按照光信息不同，光电检测系统又分为相干检测系统和非相干检测系统。若光信息为光强，即被测量被携带于光载波的强度之中，则不论光源是相干光源还是非相干光源，这时光电器件只直接接收光强度变化，最后用解调的方法检出被测信息，这种方法组成的系统称为直接检测光电系统。若光信息加载于非相干光源的光载波的振幅、频率或者相位变化之中，这样所组成的系统则称为非相干检测系统。通常把直接检测光信息的光强（或称为光功率），以及检测非相干光调制频率、振幅、相位的方法统称为非相干检测。如果光源是相干光源，但用光调制的方法使被测信息加载于调制光的幅度、频率或相位之中，然后用光电解调的方法从调制光的幅度、频率或相位之中检测出被测信息的系统称为相干检测系统。

9.2　直接检测系统

直接检测是一种简单而又实用的探测方法，在许多领域都得到广泛应用，现有的各种探测器都可用于这种检测系统。

9.2.1　直接检测系统的基本原理

所谓直接检测是将携带有待测量的光信号直接入射到探测器光敏面，光探测器响应于光辐射强度而输出相应的电流或电压。一种典型的直接检测系统模型方框图如图 9.3 所示。

检测系统可经光学天线或直接由探测器接收光信号，在其前端还可以经过频率滤波

（如滤光片）和空间滤波（如光阑）处理。接收到的光信号入射到光探测器的光敏面上（若无光学天线，则仅以光探测器上的光敏面积接收光场）。同时，光学天线也接收到背景辐射，并与信号光一起入射到探测器光敏面上。

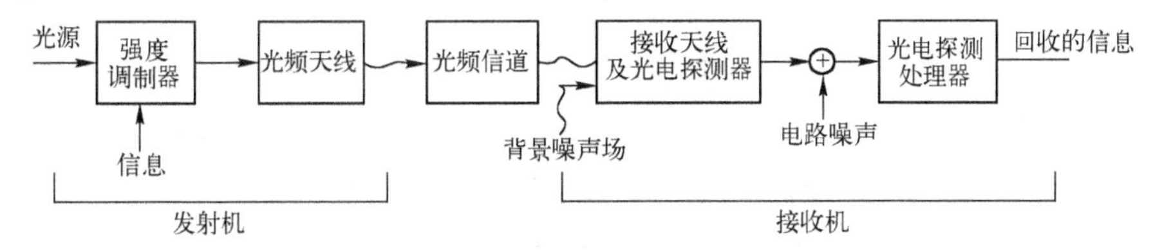

图 9.3　直接检测系统模型

9.2.2　直接检测系统的基本特性

光电直接检测的应用极其广泛，形式多种多样。在此只给出几个基本特性。

1．光探测器的平方律特性

若入射光波的光电场为 $E(t)=A_s\cos(\omega t+\varphi)$，其中 A_s 是入射光波的振幅，那么入射光的平均光功率为 $P=\overline{E^2(t)}=A_s^{\ 2}[\cos(\omega t+\varphi)]^2=\frac{1}{2}A_s^{\ 2}$，光电探测器输出的电流为

$$I_P=\beta P=\frac{1}{2}\beta A_s^{\ 2} \tag{9.1}$$

式中，$\beta=\dfrac{e\eta}{h\nu}$ 为光电变换系数，其中 $e\eta$ 为产生的电荷，$h\nu$ 为入射光能量。

若光探测器的负载电阻为 R_L，则光探测器输出的电功率为

$$S_P=I_P^2R_L=\left(\frac{e\eta}{h\nu}\right)^2P^2R_L \tag{9.2}$$

式（9.2）表明，光电探测器输出的电功率正比于入射光功率的平方。实际上，光电探测器的平方律特性包含两层含意：其一是光电流正比于光场振幅的平方；其二是电输出功率正比于入射光功率的平方。如果入射光信号为强度调制光，调制信号为 $d(t)$，即调制的入射光信号强度为 $P[1+d(t)]$，那么光电探测器输出的光电流为

$$I_P=\beta P[1+d(t)]=\frac{e\eta}{h\nu}P[1+d(t)] \tag{9.3}$$

式中，第一项为直流电平，可以用隔直电容隔掉；第二项为所需要的信号，即光载波的包络检测。

2．直接检测系统的信噪比

直接检测属于非相干检测，它的噪声有：入射到光电探测器的信号光功率 P_s 引起的噪声 $I_{sn}^2=\beta P_s 2q\Delta f$，噪声功率为 P_n；背景光功率 P_b 引起的噪声 $I_{bn}^2=\beta P_b 2q\Delta f$；光电器件内阻引起的热噪声 $I_{nT}^2=4kT\Delta f/R$ 和光电器件暗电流引起的噪声 $I_d^2=2qI_d\Delta f$，其中，q 为电子电荷；Δf 为系统带宽；β 为光电灵敏度；I_d 为暗电流。在上述噪声中，由信号光功率引起的噪声最大，在忽略其他噪声的情况下，直接检测的输出信噪比为

$$\mathrm{SNR}_d=\frac{\beta^2P_S^2}{\beta P_S 2q\Delta f}=\frac{\beta P_S}{2q\Delta f}=\frac{\eta P_S}{2h\nu\Delta f} \tag{9.4}$$

式（9.4）为直接检测在理论上的极限信噪比，也称为直接检测的量子极限。在量子极限情况下，直接检测可测量的最小功率为

$$P_{s,\min}=\frac{2h\nu\Delta f}{\eta} \tag{9.5}$$

对于光电探测器而言，可以假设入射到它的信号光功率为 P_s，噪声功率为 P_n，它输出的信号电功率为 S_P，输出的噪声功率为 N_P，由光电探测器的平方律特性可知：

$$\begin{aligned}S_P+N_P&=(e\eta/h\nu)^2R_L(P_s+P_n)^2\\&=(e\eta/h\nu)^2R_L(P_s^2+2P_sP_n+P_n{}^2)\end{aligned} \tag{9.6}$$

考虑到信号和噪声的独立性，则有

$$S_P=(e\eta/h\nu)^2R_LP_s^2 \tag{9.7}$$

$$N_P=(e\eta/h\nu)^2R_L(2P_sP_n+P_n{}^2) \tag{9.8}$$

根据信噪比的定义，则输出功率信噪比为

$$\left(\frac{S}{N}\right)_{功率}=\frac{S_P}{N_P}=\frac{P_s^2}{2P_sP_n+P_n{}^2}=\frac{(P_s/P_n)^2}{1+2(P_s/P_n)} \tag{9.9}$$

从式（9.9）可以看出：

（1）若 $P_s/P_n\ll 1$，则有

$$\left(\frac{S}{N}\right)_{功率}\approx\left(\frac{P_s}{P_n}\right)^2 \tag{9.10}$$

这说明输出信噪比近似等于输入信噪比的平方。由此可见，直接探测系统不适于输入信噪比小于 1 或者微弱光信号的检测。

（2）若 $P_s/P_n\gg 1$，则有

$$\left(\frac{S}{N}\right)_{功率}\approx\frac{1}{2}\frac{P_s}{P_n} \tag{9.11}$$

这时输出信噪比等于输入信噪比的一半，即经光−电转换后信噪比损失了 3 dB，在实际应用中还是可以接受的。

从上面的讨论可知，直接探测方法不能改善输入信噪比，但是它对不太微弱的光信号的探测则是很适宜的检测方法，且这种检测方法比较简单，易于实现，可靠性高，成本较低，得到广泛应用。

3. 直接检测系统的视场角

视场角是直接检测系统的性能指标之一，它表示系统能“观察”到的空间范围。对于检测系统，被测物视为在无穷远处，且物方与像方两侧的介质相同。在此条件下，探测器位于焦平面上时，其半视场角（如图 9.4 所示）为

$$W=d/2f \tag{9.12}$$

或视场立体角 Ω 为

$$\Omega=\frac{A_d}{f^2} \tag{9.13}$$

式中，d 是探测器直径；A_d 为探测器面积；f 为焦距。

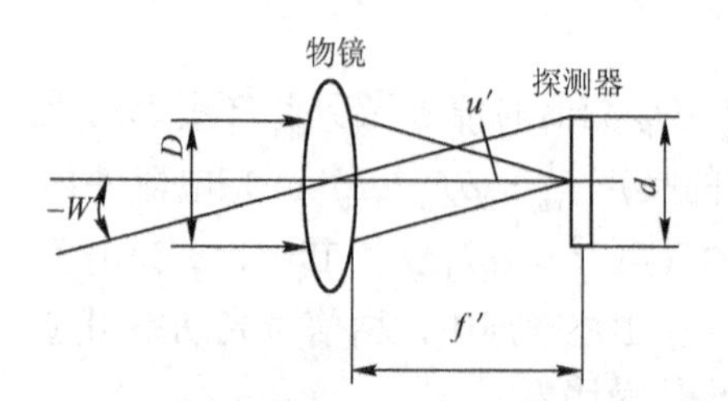

图 9.4　直接检测系统的半视场角

从观察范围即从发现目标的观点考虑，视场角越大越好，但由式（9.13）可看出，增大视场角 Ω 时，会增大探测器面积或减小光学系统的焦距，这两方面对检测系统的影响都不利。第一，增加

探测器的面积意味着增大系统的噪声。因为对大多数探测器而言，其噪声功率和面积的平方根成正比。第二，减小焦距使系统的相对口径加大，这也是不允许的。另外，视场加大后引入系统的背景辐射也增加，使系统灵敏度下降。因此，在设计系统的视场角时要全面权衡这些利弊，在保证检测到信号的基础上尽可能减小系统视场角。

9.3　随时间变化的光电信号检测方法及系统

非相干光电信号按其时空特点分为随时间变化的光电信号和随空间变化的光电信号。前者的特征是信号随时间缓慢变化，或周期性及瞬时变化，发生于有限空间内，与时间有关而与空间无关，信号可表示为 $F(t)$。随空间变化的光电信号发生在一定空间之内，光电信号随空间位置而改变，表示为 $F(x, y, z)$，有的还同时随时间改变，表示为 $F(x, y, z, t)$。非相干光电信号的变换与检测方法如图 9.5 所示。

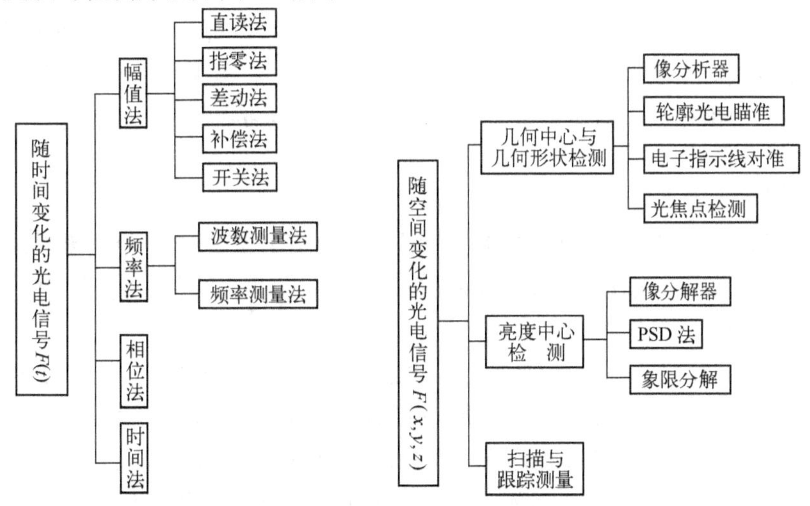

图 9.5　非相干光信号的变换与检测方法分类图

9.3.1　幅值法

这种变换的特点是，利用光的透射、反射、折射、遮光或者成像的方法将被测信号直接加载到光通量的变化之中，再用光电器件检测光通量的幅值变化。它广泛用于光开关与光电转速计、激光测距、准直、辐射测温、测表面粗糙度、测气体或液体浓度、测透过率、反射率等。

1. 直读法

在采用直读法的光电检测系统中，光源发出的光经待测量调制后直接由光电探测器接收。根据光电探测器输出信号的大小来反映出待测量的变化。

图 9.6 示出了采用直读法的光电检测系统的基本结构框图。

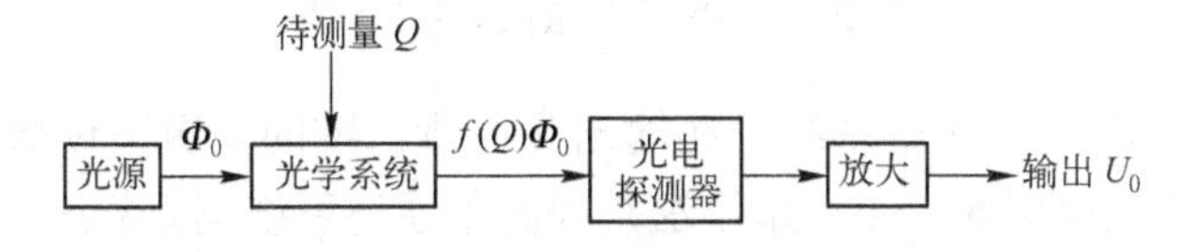

图 9.6　直读法光电检测系统框图

图中系统的输出信号 U_0 可表示成

$$U_0=(I_P+I_0+I'_L)A+U'_0=[\Phi_0 f(Q)S+I_0+I'_L]A+U'_0 \tag{9.14}$$

式中，I_P 为由信号光产生的光电流；I_0 为光电探测器的暗电流；I'_L 为由背景光（如日光、灯光等）产生的光电流；Φ_0 为光源辐射功率；$f(Q)$ 为待测量变化对光源功率的调制函数；Q 为待测量；S 为光电探测器的积分灵敏度；A 为放大电路的增益；U'_0 为放大电路的零漂。

由此可见，采用直读法时，其输出不仅与待测量有关，而且与其他诸多因素有关。也就是说，影响直读法系统精度的因素是很多的。当诸如环境因素、背景光、电路参数等因素变化时，都将引起光源功率、暗电流、光电探测器及放大电路增益等参数的变化，从而给测量带来误差。因此，简单地采用直读法的光电检测系统通常只能用于开关控制或粗略的定量检测中。

从式中可以看出，输出 U_0 与光源出射的光通量 Φ_0 有关，Φ_0 不稳定将直接带来测量误差。因此，直读法虽然简单，但精度不高。如果要采用直读法的光电检测系统进行较精密的定量检测，则必须对上述误差因素进行补偿或消除。常见的解决方法有：①对光源进行稳定化和调制；②采用锁相放大器对背景光、暗电流及放大电路零漂等因素消除。

2. 指零法

指零法是利用标定好的读数装置来补偿光通量的不稳定影响，使测量系统在输出光通量为零的状态下读数。下面以测量磁光物质在磁场下的偏振角为例来说明。图 9.7 所示是测量磁光物质在磁场下的偏振角的原理图。

光源发出的光经准直镜后成为平行光，再经起偏器 P 使振动方向与 P 光轴平行的平面偏振光通过。当被检测偏振角的磁光物质未放到磁场中时，光线直接射到检偏器上，而检偏器 Q 的光轴预先调节成与 P 的光轴垂直，从而检偏器 Q 的输出端无光输出，光电探测器无光通量入射，指示表指示为零。当放上被检物质后，该物质在确定磁场作用下，产生旋光性，当光通过它时，使光的偏振面旋转，因而检偏器输出端有光的输出，使指示表不为零。若转动检偏器 Q，使其转角等于被检物质引起的偏振面转角时，则经过检偏器后透过的光通量又变为零，即指示表再次指零，用一个标定过的高精度读数装置读取 Q 的转角，即可测出偏振物质引起的偏振面的旋转角。

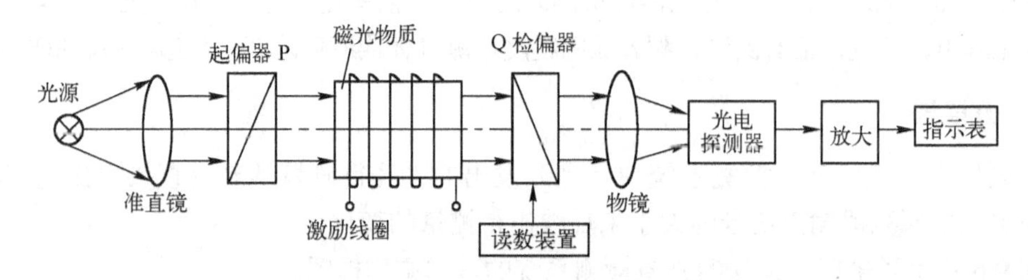

图 9.7　指零法测量偏振角原理图

由上述原理可以看出，测量系统是在输出光通量为零的情况下读数的，因而光源出射光的不稳定性对测量精度影响较小。指零法是提高单通道系统测量精度最简单的方法。

类似的指零法测量仪器有许多种，如用准直光管瞄准测角等。

3. 差动法

在直读法和指零法的光电检测系统中，光路只有一个通道。为了减小单通道法入射光通量波动对测量的影响，可以采用双通道差动法和双通道差动补偿法。

在差动法的光电检测系统中，通常需要将光源发出的光分成两路，其中一路光经待测量调制后到达光电探测器，称为信号光路；另一路光不受待测量变化的影响，称为参考光路。把这两路光检测出来后取出它们的差值作为输出，用来显示或控制。

图 9.8 所示为差动检测系统的一种基本结构。参考光路中的调光元件可以为光楔，也可以为调光式快门结构。假设到达两个光电二极管的信号光通量和参考光通量分别为 Φ_1 和 Φ_2，则 $U_0 = I_{L1}R_1 - I_{L2}R_2 = S_1\Phi_1R_1 - S_2\Phi_2R_2$，式中，$I_{L1}$、$I_{L2}$ 为 PD_1 和 PD_2 产生的光电流；S_1、S_2 为 PD_1 和 PD_2 的灵敏度。若取 $R_1 = R_2 = R$，$S_1 = S_2 = S$，则

$$U_0 = SR(\Phi_1 - \Phi_2)$$

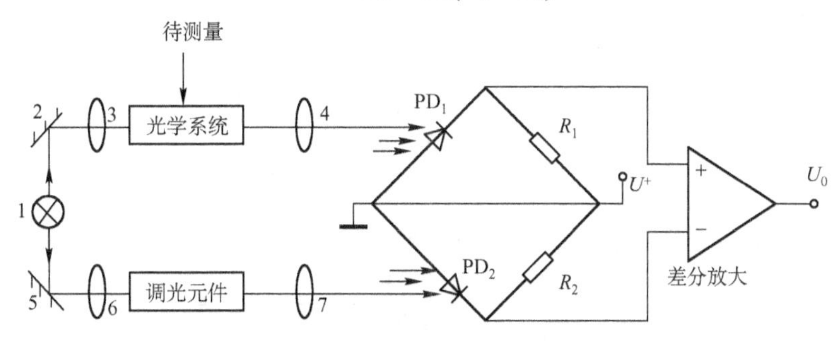

1—光源；2, 5—反射镜；3, 4, 6, 7—透镜

图 9.8　差动法检测系统基本结构 1

与直读系统相比，差动系统的优点是明显的，因为若能使得 PD_1 和 PD_2 的性能充分一致，则两者产生的暗电流可以在差动中消除。若两个探测器的位置接近，则背景光对它们产生的影响相同，而它们的输出之差即可基本将背景光的影响消除。

除此之外，差动检测系统还可以部分消除光源光功率波动引起的误差。为了更好地消除光源波动的影响，对于图 9.8 所示系统的两路输出也可以不采用差动的方法处理，而是取比值作为输出，这样可以完全补偿光源波动的影响。假设 $\Phi_2/\Phi_1 = n$，由光源波动引起的变化量为 $\Delta\Phi_1$ 和 $\Delta\Phi_2$，则 $\Delta\Phi_2/\Delta\Phi_1 = n$。光源波动后两通道的光通量记为 Φ_1' 和 Φ_2'，则它们的比值为

$$\frac{\Phi_2'}{\Phi_1'} = \frac{\Phi_2 + \Delta\Phi_2}{\Phi_1 + \Delta\Phi_1} = \frac{\Phi_2 + \Delta\Phi_2}{\dfrac{\Phi_2}{n} + \dfrac{\Delta\Phi_2}{n}} = n = \frac{\Phi_2}{\Phi_1}$$

可见，尽管光源的光通量发生了波动，但两通道的光通量之比保持不变，由于 Φ_2 是固定的，故系统输出只与待测量有关，而不受光源光通量的变化。

以上分析均建立在两个通道的光电探测器的性能完全一致上，即灵敏度、暗电流及温度系数等都完全一致，这样才能使图 9.8 中的差动系统起到很好的补偿作用，但实际上这是很难做到的。为了解决这个问题，可以采用图 9.9 中的结构，即用一个光电探测器来实现差动检测。光源发出的光由一个旋转的调制圆盘分解成两束相位差为 π 的脉冲调制光，经过信号光路和参考光路后交替照射到光电二极管 PD 上。

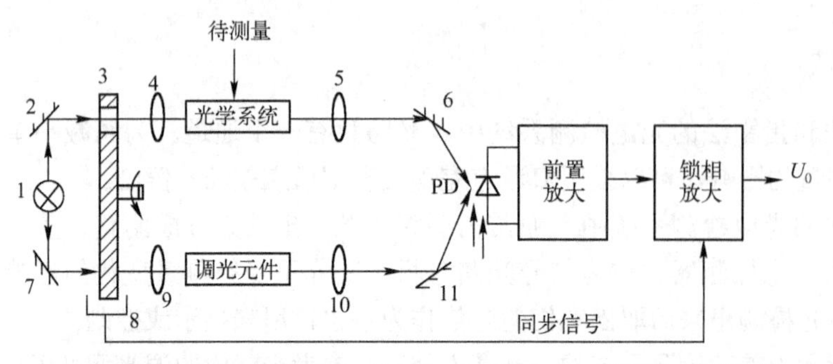

1—光源；2，6，7，11—反射镜；4，5，9，10—透镜；8—斩波同步信号探测器

图 9.9　差动法检测系统结构 2

由图 9.9 可见，由于在此结构工作中采用了调制解调的手段，因此可以有效地消除各种干扰的影响，对光源波动也有一定的抑制。

差动系统的另外一种结构如图 9.10 所示，在此结构中巧妙设计了一个光学系统，使得当待测信号为某一值时，两路光信号光通量相等，即 $\Phi_2 = \Phi_1 = \Phi$。而当待测信号变化时，引起其中一路光信号的光通量增加，而另一路光的光通量减小，即

$$\Phi_1 = \Phi + \Delta\Phi$$

$$\Phi_2 = \Phi - \Delta\Phi$$

用探测器分别将 Φ_1 和 Φ_2 检测出以后进行如下处理：

$$\frac{\Phi_1 - \Phi_2}{\Phi_1 + \Phi_2} = \frac{(\Phi + \Delta\Phi) - (\Phi - \Delta\Phi)}{(\Phi + \Delta\Phi) + (\Phi - \Delta\Phi)} = \frac{\Delta\Phi}{\Phi}$$

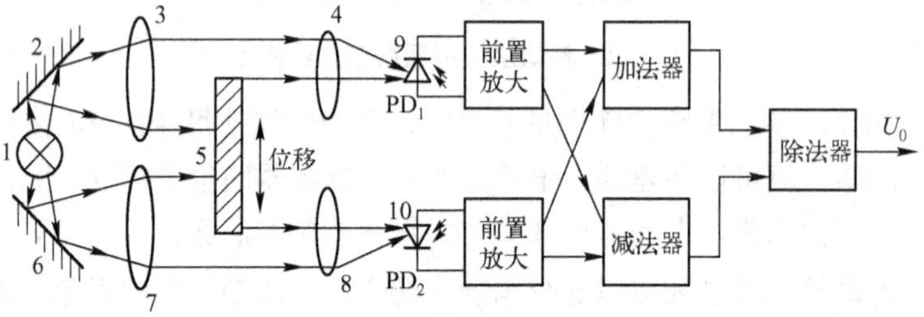

1—光源；2, 6—反射镜；3, 4, 7, 8—透镜；7—待测物体；9, 10—光电探测器

图 9.10　差动法检测系统结构 3

由于 $\Delta\Phi$ 为待测量的函数，故输出反映了待测量的变化。而当光源光通量变化时，引起 Φ 和 $\Delta\Phi$ 同时以相同的比例变化，因此对它们的比值将不起作用。

4．补偿法

图 9.9 所示差动系统能够很好地消除背景光、暗电流、前置放大器零漂等因素的影响，但对光源光通量不稳定、探测器老化（即灵敏变化）等因素不能完全补偿，只有当 $\Phi_2/\Phi_1 = n = 1$ 时，才能完全消除这些因素的影响。因此，如果能在检测过程中始终保持 $\Phi_2 = \Phi_1$，则能起到完全补偿的作用。补偿法即源于这种思想方法。

补偿系统的具体结构如图 9.11 所示。它与图 9.9 所示的差动系统相比，有一可逆电动机使调光元件能调整参考光路的光通量 Φ_2，使 Φ_2 跟踪待测信号变化所引起 Φ_1 的变化，始终保持 $\Phi_1 = \Phi_2$，此时调光元件的调整幅度就反映了待测量的变化。

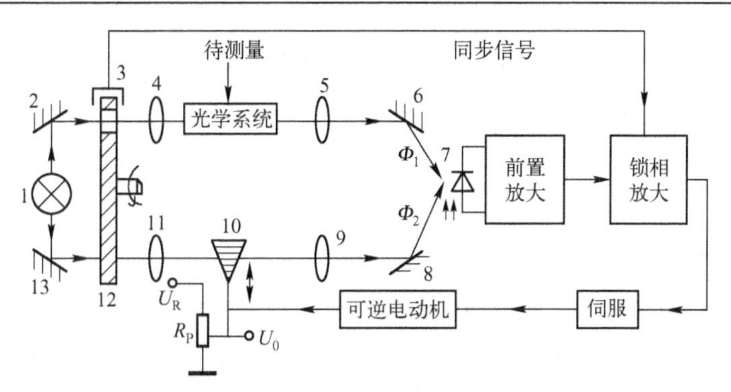

1—光源；2, 6, 8, 13—反射镜；3—斩波同步信号探测器；4, 5, 9, 11—透镜；7—光电探测器；10—光楔；12—斩波调制器

图 9.11　补偿法光电检测系统结构

补偿系统的具体工作过程为：①当系统为初始状态时，到达探测器的信号光通量幅度 Φ_1 与到达探测器的参考光通量幅度 Φ_2 相等，故探测器的输出中不含交流分量，经交流放大及相敏检波后的输出为零，可逆电动机固定不动；②当待测信号变化，引起 Φ_1 变化，而使 $\Phi_1 \neq \Phi_2$ 时，光电探测器的输出出现交流分量。该交流分量经放大、相敏检波及低通滤波后得到与其幅值成正比的直流输出，用于控制可逆电动机转动，带动光楔运动，改变参考光的强度，直到 $\Phi_2 = \Phi_1$ 为止。此时系统又达到平衡。可逆电动机同时又带动电位器 RP 的滑臂，该滑臂的输出电压 U_0 即反映了待测信号的变化。

灵敏阈是衡量补偿式检测系统的指标之一。灵敏阈通常指系统能检测出的待测量的最小变化量。提高光电探测器的灵敏度、放大电路的放大倍数、减小可逆电动机的摩擦力矩均有利于减小系统的灵敏度。

补偿式光电检测系统实际上相当于一个反馈控制系统，对于光源光通量的变化及背景光等因素的影响可抵消，且受光电探测器参数变化及放大器参数变化的影响小，较之直读式和差动式系统，测量精度最高。其缺点是，具有电动机、调节器等惯性较大的元件，补偿系统的瞬态响应要受到影响，即频响受到很大限制，通常适用于检测变化缓慢的待测量。

对于检测某个固定不变的待测量，如分析仪器中测量某个试样的浓度等场合，可以采用手动的补偿式检测系统。即当待测试样放入信号光路后用手调节刻度盘，带动参考通道的调光元件调节参考通道的光通量，直到输出指示为零。此时，即可从刻度盘上读出待测量的大小。当然，若要连续监测或控制某个变化的待测量，则必须采用图 9.9 所示的自动补偿检测系统。

5．开关法

前面介绍的几种检测方法都是基于由待测量对光源光通量进行调制，然后用光电探测器检测出调制光的光通量大小，属于模拟变换。而开关法光电检测系统是通过检测光的有无来检测待测量，属于数字变换，它是最简单的光强度调制检测系统。

开关法最典型的光电检测系统例子是光电转速计。图 9.12 所示是转速测量系统，在转轴上加一个带孔的圆盘，在圆盘的一边放置光源，另一边放置光电探测器。当转轴带动圆盘转动时，从光电探测器的输出端即可得到一系列脉冲。测出脉冲的频率即可算得转轴的转速。假设光电探测器的输出脉冲信号频率为 f，则转轴的转速（单位为 r/min）$n = 60f/N$，其中，N 为圆盘的孔数。

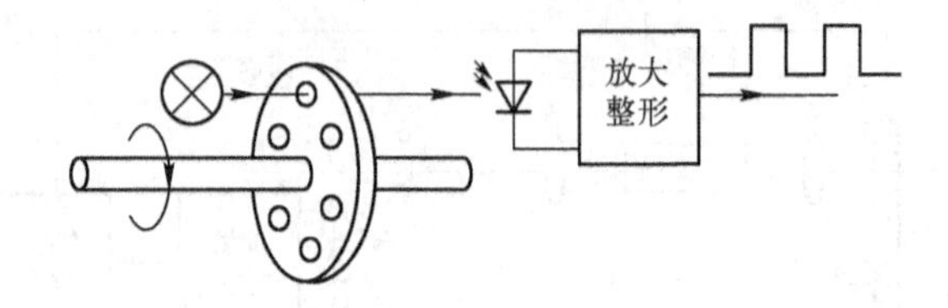

图 9.12　转速测量系统

此外，利用光栅及莫尔条纹来测量物体的位移，利用激光干涉测距及激光多普勒效应测速等场合，输出光信号均被调制成脉冲，只要对输出信号进行脉冲计数即可实现精密的检测。

开关法光电检测系统的特点是信号检测简单，即使在光源及探测器精度不高的情况下也能实现精密的检测。因此，如果能够将待测信号的变化调制成光信号的有无或脉冲输出，则对简化测量系统的结构、提高检测精度都是非常有意义的。

9.3.2　频率法

频率法应用于被测信息呈周期性变化的情况，这时被测信息载荷于光通量的变化次数或频率的快慢之中，可用测量光通量的波数和频率的方法测出被测值。

使光通量的波数和频率随被测信息变化的方法有许多种，如用几何光学的透光和反光的方法，使光通过旋转的多孔圆盘或反光的多面体，用光栅的莫尔条纹技术或光干涉的干涉条纹技术等。

频率测量法与前面介绍的幅值测量法相比具有更高的测量精度，这是因为频率的稳定度高于幅值的稳定度，大约高出两个数量级以上。另外，频率测量是数字式的，易于与计算机连接，使用方便。

1. 波数测量法

波数测量法通常用测量光通量随被测信息变化的周期数来检测被测值，如光栅莫尔条纹测量技术。

光栅是具有周期性空间结构或光学性能（如透射率、反射率）的光学元件，若光栅空间周期 $P \gg \lambda$（光波波长），则称为计量光栅，常被用作精密测量中的测量元件；若 $P \approx \lambda$，则称为衍射光栅，多用于光谱仪器中的分光元件。

计量光栅有长形和圆形两种结构，一般分为透射型光栅（玻璃）和反射型（金属）光栅两种，按其工作原理又可以分为黑白光栅（幅值光栅）和相位光栅（闪耀光栅）；还可分为粗光栅和细光栅。此外，还有偏振光栅、全息光栅等。

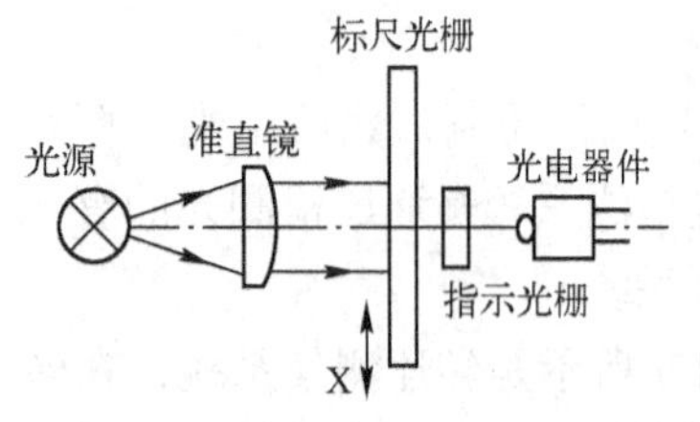

图 9. 13　光栅莫尔条纹测量原理图

图 9.13 所示是用光栅测量位移的例子。将两块光栅叠合在一起，并使两条栅线交成很小的夹角 θ，平行光通过光栅后，就可看到如图 9.14 所示的莫尔条纹图案。当两光栅沿着垂直于栅线的方向相对移动时，莫尔条纹将沿着平行于栅线的方向移动。光栅每移动一个栅距 p，条纹就跟着移动一个条纹宽度 B。

如果在光栅后某一点观察，可看到随着光栅的移动，该点的光通量函数做明暗交替变化，即莫尔条纹把光栅位移信息转换成光强信号，定量表示为

$$\Delta\Phi = \Phi_0 + \Phi_m \cos\left(\frac{2\pi X}{p}\right) \qquad (9.15)$$

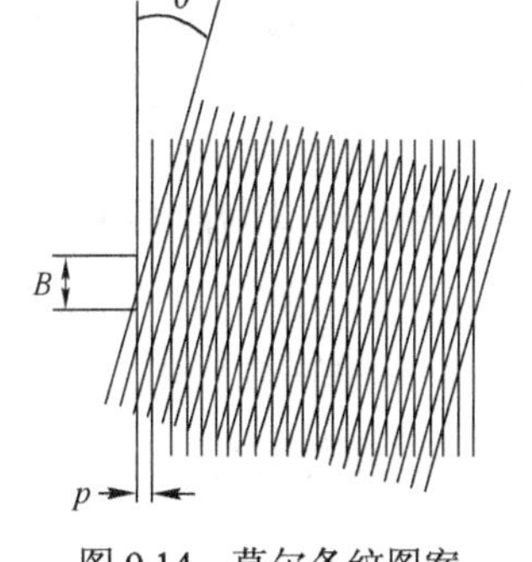

图 9.14　莫尔条纹图案

式中，$\Delta\Phi$ 为光栅移动时莫尔条纹的光通量变化量；p 为光栅栅距；X 为光栅位移；Φ_0 为直流光通量，Φ_m 为交变光通量幅值。

当光栅位移为 p 时，$\Delta\Phi$ 变化一个周期。这样通过光栅的调制作用，就把位移量 X 变换为光通量的变化 $\Delta\Phi$，实现光通量的幅度调制。

当光通量变化周期数（波数）为 N 时，位移

$$X = Np$$

该光通量变化被光电器件转换为电信号，再经放大、整形、判向和细分获得电脉冲，由计数器记录下来。若记录的电脉冲数为 M，脉冲当量为 i，则测量结果为

$$X = iM = (p/m)M \qquad (9.16)$$

式中，m 为一个周期内的细分倍数。

2. 频率测量法

在前述例子中，若要测量光栅尺的运动速度，只需将光栅尺的位移对时间微分，即

$$\frac{dX}{dt} = p\frac{dN}{dt} = pf$$

式中，dN/dt 为波数的时间变化率，即频率；而 dX/dt 为速度，即运动速度与光通量变化频率成正比。

用衍射光栅也可以实现频率调制。因为衍射光栅栅距很小，光照射到衍射光栅上，就像照射到许多均匀刻线的狭缝上一样，从而产生衍射。图 9.15 所示是用光栅进行频率调制的原理图。衍射光栅在电动机带动下，以 ω 角速度旋转，激光经聚光镜聚焦在光栅盘的刻线上，投射光被光栅衍射分为 0 级、±1 级、±2 级等衍射光。若光照射光栅刻线处的线速度为 v，光栅刻线间距为 p，那么 1 级衍射光发生的频移 Δf 为

$$\Delta f = v/p \qquad (9.17)$$

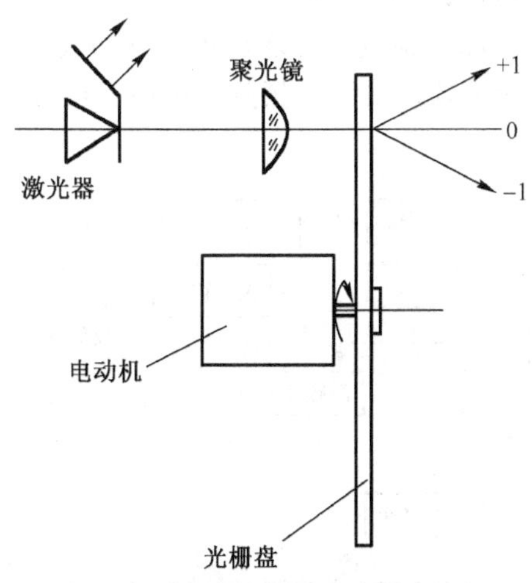

图 9.15　光栅进行频率调制的原理图

若用光电器件接收+1 级衍射光，则光频 f 被调制为 $f+\Delta f$，即实现频率调制。这种频率调制的稳定性与光栅转速的稳定性有关。调制频率可达 20 MHz。

频率测量广泛应用于各种物理量的速率测量中，例如激光测速仪、环形激光测角以及光电转速测量等。在这些测量中应首先将光通量的变化速度转换为电脉冲的频率，采用电子频率计测量脉冲计数频率 Δf，最后根据脉冲当量值 i，即可计算出被测速率 $v = \Delta f\,p$，v 是线速度；脉冲当量 i 可通过计算和实验标定。

这种通过测量光通量变化的频率来测量被测参数的方法称为频率测量法。波数测量法与频率测量法对光通量的幅度变化不敏感，因而对光源系统的稳定性要求比幅值法低。

9.3.3　相位和时间测量法

1．相位测量法

如果光载波的光通量被调制成随时间呈周期性变化，而被测信息加载于光通量的相位之中，那么检测到这个相位值即能确定被测值，这种方法称为光通量的相位测量法。

典型的光通量相位测量实例是相位激光测距仪，如图 9.16 所示，测距仪由光源发出光强度（光通量）按某一频率 f_0 变化的正弦调制光波。光波的强度变化规律与光源的驱动电源的变化完全同相，出射的光波到达被测目标。通常被测距离上放有一块反射棱镜作为被测的合作目标，这块棱镜能把入射光束反射回去，而且保证反射光的方向与入射光方向完全一致。在仪器的接收端获得调制光波的回波。经光电转换后得到与接收到的光波调制波频率相位完全相同的电信号。此电信号经放大后与光源的驱动电压相比较，测得两个正弦电压的相位差。根据所测相位差就可算得所测距离。

假设正弦调制光波往返后相位延迟一个 φ 角，又令激光调制频率为 ω_0，则光波在被测距离上往返一次所需时间为

$$t=\varphi/\omega_0$$

若被测距离为 D，从发射光至接收到返回光的时间为 t，光的传播速度为 c，则

$$t=2D/c$$

由上两式可以计算出待测距离

$$D=\frac{c\varphi}{2\omega_0}=\frac{c\varphi}{4\pi nf_0} \tag{9.18}$$

式中，$\omega_0=2\pi f_0$，n 为空气折射率。

对（9.18）进行微分，可得到最小可测距离 $\Delta D_{\min}=c\Delta\varphi_{\min}/4\pi nf_0$，它表明测距仪可测得最小距离与相位测量分辨率成正比，与光源激励频率 f_0 成反比。

相位测距仪中相位检测的方法很多，不过为了提高测量精度，要求尽可能提高调制频率。而一般情况下相位计都工作在低频状态，为解决此难题，采用差频测相原理。图 9.17 所示为差频测相原理框图。

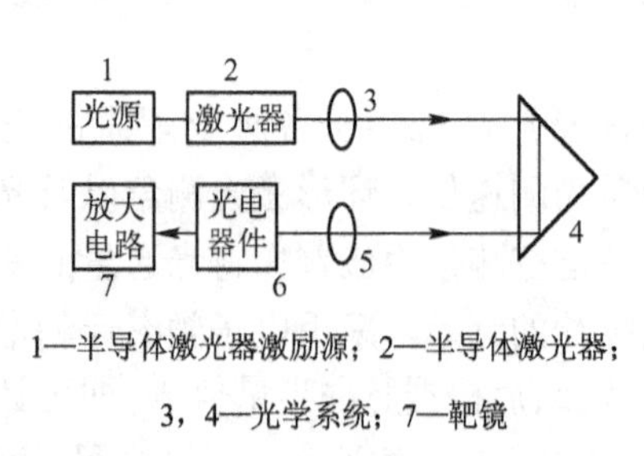

1—半导体激光器激励源；2—半导体激光器；

3，4—光学系统；7—靶镜

图 9.16　相位激光测距仪原理图

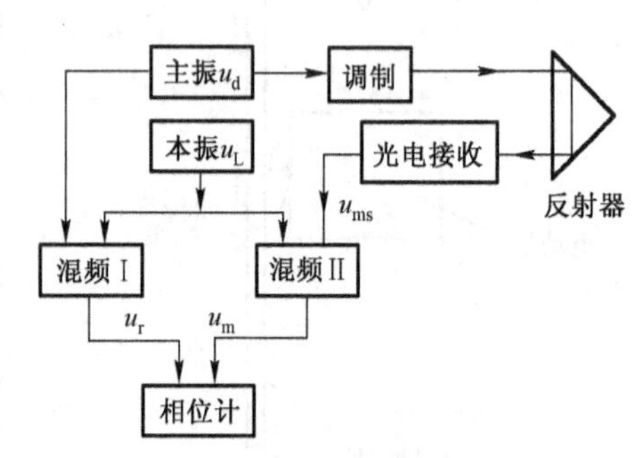

图 9.17　差频测相原理框图

设主振（驱动电源）信号

$$u_{\mathrm{d}} = A\cos(\omega_{\mathrm{d}}t + \phi_0) \tag{9.19}$$

发射到外光路经合作目标反射后的回波信号经光电变换器变换后的电压为

$$u_{\mathrm{ms}} = B\cos(\omega_{\mathrm{d}}t + \phi_0 + \phi_{\mathrm{s}}) \tag{9.20}$$

本地振荡信号为

$$u_{\mathrm{L}} = C\cos(\omega_{\mathrm{L}}t + \theta) \tag{9.21}$$

并把 e_{L} 送到混频器 I 及混频器 II 中，分别与 e_{d} 与 e_{ms} 混频，在混频器的输出端得到两个差频信号，分别为

$$u_{\mathrm{r}} = D\cos[(\omega_{\mathrm{d}} - \omega_{\mathrm{L}})t + (\phi_0 - \theta)] \tag{9.22}$$

$$u_{\mathrm{m}} = E\cos[(\omega_{\mathrm{d}} - \omega_{\mathrm{L}})t + (\phi_0 - \theta) + \phi_{\mathrm{s}}] \tag{9.23}$$

由式（9.22）和式（9.23）可知，差频后得到的两个低频信号的相位差仍保留了原高频信号的相位差 ϕ_{s}。

把上述两个差频信号送到检相器中就可检出相位差 ϕ_{s}，从而得到被测距离。

2. 时间测量法

若光源发出的光通量是脉冲式辐射，则可用单个脉冲的时间延迟来测距离，这称为时间测量法。脉冲式激光测距仪和激光雷达都是时间法测距的典型应用。

图 9.18 所示是脉冲激光测距仪的原理方框图。它由激光发射系统、接收系统、门控电路、时钟脉冲振荡器及计数显示器组成。

在工作时，脉冲激光发生器产生激光脉冲，该激光脉冲除一小部分能量由取样器 1 直接送到接收器（称此信号为参考信号）外，绝大部分激光能量射向被测目标，被测目标把激光能量反射回接收系统，便得到回波信号。参考信号及回波信号先后经光学系统聚焦到光电探测器上，变换成电脉冲信号，加以放大、整形后的参考信号使门控触发器 I（图中标号 4）置位，打开电子门。此时，时钟振荡器的时钟脉冲 CP 可以通过电子门进入，计数器开始计时。经过时间 t 后，回波脉冲经放大、整形后也送入门控器 I 的 S 输入端，由于门控 I 已被参考信号置“1”，所以该信号对门控 I 的状态没有影响。由于门控 I 的 $\overline{Q}$ 端低电位打开了负与门，所以测距信号负脉冲能通过负与门使门控触发器 II（图中标号 5）置位，从而关闭电子门，时钟脉冲不能进入计数器。接收电路的各级波形及时序如图 9.19 所示。

在参考脉冲及回波脉冲之间，计数器接收到的时钟脉冲个数代表了被测距离。假设计数器在参考脉冲和回波脉冲之间接收到 n 个时钟脉冲，时钟脉冲的重复周期为 τ，则被测距离

$$D = \frac{t}{2}c = \frac{n\tau}{2}c = \frac{1}{2f}cn = in \tag{9.24}$$

式中，$i = c/2f$ 是测距脉冲当量，即单位脉冲对应的被测距离。若时钟脉冲频率为 149.9 MHz，光速 c 为 2.999×10^8 m/s，则 i = 1 m/脉冲，即分辨率达到 1 m。由式（9.24）可以看出，时钟脉冲频率 f 越高，则系统测距的分辨率越高。但是最小分辨距离并不由计数系统可以提高，它主要取决于激光脉冲的上升时间。

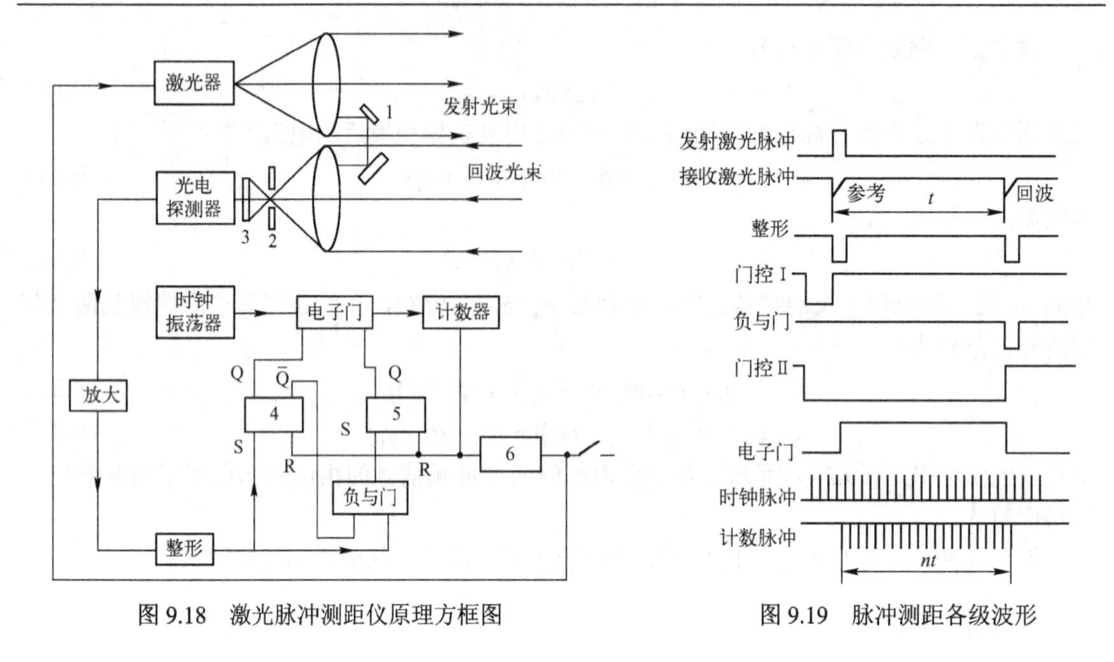

图 9.18　激光脉冲测距仪原理方框图　　　图 9.19　脉冲测距各级波形

9.4　空间分布的光电信号检测方法与系统

9.4.1　光学目标和空间定位

所谓光学目标就是不考虑被测对象的物理本质，只把它们视为与背景间有一定光学反差的几何形体或图形景物，如机械工件、运动物体、光学图样和实体景物等。根据光强空间分布的复杂程度和测量目的，光学目标可以分成复杂图形景物和简单光学目标，前者图形分布复杂，空间频率高，密度等级丰富，测量目的在于确定图形的细节和层次、分析图形的内容等；后者通常由点、线、平面等简单规则图形组成，如刻线、狭缝、十字线、光斑、成像系统得到的远处物体的弥散圆及工业规则图形等。信号处理的目的是确定目标相对基准坐标的角度或位置偏差，称为空间定位。

在实际的光学工程中，很多对象可以制成或简化成简单的光学目标。例如，许多几何量的形位测量就常常利用被测物体与其背景间的光学反差来确定物体边缘轮廓。而大多数的物体轮廓（特别是工业图形）都是相对简单和规则的。此外，在对星体、飞行物等远处活动目标的跟踪测量中，也需要将它们视为广阔背景上的一个或多个独立的辐射光斑来确定该点源的空间坐标。因此，简单光学目标的空间定位是空间光电信号变换的基本内容。测定目标相对基准的角度偏差和位置偏差在生产、科研和军事中有广泛的应用。例如，大尺寸工件的安装与加工、高速公路和钢轨的自由铺设、地下隧道的自动掘进等工程中采用的自动准直测量，精密小尺寸测量中的目标对准和位置偏移测量，现代天文望远镜中的光电导星，军事应用中的激光制导和激光定向等都是这些方面的典型应用。

简单光学目标的位置检测方法大致有几何中心与亮度中心两种。

9.4.2　几何中心检测法

光学目标及其衬底间的光学反差构成了物体的外形轮廓，轮廓尺寸的中心位置称为它的几何中心（用 G_0 表示）。如图 9.20 所示，几何中心的位置坐标 x_{G_0} 可用下式表示：

$$x_{G_0} = \frac{1}{2}(x_1 + x_2)$$

式中，x_1、x_2 是物体边缘轮廓的坐标。通过测量与目标的轮廓分布相对应的像空间轮廓分布来确定物体中心位置的方法称为几何中心检测法。主要的处理方法有差分法、调制法、补偿法和跟踪法等。这些方法的主要依据是像分析。

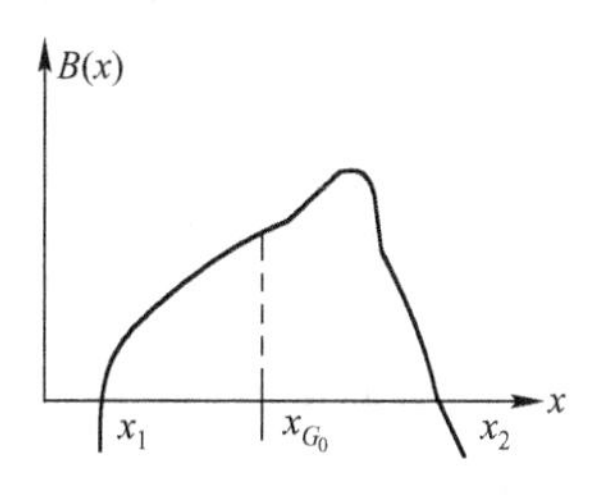

图 9.20　光学目标的几何中心

1．像分析和像分析器

光学目标的信息采集通常是通过光学成像系统完成的，根据辐射物体大小、远近的不同，可利用望远、照相、投影、显微等光路。这些光学系统的作用是将空间亮度分布转换为像空间的照度分布，因此光学目标形状位置的检测可归结为检测其像空间的照度分布随时间的变化。在光学系统确定的情况下，对像面上像位置的分析代表了物空间坐标的分析，它们之间用固定的光学变换常数联系。这种通过分析被测物体在像面上的几何中心相对于像面基准的偏移情况，从而确定该物体在空间位置的方法称为像分析，能够实现这种功能的装置称为像分析器。

像分析器的基本工作原理是：将被测物体的光学像相对于假面基准的几何坐标，变换为通过该基准某一取样窗口的光通量，通过检测该光通量的变化来解调出物体的坐标位置。因此，像分析器是一种能将几何形位信息调制到载波光通量上而形成光学调制的调制器，是几何量转换成光学量的 G/O（Geometry/Optics）变换器。图 9.21 给出了像分析器的功能示意图，它将物空间的亮度分布量 $B(x, y, t)$或像空间的照度分布量 $E(x, y, t)$变换为光通量的变化 $\Phi(a_1,a_2,\cdots,a_n,t)$，其中 $(a_1,a_2,\cdots,a_n)$ 是光通量的调制参量，与被测目标的位置坐标 x，y 相对应。像分析的过程常常与光通量的调制和像空间的扫描过程相联系。在有些情况下，这些功能可能是由同一环节实现的。

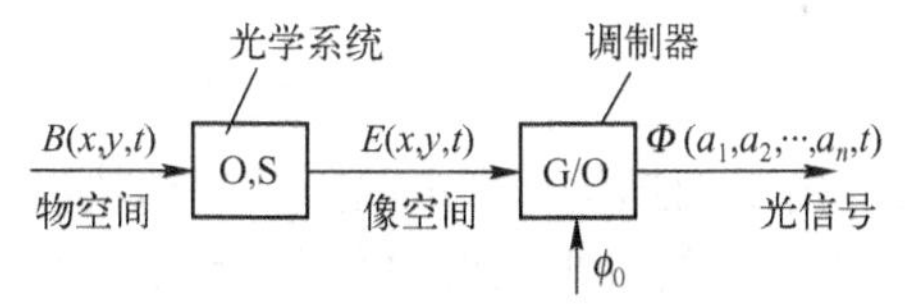

图 9.21　像分析器的功能示意图

2．典型的像分析器

（1）双通道差分调制式像分析器

这是一种常用的像分析器的变换方式。这种方式采用了有两个接收光路的双通道结构。光路布置如图 9.22(a)所示，在像面上共轭地放置两个狭缝 1 和 2，通过分光元件 3 得到的两个线像分别成像于狭缝面上，狭缝中心距等于线宽 l，两个狭缝的定位特性 $\Phi_1 = f_1(\Delta x)$ 和 $\Phi_2 = f_2(\Delta x)$ 具有类似的形状，表示在图 9.22(b)中。将两狭缝后的光电接收电路差分连接，则检测器的差分输出 ΔU 可利用图解法得到，如图 9.22(b)所示。这就是差分型像分析器的定位特性。在线性区内，定位特性可表示为

$$\Delta U = U_1 - U_2 = E_0 h\Delta x - (-E_0 h\Delta x) = 2E_0 h\Delta x \quad (\Delta x \leqslant l/2) \tag{9.25}$$

式中，E_0 为照明光强；h 为狭缝高；Δx 为线像中心相对狭缝中心的偏移量。

分析图 9.22 和式（9.25）可以看出，特性曲线具有了双极性的形式，可以根据差分光电流的极性判断偏移量 Δx 的方向。此外，在 $\Delta x = \pm l/2$ 范围内，曲线的线性情况改善，变化是单值的，并且斜率提高了一倍。为了进一步解决光通量调制问题，使系统变为交流测

量系统。可采用照明光源调制，使照明光强 E_0 按谐波形式变化，即 $E_0 = E_m \sin \omega t$，代入式（9.25），有

$$\Delta U = 2hE_m \Delta x \sin \omega t \tag{9.26}$$

假设 Δx 按正弦规律移位，即 $\Delta x = \Delta x_m \cdot \sin \Omega t$，代入式（9.24），有

$$\Delta U = 2h \cdot E_m \cdot \Delta x_m \cdot \sin \omega t \cdot \sin \Omega t \tag{9.27}$$

此即为典型的带有相敏的调幅波。利用相敏检测方法即可分离出被测的位置偏移 $\Delta x_m \sin \Omega t$。

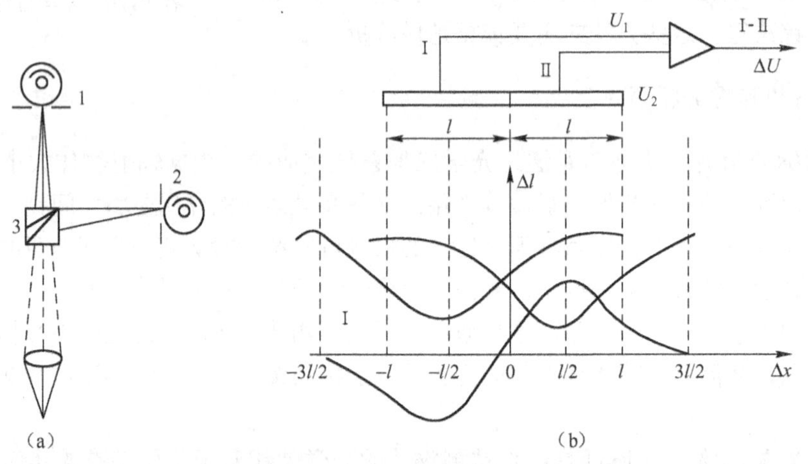

图 9.22　双通道差分调制式像分析器工作原理

（2）单通道扫描调制式像分析器

将调制检测的思想用于像分析中可以得到扫描调制式像分析器。如图 9.23 所示，在这类装置中，成像光路增设了周期振动的光学零件（如棱镜反射镜、光楔等）或振动狭缝，使像面上的目标像相对狭缝做周期振动。这时透过狭缝的光通量形成随时间周期性变化的光载波。目标像的位移信息将由于像分析而调制到载波上去，从而产生各种调制的光信号。这种使目标像和测光窗口之间相对扫描运动的像分析器称为扫描调制型像分析器。

图 9.24 给出了利用非线性图解法画出扫描调制型狭缝分析器的输出信号波形的过程。图中曲线 1 表示了线像相对狭缝中心偏移量 $\Delta x = 0$ 时，由于扫描运动形成的正弦运动轨迹 abcde，经过理想成像条件下狭缝定位特性 $\Phi = f(\Delta x)$ 的传递，得到如曲线 1′ 所示的输出光通量时间波形，这个波形有正弦信号的全波整流形状，其基波分量是扫描频率的二倍频率。因此，输出信号为零。曲线 2 和 2′，3 和 3′ 分别表示，$\Delta x > 0$ 和 $\Delta x < 0$ 情况下的扫描运动和输出光通量的变化。这种调制是幅度、宽度的调制。对应着不同的偏移方向，输出光通量发生 180° 相位移，采用相敏检波解调方法可以得到 1″、2″ 和 3″ 的整流输出电信号。它们的直流分量的数值和极性反映了线像的对准或偏离大小和偏离方向。调制信号的解调也可以用测量脉冲宽度比或幅度比的方法进行。

（3）扫描调制和极值检测

前述扫描调制型像分析器的主要工作条件是：首先，要使被测目标像相对于作为测量基准的测光窗口人为地进行周期性的往复扫描振动，从而产生交变的光载波；其次，被检测的位移信息作为扫描运动振动中心的偏移量使载波信号受到调制，从而形成各种形式的已调制载波。扫描调制是时间信号调制技术在位置测量中的移植和发展，带来了许多内在的优

点。例如，交变的调制信号有利于信号的传递和处理，能改善信噪比，提高测量的灵敏度；目标像和测量基准间的相对扫描作用还能扩大测量范围；交流测量系统改善了工作条件和可靠性等。由于这些优点扫描调制测量在很多种几何量的形位测量和空间目标的扫描搜索中得到了成功的应用。

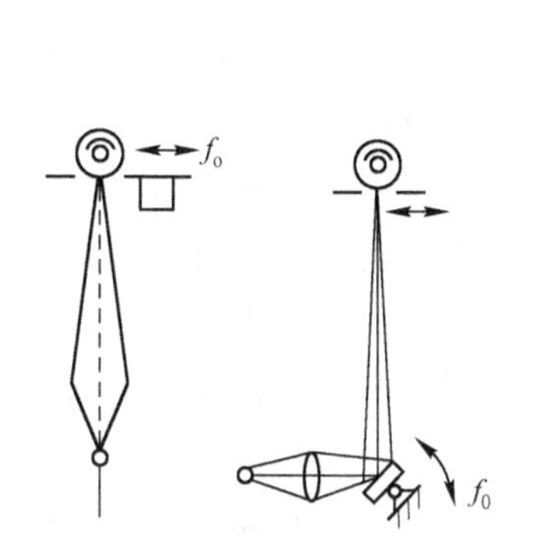

图 9.23　扫描调制型狭缝像分析器

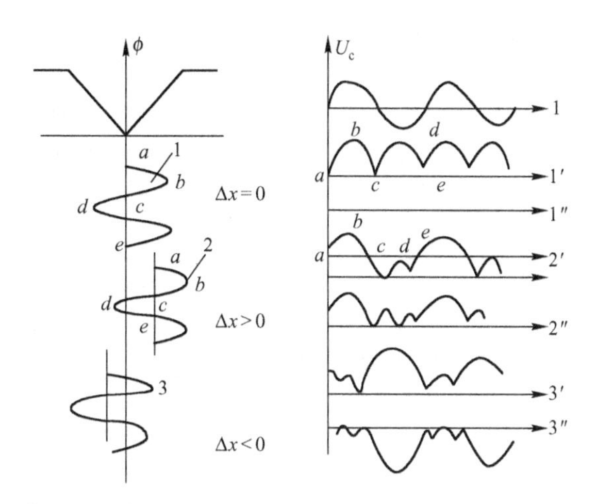

图 9.24　扫描调制信号的形成和解调

实现扫描调制的方法和结构形式是各种各样的。图 9.25 和图 9.26 给出了两个用于测量工件尺寸的光电装置。图 9.25 所示是测量钢带宽度变化的系统。图中被测钢带 1 的边缘 2 通过镜头 3 成像于光阑 4 上，光阑的横向尺寸确定了物方的测量范围 D。转筒 5 上刻有通光狭缝，其间隔与光阑长度相等，以形成等间隔的光脉冲。钢带边缘的像位置可对光脉冲进行脉宽调制，最后由光电元件 6 接收。解调出脉宽调制函数即可确定钢带边缘的位置变化。图 9.26 是测量金属导线直径的光电装置。辐射源 1 产生的光束经准直镜 2 变成平行光投射到被测直径 4 上，再经成像透镜 3 和光阑 5 成放大像 7 于扫描盘面上。盘面附近放置狭缝 6，截取部分像。扫描盘上有阿基米德螺线形的通光孔，与直线狭缝 6 相叠合。当扫描盘转动时，狭缝孔被调制盘通光孔的轮廓以直线的轨迹和时间成正比地实现扫描运动，这样便对被测直径的像完成了扫描调制。调制后的光通量经聚光镜 9 由光电接收器 10 接收。

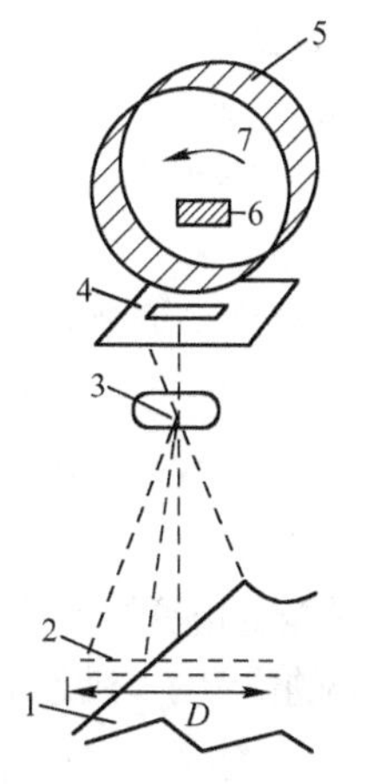

图 9.25　带狭缝转筒的扫描调制系统

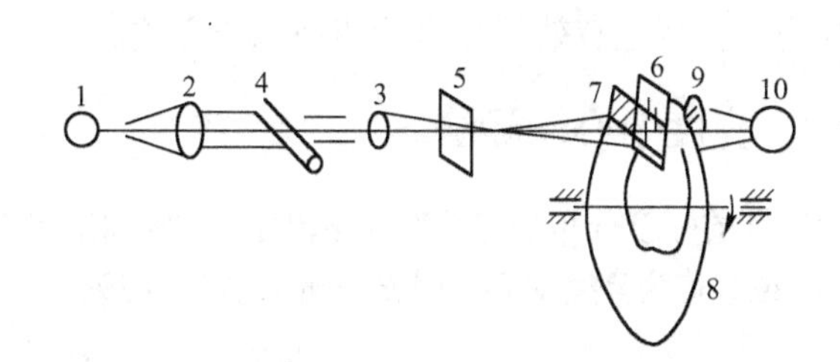

图 9.26　直线扫描调制盘系统

扫描调制的工作原理在光电检测技术中具有普遍的意义。在一个光学装置中，若它的输出光的性质和它的机械结构几何位置间存在依赖关系，并可事先确定其定位特性，则利用扫描调制方法，通过检测该装置输出光通量的变化即可确定它的几何位置。此外，通过扫描调制能检测到装置对极值的偏移，从而通过反馈系统控制装置的几何结构使之维持在极值状态上。这些方法分别称为光学装置的极值检测和极值控制。

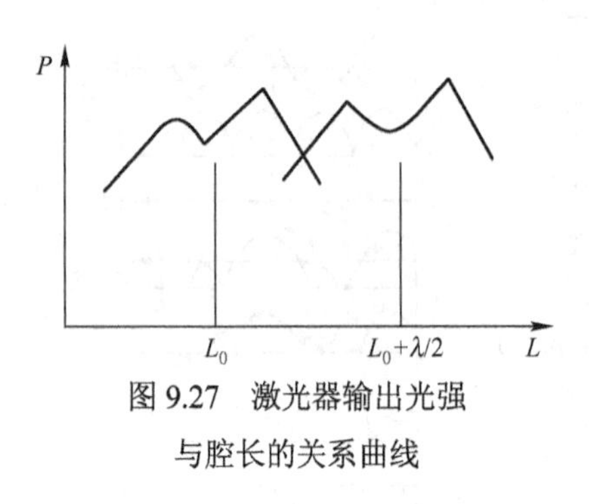

图 9.27　激光器输出光强与腔长的关系曲线

激光器谐振腔扫描调制稳定激光频率的方法是极值控制的典型应用。氦氖激光器就是这种应用实例。氦氖激光器输出光功率 P 与谐振腔长 L 之间的关系如图 9.27 所示。当腔长增加$\lambda/2$ 的整数倍时，输出功率周期性地重复极大极小值。对应每一个凹陷的底部即可以得到稳定的输出频率。这种极值控制的要求可用扫描调制方法实现。图 9.28 给出了控制谐振腔的稳频系统示意图。图中激光器由增益管 1、谐振腔固定反射镜 2 和活动反射镜 3 组成，反射镜 3 被固定在压电陶瓷 4 上。在交流电压驱动器 10 作用下，反射镜 3 沿光轴方向振动。周期性地改变腔长，实现扫描。扫描频率由参考电源 9 决定，若腔长扫描的平均位置恰为谐振频率 f_0 所对应的腔长 L_0，如图 9.28（b）中的①所示，则输出光强具有两倍于扫描频率的交变分量。此信号经选频放大器 6 后在相敏检波器 7 中和参考电压相比较，由于相敏检波的输出为零，所以直流放大器 8 没有直流电压去控制驱动器 10 工作，因此腔长保持不变。不论何种外界原因使腔长改变时，腔长的扫描调制作用都将在新的腔长位置上进行，如图 9.28（b）中的②或③所示，此时载波信号具有和参考电压相同的频率分量，因此相敏检波的输出信号随偏离频率中心的偏差成比例增加，其极性取决于偏离方向。极性和数值不同的偏差电压经直流放大后通过驱动器给压电陶瓷以相应的偏移，使活动反射镜向维持腔长不变的方向移动，这样便实现了腔长的稳定，也就是激光频率的稳定。

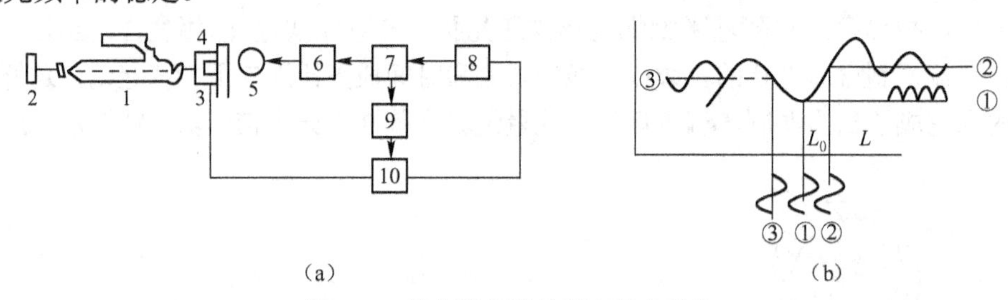

图 9.28　控制谐振腔的频率稳定系统

扫描调制的原理还应用于各种类型的扫描干涉仪和光学系统的自动调焦等许多光电工程中，成为一种行之有效的光电检测技术与方法。

9.4.3　亮度中心检测法

光学目标的亮度分布是光辐射能量沿空间的分布。将物体按辐射能量相等的标准分割为两部分，其中心位置称为亮度中心，用 B_0 表示，如图 9.29 所示。亮度中心的位置 x_{B_0} 满足下列关系：

$$\int_0^{x_{B_0}} B(x)\mathrm{d}x = \int_{x_{B_0}}^{\infty} B(x)\mathrm{d}x$$

式中，$B(x)$是亮度分布曲线。通过测量与目标物空间的亮度分布相对应的像空间照度分布，来确定目标能量中心位置的方法，称为亮度中心检测法。

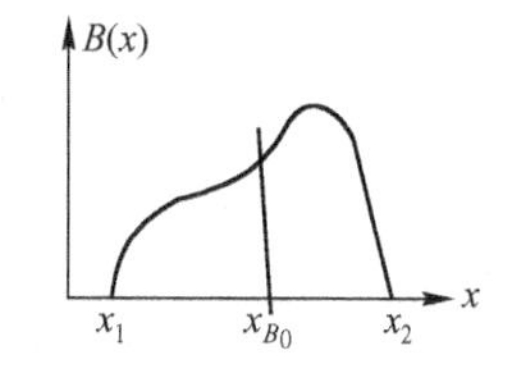

图 9.29　光学目标的亮度中心

亮度中心检测的主要做法是，将来自被测目标的光辐射通量相对系统的测量基准轴分解到不同的坐标象限上，根据它们在各象限上能量分布的比例可计算出目标的亮度中心位置，这种确定目标空间位置的方法称为象限分解法。适用于该方法的目标可以是远处的宏观物体，如星体、飞行物等，在经过成像系统的轻度离焦后可视为弥散圆；更多的应用是用主动照明产生的标准规则图形。亮度中心检测法在空间目标的定向跟踪、光学装置的准直对中心和集成电路工艺设备的对准技术中得到应用。

因此，亮度中心检测法主要的处理方式有两种：一种方式是光学像分解；另一种是利用象限检测器。这些方法的依据都是象限分割。

1. 光学像分解

光学像分解是在光学系统中附加各种分光元件，使入射光束分别向确定的不同方向传播，再在各自终端上安装单一光敏面的光电元件。图 9.30 所示为在平面坐标内实现四象限分解的光学零件，其中图 9.30（a）所示是正四面反射锥体，可以用抛光的不锈钢或镀反射膜的玻璃做成。入射光束以锥尖为坐标原点，将光束分解为直角坐标的四个象限。图 9.30（b）所示是一束输入端位于物镜焦面上的光导纤维束，光纤束按截面的位置分为四个分束，每一个分束的输出端装置在光电接收器的敏感面上。典型的像分解方法包括透射反射式、光纤分束式和全息分光式等。

能同时实现沿平面坐标和绕 x，y 轴转动的多个自由度分解的光学方法有下列几种方式。

（1）中心孔式

图 9.31 所示是带有中心孔的四棱锥体四自由度像分解器原理图。测量光束 1 的一部分经空心四棱锥体 3 的顶端中心孔射向后置的反射锥体 5 上。中心孔直径小于光束直径。当光束有一定倾斜角时，透过中心孔的光束以不同比例被反射锥体 5 分解。并由光电元件 4 接收，产生 θ_x 和 θ_y 的偏角信号。入射光束在中心孔以外的部分经空心锥体反射，由四象限上布置的光电元件 2 形成 x 和 y 方向的偏移信号。

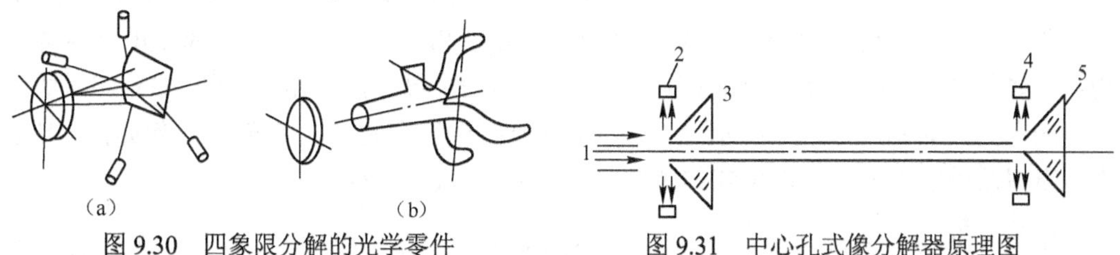

图 9.30　四象限分解的光学零件　　　　图 9.31　中心孔式像分解器原理图

（2）分光式

图 9.32（a）给出了分光式像分解器原理图。基准光束 1 透过半反棱镜 2 在四象限光电池 4 上形成 x，y 方向的偏移信号。反射的光束经反射镜 3 投射到四象限光电元件 5 上，形成 θ_x 和 θ_y 的偏角信号。图 9.32（b）给出了类似的分光会聚式像分解器。图中透镜 5 将反射光束会聚后再用光电元件 6 接收。与图 9.32（a）比较，在计算偏角 θ 值时要考虑到透镜 5 的焦距。

（3）反射式

图 9.33 所示是反射式像分解器原理图。在这种光路布置中，光电元件 2 的光敏面与输入光束相背布置。它的中央开有直径与入射光束直径相同的光孔。穿过光孔的光束透过半透半反反射镜 3，由光电元件 4 产生 x, y 方向的偏移信号。反射部分的光束由光电元件 2 接收，形成 θ_x 和 θ_y 的偏角信号。

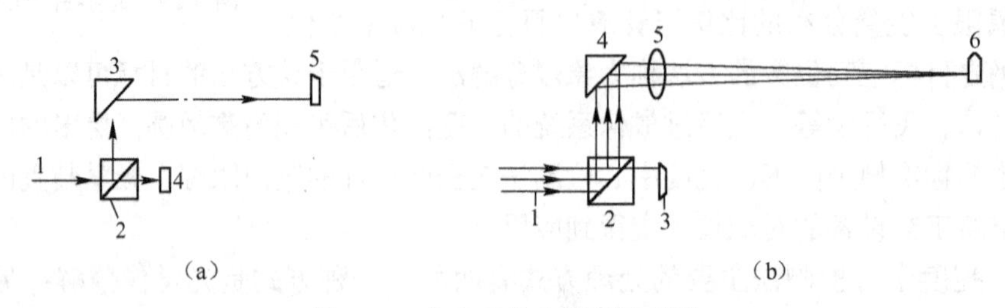

图 9.32　分光式像分解器原理图

（4）全息分光式

图 9.34 所示为全息分光式像分解器的原理示意图。基准光束 1 采用激光，经全息片 2 衍射为三个方向。其中直射光分量射向光电元件 6，产生 x, y 方向偏移信号。根据全息照相的原理，在 3 的方向形成会聚的光束，在 7 的方向形成平行的衍射光束。可以分别设置光电元件 4 和 8，根据光点的位置计算出 θ_x 和 θ_y 的偏角信号。

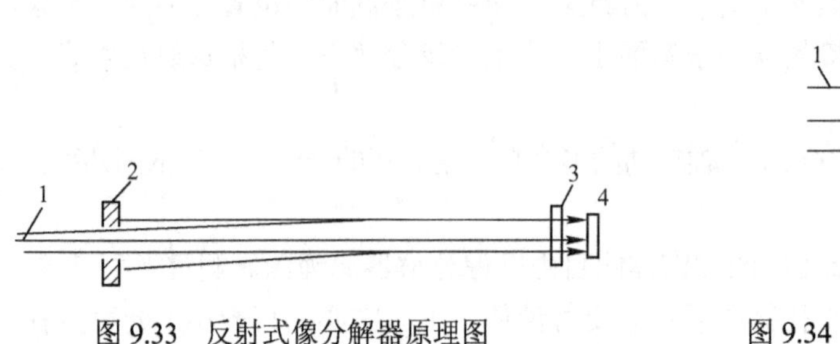

图 9.33　反射式像分解器原理图

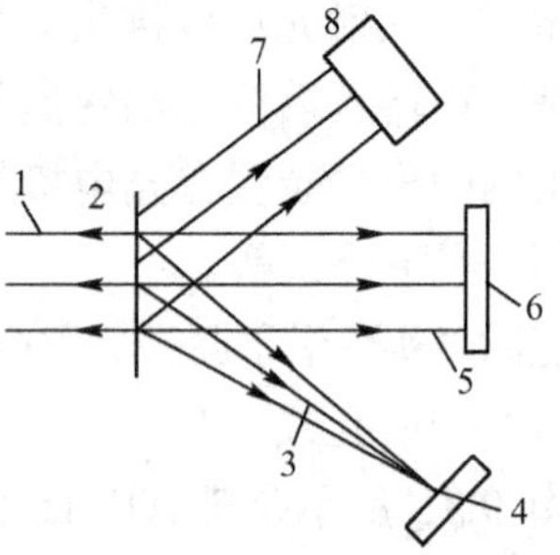

图 9.34　全息分光式像分解器原理图

2. 四象限探测器

多象限探测器有许多种形式，如图 9.35 所示。如二象限、四象限的光电池和光敏电阻，如图 9.35（a）所示；四象限的光电倍增管，如图 9.35（b）所示；八象限的半导体光电探测器，如图 9.35（c）所示；有楔环状独立光敏面的半导体探测器，如图 9.35（d）所示；阵列式光电池，如图 9.35（e）所示；此外还发展出具有纵向光电效应、能连续给出光点二维坐标模拟信号的半导体光电位置传感器，如图 9.35（f）所示。

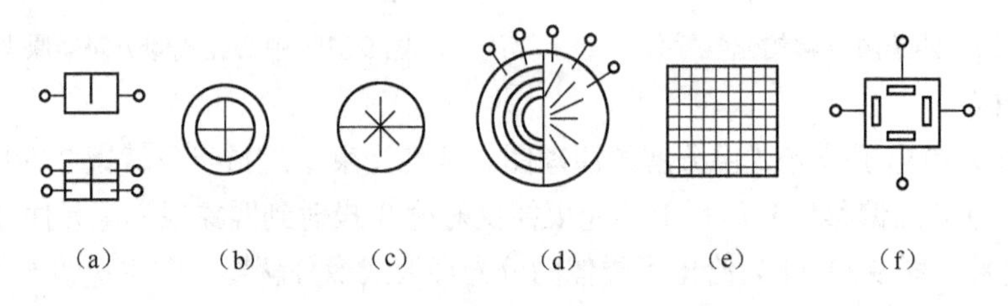

图 9.35　各种类型的多象限探测器

半导体四象限探测器通常由 4 个光电池排列形成直角坐标制作在共同的衬底上，彼此绝缘，有单独的信号输出端。在有光斑投射到表面时，各象限光电池的输出信号与所接收的光能量成正比，因此能用以测出光斑的光亮度中心。若光斑形状是规则和已知的，则可借以确定它的几何位置。根据四象限探测器坐标轴线和测量系统基准线间安装角度的不同，可将它的应用方法分为和差电路和直差电路两种方式。

（1）和差电路式

图 9.36 给出了和差电路的连接方法。这种方式连接时，器件的坐标线和基准线间水平安装。电路的连接是先计算相邻象限的和，再计算和信号的差。设光斑形状为弥散圆，在探测器四象限 I、II、III、IV 上所占的面积分别是 S_1、S_2、S_3、S_4，光斑直径为 d，光斑中心为 O' 。光斑的光密度均匀，光斑相对探测器中心 O 的偏移 $OO' = \rho$ 可用直角坐标(x, y)表示。测量范围 $\rho_{\max} < d$。将探测器各象限的输出信号按图连接，得到输出信号电压的表达式

$$\begin{cases} U_x = K[(S_1+S_4)-(S_2+S_3)] = Kf(x) \\ U_y = K[(S_1+S_4)-(S_2+S_3)] = Kf(y) \end{cases} \tag{9.28}$$

式中，$\begin{cases} f(x) = 2\left(dx\sqrt{1-\dfrac{x^2}{d^2}} + d^2\arcsin\dfrac{x}{d}\right) \\ f(y) = dy\sqrt{1-\dfrac{y^2}{d^2}} + d^2\arcsin\dfrac{y}{d} \end{cases}$；$K$ 是和光束的直径与功率有关的变换系数。

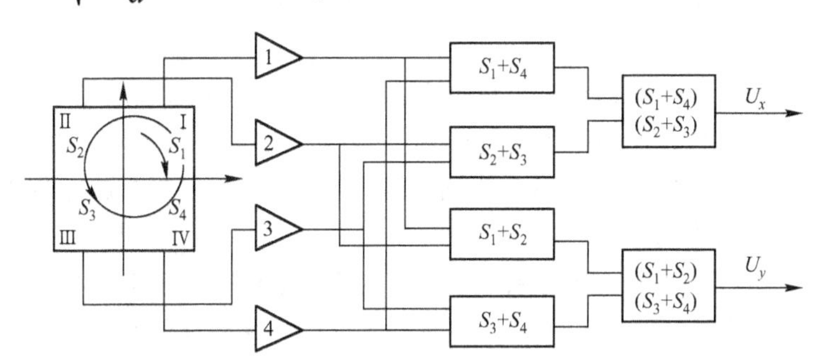

图 9.36　四象限探测器的和差连接

图 9.37 给出了 $U_x = Kf(x)$ 的特性曲线，可以看出，在小偏移情况下，输出信号与输入偏移量成正比，当 $x/d > 1$ 时输出信号饱和。

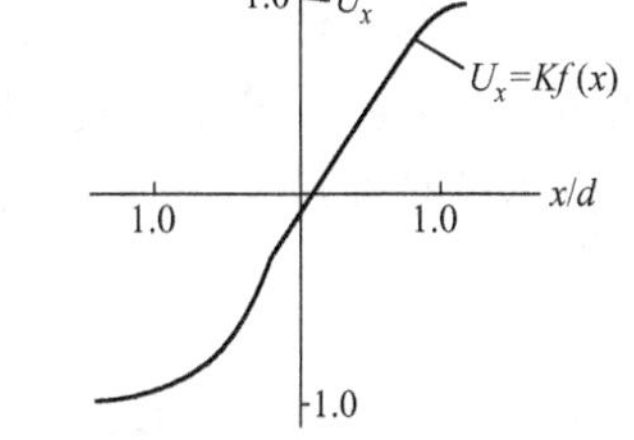

图 9.37　$U_x = Kf(x)$ 的特性曲线

和差电路的特点是，测量灵敏度较高，非线性影响较小，对目标光斑的不均匀性适应性较强，适用于高精度的定位测量；但信号处理电路复杂，需要进行多次和差运算，各环节性能的差异会引起测量误差。

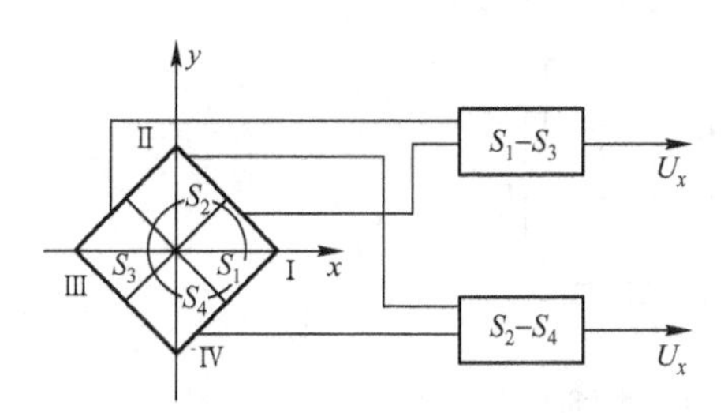

图 9.38　四象限探测器的直差连接

（2）直差电路式

图 9.38 给出了直差电路的连接方法。器件象限坐标线和基准线间成 45° 角安装。各象限间的连接按对角线方向相减，测量装置输出信号的表达式为

$$\begin{cases} U_x = K(S_1 - S_3) = Kf(x) \\ U_y = K(S_2 - S_4) = Kf(y) \end{cases} \tag{9.29}$$

该种方式的电路简单，但非线性和灵敏度相对较低。

四象限光电池之类的象限探测器，由于结构简单，电路部分也不复杂，所以在测量精度要求不高的场合应用非常广泛（如激光准直仪）。但是，其制造原理造成象限探测器有以下几个缺点：

① 需要分割，从而产生死区，尤其是当光斑很小时，死区的影响更明显；

② 若被测光斑全部落入某个象限，则输出的电信号无法表示光斑位置，因此它的测量范围、控制范围都不大；

③ 测量精度与光强变化及漂移密切相关，因此它的分辨率和精度受到限制；

④ 对于（如大尺寸测量中）空气扰动比较大的场合，由于光强随时都发生变化，所以测量精度不高，从而影响系统的跟踪精度。

3. PSD及其应用

普通光电二极管的输出电量取决于光敏面上入射光通量的平均值，而光电位置传感器的积分灵敏度与光敏层上受光斑点相对光敏面中心的偏移位置有关。利用这一特点可以通过测量传感器的输出信号连续地计算出投射光斑的几何位置，这是多象限位置传感器向连续位置检测的新发展。

PSD（Position Sensing Detector）是一种具有特殊结构的大光敏面的光电二极管，它又称为PN结光电传感器。当入射光照射在感光面的不同位置时，所得到的电信号也不同，从输出的电信号中我们就可以确定入射光点在器件感光面上的位置。PSD可以同时进行多个光点测量。

（1）一维PSD的工作原理

图9.39（a）所示是一维PSD的原理图。它的工作原理基于横向光电效应，即一光束入射到PN结上的M点时，除了产生结光生电动势以外，还将在与结平行的方向上（横向）产生光生电动势，产生的电荷量与入射光强成正比。在PN结两头配置两个电极，就可以得到与光电压对应的光电流。图中M点决定了均匀扩散层（P-Si）中AM段和BM段电阻的比例。当有光照时，在无外加偏压的情况下，面电极A、B与衬底公共电极相当于短路，可检测出短路电流。设AM段电阻值为R_1，BM段电阻值为R_2，R为R_1和R_2的并联电阻值。光电流I_0分别经过R_1和R_2，并由A和B流出，其值分别为

$$I_1 = I_0 R/R_1,\ I_2 = I_0 R/R_2 \tag{9.30}$$

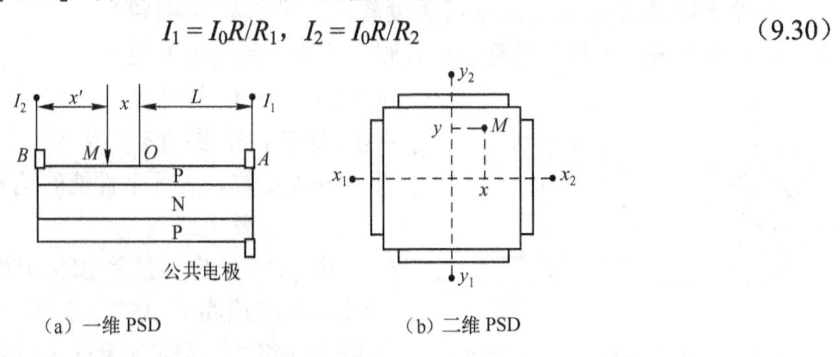

图9.39　PSD结构示意图

假如 PSD 光敏面的表面电阻层具有理想的均匀特性，则表面电阻层的阻值和长度成正比，有

$$I_1/I_0 = R/R_1 = (2L-x')/2L \tag{9.31}$$

$$I_2/I_0 = R/R_2 = x'/2L \tag{9.32}$$

$$x' = L\left(1-\frac{I_1-I_2}{I_1+I_2}\right) \tag{9.33}$$

一般以 AB 的中点 O 为坐标原点，则入射光点 M 的坐标为

$$x = L\frac{I_1-I_2}{I_1+I_2} \tag{9.34}$$

式中，$I_1 - I_2$ 与 $I_1 + I_2$ 的比值线性地表达了与光点的位置关系。它与光强无关，只取决于器件结构和入射光点的位置，从而抑制了光强度变化对检测结果的影响。式（9.34）可写成

$$x = k\left(\frac{I_1-I_2}{I_1+I_2}\right) \tag{9.35}$$

式中，k 为与 PSD 有关的常数。

（2）二维 PSD 的工作原理

如图 9.39（b）所示，二维 PSD 有 4 个电极，一对为 x 方向，另一对为 y 方向。光敏面的几何中心设为坐标原点。当光入射到 PSD 上任意位置时，在 x 和 y 方向各有一个唯一的信号与之对应。同一维 PSD 的分析过程一样，光点 M 的坐标为

$$x = k\left(\frac{I_1-I_2}{I_1+I_2}\right),\qquad y = k'\left(\frac{I_3-I_4}{I_3+I_4}\right) \tag{9.36}$$

式中，k 和 k' 为与 PSD 有关的常数。

二维 PSD 主要用于测量光斑在平面的二维坐标，其结构有两面分离型和表面分离型两种形式。如图 9.40 所示，两面分离型是相互垂直的两个信号电极分别在上下两个表面上，两个表面都是均匀电阻层，与光点位置有关的信号电流先在一个面（上表面）上的两个信号电极（$3X$，$4X'$）形成电流 I_x、$I_{x'}$，汇总后又在另一个面（下表面）的两个信号电极（$1Y$，$2Y'$）形成两路电流 I_y、$I_{y'}$。这种形式的 PSD 电流分路少，故灵敏度较高，有较高的位置线性度和高的空间分辨率。

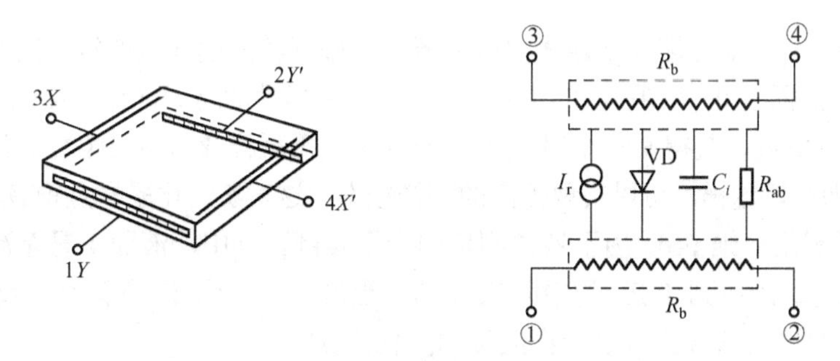

图 9.40　两面分离型二维 PSD 结构示意图及其等效电路图

表面分离型是相互垂直的两对电极在同一表面，如图 9.41 所示，光电流在同一电阻层

内分界成 4 个部分，即 I_x、$I_{x'}$、I_y、$I_{y'}$，并作为位移信号输出，与两面分离型相比，它具有施加偏压容易、暗电流小和响应速度快等优点。

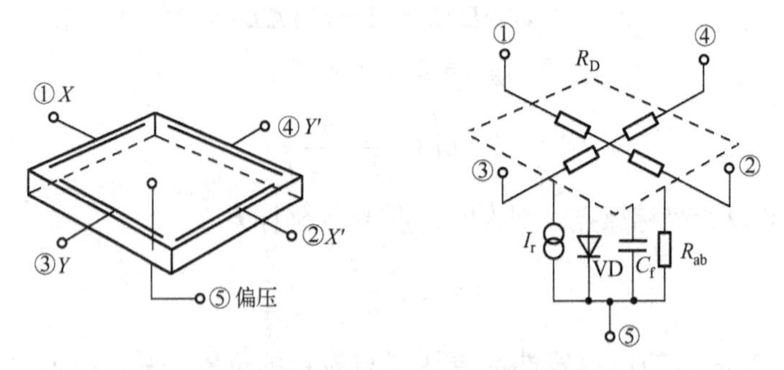

图 9.41　表面分离型结构示意图及其等效电路图

式（9.33）和式（9.34）都是近似式，在器件中心位置是正确的，而在距离器件中心较远接近边缘部分误差较大，为了减少这种误差，对表面分离型的光敏面和电极进行了改进，改进后的表面分离型称为改进表面分离型 PSD，改进表面分离型 PSD 除了有小的暗电流、快的响应时间和易于加反偏电压外，还可以大大减小边缘四周的误差。

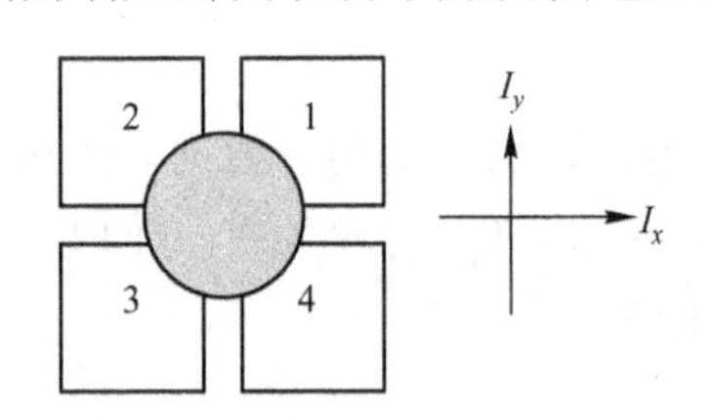

图 9.42　四象限 PSD 基本结构示意图

（3）四象限 PSD 的工作原理

把 4 个性能完全相同的光电二极管按照 4 个象限排列，称为四象限光电二极管，它的基本结构如图 9.42 所示。象限之间的间隔称为死区，工艺上要求做得很窄。光照面上各有一根引出线，而基区引线为公共极。当受光照时，每一个象限都会输出一个相对于光照面积的电流 I_1、I_2 和 I_3、I_4。把这 4 个电流按式（9.35）和式（9.36）计算，就可以给出光斑在四象限 PSD 上的二维位置信息，再把 I_x 和 I_y 作为控制信号去控制光束方向和 PSD 的方向。它常用于激光对中、准直、导向和跟踪等场合。

$$I_x = \frac{(I_1 + I_4) - (I_2 + I_3)}{I_1 + I_2 + I_3 + I_4} \tag{9.37}$$

$$I_y = \frac{(I_1 + I_2) - (I_3 + I_4)}{I_1 + I_2 + I_3 + I_4} \tag{9.38}$$

（4）PSD 应用

PSD 作为一种二输出端（或四输出端）器件，根据其两端（或四端）的光电输出信号可以得出光斑在光敏面上的光能质心的位置。利用 PSD 器件的这一优点，可以减小确定光点位置所要处理的数据量，获得某一个时刻光点的位置只需采样该时刻 PSD 器件的两端（或四端）输出信号即可。这样，可以实现很高的采样频率，这对实时化采样是很有利的。

图 9.43 所示是一维 PSD 用于液位测量的一个实例。其中，液面 I 是基准位，光线经过液面 I 反射的光线入射到 PSD 的中心位置 O。当液面下降到 II 位置时，反射光线射到 M 点。根据 PSD 的输出信号就可以计算液位的变化量 Δh，

$$\Delta h = x \cdot \cos\theta \tag{9.39}$$

式中，$x = L\frac{I_2 - I_1}{I_1 + I_2}$。

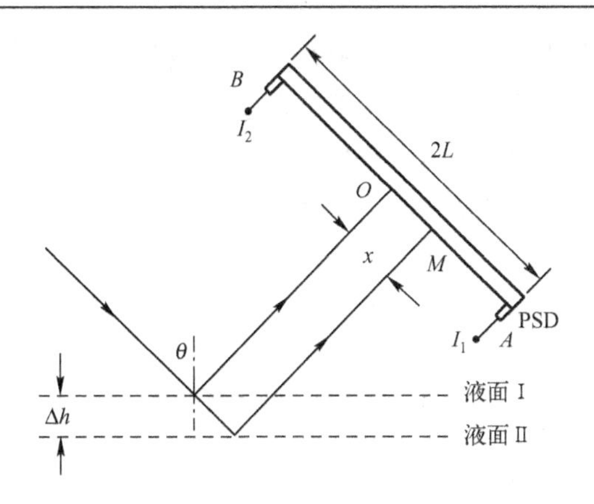

图 9.43　PSD 用于液面位置变化测量的示意图

此方案适当变动后，还可用于检测工件加工尺寸的变化量、主轴跳动量及工件的不圆度等。

与象限探测器相比，PSD 有如下优点：

① 对光斑的形状无严格要求，即输出信号与光的聚焦无关，只与光的能量中心位置有关，这给测量带来很多方便；

② 光敏面上无须分割，消除了死区，可连续测量光斑位置，位置分辨率高，一维 PSD 可达 0.2 μm；

③ 可同时检测位置和光强。PSD 器件输出总光电流与入射光强有关，而各信号电极输出光电流之和等于总光电流，所以从总光电流可求得相应的入射光强。

光电位置传感器广泛地应用于激光束的监控（对准、位移和振动）、平面度检测和二维位置检测系统。

但是，PSD 器件的固有特性决定了其具有非线性（图 9.44 所示为型号为 S1544 的 PSD，光斑直径为 200 μm 时的非线性）。PSD 的线性度主要取决于在制造过程中表面扩散层和底层材料电阻率的均匀性，以及有效的感光面积等多种因素，而且非线性没有明确的公式作为依据。一般而言，在距离中心 2/3 的范围内 PSD 的线性度较好。以浙江大学研究的国内领先的 PSD 为例，对于二维测量，PSD 光敏面面积为 3 mm×3 mm，四边形结构，中央 60%有效光敏区域的均方根非线性达到 0.15%。如果将此器件应用于大尺寸测量的位置探测，则光斑直径不能大于 1.8 mm，否则必须在 PSD 前方加入透镜聚焦，这无疑增加了系统的误差。

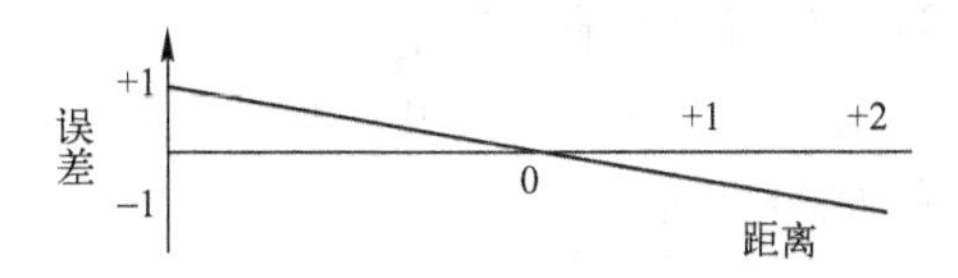

图 9.44　PSD 在位置探测中的非线性

同时，PSD 在高精度位置探测时，从理论上讲，入射点的强度和尺寸大小对位置输出均无关，但是对光源的稳定性要求较高，光源强度太弱或扰动太大不能准确定位，太强又会使器件饱和而不能正常工作，减少光强对测量精度的影响，主要是控制指示光源输出功率的稳定性。

PSD 在高精度位置探测时，其探测精度还与光斑模式有关，要求指示光源的光束应尽量小，使得能量保持不变，同时又不能有衍射现象存在。

由上述分析可知，PSD 的位置探测精度与光强的变化有很大关系，要求探测入射光斑光强的变化要小。对于大尺寸的测量，由于光束传输距离远，传输过程中如果空气的扰动使光束一部分光强发生变化，或引起图像的模糊、畸变和移位（如图 9.45 所示），反映在光敏面上就是光斑的光强发生变化，从而引起输出电流的变化。而实际上光束并没有改变在光敏面上的位置，只是由于空气扰动等因素引起光斑的变化，导致了测量误差。所以对于测量距离比较大的场合，必须考虑空气扰动的影响，PSD 不能修正空气扰动，从而 PSD 不是大尺寸测量中光斑位置检测的最优手段。

（a）原始图像

（b）由空气扰动引起的模糊、畸变和移位

图 9.45　空气扰动对图像的影响

总之，光电位置传感器具有响应速度快（几微秒）、位置分辨率高（全视场的 1/1000）、测量误差小等特点。使用时不需要精确调焦，且即使光强变化也不产生位置误差。它的灵敏度波长范围取决于所用的材料，可以同时测定光强和位置。在激光准直、光点定位、仪器光轴重合调节、光学遥控，以及振动和冲击的测量方面是一种新型的检测传感器。

在非相干信号的变换与检测中，对于复杂光学目标检测，其主要目的是在大视场范围内精确分辨图形的细节，因此要用光学图像的扫描或跟踪方法实现以窄视场的光电检测通道对大范围的景物或物体进行信号拾取和再现，使系统既有宽广的观察与测量范围，又有高的空间频率和灰度等级分辨率。由于篇幅有限，本书不展开讨论。

习题与思考题

1. 直接检测系统的基本原理是什么？为什么说直接检测又称为包络检测？
2. 对直接检测系统来说，如何提高输入信噪比？
3. 怎样判断光电转速计的转动方向，试给出一种设计方案。
4. 比较四象限光电池和 PSD 的优缺点。

第 10 章　相干检测方法与系统

内容概要

被测信息加载于光频载波（只能是相干光源）的幅度、频率或相位之中的系统称为相干检测系统。由于光波的频率很高，迄今为止的任何光电检测器都只能检测光的强度，因此只能利用光的干涉现象将光的这些特征参量最终转换为光强度的变化进行检测。根据产生干涉的光束间频率关系可分为同频干涉和外差干涉。

学习目标

- 掌握相干检测技术的基本原理及特点；
- 掌握各种基本干涉系统的分类及组成；
- 了解同频干涉的各种测量系统的组成及特点；
- 了解外差干涉的各种测量系统的组成及特点。

在光电检测系统中，被测量信息以光波作为载波，通过对光波的调制而引起光载波特征参量（包括光的强度、相位、偏振、频率和光谱分布）的变化，再通过对携带被测参量信息的光载波进行解调就可以获得被测参量信息。相干检测就是利用光的相干性对光载波所携带的信息进行检测和处理，它只有采用相干性好的激光器作为光源才能实现。所以从理论上讲，相干检测能准确检测到光波振幅、频率和相位所携带的信息，但由于光波的频率很高，迄今为止的任何光电检测器都还不能直接感受光波本身的振幅、相位、频率及偏振的变化，而只能检测光的强度。因此，在大多数情况下只能利用光的干涉现象，将光的这些特征参量最终都转换为光强度的变化进行检测。而这种转换就必须通过干涉测量技术。

与其他光电检测技术相比，相干检测技术具有更高的测试灵敏度和测试精度，在现代测量技术中得到越来越广泛的应用，比如精密测长、测距、测速、测温度、测压力、测应力应变、介质密度以及光谱分析，甚至电场、磁场等。

10.1　相干检测的基本原理

10.1.1　光学干涉和干涉测量

在光学测量中，常常需要利用相干光作为信息变换的载体，将被测信息加载到光载波上，使光载波的特征参量随被测信息变化。所谓光干涉是指，可能相干的两束或多束光波相叠加，它们的合成信号的光强度随时间或空间有规律地变化。干涉测量的作用就是，把光波的相位关系或频率状态以及它们随时间的变化关系，以光强度的空间分布或随时间变化的形式检测出来。

以双光束干涉为例，设两相干平面波的振动 $E_1(x,y)$ 和 $E_2(x,y)$ 分别为

$$\begin{cases} E_1(x,y)=a_1\exp\{-\mathrm{j}[\omega_1 t+\varphi_1(x,y)]\} \\ E_2(x,y)=a_2\exp\{-\mathrm{j}[\omega_2 t+\varphi_2(x,y)]\} \end{cases} \tag{10.1}$$

式中，a_1、a_2 为光波的振幅；ω_1、ω_2 为角频率；φ_1、φ_2 为初始相位。

两束光合成时，所形成干涉条纹的强度分布 $I(x,y)$ 可表示为

$$\begin{aligned} I(x,y) &= a_1^2+a_2^2+2a_1a_2\cos[\Delta\omega t+\varphi(x,y)] \\ &= A(x,y)\{1+\delta(x,y)\cos[\Delta\omega t+\varphi(x,y)]\} \end{aligned} \tag{10.2}$$

式中，$A(x,y)=a_1^2+a_2^2$ 是条纹光强的直流分量；$\delta(x,y)=2a_1a_2/(a_1^2+a_2^2)$ 是条纹的对比度；$\Delta\omega=\omega_1-\omega_2$ 是光频差；$\varphi(x,y)=\varphi_1(x,y)-\varphi_2(x,y)$ 是相位差。

当两束频率相同的光（即单频光）相干时，有 $\omega_1=\omega_2$，即 $\Delta\omega=0$，此时

$$I(x,y)=A(x,y)\{1+\delta(x,y)\cos[\varphi(x,y)]\} \tag{10.3}$$

干涉条纹不随时间改变，呈稳定的空间分布。随着相位差的变化，干涉条纹强度的分布表现为有偏置的正弦分布。可以看出，干涉条纹的强度信息和被测量的相关参数相对应。对干涉条纹进行计数或对条纹形状进行分析处理，可以得到相应的被测信息。

当两束光的频率不同，即式（10.2）中 $\Delta\omega\neq 0$ 时，干涉条纹将以 $\Delta\omega$ 的角频率随时间波动，形成光学拍频信号，也称为外差干涉信号。如果两束光的频率相差较大，超过光电检测器件的频响范围，将观察不到干涉条纹。在两束光频率相差不大（$\Delta\omega$ 较小）的情况下，采用光电检测器件可以检测到干涉条纹信号，并且可以通过电信号处理直接测量拍频信号的频差及相位等参数，从而能以极高的灵敏度测量出相干光束本身的特征参量，形成外差检测技术。

10.1.2　干涉测量技术中的调制和解调

一般干涉测量系统主要由光源、干涉系统、干涉信号接收系统和信号处理系统组成。从信息处理的角度来看，干涉测量实质上是被测信息对光载波调制和解调的过程。各种类型的干涉仪或干涉装置是光频载波的调制器和解调器。光调制技术在光电测量中是极为重要的技术，它将待测物理量的有关信息以信号的形式叠加到光载波上去。我们把完成这一调制作用的装置称为光调制器。光调制器能使光载波的特征参量随被测信号的变化而变化，成为调制光。这种承载信息的调制光由检测系统解调，然后检测出所需的信息。根据光调制器所调制的光载波的特征参量不同，调制技术可以分为振幅调制（AM）、相位调制（PM）、频率调制（FM）、偏振调制（POM）和光波谱调制（SM）。解调是调制的反过程，它能从被调制的光载波中以与被测参量成比例的光强信号或电信号形式检测出被测参量。解调器可以是光学的、电子的或光电混合的。

下面我们通过迈克尔逊干涉仪来说明干涉仪是如何进行调制和解调的。图 10.1 和图 10.2 分别给出了迈克尔逊干涉仪的原理图和等效框图。从信息传递的角度来看，干涉仪的结构和工作过程是：干涉仪中的单色光源是相干光载波的信号发生器，它产生的光载波信号 $U_0(a_0,\nu_0,\varphi_0)$ 由分光镜分成两路引入干涉仪中，其中，a_0 为振幅，ν_0 为频率，φ_0 为初相位。在参考光路中光载波作为基准保持原有的参量。在测量光路中，$U_0(a_0,\nu_0,\varphi_0)$ 受到被测信号的调制，如果被测信号是位移 $\delta(x)$，则引起光频率载波的相位变化 $\Delta\varphi$，称为相位调

制，形成$U_0(a_0,\nu_0,\varphi_0,\pm\Delta\varphi)$的调相信号；若被测信号是运动速度，则引起光载波的频率偏移$\Delta\nu$，称为频率调制，产生$U_0(a_0,\nu_0+\Delta\nu,\varphi_0)$的调频信号。这里测量光路及测量镜起信号调制器的作用。已调制的光载波在干涉面上和来自参考光路的参考光波重新合成，形成具有稳定干涉图样或确定光拍频率的输出信号。这里在干涉面上的合成相当于解调。

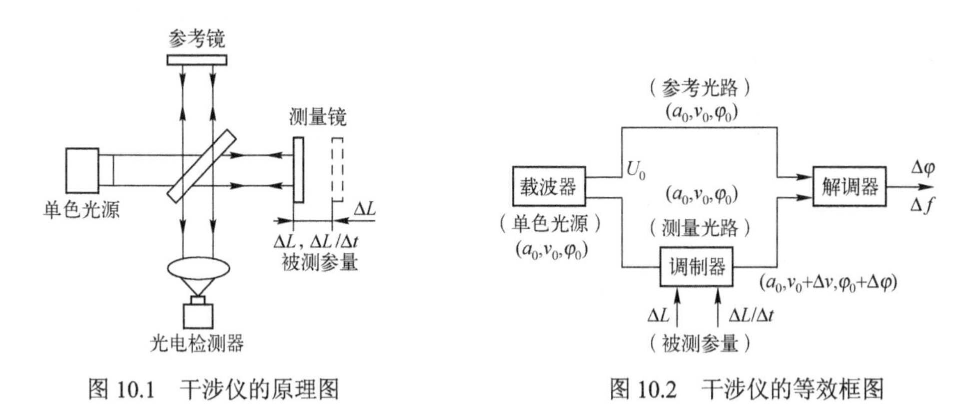

图 10.1　干涉仪的原理图　　图 10.2　干涉仪的等效框图

10.2　基本干涉系统及应用

能形成干涉现象的装置是干涉仪，它的主要作用是，将光束分成两个沿不同路径传播的光束，在其中一路中引入被测量，产生光程差后，再与另一路参考光重新合成为一束光，以便观察干涉现象。

10.2.1　典型的双光束干涉系统

双光束干涉在国防工业、科学研究和国民经济生产的各个领域都得到广泛的应用，下面简要介绍几种典型的干涉系统。

通常作为相位调制用的双光束光学干涉仪有：迈克尔逊（Michelson）干涉仪、马赫-泽德（Mach-Zehnder）干涉仪、萨古纳克（Sagnac）干涉仪、杨氏（Yong's）双缝干涉装置等，图 10.3 给出了它们的原理示意图。

图 10.3（a）所示是迈克尔逊干涉仪，它是干涉测量中最常用的干涉仪。其特点是结构简单，条纹对比度好，信噪比高。测量反射镜 M_2 固定在被测物体上，物体的位移、振动、变形等将使测量镜发生移动。当测量镜 M_2 的位移量为 ΔL 时，将引起测量光路的光程发生 $2n\Delta L$（n 为介质折射率）的变化，引起的干涉光强度变化次数为 $N = 2n\Delta L/\lambda_0$，通过对 N 的计数以及对信号的细分处理技术，就可以实现对位移的精密测量。由于光波波长在微米数量级，因此，这种测量技术可以达到很高的测量精度。测量分辨率可达 10^{-13} m 的数量级。它的缺点是，输出光束可能回馈到激光器中，使激光器不能正常工作，但可以通过设置偏振片等方法来解决。

图 10.3（b）所示是马赫-泽德干涉仪，由两片分束镜和两片反射镜组成。光源发出的光经分束镜 1 分为参考光束和测量光束，这两束光分别经两个反射镜后到达分束镜 2 合成叠加，产生两光束之间的干涉。分束镜 2 有两束干涉光输出，可用于多路接收器。马赫-泽德干涉仪的显著特点之一是，可以避免干涉光路中的光反射回光源，由于反射回光源的散射光

很少，因此对光源的影响很小，有利于降低光源的不稳定噪声。此外，它能够获得双路互补干涉输出，便于信号接收和处理。被测参量通过测量光路引入，例如，在研究飞行器模型在风洞中产生的涡流情况时，让风洞气流通过测量光路中的测量段，由于气流折射率的变化与其密度的变化成正比，而折射率的变化又使通过气体的光束的光程发生变化，从而引起测量光路中光波位相的变化，通过测量光束与参考光束之间的干涉，其干涉图样便能反映出气流折射率和密度分布的情况。

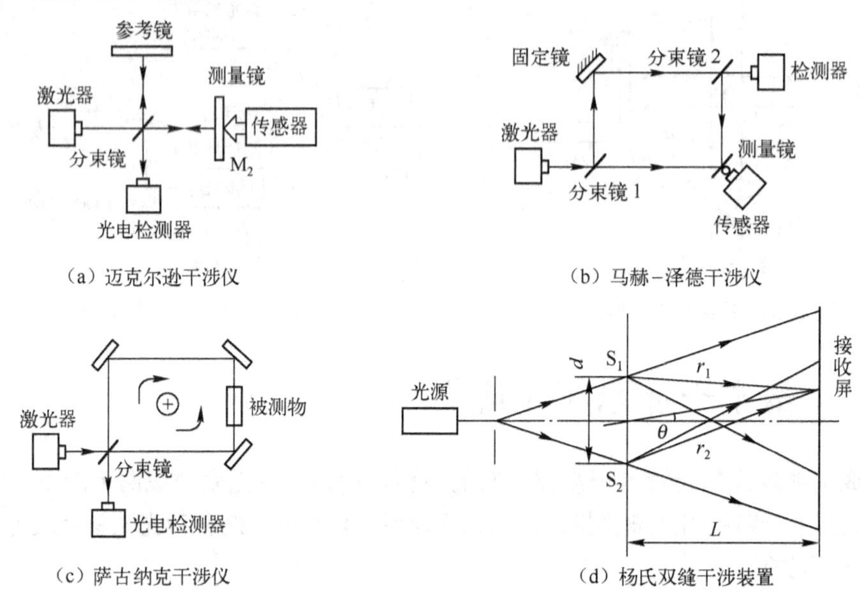

图 10.3　典型光学干涉仪原理示意图

图 10.3（c）所示是萨古纳克干涉仪，目前主要用于转动测量系统中，它是目前发展的激光陀螺和光纤陀螺的基础。萨古纳克干涉仪是由一个分光镜和多个反射镜组成的闭合回路。分束镜把入射光束分成两个传输方向相反的顺时针光路和逆时针光路，经过反射镜反射后分别回到分束镜处进行干涉。闭合回路的形状可以是环形、矩形、三角形等。这种干涉仪正反方向传输的两束光几何路径相同，因此不能用于具有互易效应的测量（例如，反射镜的法向位移对两个方向光路长度的改变量相等，不能引起相位的变化），而适用于测量旋转的转角、转速以及磁场强度等非互易效应的参量。

目前应用这种原理研究的激光陀螺和光纤陀螺具有无运动部件、体积小等优越性，将广泛应用于新一代的导航系统中。萨古纳克干涉仪又称为环形激光，其测角精度可达 0.05″，影响精度的主要误差因素有频锁、零漂、频率牵引及地球自转等。

图 10.3（d）所示是杨氏双缝干涉装置，它是一种简单而经典的观察干涉现象的装置。一束单色光入射到一个不透明的屏上，屏上刻有两条相距为 d 的细狭缝 S_1 和 S_2，则在与狭缝屏相距为 L 的观察屏上可得到明暗相间的干涉条纹。

当 $L \gg d$ 时，可近似得出观察屏上任意点 P 处由 S_1 和 S_2 两束光产生的相位差（设两波源 S_1 和 S_2 之间的初相差为零）

$$\Delta\varphi = \frac{2\pi}{\lambda}(r_2 - r_1) \approx \frac{2\pi}{\lambda} d\sin\theta \tag{10.4}$$

式中，r_1、r_2 分别为 S_1 和 S_2 点到观察屏的距离。

基于杨氏双缝干涉原理可演变出其他干涉仪，如瑞利干涉仪等，可用于各种气体或液体的折射率测量技术中。

10.2.2　多光束干涉系统

利用多光束干涉原理的多光束干涉仪具有干涉条纹细锐、分辨率高等特点，同样成为光电检测技术中常用的干涉装置。现以法布里-珀罗（Fabry-Perot）干涉仪（简称 F-P 干涉仪）为例，介绍多光束干涉系统。

F-P 干涉仪的基本原理如图 10.4 所示，它包括两块反射率高达 95%以上的互相平行的反射镜，入射光波在这两个反射镜之间进行反射和透射，经不同次数反射的光以平行光形式透射输出，形成多光束干涉。

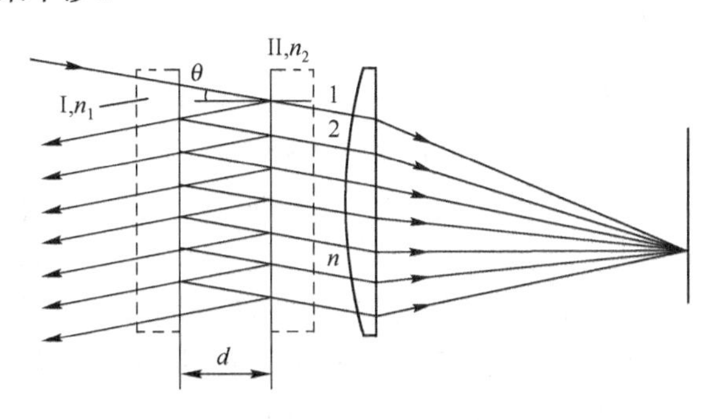

图 10.4　F-P 干涉仪的基本原理

设光波由介质 I 到介质 II 的振幅透射率和反射率分别为 t 和 r，而光波由介质 II 到介质 I 的振幅透射率和反射率分别为 t' 和 r'，介质 I 和介质 II 的折射率分别为 n_1 和 n_2。当振幅为 a 的入射光波到达 F-P 干涉仪时，以透射光波为例，考虑各透射光波的干涉情况，则从 F-P 干涉仪输出的各透射光波 1, 2, 3, …可表示为

$$\left.\begin{aligned} A_1 &= att'\exp(-\mathrm{j}\omega t) \\ A_2 &= att'(r')^2\exp[-\mathrm{j}(\omega t-\Delta\varphi)] \\ A_3 &= att'(r')^4\exp[-\mathrm{j}(\omega t-2\Delta\varphi)] \\ &\cdots \end{aligned}\right\} \tag{10.5}$$

式中，$\Delta\varphi$ 为相邻两束透过光波之间的位相差。

根据图 10.4 所示的几何关系，可得出

$$\Delta\varphi = \frac{2\pi}{\lambda}2n_2 d\cos\theta \tag{10.6}$$

式中，d 为两平行反射面之间的间距；θ 为光波在平面反射镜内的入射角。

各透射光波在 P 点形成的合成振幅为

$$A = \sum_{m=1}^{\infty} A_m = att'\exp(-\mathrm{j}\omega t)\sum_{m=1}^{\infty}[(r')^2\exp(\mathrm{j}\Delta\varphi)]^{m-1} \tag{10.7}$$

根据 t、t'，r、r' 之间的关系 $r=-r'$，$t'=1-(r')^2$，利用级数求和关系可以导出

$$A = \frac{a\exp(-\mathrm{j}\omega t)[1-(r')^2]}{1-(r')^2\exp(\mathrm{j}\Delta\varphi)} \tag{10.8}$$

因此，各透射光波叠加干涉后的干涉光强度分布为

$$I = |A|^2 = \frac{a^2}{1 + \frac{4R}{(1-R)^2}\sin^2\frac{\Delta\varphi}{2}} \tag{10.9}$$

式中，$R = (r')^2$ 表示反射平面对光强的反射率。

当平行反射面镀以高反射膜层，即 $R \approx 1$ 时，有 $4R(1-R)^2 \gg 1$，此时由式（10.9）可见，$\sin(\Delta\varphi/2) \neq 0$ 时，多光束干涉光强度 I 几乎为零；而当满足 $\sin(\Delta\varphi/2) = 0$ 条件时，干涉强度 I 达到极大值 $I = a^2$。因此，多光束干涉的光强分布结果是由宽的暗带相间的明亮细条纹。

10.2.3　光纤干涉仪

以上介绍的几种干涉系统都是由分立的光学元件组成的，为了得到良好的干涉信号质量，对干涉仪中各个光学元件的面形误差和相对位置要求严格，并且干涉仪系统易受到各种随机扰动（如振动、结构形变、温度变化以及气流扰动等）的影响，产生各种干扰噪声，使干涉系统的工作可靠性和测量精度降低，严重时甚至导致干涉仪失调。这些因素成为妨碍干涉仪广泛应用于各种生产和科研现场条件下的主要因素。当今发展的光纤干涉仪采用光纤光路组成，不但使干涉仪结构小型化，而且在很大程度上改善了光学元件失调问题，具有广泛的应用前景。

光纤干涉仪的几种基本型由上述几种干涉仪变化而形成。图 10.5 所示为几种光纤干涉仪的基本结构。在光纤干涉仪中，一般采用单模光纤作为光载波传输通道，利用光纤分路器、耦合器等光纤器件实现光波的分束或合束。在光纤干涉仪中，传感光纤作为对被测参量的敏感元件直接置于被测环境中，各种物理效应对传感光纤中传导光的位相引起调制（如通过引起光纤的伸长、光纤芯径折射率的改变等），将携带被测参量信息的传感光纤中的传导光波与参考光纤中的参考光波合成叠加后形成干涉，通过对干涉强度信号的检测实现对光位相变化的解调，达到对被测参量检测的目的。

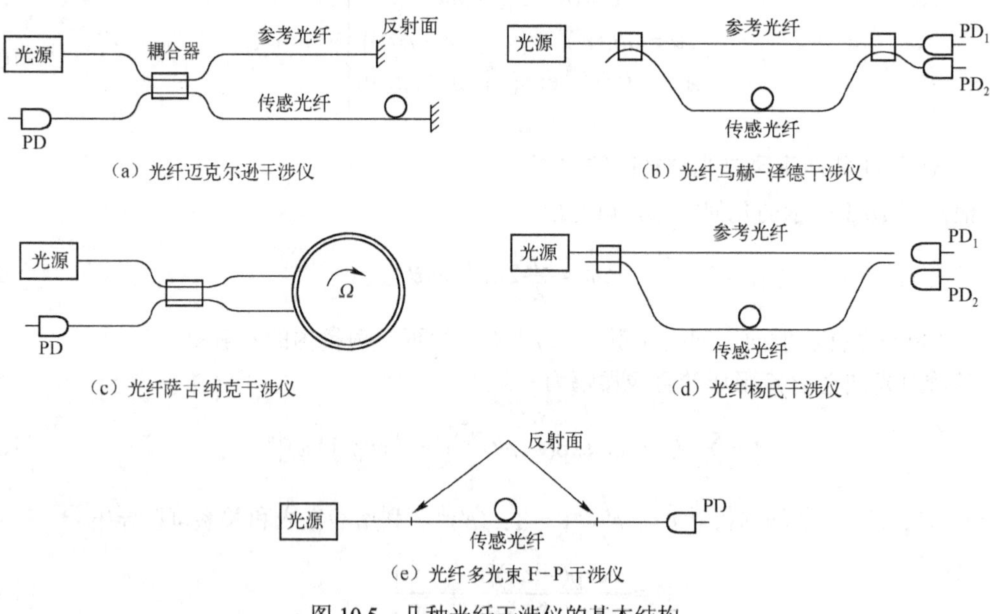

图 10.5　几种光纤干涉仪的基本结构

由于光纤具有径细、可挠曲性好、抗电磁干扰能力强、可以进行远距离传送，以及适用于易燃、易爆等复杂环境下工作等独特特点，并且光纤干涉仪可以通过简单地增加传感光纤敏感臂的长度而提高灵敏度，因此，利用光纤光路组成的光纤干涉仪可以达到很高的检测灵敏度，成为目前发展迅速且具有广泛应用前景的重要测试方法。

10.3　同频率相干信号的相位调制与检测方法

当两束相干光束的频率相同时，若被测量变化使相干光波的相位发生变化，再通过干涉作用把光波相位的变化变换为干涉条纹的强度变化，则这个过程称为单频光波的相位调制。

10.3.1　相位调制与检测的原理

实际上，干涉条纹的强度取决于相干光的相位差，而相位差又取决于光传输介质的折射率 n 对光的传播距离 ds 的线积分，即

$$\varphi = \frac{2\pi \int_0^L n\mathrm{d}s}{\lambda_0} \tag{10.10}$$

式中，λ_0 为真空中的光波波长；L 为光经过的路程。

对于均匀介质 n，式（10.10）可简化为

$$\varphi = 2\pi nL / \lambda_0 \tag{10.11}$$

对式（10.11）中的变量 L 和 n 做全微分可得到相位变化量 $\Delta\varphi$，

$$\Delta\varphi = \frac{2\pi}{\lambda_0}(L\Delta n + n\Delta L) \tag{10.12}$$

从式（10.12）中可以看出，光波传播介质折射率和光程长度的变化都将导致相干光相位的变化，从而引起干涉条纹强度的改变。干涉测量中就是利用这一性质改变光载波的特征参量，以形成各种光学信息的。能够引起光程差发生变化的参量有很多，如几何距离、位移、角度、速度、温度引起的热膨胀等，这些参量都会引起光波传播距离的改变；介质的成分、密度、环境温度、气压以及介质周围的电场、磁场等能引起折射率的变化；从物体表面反射光波的波面分布可以确定物体的形状。因此，光学干涉技术可以用于检测非光学参量，是一种非常有效的检测手段。

因此，由式（10.12）可知，相位调制通常是利用不同形式的干涉仪，借助机械的、光学的、电子学的变换器件，将被测量的变化转换为光路长度 L 和折射率 n 的变化，用于检测几何和机械运动参量，分析物质的理化特性。

10.3.2　同频相干信号的检测方法

在相位调制检测系统中，被测参量一般通过改变干涉仪中传输光的光程而引起对光的相位调制，由干涉仪解调出来的信息是一幅干涉图样，它以干涉条纹的变化反映被测参量的信息。干涉条纹由干涉场上光程差相同的场点的轨迹形成。干涉条纹的形状、间隔、颜色及位置的变化，均与光程的变化有关，因此，根据干涉条纹上述诸因素的变化，可以进行长度、角度、平面度、折射率、气体或液体含量、光学元件面形、光学系统像差、光学材料内

部缺陷等各种与光程有确定关系的几何量和物理量的测量。因此，如何检测干涉条纹就变得十分有意义。干涉条纹检测实际是检测干涉条纹的光强度分布或其随时间的变化。基本的条纹检测法包括条纹光强检测法、条纹比较法和条纹跟踪法。

1. 干涉条纹光强检测法

在干涉场中确定的位置上用光电元件直接检测干涉条纹的光强变化称为条纹光强检测法。图 10.6 给出了一维干涉测长的实例。

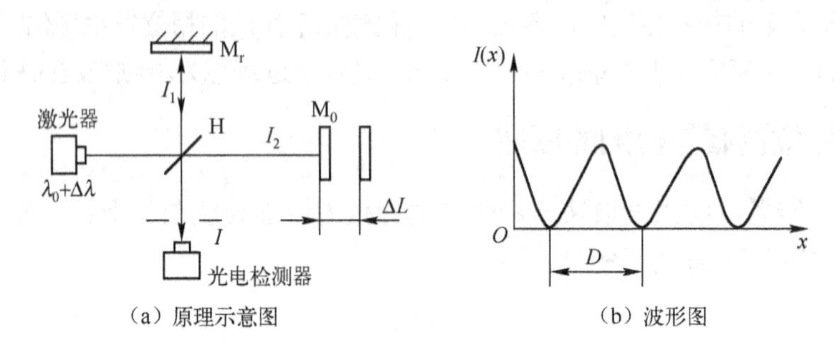

（a）原理示意图　　（b）波形图

图 10.6　条纹光强检测

由式（10.2）可知，单频光相干时，合成信号的瞬时光强

$$I(x,y,t) = a_1^2 + a_2^2 + 2a_1a_2\cos[\varphi(t)] \tag{10.13}$$

式中，$\varphi(t)$ 是两相干光的相位差，根据式（10.11）和式（10.12）可知，$\varphi(t) = 2\pi n\Delta L/\lambda$，因此，式（10.13）可写为

$$I = I_0\left[1+\delta\cos\left(2\pi n\frac{\Delta L}{\lambda}\right)\right] \tag{10.14}$$

式中，I_0和δ是常数；在空气中，$n=1$；ΔL 是光程差；λ 是光源波长。从公式中可以看出，ΔL 变化，I 随之做周期变化。当 ΔL 变化 $\lambda/2$ 时，I 变化一个周期。若对 I 的变化进行计数，根据移动方向进行加减运算，就可以测量出动镜的移动距离。

2. 干涉条纹比较法

在图 10.3 所示的干涉仪中，如果采用两束不同频率的相干光源，各自独立地组成干涉光路，使其中一束光频为已知，另一束为未知，则对应共用测量反射镜的同一位移，两束光各自形成干涉条纹。经光电检测后形成两组独立的电信号，通过电信号频率的比较可以计算出未知光波的波长。这种对应同一位移、比较不同波长的两个光束干涉条纹的变化差异的方法称为干涉条纹比较法。从这种原理出发，设计出了许多精确测量波长的波长计。

图 10.7 所示是波长测量精度为 10^{-7} 的条纹比较法波长测量的原理图。已知波长为 λ_r 的基准波和被测波长为 λ_x 的被测光波由半反半透镜 1 分别透射到放置于移动工作台上的两个圆锥角反射镜 2 和 3 上。使两束光的入射位置分别处于弧矢和子午方向，保证它们在空间上彼此分开。每束光束的逆时针反射光和顺时针反射光在各自的光电检测器 D_r 和 D_x 上形成干涉条纹。对应于工作台的同一位移，由于两束光的波长不同，产生的干涉条纹也有不同的变化周期，因而对应的光电信号显示出不同的频率。精确地测量出两信号的频率比值，根据基

准波长的数值即能计算出被测波长值。图 10.7 所示的装置中，频率比的测量采用了锁相振荡计数的做法。两个锁相振荡器分别与 D_r 和 D_x 输出的光电信号 U_r 和 U_x 同步，产生与 λ_r 和 λ_x 的干涉条纹同频的整形脉冲信号。其中与 λ_r 对应的脉冲信号经 M 倍频器进行频率倍频，而与 λ_x 对应的信号则进行 N 倍分频。利用脉冲开关，由 N 分频信号控制 M 倍频信号进行脉冲计数，最后由显示器输出。被测波长的计算按下式进行：

$$\lambda_x = \frac{\lambda_r}{M}\frac{B}{N}\left(1+\frac{\Delta n}{n}\right) \tag{10.15}$$

式中，B 为脉冲计数器的计数值；$\Delta n/n$ 是折射率的相对变化。

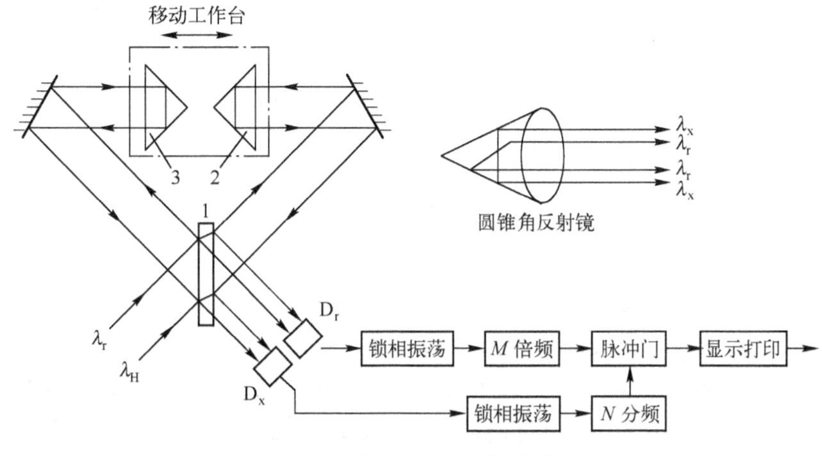

1—半透半反镜；2, 3—圆锥角反射镜

图 10.7　条纹比较法波长测量原理图

3. 干涉条纹跟踪法

干涉条纹跟踪法是一种平衡测量法。在干涉仪测量镜位置变化时，通过光电接收器实时地检测出干涉条纹的变化。同时利用控制系统使参考镜沿相应方向移动，以维持干涉条纹保持静止不动。这时，根据参考镜位移驱动电压的大小可直接得到测量镜的位移，图 10.8 所示为利用这种原理测量微小位移的干涉测量装置示意图。这种方法能避免干涉测量的非线性影响，并且不需要精确的相位测量装置；但是跟踪系统的固有惯性限制了测量的快速性，因此只能测量 10 kHz 以下的位移变化。

在干涉测量中，干涉条纹也可进行自动分析，通常的做法是，将参考光的相位人为地随时间进行调制（即二次调制），图 10.9 所示是二次相位调制方框图，与前面图 10.2 介绍的对被测变量直接进行相位调制形成的干涉条纹相比，这种调相方法称为二次相位调制。它使干涉图上各点处的光学相位变换为相应点处时序电信号的相位，以进行动态相位检测。利用扫描或阵列检测器件分别测得各点的时序变化，就能以优于 $\lambda/100$ 的相位精度和 100 线对/mm 的空间分辨率测得干涉条纹的相位分布，从而实现了实时、高精度和自动化检测。常用的干涉条纹动态检测法包括应用电子技术和计算机技术实时提取干涉图信息的外差法、锁相干涉法和条纹扫描干涉法等，与传统的方法即从干涉条纹强度分布来求取相位变化，以获得被测面形的方法不同，它直接对相位进行检测并可实时显示，使检测面形的精度达 $\lambda/100$ 以上。这种数字波面干涉术的出现，标志着光学检测技术和仪器达到一个崭新的水平。

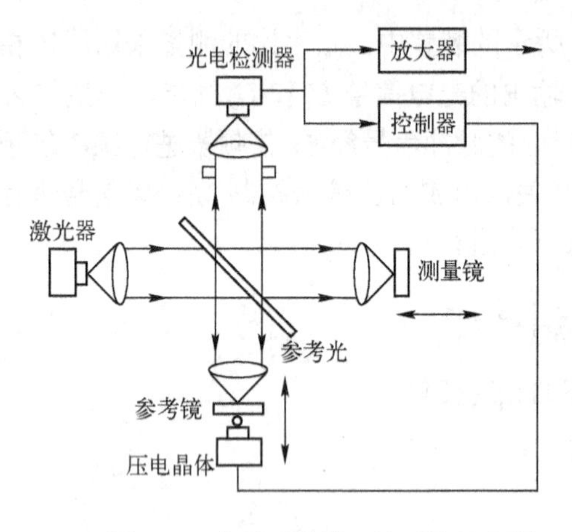

图 10.8　条纹跟踪法干涉系统示意图

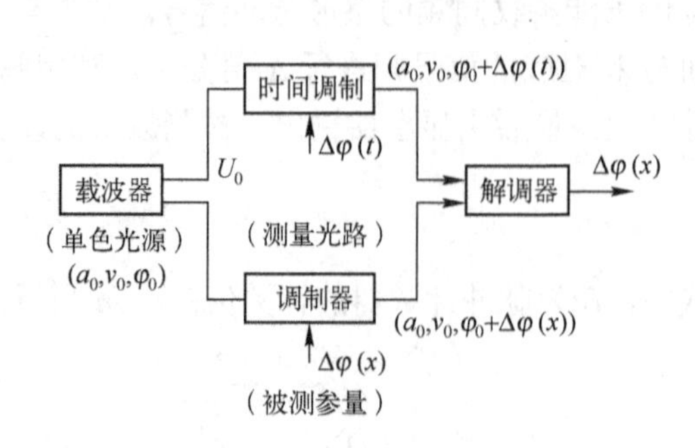

图 10.9　二次相位调制方框图

10.4　光外差检测方法与系统

相干检测的主要方式是外差检测。光外差检测在激光通信、雷达（测距、测速、测长）、外差光谱学、测振、激光陀螺及红外物理等许多方面有着广泛的应用。光外差检测与直接检测相比，有检测距离远、检测灵敏度高 7～8 个数量级、测量精度高等特点；但光外差检测对光源的相干性要求极高，因此受大气湍流效应的影响，目前远距离外差检测在大气中应用受到限制，但在外层空间特别是卫星之间，通信联系已达到实用阶段。

10.4.1　光外差检测原理

光外差检测是利用两束频率不相同的相干光，在满足波前匹配条件下，在光电检测器上进行光学混频。检测器的输出是频率为两光波频差的拍频信号，该信号包含有调制信号的振幅、频率和相位特征，从理论上讲，外差检测能准确检测到这些参量所携带的信息，比直接检测有更大的信息容量和更低的检测极限。

光学外差检测的原理如图 10.10 所示，检测器同时接收频率为 ν_S 的信号光波和频率为 ν_L 的本振光波。这两束平行的相干光在光电检测器表面形成相干光场，经光电检测器后能输出频率为 $\nu_L-\nu_S$ 的差频信号。

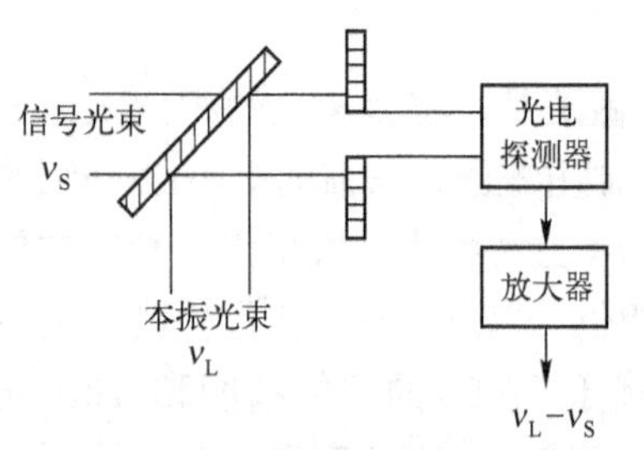

图 10.10　光学外差检测原理示意图

设信号光电场矢量为 $\boldsymbol{E}_S(t)$，本振光电场矢量为 $\boldsymbol{E}_L(t)$，由于总是认为两电场矢量 $\boldsymbol{E}_S(t)$ 与 $\boldsymbol{E}_L(t)$ 彼此平行，故可用其标量 $E_S(t)$ 和 $E_L(t)$ 表示，令光电场 $E_S(t)$ 和 $E_L(t)$ 分别为

$$E_S(t)=A_S\cos(\omega_S t+\varphi_S) \tag{10.16}$$

$$E_L(t)=A_L\cos(\omega_L t+\varphi_L) \tag{10.17}$$

式中，A_S 和 A_L、ω_S 和 ω_L、φ_S 和 φ_L 分别是信号光和本振光的振幅、角频率、初相位。于是在光电检测器光敏面上总的光电场为

$$E(t)=A_S\cos(\omega_S t+\varphi_S)+A_L\cos(\omega_L t+\varphi_L) \tag{10.18}$$

由于在混频器上的平均光功率为

$$P=\overline{E^2(t)}=\overline{[E_S(t)+E_L(t)]^2}$$

所以光电检测器输出的光电流为

$$\begin{aligned}I_p=\beta P&=\beta\overline{[E_S(t)+E_L(t)]^2}\\&=\beta\{A_S{}^2\overline{\cos^2(\omega_S t+\varphi_S)}+A_L{}^2\overline{\cos^2(\omega_L t+\varphi_L)}+\\&\quad A_S A_L\overline{\cos[(\omega_L+\omega_S)t+(\varphi_L+\varphi_S)]}+A_S A_L\overline{\cos[(\omega_L-\omega_S)t+(\varphi_L-\varphi_S)]}\end{aligned}\tag{10.19}$$

由式（10.19）可知，混频后的光电流有：第一、二项的平均值，即余弦函数平方的平均值等于 1/2；第三项是和频项，因为它的频率太高而不能被光电探测器响应，故平均值为零；第四项是差频项，它相对于光频来说要缓慢得多，差频$(\omega_L-\omega_S)/2\pi=\omega_{IF}/2\pi$处于检测器的通频带范围内才能被响应，则可得到通过以ω_{IF}为中心频率的带通滤波器的瞬时中频电流

$$I_{IF}=\beta A_L A_S\cos[(\omega_L-\omega_S)t+(\varphi_L-\varphi_S)]\tag{10.20}$$

此即为光学外差信号表达式。

从式（10.20）可以看出，中频信号电流的振幅$\beta A_L A_S$、频率$(\omega_L-\omega_S)$和相位$(\varphi_L-\varphi_S)$都随信号光波的振幅、频率和相位成比例地变化，即外差信号的参量$\beta A_L A_S$、$(\omega_L-\omega_S)$和$(\varphi_L-\varphi_S)$可以表征信号光波的特征参量A_S、ω_S和φ_S。也就是说，外差信号能以时序电信号的形式反映干涉场上各点处信号光波的波动性质。即使信号光的参量受到被测信息调制，外差信号也能无畸变地精确复制这些调制信号。这种情况可以用简单的调幅信号加以说明。设信号光振幅A_S受频谱如图 10.11（a）所示的调制信号$F(t)$的调幅，则式（10.20）中的A_S为

$$A_S(t)=A_0[1+F(t)]=A_0\left[1+\sum_{n=1}^{M}m_n\cos(\Omega_n t+\varphi_n)\right]\tag{10.21}$$

式中，A_0是调制信号的振幅；m_n、Ω_n和φ_n分别是调制信号各频谱分量的调制度、角频率和相位。

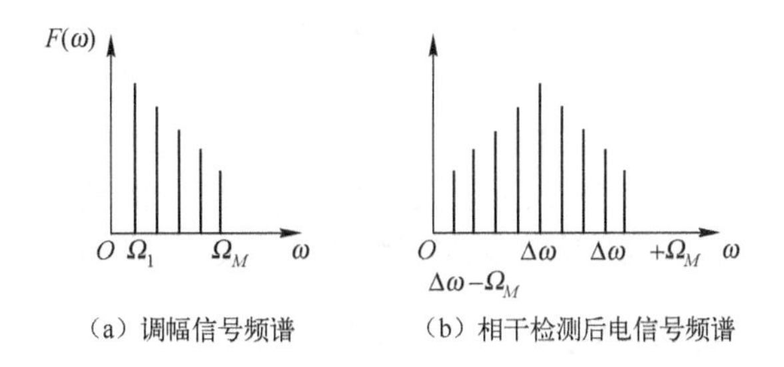

（a）调幅信号频谱　（b）相干检测后电信号频谱

图 10.11　调幅信号及其外差信号的频谱变换

将式（10.21）代入式（10.20），可得外差信号

$$\begin{aligned}I_{IF}&=\beta A_L A_0\left[[1+\sum_{n=1}^{M}m_n\cos(\Omega_n t+\varphi_n)\right]\cos(\Delta\omega t+\Delta\varphi)\\&=\beta A_L A_0\cos(\Delta\omega t+\Delta\varphi)+\beta A_L A_0\sum_{n=1}^{M}\frac{m_n}{2}\cos[(\Delta\omega+\Omega_n)t+(\Delta\varphi+\varphi_n)]+\\&\quad\beta A_L A_0\sum_{n=1}^{M}\frac{m_n}{2}\cos[(\Delta\omega-\Omega_n)t+(\Delta\varphi-\varphi_n)]\end{aligned}\tag{10.22}$$

式中 $\Delta\omega=\omega_L-\omega_S$，$\Delta\varphi=\varphi_L-\varphi_S$，其频谱分布如图 10.11（b）所示，由图 10.11（b）及式（10.22）可见，信号光波振幅所载荷的调制信号双频带地转换到外差信号上去。对于其他调制方式也有类似的结果，这是直接检测所不可能达到的。

在中频滤波器输出端，瞬时中频信号电压

$$U_{IF}=\beta A_S A_L R_L\cos[(\omega_L-\omega_S)t+(\varphi_L-\varphi_S)] \tag{10.23}$$

式中，R_L 为负载电阻。中频输出有效信号功率就是瞬时中频功率在中频周期内的平均值，即

$$P_{IF}=\frac{\overline{U_{IF}^2}}{R_L}=2\left(\frac{e\eta}{h\nu}\right)^2 P_S P_L R_L \tag{10.24}$$

式中，$P_S=A_S{}^2/2$ 是信号光的平均功率；$P_L=A_L{}^2/2$ 是本振光的平均功率。

在外差干涉信号中，参考光束（又称为本机振荡光束，简称本振光）是两相干光的光频率和相位的比较基准。信号光可以由本振光分束后经调制形成，也可以采用独立的相干光源，保持与本振光波的频率跟踪和相位同步。前者多用于干涉测量，后者用于相干通信。

当 $\omega_S=\omega_L$，即信号光频率等于本振光频率时，式（10.20）变为

$$I_{IF}=\beta A_S A_L\cos(\varphi_L-\varphi_S) \tag{10.25}$$

这是光外差检测的一种特殊情况，通常称为光零差检测。式（10.25）是零差检测的信号表达式。式中，A_S 也可以是调制信号。例如，在式（10.21）的调幅波的情况下，可得零差信号

$$I_{IF}=\beta A_L A_0\cos\Delta\varphi+\beta A_L A_0\left[\sum_{n=1}^{M}\frac{m_n}{2}\cos(\Omega_n t+\Delta\varphi+\varphi_n)+\sum_{n=1}^{M}\frac{m_n}{2}\cos(\Omega_n t-\Delta\varphi+\varphi_n)\right] \tag{10.26}$$

简化计算，令 $\Delta\varphi=0$，则

$$I_{IF}=\beta A_L A_0\left[1+\sum_{n=1}^{M}m_n\cos(\Omega_n t+\varphi_n)\right] \tag{10.27}$$

这表明零差检测能无畸变地获得信号的原形，只是包含了本振光振幅的影响。此外，在信号光不进行调制时，零差信号只反映相干光振幅和相位的变化，而不能反映频率的变化，这就是单一频率双光束干涉相位调制形成稳定干涉条纹的工作状态。

10.4.2　光外差检测的特性

从以上讨论可以看出，光外差干涉测量具有以下特点。

1. 检测能力强

光外差检测可获得有关光信号的全部信息，它是一种全息检测技术。在直接检测方法中，光探测器的输出电流随信号光的振幅或强度变化而变化，光探测器不响应信号光的频率或相位变化，即只响应光功率的时变信息；而在光外差检测中，光频电场的振幅 A_S、频率 $\omega_S=\omega_{IF}+\omega_L$（$\omega_L$是已知的，$\omega_{IF}$是可以测量的）、相位 φ_S 所携带的信息均可检测出来，也就是说，一个振幅调制、频率调制以及相位调制的光波所携带的信息，通过光频外差检测方式均可实现解调。

2. 高的转换增益

因为
$$P_S = A_S^2/2\,,P_L = A_L^2/2$$
而中频电流输出对应的电功率为
$$P_{IF} = I_{IF}^2 R_L$$
其中 R_L 为光电检测器的负载电阻。所以
$$P_{IF} = \overline{4\beta^2 P_S P_L \cos^2[\omega_{IF}t + (\varphi_S - \varphi_L)] \cdot R_L} = 2\beta^2 P_S P_L R_L \tag{10.28}$$
式中的横线表示对中频周期求平均。

在直接检测中，检测器输出的电功率
$$S_P = I_P^2 R_L = \beta^2 P_S^2 R_L \tag{10.29}$$

从物理过程的观点看，直接检测是光功率包络变换的检波过程；而光频外差检测的光电转换过程不是检波，而是一种“转换”过程，即把以 ω_S 为载频的光频信息转换到以 ω_{IF} 为载频的中频电流上，由式（10.20）可见，这一“转换”是本机振荡光波的作用，它使光外差检测天然地具有一种转换增益。

为了衡量这种转换增益的量值，我们以直接检测为基准加以描述。为此令
$$A = P_{IF}/S_P \tag{10.30}$$
把式（10.28）和式（10.29）代入式（10.30）中，得到
$$A = \frac{2P_L}{P_S} \tag{10.31}$$

通常在实际应用中，$P_L \gg P_S$，因此，$A \gg 1$，A 的大小和 P_S 的量值有关。例如，假定 $P_L = 0.5\,\text{mW}$，那么在不同的 P_S 值下，A 值将发生明显变化。列举数值如表 10.1 所示。

表 10.1　M 的大小和 P_S 的量值

P_S(W)	10^{-3}	10^{-4}	10^{-5}	10^{-6}	10^{-7}	10^{-8}	10^{-9}	10^{-10}	10^{-11}
M	1	10	10^2	10^3	10^4	10^5	10^6	10^7	10^8

从表 10.1 的数值举例中看出，在强光信号下，外差检测并没有多少好处，在微弱光信号下，外差探测器表现出十分高的转换增益。例如，在 $P_S = 10^{-11}\sim10^{-10}$ W 量级时，$A = 10^7\sim10^8$，也就是说，外差检测的灵敏度比直接检测高 $10^7\sim10^8$ 量级，所以可以说，光外差检测方式具有天然地检测微弱信号的能力。

3. 良好的滤波性能

在直接检测中，为了抑制杂散背景光的干扰，都是在探测器前加置窄带滤光片。例如，滤光片的带宽为 1 nm（已经是十分优良的滤光片了），即 $\Delta\lambda = 1\,\text{nm}$，它响应的频带宽度（以 $\lambda = 10.6\,\mu\text{m}$ 估计）$\Delta f = \dfrac{c}{\lambda^2}\Delta\lambda = 3\times10^9\,\text{Hz}$，显然，这仍是一个十分宽的频带。

在外差检测中，情况发生了根本变化。如果取差频宽度作为信息处理器的通频带 Δf，即
$$\Delta f_{IF} = \frac{\omega_S - \omega_L}{2\pi} = f_S - f_L$$
显然，只有与本振光束混频后仍在此频带内的杂散背景光才可以进入系统，而其他杂

散光所形成的噪声均被中频放大器滤除掉。因此，在光频外差检测中，与加滤光片的直接检测系统相比，不加滤光片的直接检测系统有窄的接收带。下面举一个数值例子。

在波长为 10.6 μm 的外差测速装置中，当运动目标沿光速方向的速度 $V = 10$ m/s 时，信号回波的多普勒频率 $f_S = f_L\left(1 \pm \frac{2V}{c}\right)$，其中 c 为光速。

若目标向光速运动，式中取“+”号，那么 $f_S - f_L = \Delta f_{IF} = \frac{2V}{\lambda_L} = 2.0 \times 10^6$ Hz 两种情况对比：$\Delta f_{滤} / \Delta f_{IF} = 1.5 \times 10^3$，可见外差检测系统具有良好的光谱滤波性能。

另一方面，为了形成外差信号，要求信号光和本振光空间方向严格对准。而背景光入射方向是杂乱的，偏振方向不确定，不能满足空间调准要求，不能形成有效的外差信号。因此，外差检测能够滤除背景光，有较强的空间滤波能力。

4．小的信噪比损失

假定在理想情况下，本振光束是纯正弦形式，不引入噪声。

令输入端信号场、噪声场以及本振场分别用符号 S_i、N_i 和 Z_i 表示，则入射到光电检测器面上的总输入场可写为

$$E_i = S_i + N_i + Z_i$$

根据探测器的平方律特性，输出信号则为

$$E_o = S_o + N_o = \beta E_i^2 = \beta(S_i + N_i + Z_i)^2 + 2\beta Z_i(S_i + N_i) + \beta Z_i^2$$

在这三项当中，βZ_i^2 项是直流项，因为 $Z_i \gg (S_i + N_i)$，所以第一项较之第二项可以忽略，只有第二项可以通过中频放大器；因而上式变为

$$S_o + N_o = 2\beta Z_i(S_i + N_i)$$

因此，可得输出信噪比为

$$(S_o / N_o) = (S_i / N_i)$$

这说明，在理想条件下，外差检测对输入信号和噪声均放大相同的倍数，因而没有信噪比损失。如果与直接检测情况相比较，就会发现：

在 $(S_i / N_i) \ll 1$ 时，即弱信号条件下，外差检测有高得多的灵敏度；但在 $(S_i / N_i) \gg 1$ 时，即在强信号条件下，外差检测比直接检测信噪比仅高一倍。考虑系统的复杂性，在这种情况下采用直接检测更为有利。

如果计入本振噪声，可以证明

$$(S_o / N_o) = S_i / (N_n + N_i)$$

这个结果说明，如果本振光含有噪声，输出信噪比就要降低。因此，制作出高质量的本振激光器是决定光频外差优越性的重要因素，从转换增益的角度考虑，本振光要强，而强的本振光又使本振噪声增大，使信噪比降低；另外，过强的本振光将使光电探测器受到损坏。一般来说，转换增益对本振光功率提出了最低要求，而探测器的损坏阈值和信噪比要求限制了本振光功率的上限。

5. 光电探测器的外差检测极限灵敏度

在外差探测情况下，光电检测器的噪声主要由散粒噪声和热噪声组成，故其噪声功率为

$$P_{\text{n}} = 2e\left[\beta(P_{\text{L}} + P_{\text{S}} + P_{\text{b}}) + I_{\text{d}}\right]\Delta f_{\text{IF}} R_{\text{L}} + 4K_{\text{B}} T \Delta f_{\text{IF}}$$

式中，P_{b} 为背景噪声功率；I_{d} 为暗电流。

本振功率的引入将使本振散粒噪声大大超过热噪声及其他散粒噪声。所以

$$P_{\text{n}} \approx 2e \cdot \beta \cdot P_{\text{L}} \cdot \Delta f_{\text{IF}} \cdot R_{\text{L}}$$

而外差检测中频电功率输出为

$$P_{\text{IF}} = 2\beta^2 \cdot P_{\text{S}} \cdot P_{\text{L}} \cdot R_{\text{L}}$$

则

$$(S/N)_{\text{IF}} = P_{\text{IF}} / P_n = (\eta \cdot P_{\text{S}}) / (h\nu \cdot \Delta f_{\text{IF}})$$

根据 NEP 的定义，外差检测的极限灵敏度为

$$(\text{NEP})_{\text{IF}} = (h\nu \cdot \Delta f_{\text{IF}}) / \eta$$

直接检测中信号噪声极限下的 NEP 为

$$(\text{NEP})_{\text{直接}} = (2h\nu \cdot \Delta f) / \eta$$

因为 $\Delta f_{\text{IF}} \ll \Delta f$ ，所以 $(\text{NEP})_{\text{IF}} \ll (\text{NEP})_{\text{直接}}$ ，光频外差中的本振光束不仅为信号光束提供了转换增益，而且还有清除探测器内部噪声的作用。当然，前提是高质量本振光的获得。

6. 良好的空间和偏振鉴别能力

因为信号光和本振光必须沿同一方向射向光电探测器，而且要保持相同的偏振方向。这就意味着，光频外差检测装置本身具备了对检测光方向的高度鉴别能力和对检测光偏振方向的鉴别能力。

7. 稳定性和可靠性

外差信号通常是交变的射频或中频信号，并且多采用频率和相位调制，即使被测参量为零，载波信号仍保持稳定的幅度。对这种交流的测量系统，系统直流分量的漂移和光信号幅度的涨落不直接影响检测性能，能稳定可靠地工作。

10.4.3 光外差检测条件

考察光外差的信号表达式

$$I_{\text{IF}} = \beta A_{\text{S}} A_{\text{L}} \cos\left[(\omega_{\text{L}} - \omega_{\text{S}})t + (\varphi_{\text{L}} - \varphi_{\text{S}})\right]$$

不难发现，该式成立的条件是，信号光波和本振光波的波前在整个探测器灵敏面上必须保持相同的相位关系。因为光波波长通常比光电探测器光混频面积小得多，所以光混频本质上是个分布问题，即总的中频电流等于混频面上每一微分面所产生的中频微分电流之和，显然，只有当这些中频微分电流保持相同的相位关系时，总的中频电流才能达到最大，所以说信号光波和本振光波的波前在整个光混频面上必须保持相同的相位关系。

光外差检测只有在下列条件下才可能得到满足：

① 信号光波和本征光波必须具有相同的模式结构，意味着所用激光器应该单频基模运转。

② 信号光和本振光束在光混频面上必须相互重合，为了提供最大信噪比，它们的光斑直径最好相等，因为不重合的部分对中频信号无贡献，而只贡献噪声。

③ 信号光波和本振光波的能流矢量必须尽可能保持在同一方向，这意味着两束光必须保持空间上的角准直。

④ 在角准直（即传播方向）一致的情况下，两束光的波前还必须曲率匹配，即或者是平面，或者有相同曲率的曲面。

⑤ 在上述条件都得到满足时，有效的光混频还要求两光波必须同偏振，因为在光混频面上它们是矢量相加的。

1. 光外差检测的空间条件

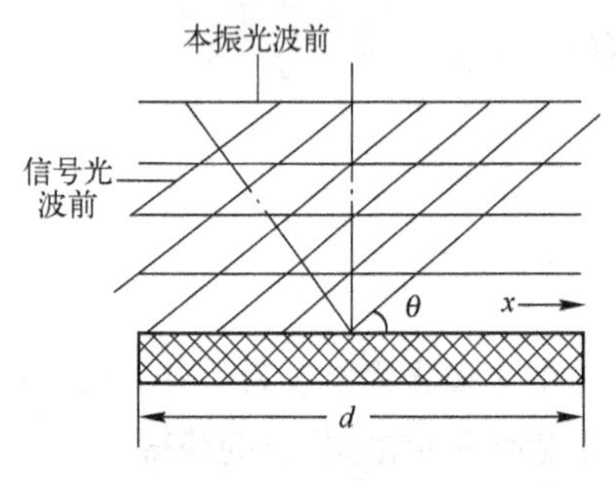

图 10.12　光外差检测的空间关系

为了研究信号光和本振光束波前不重合对外差检测的影响，假设信号光和本振光都是平面波。如图 10.12 所示，信号光波前与本振光波前有一夹角 θ。为简便起见，假定光探测器的光敏面是边长为 d 的正方形。在分析中，假定本振光垂直入射，因此，可令本振光电场为

$$E_{\mathrm{L}}(t)=A_{\mathrm{L}}\cos(\omega_{\mathrm{L}}t+\varphi_{\mathrm{L}}) \tag{10.32}$$

由于信号光与本振光波前有一失配角 θ，故信号光斜入射到光探测器表面，同一波前到达探测器光敏面的时间不同，可等效于在 x 方向以速度 V_x 行进，所以在光探测器光敏面不同点处形成波前相差，故可将信号光电场写为

$$E_{\mathrm{S}}(t)=A_{\mathrm{S}}\cos\left(\omega_{\mathrm{S}}t+\varphi_{\mathrm{S}}-\frac{\omega_{\mathrm{S}}}{V_x}x\right) \tag{10.33}$$

式中，$\omega_{\mathrm{S}}/V_x=K_x$ 是信号光波矢 $\boldsymbol{K}$ 在 x 方向的分量。由图 10.12 可知，$K_x=K\sin\theta=(\omega_{\mathrm{S}}/c)\sin\theta$，所以有 $V_x=c/\sin\theta$，式中 c 为光速。于是信号光电场可重写为

$$E_{\mathrm{S}}(t)=A_{\mathrm{S}}\cos\left(\omega_{\mathrm{S}}t+\varphi_{\mathrm{S}}-\frac{2\pi\sin\theta}{\lambda_{\mathrm{S}}}x\right) \tag{10.34}$$

入射到光电探测器光敏面的总电场为

$$E(t)=E_{\mathrm{S}}(t)+E_{\mathrm{L}}(t)$$

光探测器输出的瞬时光电流为

$$\begin{aligned}I_p&=\frac{M\beta}{d^2}\int_{-d/2}^{d/2}\int_{-d/2}^{d/2}\left[A_{\mathrm{S}}\cos\left(\omega_{\mathrm{S}}t+\varphi_{\mathrm{S}}-\frac{2\pi\sin\theta}{\lambda_{\mathrm{S}}}x\right)+A_{\mathrm{L}}\cos(\omega_{\mathrm{L}}t+\varphi_{\mathrm{L}})\right]^2\mathrm{d}x\mathrm{d}y\\&=\frac{M\beta}{d^2}\int_{-d/2}^{d/2}\int_{-d/2}^{d/2}\{A_{\mathrm{S}}^2\cos^2\left(\omega_{\mathrm{S}}t+\varphi_{\mathrm{S}}-\frac{2\pi\sin\theta}{\lambda_{\mathrm{S}}}x\right)+A_{\mathrm{L}}^2\cos^2(\omega_{\mathrm{L}}t+\varphi_{\mathrm{L}})+\\&\quad A_{\mathrm{S}}A_{\mathrm{L}}\cos\left[(\omega_{\mathrm{L}}-\omega_{\mathrm{S}})t+(\varphi_{\mathrm{L}}-\varphi_{\mathrm{S}})+\frac{2\pi\sin\theta}{\lambda_{\mathrm{S}}}x\right]+\\&\quad A_{\mathrm{S}}A_{\mathrm{L}}\cos\left[(\omega_{\mathrm{L}}+\omega_{\mathrm{S}})t+(\varphi_{\mathrm{L}}+\varphi_{\mathrm{S}})-\frac{2\pi\sin\theta}{\lambda_{\mathrm{S}}}x\right]\mathrm{d}x\mathrm{d}y\end{aligned} \tag{10.35}$$

在式（10.35）中，第一项和第二项是余弦平方的平均值，为直流，能被中频滤波器滤掉；第三项是差频项，它不受短时间平均的影响；第四项是和频项，频率太高，不能被光电探测

器接收，所以它的平均值为零。于是经中频滤波器后输出的瞬时中频电流为

$$I_{\mathrm{IF}}=\frac{M\beta}{d^2}\int_{-d/2}^{d/2}\int_{-d/2}^{d/2}\left\{A_{\mathrm{S}}A_{\mathrm{L}}\cos\left[(\omega_{\mathrm{L}}-\omega_{\mathrm{S}})t+(\varphi_{\mathrm{L}}-\varphi_{\mathrm{S}})+\frac{2\pi\sin\theta}{\lambda_{\mathrm{S}}}x\right]\right\}\mathrm{d}x\mathrm{d}y \tag{10.36}$$

积分式（10.36）得

$$I_{\mathrm{IF}}=M\beta A_{\mathrm{S}}A_{\mathrm{L}}\cos[(\omega_{\mathrm{L}}-\omega_{\mathrm{S}})t+(\varphi_{\mathrm{L}}-\varphi_{\mathrm{S}})]\frac{\sin(\omega_{\mathrm{S}}d/2V_x)}{\omega_{\mathrm{S}}d/2V_x} \tag{10.37}$$

因为 $V_x=c/\sin\theta$，所以瞬时中频电流的大小与失配角 θ 有关。显然，当式（10.37）中的因子 $\frac{\sin(\omega_{\mathrm{S}}d/2V_x)}{\omega_{\mathrm{S}}d/2V_x}=1$ 时，瞬时中频电流达到最大值，即要求 $\omega_{\mathrm{S}}d/2V_x=0$，也就是失配角 $\theta=0$。

但是实际中 θ 角很难调整到零。为了得到尽可能大的中频输出，总是希望因子 $\frac{\sin(\omega_{\mathrm{S}}d/2V_x)}{\omega_{\mathrm{S}}d/2V_x}$ 尽可能接近于 1，要满足这一条件，只有 $\omega_{\mathrm{S}}d/2V_x\ll 1$，因此

$$\sin\theta\ll\frac{\lambda_{\mathrm{S}}}{\pi d} \tag{10.38}$$

显然，失配角与信号光波波长成正比，与光混频器的尺寸成反比，即波长越长，光电探测器尺寸越小，则所容许的失配角就越大。由此可见，光外差检测的空间准直要求十分苛刻。波长越短，空间准直要求也越苛刻。所以在红外波段光外差检测比可见光波段有利得多。正是由于这一严格的空间准直要求，使得光外差检测具有很好的空间滤波性能。这是光外差检测的又一重要特性。

2．光外差检测的频率条件

光外差检测除了要求信号光和本振光必须保持空间准直以外，还要求两者具有高度的单色性和频率稳定度。从物理光学的观点来看，光外差检测是两束光波叠加后产生干涉的结果。显然，这种干涉取决于信号光和本振光的单色性。所谓光的单色性是指，这种光只包含一种频率或光谱线极窄的光。由于原子激发态总有一定的能级宽度及其他的原因，光谱线总有一定的宽度 $\Delta\nu$。一般来说，$\Delta\nu$ 越小，光的单色性越好。激光的重要特点之一就是具有高度的单色性。在一般情况下，为了获得单色性好的激光，必须选用单纵模运转的激光器作为相干检测的光源。

信号光和本振光的频率漂移如不能限制在一定范围内，则光外差检测系统的性能就会变坏。这是因为，如果信号光频率和本振光频率相对漂移很大，两者频率之差就有可能大大超过中频带宽，因此光探测器之后的前置放大、中频放大电路对中频信号不能正常地加以放大。所以，在光外差检测中，需要采取专门措施稳定信号光和本振光的频率和相位。这也是使光外差检测方法比直接检测方法更加复杂的一个重要原因。在光频波段要达到这种频率的稳定度要求要困难得多。通常两束光取自同一激光器，通过频率偏移取得本振光，而信号光用调制的方法得到。

3．光外差检测的偏振条件

在光混频器上要求信号光与本振光的偏振方向一致，这样两束光才能按光束叠加规律进行合成。一般情况下都是通过在光电接收器的前面放置检偏器来实现的，分别让两束信号中偏振方向与检偏器透光方向相同的信号通过，以此来获得两束偏振方向相同的光信号。

10.4.4　光外差检测的调频方法

为了形成外差检测的光频差，需要采用频率调制技术。根据激光调制可分为内调制（直接调制）和外调制两类，激光频率调制也可以分为直接光频调制和外光频调制。

1．直接光频调制

直接光频调制是指从发光器的内部采取措施，使光频受到调制。如在 He-Ne 激光器上加轴向磁场，利用塞曼效应使光频发生分裂而实现频率调制，又如，改变半导体激光器的注入电流，使半导体激光器输出的光频和光强按注入电流的变化规律来改变。

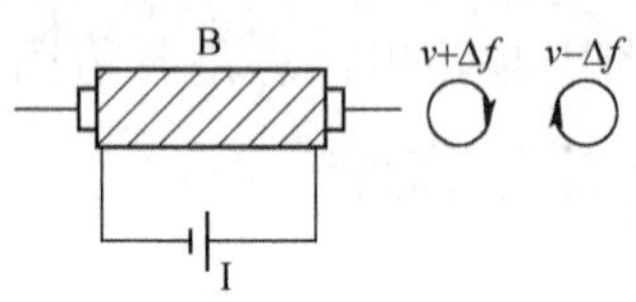

图 10.13　塞曼效应产生频差的方式

（1）塞曼效应（磁光调制）激光频移

如图 10.13 所示，这是产生双频激光的方法，利用永久磁铁或螺线管在激光器中形成轴向磁场，它使单模激光谱线分裂成左右圆偏振的两个分量。两偏振光存在频差，数值取决于外加磁场的强弱和谐振腔的品质因素。通常，几高斯的磁场可得到 2～3 MHz 的频差。利用电光调制的方法也可以产生有一定频差的双频激光。

塞曼效应（磁光调制）激光频移和其他能产生双频光的激光器都要求有辅助的频移器以及附属的控制装置，这不仅增加了系统的复杂性，而且偏频的稳定性会直接影响测量精度的提高。

（2）半导体激光器的直接频率调制

半导体激光器（LD）通常采用电控稳频法，电流控制法的频率稳定度可达 10^{-7}～10^{-8}，主要是用电控法稳定谐振腔的腔长。由 $\nu=\dfrac{c}{2nl}q$（式中，c 为光速；n 为激光工作物质折射率；l 为谐振腔长；q 为正整数），频率 ν 与腔长 l 有关，而温度变换将引起 l 变化，因而有

$$\Delta\nu(T)=\frac{cq}{2}\left(\frac{1}{l}\frac{\partial n}{\partial T}+\frac{1}{n}\frac{\partial l}{\partial T}\right)\Delta T \tag{10.39}$$

而谐振腔的温度变化 ΔT 与半导体激光器的注入电流 Δi 有关，即 $\Delta T = R\Delta i$，其中 R 为谐振腔的热阻，将 ΔT 代入式（10.39），有

$$\Delta\nu(T)=\frac{cq}{2}\left(\frac{1}{l}\frac{\partial n}{\partial T}+\frac{1}{n}\frac{\partial l}{\partial T}\right)R\Delta i=\alpha\Delta i \tag{10.40}$$

式中，α 为与电流和波长有关的调制系数。

从式（10.40）可以看出，如果注入电流是按某一频率变化规律来变化的，那么输出的激光将被调频，因而可以实现直接光频调制。

（3）机械直接光频调制

图 10.14 是一种机械调制 CO_2 激光器的示意图。作为输出镜的锗片贴在压电陶瓷上，而压电陶瓷加有偏置直流电压和调制电压信号。这样，压电陶瓷的长度即激光腔长度，随调制信号电压而变化。又因激光器的纵模频率随腔长的变化而变化，从而实现了输出光频随信号电压线性变化的调频激光。

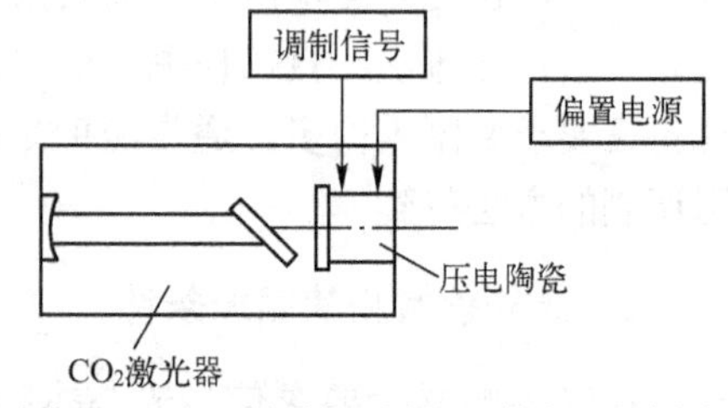

图 10.14　一种机械调制 CO_2 激光器示意图

2. 外光频调制

外调制是在光传播过程中进行调制的，常用各种调制器来实现，如电光调制器、声光调制器、磁光调制器等。它们都是利用光电子物理学方法使输出光的频率随被测信息来改变的。此外，还可以用各种机械、光学电磁元件来实现调制，如调制盘、光栅、电磁线圈等。

（1）旋转波片（偏振调制）法

如图 10.15（a）所示，线偏振激光通过 $\lambda/4$ 波片 1 后输出圆偏振光。再通过以 Ω 转动角频率旋转的半波片和固定的 $\lambda/4$ 波片 2，所输出的偏振光可得到 2Ω 的角频移。半波片转速由电动机控制，频差受限在 2～3 kHz 以下，变换频率为 90%以上。

电光调制法在原理上与旋转波片法相同，但实现原理复杂，这里就不详细介绍了。电光调制法光能利用率高、频率偏移量可达 10 MHz，但电光调制系统复杂，价格高昂。

（2）声光效应法

如图 10.15（b）所示，在声光器件中以频率为 f 的超声波交变信号激励换能器，在透明介质内形成折射率的周期变化。激光平行入射到介质内将产生 0 级和 ±1 级衍射光。一级衍射光与零级衍射光频率相差$\pm f$，可分别作为参考光和信号光。声光偏频所需的控制功率较低，频差可达 100 MHz，变换频率为 80%。也可以用电子学方法改变声频，制作波长可调谐的光谱滤波器。

（3）旋转光栅法

如图 10.15（c）所示，激光由透镜聚焦在光栅盘的刻线上，透射光被分为 0 级和 ±1 级衍射光。光栅盘由电动机带动旋转，若光栅上光点处的线速度为 v，光栅刻线间距为 d，则 ±1 级衍射光将发生频移 $\pm f = v/d$。频移稳定性与转速有关。频差可达 20 MHz，变换频率一般为 20%。

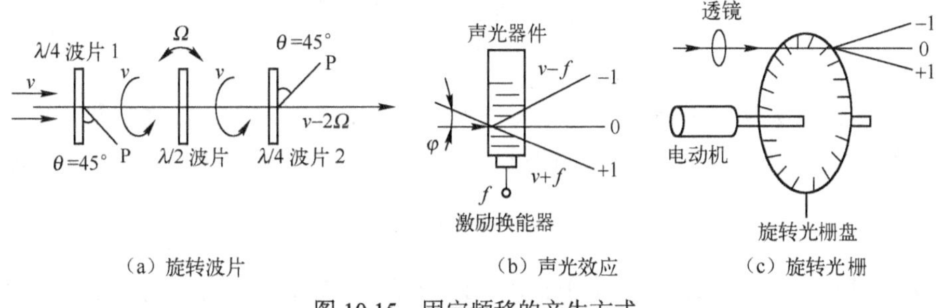

（a）旋转波片　（b）声光效应　（c）旋转光栅

图 10.15　固定频移的产生方式

（4）多普勒频移法

运动物体能改变入射于其上的光波频率的现象称为光学多普勒效应。其实质是：频率为 f_0 的单色光入射到以速度 $\boldsymbol{v}$ 运动的物体上，被物体散射的光波频率 f_S 会产生多普勒频移 Δf，Δf 与散射方向有关，其数值表示为

$$\Delta f = f_S - f_0 = \frac{1}{\lambda}[\boldsymbol{v}(\boldsymbol{r}_S - \boldsymbol{r}_0)] \tag{10.41}$$

式中，$\boldsymbol{v}$ 是物体运动速度矢量；$\boldsymbol{r}_S - \boldsymbol{r}_0$ 是散射接收方向 $\boldsymbol{r}_S$ 和光束入射方向 $\boldsymbol{r}_0$ 的单位矢量差，称为多普勒强度方向。

从式（10.41）可以看出，多普勒频移的大小等于散射物体的运动速度在多普勒强度方向上的分量和入射光波长的比值，如图 10.16(a)所示。当 $\boldsymbol{r}_S = -\boldsymbol{r}_0$ 时，如图 10.16(b)所示，有 $(\boldsymbol{r}_S - \boldsymbol{r}_0) = -2\boldsymbol{r}_0$，代入式（10.41）有

$$\Delta f = -\frac{2}{\lambda}\boldsymbol{v}\boldsymbol{r}_0 = \pm\frac{2|v|}{\lambda} \tag{10.42}$$

这就是迈克尔逊干涉仪用做速度测量时的情况。利用光学多普勒效应形成的运动频移可以测量物体的运动参数，包括位移、速度和加速度等，典型应用是激光多普勒速度计和流速计。

通常，若 $\boldsymbol{v}$ 和 $\boldsymbol{r}_0$ 的夹角为 α，$\boldsymbol{r}_0$ 和 $\boldsymbol{r}_S$ 的夹角为 θ［见图 10.16（c）］，则式（10.42）变为

$$\Delta f = \frac{2v}{\lambda}\sin\frac{\theta}{2}\sin\left(\alpha + \frac{\theta}{2}\right) \tag{10.43}$$

这是多普勒测速的基本公式。当 $\boldsymbol{r}_0$ 和 $\boldsymbol{r}_S$ 相对 $\boldsymbol{v}$ 对称分布并且满足 $\alpha + \frac{\theta}{2} = 90^\circ$ 时，式（10.43）变为简单的形式

$$\Delta f = \frac{2v}{\lambda}\sin\frac{\theta}{2} \quad 或 \quad v = \frac{\Delta f \lambda}{2\sin\frac{\theta}{2}} \tag{10.44}$$

式（10.44）表示被测速度 v 和频差值 Δf 成正比。

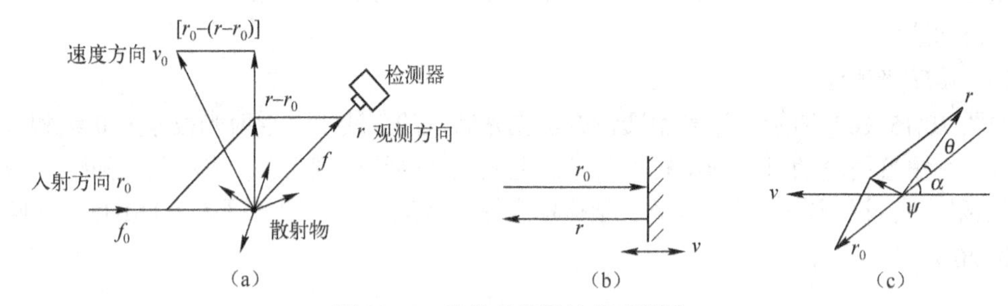

图 10.16　光学多普勒效应示意图

（5）萨古纳克效应和转动差频

在如图 10.3（c）所示的萨古纳克干涉仪中，封闭的光路相对于惯性空间有一转动角速度 Ω 时，顺时针光路和逆时针光路之间将形成与转速成正比的光程差 ΔL，其数值满足关系

$$\Delta L = \frac{4A}{c}\Omega\cos\phi \tag{10.45}$$

式中，c 为光速；A 为封闭光路包围的面积；ϕ 为角速度矢量与面积 A 的法线间的夹角，如图 10.17 所示。当光路平面垂直于转动方向时，式（10.45）简化为

$$\Delta L = \frac{4A}{c}\Omega \tag{10.46}$$

这种闭合光路的反向光路光程差随转速改变的现象称为萨古纳克效应，从图 10.17 可以看出，当光路以 Ω 角顺时针转动时，从光路上一点 M 发出的顺时针光束 CW 在绕光路一周重新回到 M 点时要少走一段光程，而逆时针光束 CCW 却多走了一段光程，于是形成了光程差。这种光程差的量值很小，例如，采用 $A = 100\ \text{cm}^2$ 的环形光路对地球自转的速度为 $\Omega_E = 7.3\times10^{-5}\ \text{rad/s}$，相应的 ΔL 仅为 10^{-12} cm。只有利用环形干涉仪或环形激光器才有可能通过检测双向光路的微小频差得到这一角速度。

三个或三个以上反射镜组成的激光谐振腔使光路转折形成闭合环路，这种激光器称为环形激光器，如图 10.18 所示。在环形激光器中，激光束的基频纵模频率 f_{00q} 可表示为

$$f_{00q} = q\frac{c}{L} \tag{10.47}$$

式中，c 为光速；L 为腔长；q 为正整数。

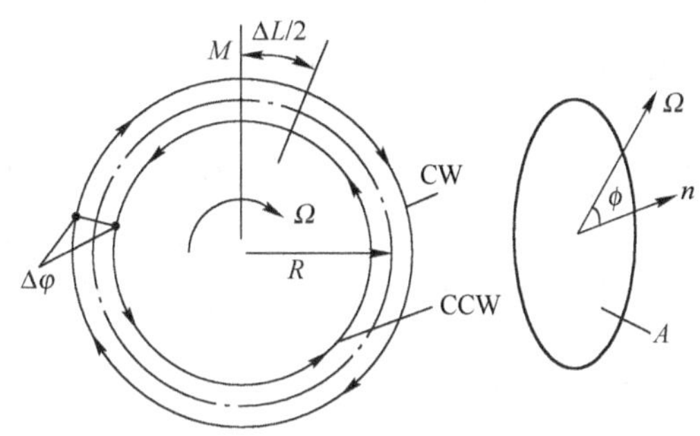

图 10.17　萨古纳克效应的转动光程差示意图

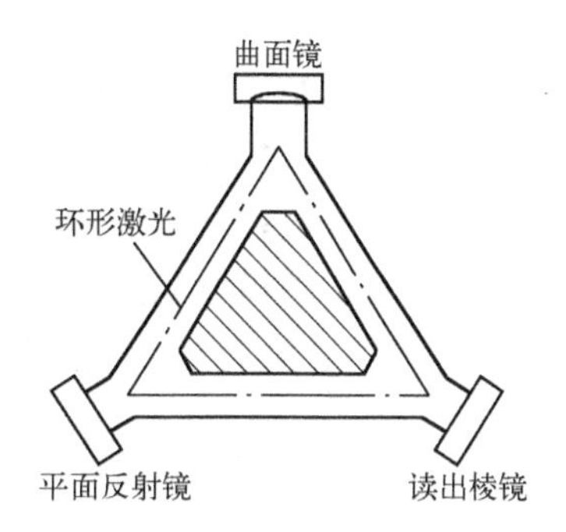

图 10.18　环形激光器示意图

式（10.47）表明，激光谐振腔长 L 和光频 f 之间有比例关系，即

$$\frac{\Delta f}{f} = \frac{\Delta L}{L} \tag{10.48}$$

式中，Δf 是与光程差 ΔL 对应的光频差，利用式（10.46）和式（10.48）可得

$$\Delta f = \frac{4A}{\lambda L}\Omega \tag{10.49}$$

式（10.49）即为环形激光器测量角速度的公式。为了计算实际转角 θ，可对光频差计数累加积分，其波数值 N 即为

$$N = \int_0^t \Delta f \mathrm{d}t = \frac{4A}{\lambda L}\theta \tag{10.50}$$

这就是环形激光器的测角公式。

小型化的环形激光器及相应的光学差频检测装置组成了激光陀螺，它可以感知相对惯性空间的转动，在惯性导航中作为光学陀螺仪使用。此外，作为一种测角装置，它是一种以物理定律为基准的客观角度基准，有很高的测角分辨率。在 360° 范围内有 0.05″～0.1″的测量精度。

10.4.5　光外差检测方法与应用

光外差检测实际上就是频差检测，根据频率调制方法的不同，形成频差方法不同，所以有不同的检测方法。

1．直接频率调制的外差检测

在直接调频法中，可利用能进行频率调制的激光器产生随时间变化的调频参考光束，被测参量再对其中一束光波进行二次调制，检测外差信号可解调出被测参量值，信号流程如图 10.19 所示。

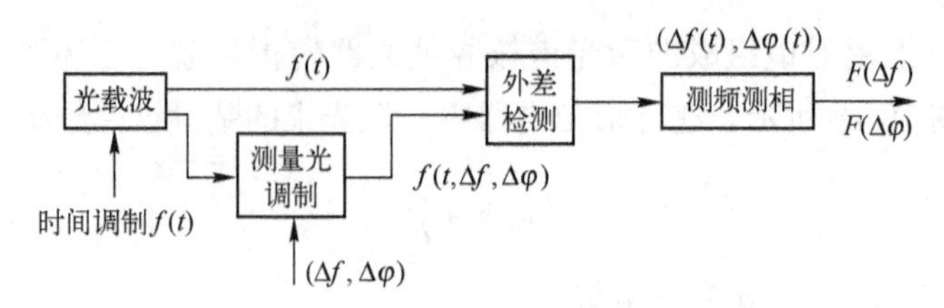

图 10.19　直接光频率调制信号流程图

为了从直接调频光电信号中解调出被测相位角，可采用以下几种方法。

（1）直接调频光干涉测量法

图 10.20 所示是用于直接调频光干涉测量的迈克尔逊干涉仪的基本组成和工作原理。由 LD 激光器产生的单模激光波长为 λ_0、频率为 ν_0。通过物镜准直后经光学隔离器引入干涉仪中。设参考光路长度为 L_r，被测光路长度为 L_s，光程差为 ΔL，则两束光波的相位差

$$\varphi_0 = 2\pi n\Delta L/\lambda_0 = 2\pi n\nu_0\Delta L/c = 2k\pi + \varphi$$

式中，n 为介质折射率；$\Delta L = L_s - L_r$；φ 为半波长以下小位移时对应的相位角。

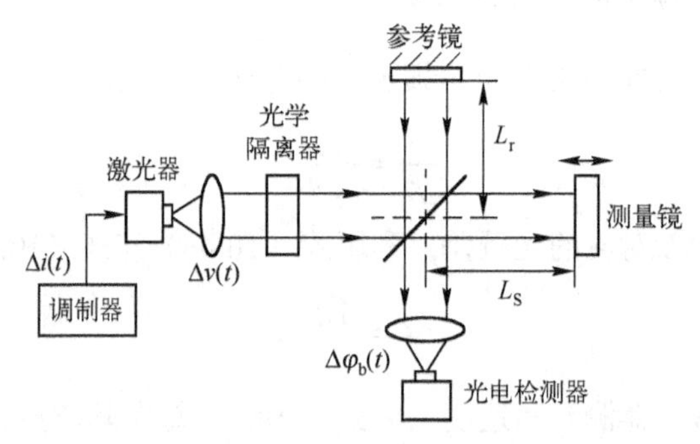

图 10.20　直接调频的迈克尔逊干涉仪原理图

被测量 ΔF 引起的相位角变化

$$\Delta\varphi = \frac{2\pi}{c}\left(\nu_0\Delta L\frac{\partial n}{\partial F}\Delta F + n\Delta L\frac{\partial \nu_0}{\partial F}\Delta F + n\nu_0\frac{\partial \Delta L}{\partial F}\Delta F\right) \tag{10.51}$$

式（10.51）中第二项表示了光频改变 $\Delta\nu_0$ 对相位 $\Delta\varphi$ 的影响。这样当保持 LD 的温度不变，注入电流改变 $\Delta i(t)$，光频变化 $\Delta\nu(t)$ 时，引起两相干光的附加相位偏移

$$\Delta\varphi_b(t) = 2\pi n\Delta\nu(t)\Delta L/c \tag{10.52}$$

此时，光电检测器的光电流

$$I_s(t) = I_0 + I_m(t) = I_0\{1 + \delta\cos[\varphi + \Delta\varphi + \Delta\varphi_b(t)]\} \tag{10.53}$$

式中，I_0 为信号直流分量；δ 为交流分量幅值 I_m 与直流分量 I_0 的比值，即 $\delta = I_m/I_0$。

由式（10.52）和式（10.53）可以看出，直接调频法使合成光强以及相应光电信号的相位随光频变化的规律进行调制，与相幅变换相比可以称为频相变换。此时，即使被测波面不随时间改变，干涉信号也将随时间改变。这样，只要测量出时间信号的相位值即可由式（10.53）求解出被测变量。

（2）双频切换干涉法

图 10.21 所示是采用马赫-泽德干涉仪的双频切换干涉法示意图。在波长为 857 nm 的激

光器中注入方形波电流，对激光器进行时间调制，使照明激光频率交替改变，附加相位移周期性地变为 0 或$\pi/2$。这时，由式（10.53）的交变分量中能得到与$\cos(\varphi+\Delta\varphi)$和$\sin(\varphi+\Delta\varphi)$成比例的输出电流$I_{mc}$和$I_{ms}$。两个取样放大器分别取样出光电检测器的输出电流，利用相位比较器取它们的比值，可计算出被测相位

$$\varphi+\Delta\varphi=\arctan\left[\frac{\cos(\varphi+\Delta\varphi)}{\sin(\varphi+\Delta\varphi)}\right]=\arctan\left(\frac{I_{ms}}{I_{mc}}\right) \tag{10.54}$$

该系统可检测反射镜的振动（图 10.21 中由压电晶体驱动）和位移。对 1 kHz 的振动，振动相位的测量灵敏度为5×10^{-5} rad/Hz。检测电路带宽为 1 Hz 时，位移测量灵敏度为 7 pm。

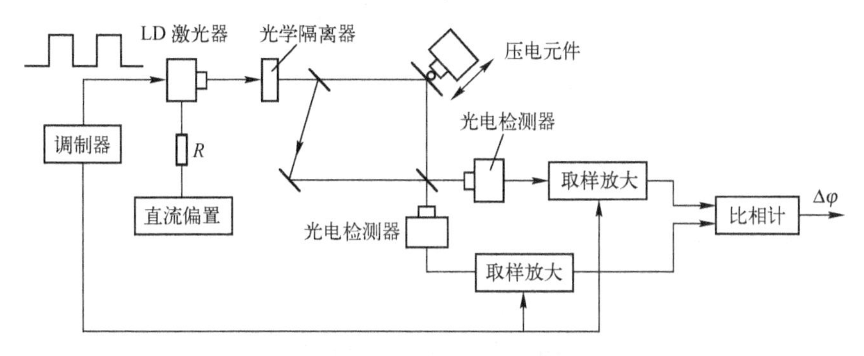

图 10.21　双频切换干涉法信号解调示意图

（3）线性扫描调频干涉法

在泰曼-格林型干涉仪中，使半导体激光器注入电流随时间成比例变化，把$\Delta i=K_m$和式（10.40）代入式（10.52），得到相干光的调制相位

$$\Delta\varphi_b(t)=\frac{2\pi n\Delta L}{c}K_m\alpha t=K_L t \tag{10.55}$$

式中，$K_L=\dfrac{2\pi n\Delta L}{c}K_m\alpha$为比例常数。

将式（10.55）代入式（10.53）得

$$I_S(t)=I_0[1+\delta\cos(\varphi+\Delta\varphi+K_L t)] \tag{10.56}$$

从式（10.56）可以看出，输出光电流按余弦规律变化。调制信号的频率为$f_L=\dfrac{n\Delta L}{c}K_m\alpha$，若检测到相干平面各点处信号的初始相位，即可确定波面的相位分布。

图 10.22 给出了利用线性扫描调制法的干涉仪示意图。采用三角波的注入电流，使干涉条纹本身进行周期性的扫描运动。伴随条纹的移动，面阵 CCD 摄像装置各个像素上的光电流输出也周期性地满足式（10.53），波形的折返点表示被测点上的初始相位$\varphi+\Delta\varphi$。为了测定$\varphi+\Delta\varphi$值，可以利用如图 10.22(b)所示的四段积分法（或称四斗式）。该方法是计算，在$\Delta\varphi_b(t)=K_L t$分别处于$0\sim\pi/2$、$\pi/2\sim\pi$、$\pi\sim3\pi/2$、$3\pi/2\sim2\pi$的 4 个区间内时，检测器输出电流的积分值，然后即可计算出被测相位值

$$\varphi+\Delta\varphi=\arctan\left(\frac{A-B}{C-D}\right) \tag{10.57}$$

由于半导体激光器直接频率调制可达10^2 MHz 数量级，所以测量时间可以很短（50 ms），有利于进行高速测量，可避免温度漂移和振动的影响。它的测量精度可达$\lambda/50$。

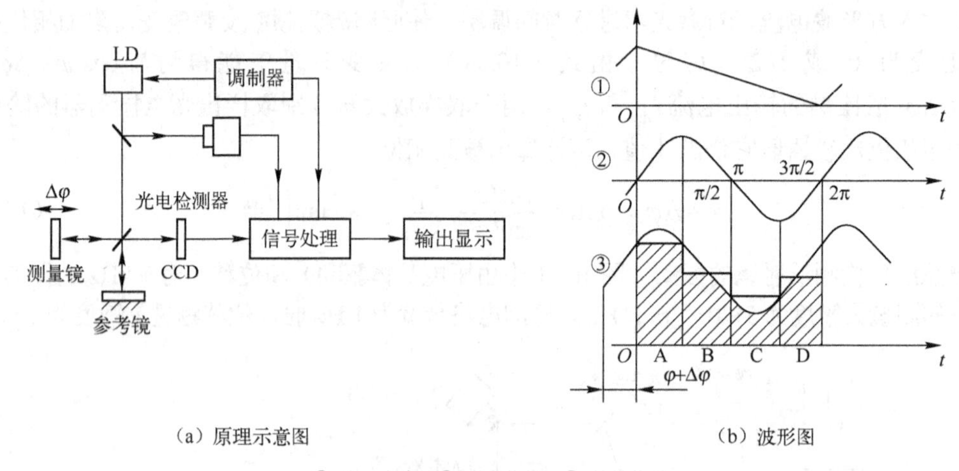

（a）原理示意图　　（b）波形图

① 注入电流；② 参考信号；③ 外差信号

图 10.22　线性扫描调制法干涉仪示意图

2. 零差检测和超外差检测

对于多普勒频移，按照两束光入射到物体前时的光频率的关系，光波频率检测分为零差法和双频外差法。若入射至物体前，两束光频率相同，则称为零差法。因为当物体运动速度为零时，输出信号为直流。若入射到物体前两束光频率不等，有相差，则即使物体运动速度为零，两束光混频后输出的信号频率也有频差，成为交流信号。前者当物体运动时，多普勒信号可以视为载在零频上，后者则载在一个固定频率上，所以前者称为零差，后者称为外差，有时称为光学超外差，光学超外差最典型的应用是双频激光干涉仪（详细介绍见第 11 章）。

图 10.23 所示为零差检测信号流程图，通过检测差频信号的频率和相位可以测定被测参量。图 10.24 所示为光学超外差检测信号流程图，被测信号对其中一束光波进行调频或调相，通过检测差频或相位就可以测定被测参量值。两者的主要区别是，零差法不能判别物体的运动方向，而且难以消除由直流引起的噪声。而外差法则可以判别物体的运动方向，并可用无线电中的外差技术抑制噪声，大大提高了信号的信噪比。

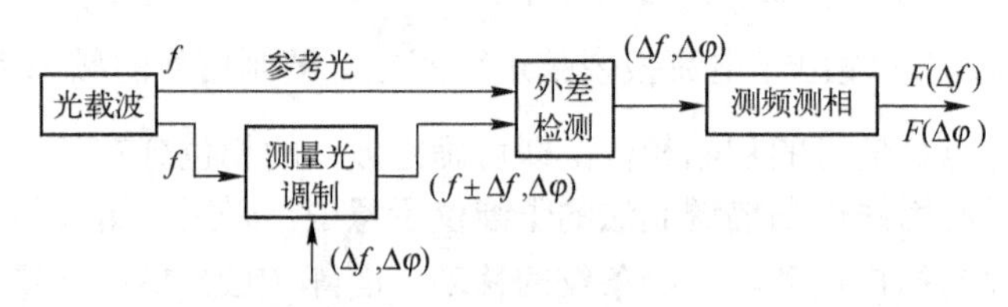

图 10.23　零差检测信号流程图

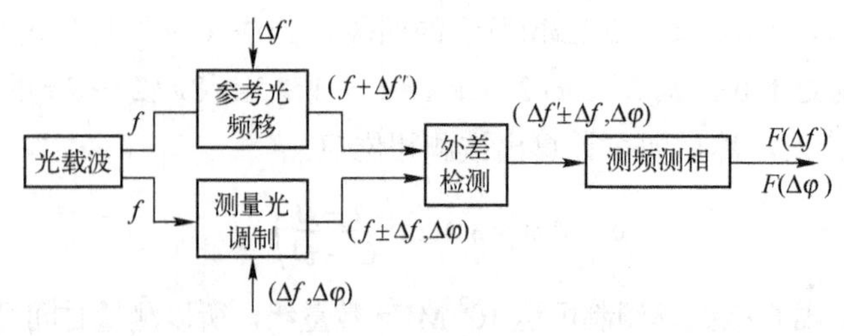

图 10.24　光学超外差检测信号流程图

运动参量的频率调制的典型应用就是激光多普勒测速仪。由前面的分析可知，多普勒测速信号是随被测颗粒进入光束照明区而断续出现的夹有激光相干噪声的调幅调频波，有相当宽的频谱分布。它的幅度调制反应了照明激光束的径向光强高斯分布，频率调制的特征反映了被测颗粒速度的变化。为了消除直流光强分量、高斯噪声和钟形调幅包络线的影响，在只用单一接收器的情况下需要进行高频和低频滤波。在许多场合常采用差分接收。

图 10.25 所示是典型的激光多普勒测速仪示意图，它由激光器、光学系统、信号处理系统等部分组成。

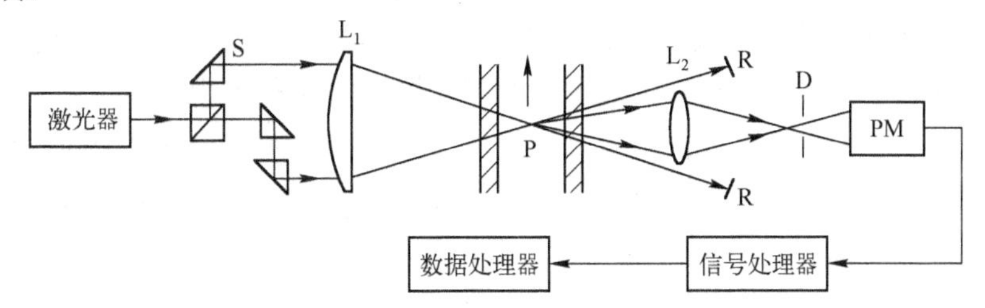

图 10.25　激光多普勒测速仪示意图

（1）激光器

多普勒频移相对光波频率来说变化很小，因此，必须用频带窄及能量集中的激光做光源。为便于连续工作，通常使用气体激光器，如 He-Ne 激光器或氩离子激光器。He-Ne 激光器功率较小，适用于流速较低或者被测粒子较大的情况；氩离子激光器功率较大，信号较强，用得最广。

（2）光学系统

激光多普勒测速仪按光学系统的结构不同，可分为双散射型、参考光束型和单光束型三种光路。参考光束型和单光束型激光多普勒测速仪在使用和调整等方面条件要求苛刻，现已很少使用，下面主要介绍广泛使用的双散射型光路。

图 10.26 所示为双光束-双散射模式光路结构示意图。激光器发出的激光束经分束镜后分为两束等光强的平行光，由透镜会聚在测量场中。光束交叉的区域构成检测区，两散射光会聚到光检测器中混频，形成干涉条纹，故这种模式也称为干涉条纹型。条纹的形状是一组平行于入射光束角平分线的直线组，间距 D 是入射光束夹角 θ 的函数：

$$D = \lambda / 2\sin\frac{\theta}{2}$$

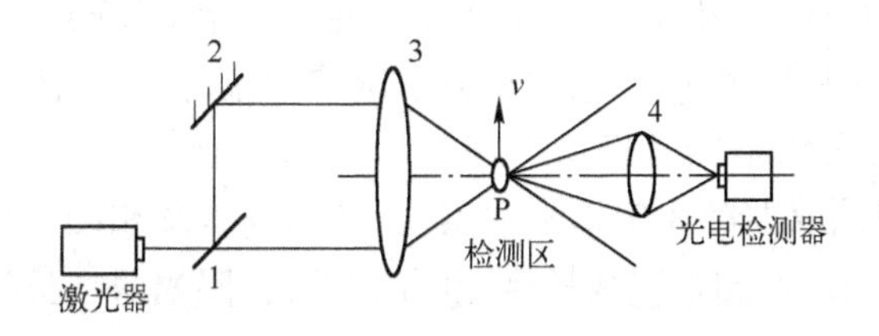

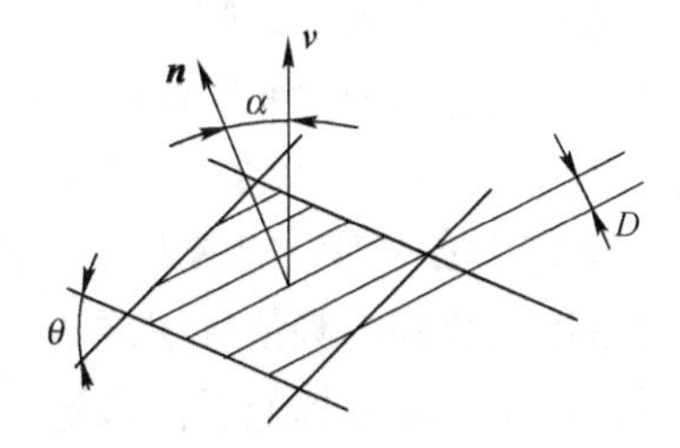

图 10.26　多普勒测速频率调制的双光束-双散射模式光路结构

当运动颗粒与条纹法向 $\boldsymbol{n}$ 成 α 角通过检测区时，条纹图形将产生周期性变化，光电检测器输出信号的频率 f_{d} 与被测运动速度 v 成正比。利用上式可得

$$f_{\mathrm{d}}=\frac{v}{D}\cos\alpha=\frac{2v}{\lambda}\sin\frac{\theta}{2}\cos\alpha$$

双散射光束型光路的优点是：进入光检测器的双散射光束来自在测点交汇的两束强度相同的照明光，不同尺寸的散射微粒都对拍频的产生有贡献，可以避免参考光束型光路中那种因散射微粒尺寸变动可能引起的信号脱落，便于进行数据处理。

激光多普勒测速仪光学系统分为发射和接收两部分。如图 10.25 所示，发射部分由分束器及反射器 S 把光线分成强度相等的两束平行光，然后通过会聚透镜 L_1 聚焦在待测粒子 P 上，接收部分用接收透镜 L_2 把散射光束收集，送到光电接收器 PM 上。为避免直接入射光及外界杂光也进入接收器，在相应位置上设有挡光器 R 及小孔光阑 D。

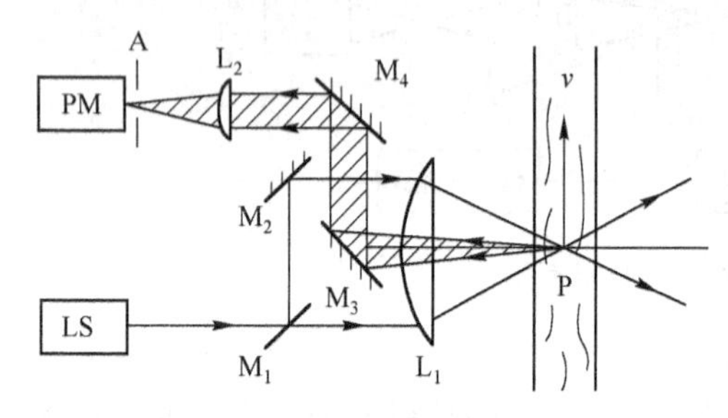

图 10.27　后向散射光路

在仪器设计时，为使结构紧凑．常使光源和接收器置于一侧，如图 10.27 所示，这种光路称为后向散射光路。图中，LS 为激光光源，PM 为光电接收器。

（3）信号处理系统

激光多普勒信号是非常复杂的。由于流速起伏，所以频率在一定范围内起伏变化，是一个变频信号。因粒子的尺寸及浓度不同，散射光强发生变化，则频移的幅值也按一定的规律变化。粒子是离散的，每个粒子通过测量区又是随机的，故波形有断续且随机变化。同时，光学系统、光电检测器及电子线路存在噪声，加上外界环境因素的干扰，信号中伴随许多噪声。信号处理系统的任务是从这些复杂的信号中提取那些反映流速的真实信息，传统的测频仪很难满足要求。现已有多种多普勒信号处理方法，如频谱分析法、频率跟踪法、频率计数法、滤波器组分析法、光子计数相关法及扫描干涉法等。下面介绍使用最广泛的频率跟踪法及发展较快的频率计数法。

① 频率跟踪法

频率跟踪法能使信号在很宽的频带范围内（2.25 kHz～15 MHz）得到均匀放大，并能实现窄带滤波，从而提高了信噪比。它输出的频率量可直接用频率计显示平均流速。输出的模拟电压与流速成正比，能够给出瞬时流速以及流速随时间变化的过程，配合均方根电压表可测湍流速度。

图 10.28 所示是频率跟踪器电路方框图。受频率调制的光信号在光电检测器中进行光混频后，拍频信号经前置宽带放大器形成具有一定强度的初始多普勒信号，初始多普勒信号先经滤波器除去低频分量和高频噪声，成为频移信号 f_{D}，它和来自电压控制振荡器 14 的信号 f_{VCO} 同时输入电子混频器 2 中，混频器起频率相减作用，混频后得出中频信号 $f=f_{\mathrm{D}}-f_{\mathrm{VCO}}$，中频 f 输入中心频率为 f_0 的调谐中频放大器 3 中以进行放大，f 和 f_0 大致相同。将放大后的幅度变化的中频信号 f 送入限幅器 4，经整形变成幅度相同的方波。限幅器本身具有一定的门限值，能去掉低于门限电平的信号和噪声，然后将方波送入鉴频器 5。鉴频器给出直流分量大小正比于中频频偏（$f-f_0$）的电压值，此直流信号经时间常数为 T_0 的 RC 积分器 11 平滑作用后，再经直流放大器 12 适当放大，作为控制电压反馈到压控振荡器 14，形成频率跟踪闭环回路，使压控振荡器的频率紧紧地跟踪在输入的多普勒信号频率上。压控振荡器的频率反映平均流速大小，压控振荡器的控制电压 U 反映流体的瞬时速度。

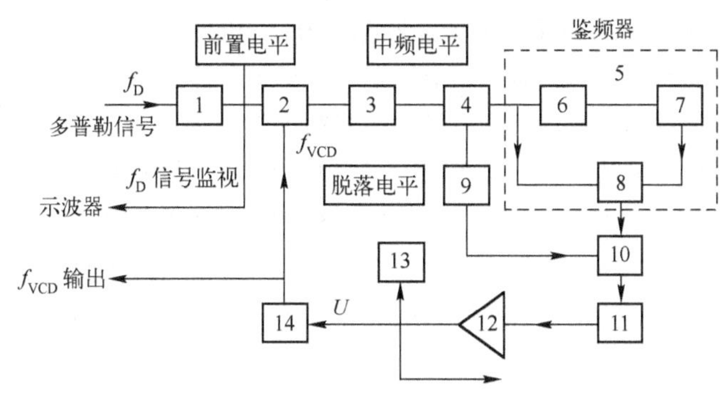

1—前置放大器；2—电子混频器；3, 8—放大器；4, 7—限幅器；5—鉴频器；8—相位比较器；9—脱落保护电路

10—门电路；11—RC 积分器；12—直流放大器；13—频率表；14—电压控制振荡器（VCO）

图 10.28　频率跟踪器电路方框图

当系统平衡时，有

$$f = f_D - f_{VCO} \quad 或 \quad f_D = f + f_{VCO}$$

上式表示，当实现频率跟踪后，压控振荡器的输出频率 f_{VCO} 被锁定在多普勒信号上，相差一个固定的值 f。测定该频率值 f_{VCO}，利用数字显示单元即可计算出被测流体的速度平均值或速度的变化量。

由于频率接收器只接收中心频率在多普勒信号上一定带宽内的噪声，因此能较好地抑制背景噪声。此外，对多普勒频率的调制深度要求不高，在信噪比较低时也能工作，可在较大的范围（如 15 MHz）内对变化的速度进行跟踪，便于显示。

频率跟踪测频仪中特别设计了脱落保护电路，避免了多普勒信号间断引起的信号脱落。

② 频率计数法

频率计数测频仪是一种计时装置，测量已知条纹数所对应的时间而测出频率，如图 10.29 所示。流体速度 V 由下式计算：

$$V = nd / \Delta t$$

式中，d 为条纹间隔；n 为人为设定的穿越条纹数；Δt 为穿越 n 条条纹所用的时间。

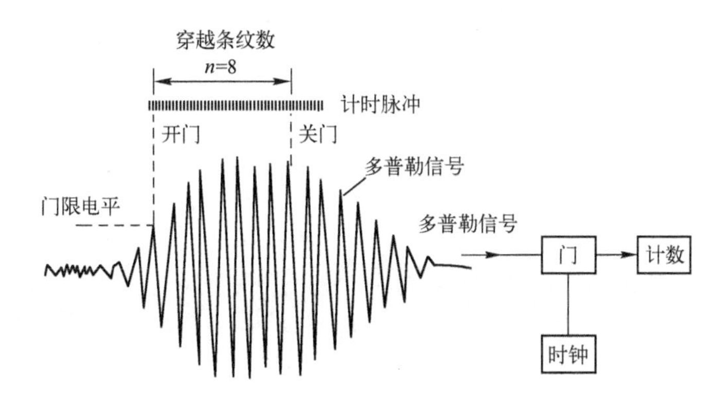

图 10.29　频率计数法信号处理原理图

频率计数信号处理系统的主体部分相当于一个高频的数字频率计，以被测信号来开启或关

闭电路。以频率高于被测信号若干倍的振荡器的信号作为时钟脉冲（通常为 200～500 MHz），用计数电路记录门开启和关闭期间通过的脉冲数，也即粒子穿过两束光在空间形成的 n 个干涉条纹所需的时间Δt，如此就可换算出被测信号的多普勒频移。

频率计数测频仪测量精度高，且可送入计算机处理，得出平均速度、湍流速度、相关系数等气流参数。同时，由于它是取样和保持型仪器，没有信号脱落，故特别适用于低浓度粒子或高速流体的测试。频率计数法几乎包括了所有其他方法所能适用的范围，从极低速到高超音速流体的测量，且不必人工添加散射粒子，是一种极具发展前途的测频方法。

习题与思考题

1．试从工作原理和系统性能两个方面比较直接检测和外差检测技术的应用特点。
2．简述实现光外差检测必须满足的条件。
3．简述激光干涉测长的基本原理。
4．如何实现干涉信号的方向判别和计数。
5．简述多普勒测速原理。

第 11 章　光电检测技术在机械领域的典型应用

内容概要

光电检测技术是一门发展十分迅速的交叉学科，应用范围已经渗透到各种领域。本章主要介绍其在机械工业领域的一些典型应用系统。

学习目标

- 了解光电检测技术在机械工业几何量检测中的典型应用系统。

几何量的检测广泛应用于机械加工、装配等领域，采用光电检测的方法来实现几何量的检测较之用机械或其他检测方法具有很多突出的优点，如非接触、响应快、测量对象多、材料适用性强、高分辨率等，当然，它也存在诸如易受环境污染、需要准直的光路等缺点。根据光电检测原理不同，几何量的光电检测技术可分为几何量图像检测技术和直接测量技术。直接测量技术主要用干涉仪或其他测量标尺（光栅）进行测量，而几何量图像检测技术主要应用 CCD 成像原理，通过计算机的图像（或通过硬件的方法）识别边缘，达到测量长度、孔径等目的。

11.1　双频激光干涉仪

众所周知，光波在空间传播过程中，会发生衍射和干涉。由于激光有波长短、频率稳定性好、相干性好、相干长度大等优点，所以干涉仪一般采用气体激光器（如氦氖激光器）作为光源。根据激光光源的模数（频率）不同，激光干涉仪分为单频激光干涉仪和双频激光干涉仪两种。单频激光干涉仪由于检测信号是直流信号或缓慢变化的信号，存在电路的直流漂移的问题；同时单频激光干涉仪对装置的机械振动十分敏感，所以单频激光干涉仪测量精度较双频激光干涉仪低，应用较少。

为滤除干涉背景和直流放大器系统噪声的影响，用交流测量系统代替直流测量系统，将信号频谱移至高频端，并利用拍波干涉进行位移测量，即可抑制低频干扰而改善信噪比，从而提高干涉仪小数部分的读数精度。这就是利用外差技术的双频激光干涉仪。目前，双频测长的精度已超过 0.01 μm，是工业测长中最精密的仪器。

11.1.1　双纵模双频激光干涉仪的组成

由国家自然科学基金资助，四川大学激光应用研究所研制的拥有国家发明专利的双纵模氦氖热稳频激光源，采用普通氦氖内腔式激光器，不加任何特殊附件，通过最直接的控制毛细管放电电流的方式调整谐振腔长度稳频，两纵模频差可达 600 MHz～1 GHz（对应激光管长度为 150～250 mm），频率稳定度可达10^{-9}，以此为基础构成的双频激光干涉仪不仅精度高，而且对测量速度几乎无限制。图 11.1 所示是双纵模双频激光干涉仪的原理示意图。

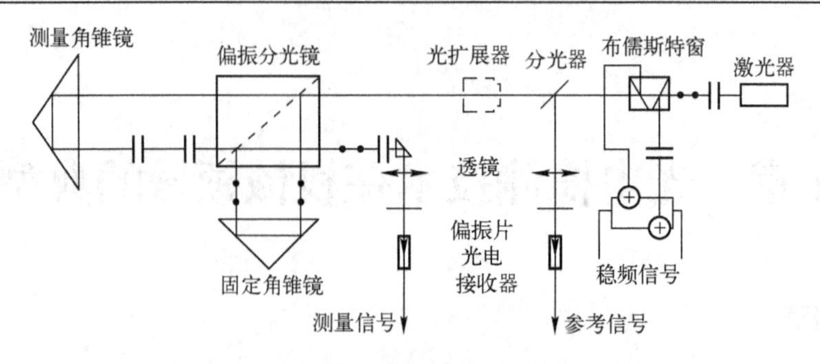

图 11.1　双纵模双频激光干涉仪原理示意图

该系统由三部分组成：稳频装置与激光头、外置干涉头及测量角锥镜。激光头包括激光管、布儒斯特窗、分光器（析光镜）、光扩展器、接收参考信号及测量信号的透镜、偏振片、光电接收器等。外置干涉头由偏振分光镜及固定角锥镜组成。

由长度为 206 mm 的全内腔氦氖激光管发出一对互相垂直的双纵模线偏振光，模间隔为 $\Delta\nu = c/2nL$（式中 c 为光速，L 为谐振腔长，n 为空气折射率，其值约为 728 MHz），经布儒斯特窗取出稳频信号，进行热稳频。其余光束再经析光镜反射及透射，反射的一对正交线偏振光作为参考信号，经透镜、偏振片产生拍频信号，为光电接收器接收。透射光经光扩展器准直扩束后，为偏振分光镜分光，水平分量射向测量角锥镜，垂直分量射向固定角锥镜，两路光返回后经透镜、偏振片产生拍频。当测量镜在时间 t 内以速度 V 移动一定距离时，因多普勒效应而引起频差变化 Δf，这样被测长度信息载于返回光束中，并为光电接收器接收。

该干涉仪结构组成有三个特点：即测量光与参考光合光后能保证高平行度的角锥镜光路系统；能提高光束质量、减小光学系统的杂散光并保证大的等效腔长 d 的准直和滤波系统，以及双纵模双频激光干涉仪独特的获得相位差为 90°的两路信号的延迟线移相系统。

11.1.2　工作原理分析

双频激光干涉仪为典型的迈克尔逊干涉仪结构，其工作原理示意图如图 11.1 所示，激光器直接或经处理输出两偏振方向相互垂直、频差为 $\Delta\nu$ 的双频激光束，设其频率分别为 ν_1 和 ν_2，频差 $\Delta\nu = \nu_1 - \nu_2$。为使讨论简化而又不影响问题的实质，我们不考虑双频激光作为高斯光束的电场振幅部分，而只讨论其相位部分，将振幅部分归一化为 1。则两个不同频率激光的电场分量可分别表示为

$$E_1(z,\rho,t) = \exp\left\{\mathrm{i}k_1\left[z_1 + \frac{\rho_1^{\ 2}}{2R(z_1)} - \Phi(z_1)\right]\right\} \tag{11.1}$$

$$E_2(z,\rho,t) = \exp\left\{\mathrm{i}k_2\left[z_2 + \frac{\rho_2^{\ 2}}{2R(z_2)} - \Phi(z_2)\right]\right\} \tag{11.2}$$

式中，z 为光束传播方向的坐标；ρ 为垂直于光束传播方向的截面内偏离 z 轴的极径；k 为波数，$k = 2\pi\nu = 2\pi/\lambda$；$R(z)$为 z 处光波阵面的曲率半径，$R(z) = z\left[1 + (\pi\omega_0/\lambda)^2\right]$，与 z 有关的相位因子 $\varphi(z) = \arctan\left(\lambda z/\pi\omega_0^2\right)$；$\omega_0$ 为束腰半径；下标 1 和 2 分别对应双频激光 ν_1 和 ν_2。

双频激光通过与其偏振方向成 45° 放置的检偏器后，按同一偏振条件在雪崩二极管上混频。在雪崩二极管处的光电场分量

$$E = E_1 + E_2 \tag{11.3}$$

雪崩二极管的输出信号与该处光电场分量的平方成比例，因此雪崩二极管输出信号表示为

$$I \sim \left|E_1 + E_2\right|^2 = 1 + \cos\left\{\left[k_1\left(z_1 + \frac{\rho_1^{\ 2}}{2R(z_1)}\right) - k_2\left(z_2 + \frac{\rho_2^{\ 2}}{2R(z_2)}\right)\right] + \left[\varPhi(z_1) - \varPhi(z_2)\right]\right\} \tag{11.4}$$

在参考信号接收处有 $z_1 = z_2 = z_r$，$R_1 \approx R_2$，$\rho_1 = \rho_2 = \rho_r$，因此参考信号表示为

$$\begin{aligned} S_r &= 1 + \cos\left\{\left[k_1\left(z_r + \frac{\rho_r^{\ 2}}{2R(z_r)}\right) - k_2\left(z_r + \frac{\rho_r^{\ 2}}{2R(z_r)}\right)\right]\right\} \\ &= 1 + \cos\left[(k_1 - k_2)\left(z_r + \frac{\rho_r^{\ 2}}{2R(z_r)}\right)\right] \end{aligned} \tag{11.5}$$

同理，在测量信号接收处，假定两偏振分量在重新会合后光轴重合良好，即 $\rho_1 = \rho_2 = \rho_m$，则测量信号为

$$S_m = 1 + \cos\left\{\left[k_1\left(z_1 + \frac{\rho_m^{\ 2}}{2R(z_1)}\right) - k_2\left(z_2 + \frac{\rho_m^{\ 2}}{2R(z_2)}\right)\right] + \left[\varPhi(z_1) - \varPhi(z_2)\right]\right\} \tag{11.6}$$

比较式（11.5）和式（11.6），可得到参考信号和测量信号的相位差

$$\begin{aligned} \theta &= \left[k_1\left(z_1 + \frac{\rho_m^{\ 2}}{2R(z_1)}\right) - k_2\left(z_2 + \frac{\rho_m^{\ 2}}{2R(z_2)}\right)\right] + \left[\varPhi(z_1) - \varPhi(z_2)\right] - (k_1 - k_2)\left(z_r + \frac{\rho_r^{\ 2}}{2R(z_r)}\right) \\ &= (k_1 z_1 - k_2 z_2) - (k_1 - k_2) z_r + \frac{1}{2}\left[\frac{k_1 \rho_m^{\ 2}}{R(z_1)} - \frac{k_2 \rho_m^{\ 2}}{R(z_2)} - \frac{\rho_r^{\ 2}(k_1 - k_2)}{R(z_1)}\right] + \left[\varPhi(z_1) - \varPhi(z_2)\right] \end{aligned} \tag{11.7}$$

令 $k_1 = (2\pi / c)(v_0 + \Delta v / 2)$，$k_2 = (2\pi / c)(v_0 + \Delta v / 2)$，$z_1 = \overline{z} + \Delta z / 2$，$z_2 = \overline{z} - \Delta z / 2$，则式（11.7）可简化为

$$\theta = (2\pi / c)\left(v_0 \Delta z + \Delta v \overline{\Delta z}\right) + \Delta\theta \tag{11.8}$$

式中，$\overline{z}$ 为测量光束和参考光束的平均程长，称为测量信号光程；z_r 是参考信号光程；$\overline{\Delta z} = \overline{z} - z_r$，是测量信号光程与参考信号光程之差。

$$\begin{aligned} \Delta\theta &= \frac{1}{2}\left[\frac{k_1 \rho_m^{\ 2}}{R(z_1)} - \frac{k_2 \rho_m^{\ 2}}{R(z_2)} - \frac{\rho_r^{\ 2}(k_1 - k_2)}{R(z_r)}\right] + \left[\varPhi(z_1) - \varPhi(z_2)\right] \\ &= \frac{\pi}{C}\left\{\frac{v_1 \rho_m^{\ 2}}{z_1\left[1 + (d / z_1)^2\right]} - \frac{v_2 \rho_m^{\ 2}}{z_2\left[1 + (d / z_2)^2\right]} - \frac{\Delta v \rho_r^{\ 2}}{z_r\left[1 + (d / z_r)^2\right]}\right\} + \arctan\frac{\Delta z d}{d^2 + z_1 z_2} \end{aligned} \tag{11.9}$$

式中，$d = \pi\omega_0^{\ 2} / \lambda$，是激光器等效腔长；$\Delta\theta$ 是高斯光束相干涉时特有的附加项，它使相位差 θ 与光程差 Δz 呈非线性关系，只要做程差测量，这一项总是存在的。

式（11.8）表明，测量信号与参考信号的相位差 θ 是系统参数的函数，Δz 是测量光路中测量光束与参考光束所通过的全部光程之差，是光路不对称形成的程差引起的。为获得测

量镜运动引起的程差变化，可对式（11.8）进行全微分，将光路中固有的定长程差除去。因此有

$$\delta\theta = (2\pi / c)\left[v_0\delta(\Delta z) + \Delta z\delta v_0 + \Delta v\delta\left(\overline{\overline{\Delta z}}\right) + \overline{\Delta z}\delta(\Delta v)\right] + \delta(\Delta\theta) \tag{11.10}$$

式中，中括号内第一项和第三项是由测量镜运动引起的，而其他两项皆为系统不稳定性的影响，第二项为双频激光平均频率漂移的影响，第四项是双频激光差频漂移的影响；中括号外一项是高斯光束干涉附加项在测量过程中的变化。如果系统不稳定性影响及高斯光束干涉附加项在测量过程中的变化，影响的总和与测量镜运动引起的程差变化对相位变化的影响相比足够小，则当测量镜运动 δL 时，有

$$\delta(\Delta z) = 2\delta L\,,\qquad \delta(\overline{\Delta z}) = \delta L$$

故式（11.10）可简化为

$$\delta\theta = (2\pi / \lambda_1)2\delta L \tag{11.11}$$

式中，λ_1 是测量光束对应的激光波长。

将式（11.11）变换，则可得到测量方程，即测量镜运动距离与相位差变化的关系式

$$\delta L = \frac{\lambda_1}{4\pi}\delta\theta \tag{11.12}$$

根据测量镜运动引起的多普勒效应 δf 与相位的关系，有

$$\delta\theta = 2\pi\delta f \tag{11.13}$$

因而

$$\delta L = \frac{\lambda_1}{2}\delta f$$

$$L = \int_0^t \frac{\lambda_1}{2}\cdot\delta f\cdot f\mathrm{d}t = \frac{\lambda_1}{2}\cdot N \tag{11.14}$$

可见，在忽略了测量过程中系统不稳定性影响及高斯光束干涉附加项的变化影响的情况下，只要在测量镜运动过程中测量信号与参考信号的相位差变化的周期数，即可获得所需测量长度结果。

11.2　表面粗糙度测量仪

近年来，加工表面的微变形、波度、表面粗糙度、光泽、外观、抗腐蚀性能等表面微观几何特性结构越来越被人们所重视，特别是对表面粗糙度，人们正在进行大量研究和探讨，因而，目前利用光学方法进行非接触测量表面粗糙度的方法已经越来越多，如光斑法、光点变位法、象散法、临界角法、干涉法以及光纤法等。另外，能否实现表面粗糙度的在线检测也成为表面粗糙度测量方法的发展趋势。

11.2.1　光点变位法（三角法）

如图 11.2 所示，激光束经过聚焦透镜 L_1 后，以 45° 角入射到工件表面上。当工件表面位于 L_1 的焦点时，如图中实线所示，其反射光线沿着镜面反射方向，通过透镜 L_2、L_3 投射到检测平面的 A 点。如果工件表面离开了原来的聚焦点（如图中工件从实线运动到虚线），

那么工件表面相对原来的位置在垂直表面方向有一个位移 x，反射到检测平面的光点就从 A 点移到 B 点。设 A 点和 B 点的距离为 y，根据光学三角原理，有如下关系：

$$y = 2mx\sin\theta_1 \tag{11.15}$$

式中，m 为透镜放大系数，θ_1 为入射角。根据需要，m 可等于 1 或其他数值。此处 $m = 1$，并取 $\theta_1 = 45°$ ，则式（11.15）可简化为

$$y = \sqrt{2}x \tag{11.16}$$

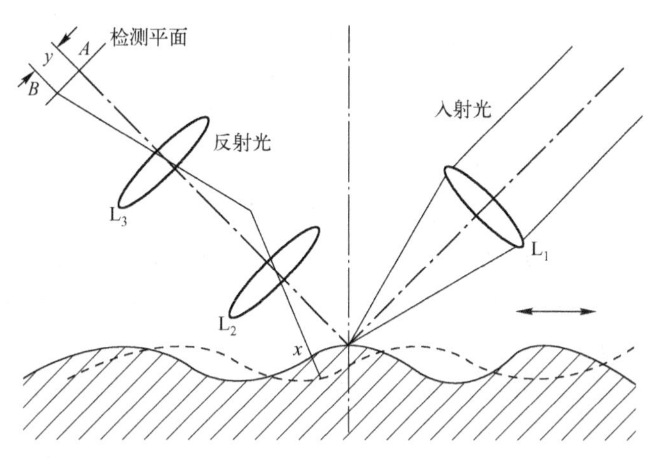

图 11.2　三角法测量原理

当 x 较小，保证在检测透镜的焦深范围内时，y 与 x 呈线性关系。由式（11.16）可知，如果我们设法探测到反射光点的位置变化 y，则工件表面轮廓高度的变化量 x 就可得到。若在检测平面放置一个直径为 3 mm 呈对半形分布的接收光纤束，该光纤束的两个分支经光纤耦合连接头分别接到两个光电二极管上，这两个光电二极管的输出端分别接到一个高阻抗型差分放大器的同相输入端和反相输入端。其后接低通滤波器，输出一个正比于工件表面轮廓高度变化的电压值，再经一个 12 位 A/D 变换器，由计算机采集并处理各种数据，最后得到工件的表面粗糙度值。

采用光点变位法在线测量表面粗糙度的优点是测量的精度较高，其缺点主要有仪器结构复杂，仪器调整不方便，测量范围较小，并且测量速度也较慢。

11.2.2　临界角法

临界角法就是把照射在被测表面上的光的焦点位置测量出来，从而检测表面粗糙度。这种方法的原理如图 11.3 所示。当被测表面位于物镜的焦点 B 处时，通过物镜 1 后变为平行光，再经直角棱镜 2 反射到两个光敏检测器 D 和 E 中。设棱镜的斜面与平行光轴的光束所夹的角为全反射临界角，那么射入到光敏检测器 E 和 D 的光强就相等。

当被测表面靠近物镜位置 A 处时，光经物镜 1 后变为发散光。这时，位于光轴上方的光相对棱镜斜面所夹的角比临界角小，所以部分光束向棱镜外散出（图 11.4 所示虚线箭头），这样不能全反射到光敏探测器 D 中，位于光轴下方的光相对棱镜斜面所夹的角比临界角大，所以反射光全能反射到光敏探测器 E 中。

若被测表面远离物镜，即位于焦点外 C 处时，光经物镜 1 后与 A 位置相反，变为会聚

光。这样，位于光轴上方的光比临界角大，就以全反射射入到光敏探测器 D 中；光轴下方的光比临界角小，不能全反射到光敏探测器 E 中，而部分光束从棱镜射出（图 11.4 所示虚线箭头）。

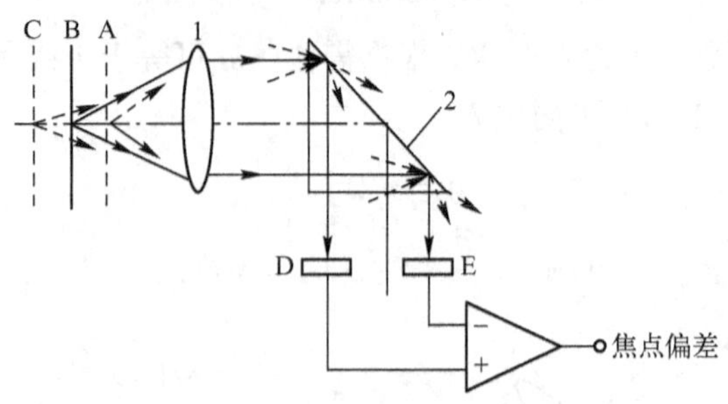

图 11.3　临界角法测量测量原理

从以上分析不难看出，随着被测表面位置的改变，射入到 D、E 两光敏探测器的光强产生差别，只要被测表面稍一离开焦点位置，D、E 两光敏探测器所接受的光强就不同。将接收的光强转换为电信号，再经电路放大演算，就可以依一定的方式测得焦点偏差，从而反映表面粗糙度数值的大小。

图 11.4 所示是按上述原理设计出的超精密粗糙度计（也称为高精度光学表面传感器）的光路及装置图。

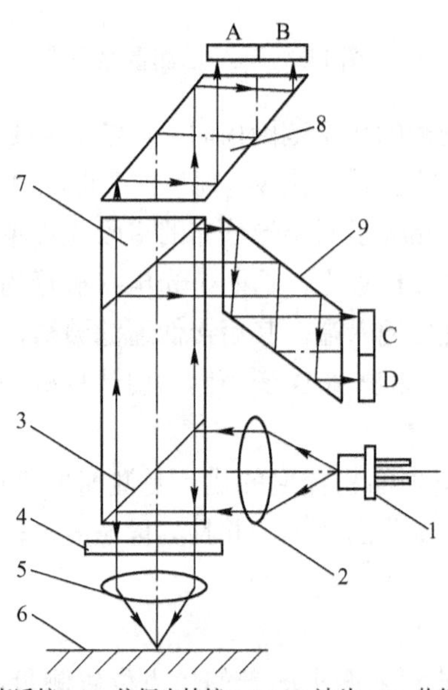

1—激光二极管（光源）；2—准直透镜；3—偏振光棱镜；4—$\lambda/4$ 波片；5—物镜；6—被测表面；7—半透棱镜；8—临界角棱镜；9—临界角棱镜；A、B、C、D—四个光敏探测器

图 11.4　临界角法超精密粗糙度探测装置光路图

光源 1 为激光二极管，它所发射的光波波长为 780 nm。经准直透镜 2、偏振光棱镜 3、$\lambda/4$ 波片 4、物镜 5 后照射到被测表面 6 上。当从被测表面反射的光经物镜 5、$\lambda/4$ 波片 4、偏振光棱镜 3 照射到半透棱镜 7 上时，光束分为两路。一路穿过半透镜向上射入临界角棱镜 8，在临界角棱镜内经两次反射，射入光敏探测器 A 和 B 中；另一路从半透棱镜反射到临界角棱镜 9 中，在临界角棱镜内经两次反射，射入光敏探测器 C 和 D 中。

根据临界角原理，当被测表面位于物镜 5 的焦点位置时，A、B、C、D 四个光敏探测器所接收的光强相等，即 A + D = B + C。图 11.5 所示为 A、B、C、D 四个光敏探测器接收光束的形状。图 11.5（b）所示为被测表面位于焦点时的情况。当被测表面位于焦点内，即靠近物镜时，四个光敏探测器所接收的光强不同，如图 11.5（a）所示，(A + D) < (B + C)；当被测表面在焦点外时，同样四个光敏探测器所接收的光强也不相同，这时，如图 11.5（c）所示，(A + D) > (B + C)。

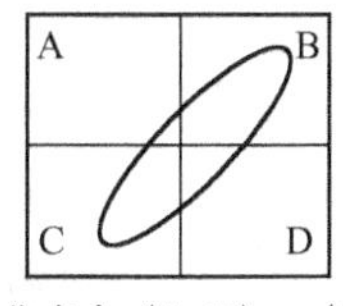

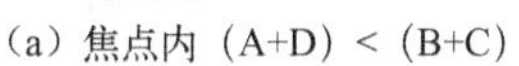

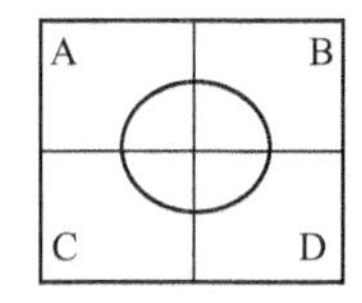

（b）焦点上 A+D = B+C

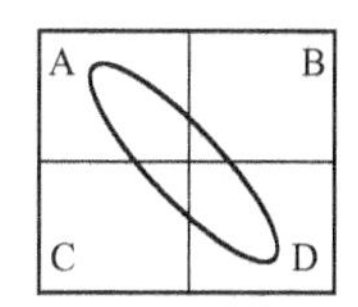

（c）焦点外（A+D）>（B+C）

图 11.5　探测器 A、B、C、D 接收光束的情况

由 A、B、C、D 四个光敏探测器所接收的光强信号转变成电信号，再经计算电路，求出焦点偏差，而焦点偏差就等于被测表面粗糙度的大小。

采用临界角法在线测量表面粗糙度有很多优点，如检测灵敏度较高、测量速度快、测量精度较高等；但是其缺点也是显而易见的，那就是测量装置复杂，仪器成本高，调整困难，测量范围小。

11.2.3　光纤传感器检测法

对于内孔、凹模、沟槽，尤其是一些形状复杂的零件表面，如塑料成型模具、轮机叶片及精密机构的某些零件等，因为它们的表面由三维曲面组成，而且对表面粗糙度的要求很高，甚至要求加工成镜面，触针式仪器因其固有的特性，测量会遇到困难，甚至无法进行。

随着纤维光学理论的不断发展，以及光导纤维加工工艺的不断改进，光纤技术在计量测试、电子工业、通信、医疗等领域得到广泛的应用。国外已研制成功用光纤法测量三维表面轮廓，且能非接触、高效率地进行在线测量。

用于表面粗糙度测量的光纤传感器都是反射式、结构型（非功能型）光纤传感器，具有如图 11.6 所示的结构。在这种传感器中，光源发出的光通量由光纤束传输到被测表面，经被测表面散射形成一定的散射场光强分布，由另一束光纤束接收散射场中的一部分光通量并传输到光电元件。由于被测表面粗糙度不同，所形成的散射场光强分布亦不同，故接收到的光通量与被测表面粗糙度具有一定的相关性。

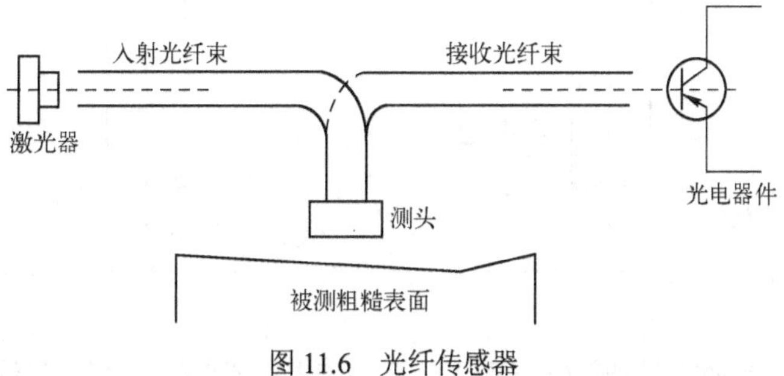

图 11.6　光纤传感器

这种反射式光纤传感器的输出不仅与被测表面的粗糙度有关，而且直接与测头至被测

表面的距离有关。正是由于这种传感器输出的是上述两种参数的二元函数，故在测量表面粗糙度的实际应用中遇到以下两方面的问题：一是测头至被测表面距离（工作距离）变动（包括被测件的定位误差）对输出的影响；二是环境光线对测量的影响，这也是该传感器的一项较大测量误差。

在光纤传感器中，接收光纤束所收到的带有表面粗糙度参数信息的光通量Φ，是通过在$[a_1, a_2]$空间立体角内进行定积分计算而来的。而对于反射式光纤传感器最常用的两种结构形式——随机型和同轴型，当工作距离 d 变化时，积分区域$[a_1, a_2]$也发生变化。对于随机型，当工作距离 d 由小变大时，积分区域$[a_1, a_2]$ 由大变小。另外，入射光束照射到被测表面的光斑面积增大，使光强分布的均方根偏差δ增大，这都使$[a_1, a_2]$内的光通量下降；对于同轴型，当工作距离 d 由小变大时，接收区域$[a_1, a_2]$先由小变大，继而又由大变小，使输出光通量存在一个极值。其次，接收区域$[a_1, a_2]$向光强分布中心移动，使输出光通量增大；再者，d 增大使光斑增大，光强分布的均方根偏差δ增大。

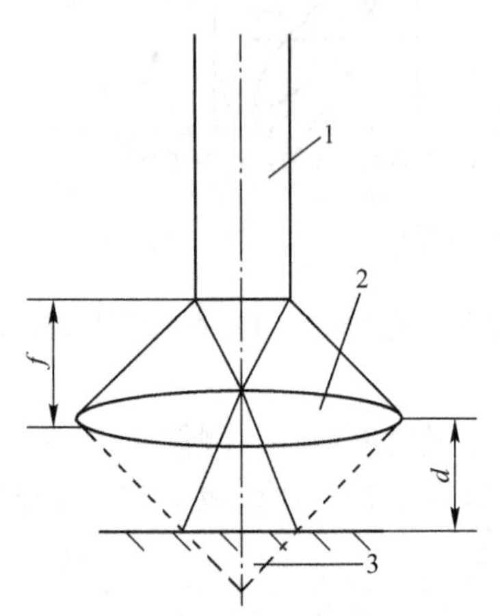

1—光纤；2—准直透镜；3—接收区域$[a_1, a_2]$

图 11. 7　准直型光纤传感器结构

准直型光纤传感器结构如图 11.7 所示。由于准直透镜焦平面上的位置坐标与准直透镜另一侧空间中光线的角度坐标有着对应关系，故接收区域$[a_1, a_2]$为

$$a_1 = 0$$

$$a_2 = \arctan(D/2f)$$

式中，D 为随机光纤束端面直径；f 为准直透镜的焦距。

显然，准直型光纤传感器的接收区域$[a_1, a_2]$不随工作距离 d 而变化。当 d 增大时，被测表面上的光斑也增大，但各条入射光线角度是不变的，从统计角度上看，其所形成的各条散射光线方向也是不变的，原来与焦面上某点 A 对应的光线，在 d 变化后仍与 A 点对应。

光纤传感器工作环境照明光线的变化对输出量的影响也是一个较主要的测量误差源。由于随机型和同轴型光纤传感器测头上光纤端面直接外露，因此环境光线可直接进入光纤传感器，如图 11.8（a）所示。准直型光纤传感器在光纤端面前设有一个准直透镜，从透镜边框与被测表面之间的缝隙进入光纤传感器的环境光线与传感器中心轴线夹角都较大，不在接收区域$[a_1, a_2]$之内，经过透镜后不能到达光纤端面，如图 11.8（b）所示。因此，准直型光纤传感器几乎不受环境光线的影响。

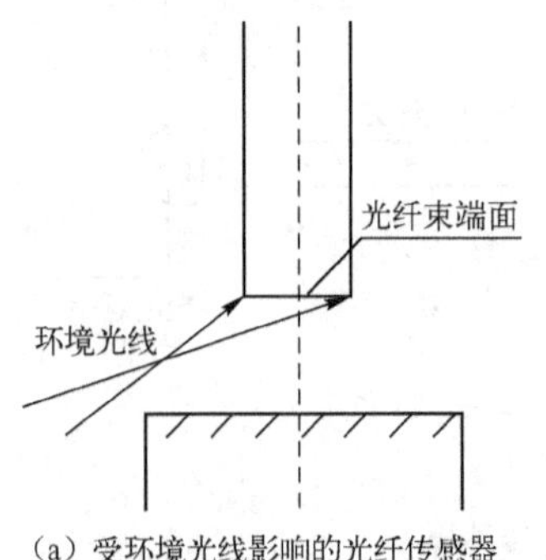

（a）受环境光线影响的光纤传感器

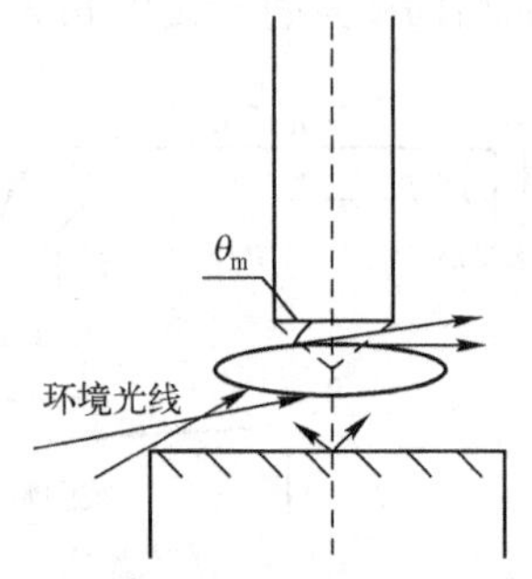

（b）准直型光纤传感器消除环境光线影响

图 11.8　不同光纤传感器受环境光线影响的对比图

图 11.9 所示是一种光纤传感器式内表面粗糙度测量仪的光路图。由半导体激光器 1 发出的光束经自聚焦光纤 2 准直后，再经测量透镜 3、反射镜 4 照射到试件 5 的内表面上，并由试件 5 反射，返回的光束再经 4、3 照射到光电二极管阵列 6。

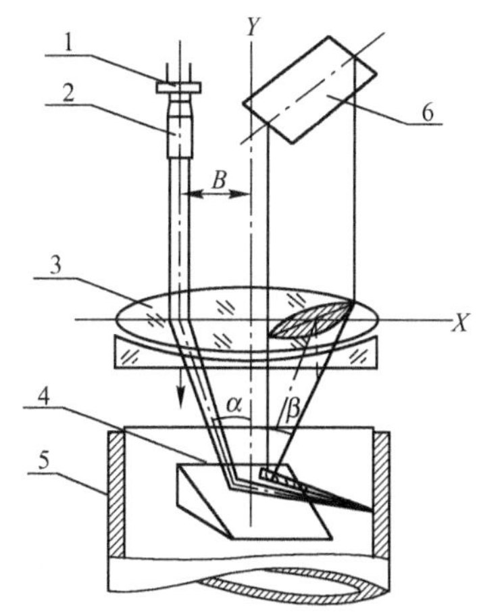

1—激光器；2—自聚焦光纤；3—测量透镜；4—反射镜；5—试件；6—光电二极管阵列

图 11.9　内表面粗糙度测量仪的光路图

设计的光路布局增加一个反射镜，避免了采用接触式测量方法而存在的零件表面易划伤、测量时间长等缺点，并具备如下优点：

① 试件上光斑大小与测量透镜和准直光纤的相对位置无关。

② 试件上测量区域相对测量透镜形成远心光路，对光电二极管阵列和测量透镜在光轴方向上的位置精度要求不高。

③ 光路相对测量透镜光轴对称，避免激光束反射回光影响。

采用光纤法在线测量表面粗糙度的优点是测量速度快，适用于内表面粗糙度测量。其缺点主要是测量误差大，测量范围小，而且光纤的数值孔径较小，这样接收的散射光信息有限。因此光纤法的应用也受到了一定的限制。

上述几种方法都可以进行表面粗糙度的在线检测，但是存在的共同问题是光路结构复杂，成本高，并且测量范围受原理限制（R_a< 10 nm），对表面粗糙度不是面积采样，要完成一次测量需要辅助以垂直加工纹理方向的扫描运动，这样测量周期也就较长，同时它们对测头和试件相对位置要求很高，使得调整困难。而利用光纤作为探头基于光散射原理的表面粗糙度在线检测，由于受散射角变化的影响很大，从原理上来讲，其测量误差较高，测量范围也较小；另一方面，光纤数值孔径较小，这样接收的散射光信息十分有限，都使得其应用受到极大限制。

11.2.4　激光散射法

国家标准对表面粗糙度测量的要求是实现三维测量，而光散射原理正好与之吻合，它可实现表面的面积采样，同时所形成的散射光带光能分布和表面微观形貌高度变化有较清晰的对应关系。利用光散射法测量表面粗糙度可满足快速动态、高精度、无损检测及抗干扰性能强的要求。还有不少学者提出以其作为表面粗糙度基本仪器来改变基于传统触针式仪器的形状，从而推动新原理、新仪器的发展，满足生产实际的需要。基于这种原理，人们提出了一种激光散射法在线检测表面粗糙度的方法。

图 11.10 所示为激光散射法在线检测表面粗糙度的光学原理图，半导体激光器 1 输出光功率为 3 mW、波长为 780 nm 的光束，该激光束通过偏振片 3 成为线偏振光，偏振方向平行于纸面，分光镜 11 将光束一分为二，其中反射光占大部分。经分光镜 11 反射的一束光为测量光束，该光束经平面镜 4 反射，调整分光镜 11 和平面镜 4 的角度，使该光束经平面镜 4 反射后，最后由图 11.10 所示的位置入射到测量透镜 6（f= 40 mm，D = 30 mm）上，经测量透镜 6 会聚后，到达工件表面，经工件表面散射后，形成与工件表面加工纹理方向垂直的散射带。

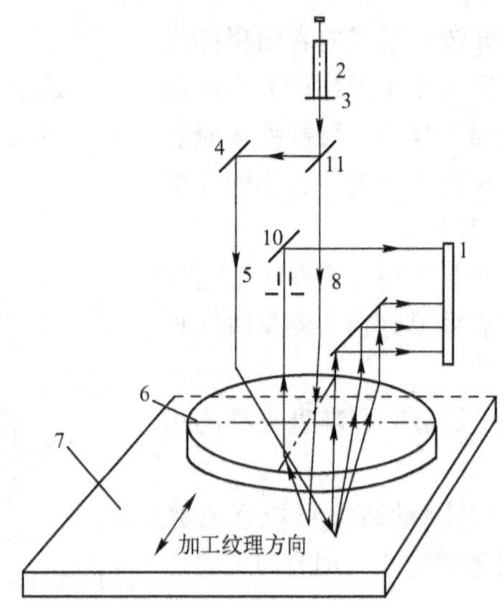

1—半导体激光器；2—自聚焦光纤；3—偏振片；4—平面镜；5—孔径光阑；
6—测量透镜；7—工件；8—反射镜；9—光电二极管接收阵列；10—反射镜；11—分光镜

图 11.10　激光散射法在线检测表面粗糙度的光学原理图

经分光镜 11 透射的另一束光为对准光束，该光束经分光镜 11 透射后由如图 11.10 所示的位置入射到测量透镜 6 上，经测量透镜 6 会聚后，到达工件表面，被工件表面散射，形成另一个与工件表面加工纹理方向垂直的散射带。这样，由测量光束形成的散射带和由对准光束形成的散射带相互平行，但是位于透镜光轴的两侧，如图 11.11 所示，这两条散射带是不会互相干扰的。测量光束形成的散射带通过测量透镜后成为平行光束，然后经由反射镜 8 反射到光电二极管接收阵列 9 上转换为电信号输出。对准光束形成的散射带经过孔径光阑 5 和反射镜 10 后也被光电二极管接收阵列接收并转换为电信号输出。由于这两条散射带在空间上相互平行，并且还有一定的距离，再加上孔径光阑 5 的作用，这两条散射带不会在光电二极管接收阵列 9 上相互重叠。另外，垂直入射的对准光束与光轴有一个偏心距，此外还有孔径光阑的作用，因此光路中基本上没有回光。

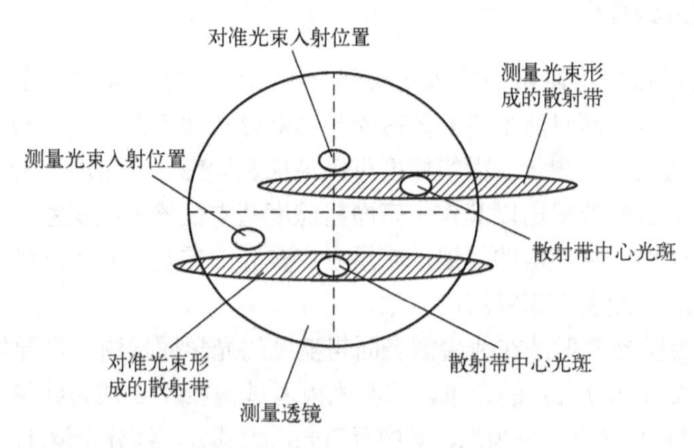

图 11.11　散射光带示意图

对准光束是为了实现工件的对准而设计的。只有当被测表面位于测量透镜焦平面，且其法线和测量透镜主光轴一致，这一光束由试件反射后再通过测量透镜 6、孔径光阑 5 和反射镜 10 反射后由光电二极管阵列接收，对应光敏单元有最大的光电信号输出时，工件才对准了。即通过辨别反射光斑中心二极管的输出值是否为最大来确定工件是否对准。

随着散射角大小的变化，散射光强也变化，因为激光经工件表面反射后，其光能呈高斯分布。而光电池只能接收散射光带的平均值，要进一步提高仪器的分辨率，就要遵循“真实地反映反射光和散射光带的光能分布情况”这一原则。为此，采用了光电二极管线性阵列来作为光电传感器。但是这种方案对工件的放置位置有一定的要求，即加工纹理方向大致要与线性阵列光电传感器的轴向垂直，这是因为散射光带与试件的加工纹理方向垂直。

测量光束所在的平面大致与试件加工纹理方向平行，因此在工件表面上取一个平行于工件表面的剖面，如图 11.12 所示，Y 方向垂直于工件加工纹理方向，X 方向平行于工件加工纹理方向，如图所示，沿 Y 轴方向在工件上取剖面 A–A，Y 方向长度对应光斑的弦长 a，并沿 X 轴方向取 δX（$\delta X \ll a$）。这就是激光束在工件表面上的光斑图样。从微观角度来说，这样一个剖面可以当作具有不同光栅常数的反射光栅，显然，衍射光谱图样中的 0 级、±1 级……依次沿 Y 轴方向分布，即有散射光带与 Y 轴平行，因此散射光带就与工件加工纹理方向垂直。显然，为了有效地接收散射光带，线性光电二极管阵列就应该与工件加工纹理方向垂直，这样就存在对准问题，如前所述，通过“光电对准”就可以解决了。

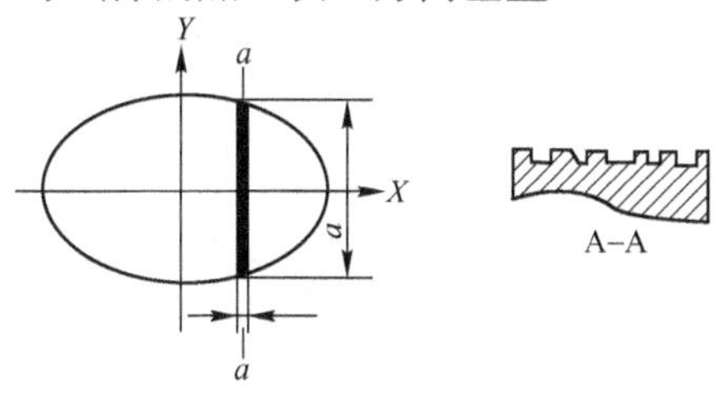

图 11.12　激光束在工件上的光斑图样

11.3　同轴式高分辨率激光轮廓仪

在半导体、光学、精微机械等工业中日益要求有超高分辨率的表面轮廓测量仪器，以解决超精细表面的质量检测问题，特别是对大功率激光器、先进的 X 光设备、航天制导系统中的一些关键器件的无接触检测。

尽管干涉式轮廓仪问世已久，但由于抗振动干扰性能一般都比机械触针式轮廓仪差，因此其分辨率较低而不能充分发挥干涉测量的优势。针对这一问题，20 世纪 80 年代开始出现激光差动干涉仪，然后又研制出同轴式干涉轮廓仪，以适应精微产品的测试。目前国际上能达到亚纳米级灵敏度的同轴式干涉轮廓仪虽已有成功的研究成果，但它们有的仅适用于测量粗糙度，对于具有特定形貌的精细表面不能正确测量；有的只在特定条件下才能测出真实形貌。下面介绍一种同轴式高分辨率激光轮廓仪，它在研制成功差动干涉仪的基础上，发展成新的同轴式轮廓仪，成功地克服了形貌测不准的难题。

11.3.1　同轴式干涉轮廓仪工作原理

图 11.13（a）所示为同轴式干涉轮廓仪的光路原理图。激光器 1 发出的已稳频的双纵模激光是偏振面相互垂直的线偏振光，分光器 2 将光束分为参考光束和干涉光束，其中参考光束通过与偏振方向成 45° 角放置的偏振片 P_{45° 以后，会聚到雪崩管 3 并转化为电信号，作为参考信号。干涉光束由平面镜 5 反射，再由方解石晶体 6 分为两束光，其中 O 光通过方解石晶体的中轴线聚焦于物镜 9 的后焦面，然后变为平行光束，它是干涉轮廓仪的参考臂。E 光偏向方解石晶体 6 的左边，最后聚焦在试件表面成为测量光斑。由于透镜 9 和物镜 11 是

可以更换的，所以试件表面上参考光斑的直径可以从 0.1 mm 到 2 mm 变化。图 11.13（b）所示为光路的细部，当使用数值孔径为 0.95 的物镜时，测量光斑直径可小于或等于 1 μm。当参考光斑的直径足够大时，参考臂已不受表面微小起伏变化的影响，而具有小到 1 μm 测量光斑的测量臂则可检测被测表面轮廓的微小变化。相位计 12 接收来自 4 的测量信号和来自 3 的参考信号。测量信号中包含由轮廓变化引起的多普勒频移值Δf。

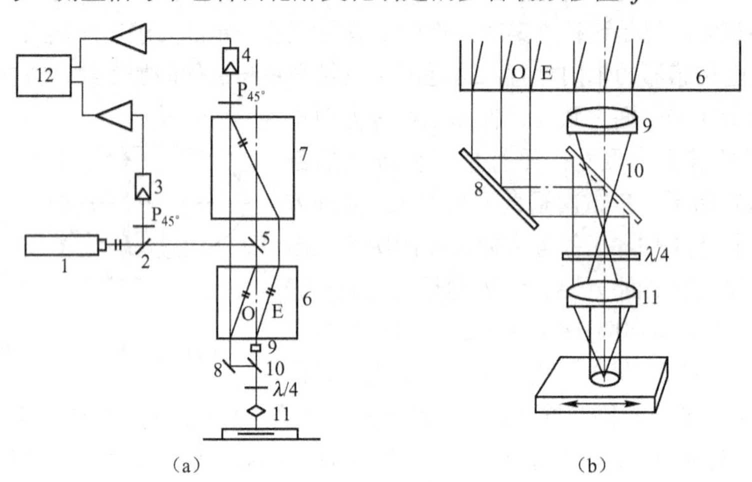

图 11.13　同轴式高分辨率激光干涉轮廓仪原理图

11.3.2　同轴式高分辨率激光干涉轮廓仪测量形状误差分析

轮廓仪不仅要能测量试件的表面粗糙度，还要能精确测量并显示被测轮廓的形状，否则它就仅是粗糙度检测仪。形状误差是轮廓测量精度的主要指标。如图 11.14（a）所示的轮廓，用“双焦点”装置测得的轮廓曲线如图 11.14（b）所示，该轮廓曲线显然已“面目全非”。可见参考光斑的大小直接影响到轮廓的形状误差。根据干涉图样光强变化的分析，形状误差

$$F_\Delta = (E_1 - L_1)/E_1$$

式中，F_Δ 是形状误差；E_1 是参考光斑在理想光滑表面的干涉图样光强度，L_1 是干涉图样在图 11.15 所示特定轮廓表面光强度的损失。F_Δ 计算与轮廓不平度间距 S 有联系，当参考光斑的直径 $D = 0.1\sim1$ mm，轮廓的不平度间距 S 约为 $D/20$ 时，$F_\Delta = 17\%$；当 $S < D/20$ 时，其影响线性减少。可见，同轴干涉式轮廓仪参考光斑的大小影响测量形状误差的大小。

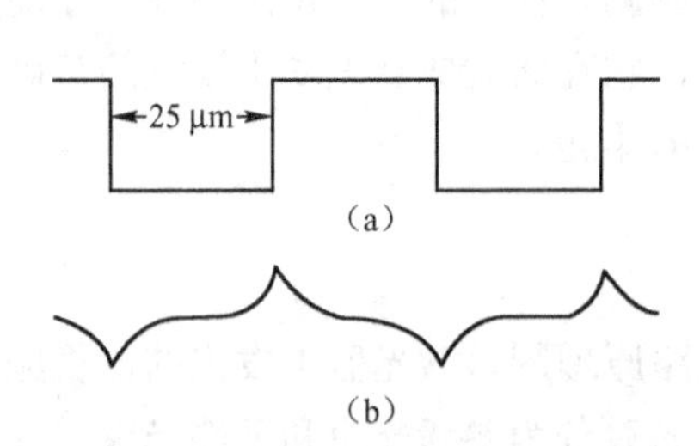

图 11.14　双焦点装置测试的结果

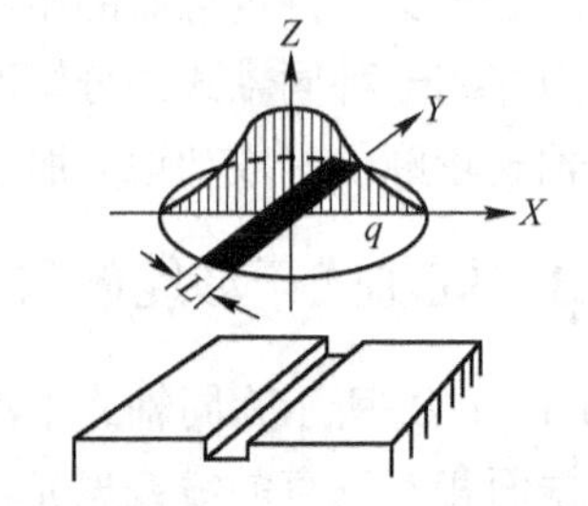

图 11.15　参考光斑的干涉图样

图 11.16 所示为参考光斑对形状误差的影响图。用以玻璃为基底、上面有一系列镀铬线纹，且整个表面覆盖镀金的标准校对样块做被测物件，线纹的轮廓为矩形，宽约 15 μm，高约 70 μm，线间距约为 25 μm。当轮廓仪的参考光斑直径为 50 μm 左右，测量光斑直径为

1 μm 时，测量结果如图 11.16（a）所示，显然存在很大的形状误差；当参考光斑直径增大到 150 μm 时，如图 11.16（b）所示，测量结果与真实轮廓逼近。

图 11.16　参考光斑对形状误差的影响

11.3.3　测量精度分析

1. 垂直分辨率

此测量系统具有一千万倍以上的放大能力，即 1 nm 的变化可以被显示为 10 mm，因此对这种测量系统来说，考虑其分辨率是更为突出的问题，是能可靠反映的最小变化量。对此种系统限制分辨率的不可靠因素，就是系统本身工作时的噪声，小于噪声的分辨率是无意义的。

对于纳米级或亚纳米级的高分辨率仪器来说，用测定的方法来确定其分辨率是很困难的。例如，隧道显微镜和原子力显微镜其横向分辨率可以通过测量经处理的碳原子结构来认定，在高度方向上则还要借助光栅来标定范围。不过对几乎所有高分辨率仪器来说，除了其工作原理外，最后限制分辨率提高的是仪器本身的噪声。影响其垂直分辨率的主要因素就是从被测表面和仪器内部光学件界面反射回光，以及激光管噪声等。一般认为此类仪器的分辨率应为它在实际工作条件下噪声的 1.5～2 倍。

本仪器噪声的测量，是在仪器对焦准确、工作台和试件（平面镜）保持不动、开动扫描驱动电动机但不接上离合器（有振动、无扫描）时进行的，图 11.17 所示是实测结果。仪器噪声的大小用粗糙度参数 R_a、R_z 来表示，计算结果显示于图形上。

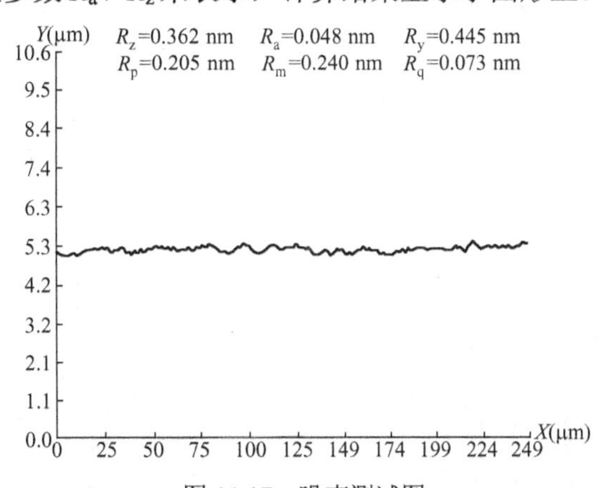

图 11.17　噪声测试图

可以看出，其 $R_a < 0.05$ nm，$R_z < 0.4$ nm，按照常规，分辨率按它在实际工作条件下噪声的 1.5 倍计算，实际分辨率 R_a 可达到 0.1 nm，R_z 可达到 0.5 nm。

2. 不确定度测试

重复性是指在同一工作条件下，输入量按同一方向做全量程连续多次变动时，所得特性曲线间一致程度的指标。各条特性曲线越靠近，重复性越好。重复性误差反映的是校准数据的离散程度，属于随机误差，因此应根据标准偏差计算，即

$$\sigma=\sqrt{\frac{\sum_{i=1}^{n}(R_a-\overline{R_a})^2}{n-1}}$$

表 11.1 是对同一组刻痕做 10 组测试的数据。实验过程为沿 X 方向扫描，每次扫描后退回，再沿同方向扫描。该实验中，物镜采用焦距 f = 10 mm、直径 Φ = 6.3 mm 的双胶消色差透镜，该透镜镀 632.8 nm 增透膜，剩余反射率远小于 1%，其数值孔径约为 0.15。这里用粗糙度参数 R_a 来计算系统的标准偏差。

表 11.1　系统的随机不确定度试验

次　数 / 测　量　值	1	2	3	4	5	6	7	8	9	10
R_a（nm）	12.20	12.57	11.95	11.87	12.65	12.44	11.74	12.28	12.05	12.12
$\overline{R_a}$	12.19									
2σ	0.60									

10 组试验结果如表 11.1 所示，其随机不确定度 σ = 0.60 nm。该结果与理论计算得到的 σ = 0.42 nm 基本吻合，其值稍微偏大，原因主要是激光器中的噪声无法定量表示电气噪声以及一些其他未考虑因素的影响。可见本测量系统在动态测量时依然具有很高的抗干扰能力，与静止测量时没有差别。从上面对实验结果的分析可以看出，针对本系统进行的误差分析与实际轮廓仪是吻合的，能够应用到本轮廓仪的误差分析中来。

3. 横向分辨率测试

高分辨率轮廓测量的横向分辨率是非常重要的，对于间距很小的沟槽和突起，横向分辨率越高，越能显示出其真实的形貌；若横向分辨率小，则只能测量出一种平均效应。

为了评定此系统的横向分辨率，采用数值孔径为 0.95 的显微物镜，其横向分辨率可高达 0.5 μm，图 11.18 所示为用显微物镜实验时的横向分辨率测试图，选用在玻璃基底上镀有铬线（宽度为 2 μm，高度大约为 70 nm）的试件来测试。图 11.18（a）所示是用扫描电子显微镜测定线宽，图 11.18(b)所示是用本测量系统测量。可以看出，仪器的横向分辨率高于 0.5 μm。

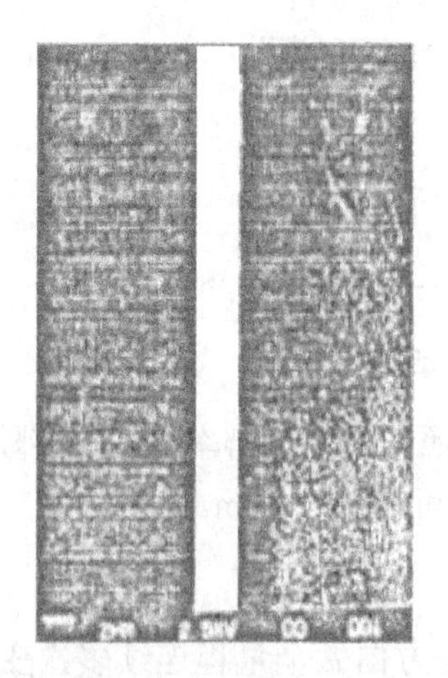

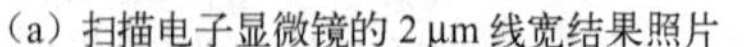

（a）扫描电子显微镜的 2 μm 线宽结果照片

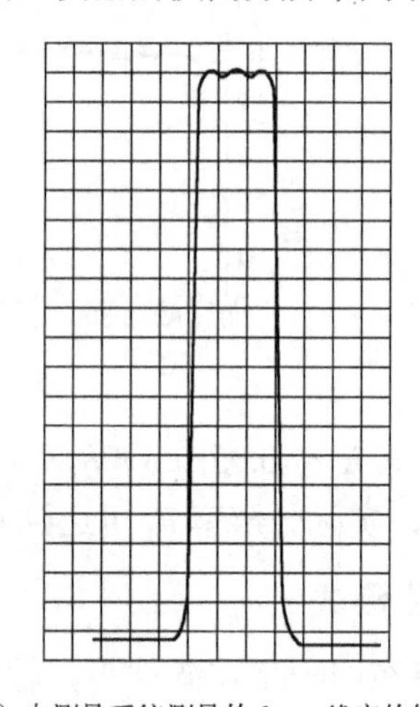

（b）本测量系统测量的 2 μm 线宽的轮廓

图 11.18　横向分辨率测试图

4. 对比测试

用触针式轮廓仪和同轴式高分辨率激光干涉轮廓仪，在相同的扫描速度下测量前述的标准校对样块。测量结果如图 11.19 所示，其中 11.19（a）所示是激光轮廓仪所测结果，11.19（b）所示是 Taly-6 触针式轮廓仪所测结果，很明显，激光轮廓仪的测量形状误差更小，且测量结果细节更清楚。

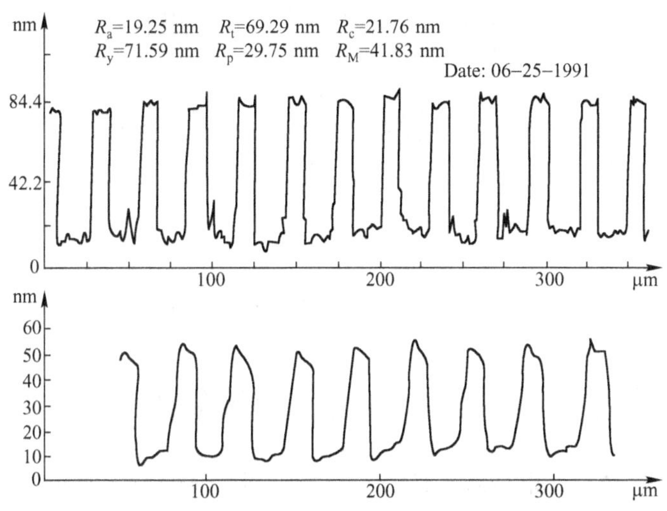

图 11.19　激光干涉轮廓仪与 Taly-6 触针式轮廓仪的测试结果比较

本测量系统也可通过扫描方式形成三维地形图，图 11.20 所示为本系统的三维测量图。图 11.21 所示为本轮廓仪采用软件滤波后的测量结果，软件滤波后横向分辨率会降低。

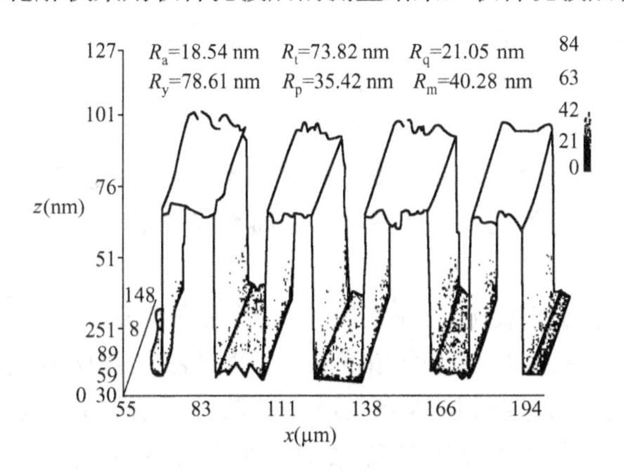

图 11.20　三维测量图

激光轮廓测控系统功能齐全，具有高数据处理和输出能力，操作直观简便，测量精度高，重复性好。它的分辨率达到亚纳米级；与其他轮廓仪相比，横向分辨率更是突出，在同类仪器中是最高的，有良好的通用性和性价比。此系统的两干涉臂是同轴的，几乎不受机械振动和空气扰动的影响，能解决具有高度光洁表面、被测对象无损伤、无污染的测量问题。由于抗干扰性能优越，可以发展成在线检测设备。对各种不同试件，包括用玻璃和硅晶片制成的轮廓仪，校对标准等的测量结果都证实了它的优越性。

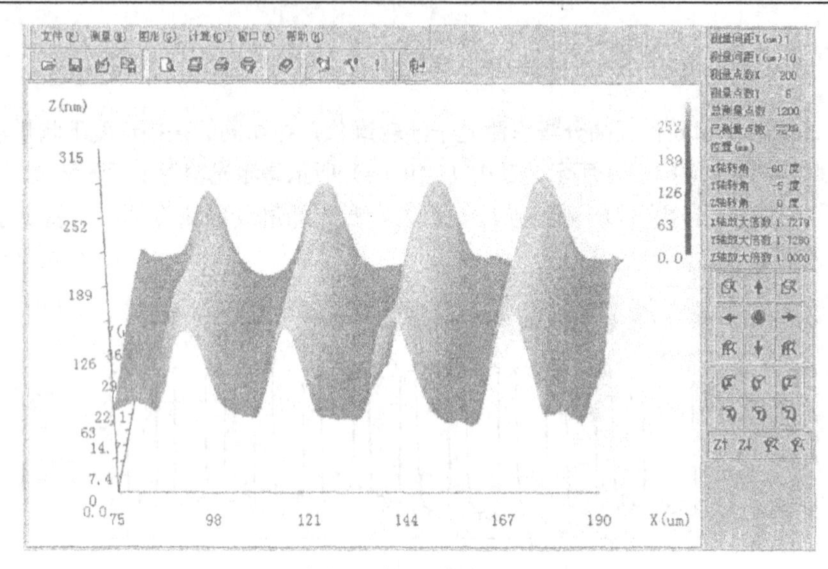

图 11.21　轮廓仪采用软件滤波后的测量结果

11.4　工业 CT（探伤）涡流成像系统

近年来，由于激光和光电技术在信息与军事方面的飞速发展，出现了探测精细表面下细小缺陷的难题。一方面表面质量越来越受到重视，因为强激光、高灵敏度光电探测装置等都离不开超精细反射面；另一方面，集成电路技术与精密机械制造技术相结合的微电子机械系统（MEMS）已经引出了微型飞行器、微型卫星、微型机器人等一系列新技术，为了使这些技术能批量生产，形成商品，需要齐全的质量检测手段。目前，表面无损检测技术已经比较成熟，但对精细表面下的亚表面却没有理想的检测手段。

对精细表面下（0.5～7 mm）细小缺陷的传统检测方法，如渗透法，只适合于检测表面开口缺陷；γ 射线照相法、超声波检测法等适合于探测深层内部缺陷；磁粉检测和电磁感应检测，影响因素复杂，检测分辨率低。磁光涡流成像（MOI）技术是一种新兴的涡流无损检测方法，它综合应用了法拉第电涡流效应与法拉第磁致旋光效应，可实现对亚表面细小缺陷的可视化无损检测。

当一束线偏振光通过非旋光性介质时，如果沿着光的传播方向加一外磁场，则光通过介质后，它的振动面会偏转一个角度θ，这就是法拉第磁致旋光效应或法拉第磁光效应，如图 11.22 所示，通过对自然旋光现象和法拉第磁光效应的研究可以得知，介质的自然旋光效应主要与晶体的微观螺旋结构有关，而磁光效应不仅与晶体结构有关，还与晶体材料的磁性、光的波长、外磁场的强度和频率以及磁化强度等参量有密切的关系。

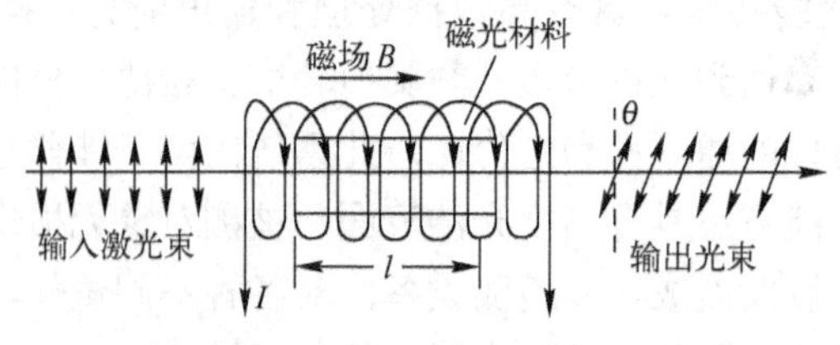

图 11.22　法拉第磁光效应示意图

图 11.23 所示是实验装置的原理图。半导体激光器发出的光，经扩束、准直后经过起偏器 P_1 成为线偏振光，然后由偏振分光镜 PBS 分成两路，透射光经过$\lambda/4$ 波片成为圆偏振光，经过法拉第磁光元件（PRG）从被测导体表面反射回来后再一次经过$\lambda/4$ 波片，成为偏振方向相对透射光旋转了 90°的线偏振光。该偏振光在偏振分光镜处产生反射，经检偏器 P_2 和透镜组被 CCD 图像传感器接收，缺陷的图像由计算机显示和处理。实验装置中的法拉第晶体安装在激励线圈内以提高效率，为了能对被测导体内感应涡流的磁场更敏感，法拉第晶体应该无限接近（理论上）被测导体。该装置的核心部件一是磁光元件，二是适当的光学成像系统，以完成对缺陷的成像。

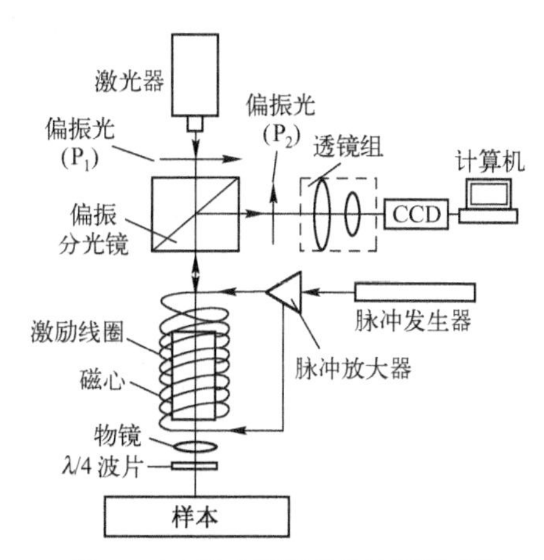

图 11.23　磁光涡流成像检测原理图

新型磁光涡流成像检测装置综合利用法拉第磁光效应和电涡流效应，将缺陷引起的磁场变化转化为激光偏振光偏振面的变化，经过检偏器后再转换为光的强度变化，从而产生了“明”或“暗”的缺陷图形。并且用激光磁光传感元件取代了测量线圈，简化了传统涡流检测中的信号处理问题，实现了对亚表面细小缺陷的可视化无损检测。

磁光涡流成像检测的深度主要取决于涡流的渗透深度（与矩形脉冲信号频率有关），检测（成像扫描）面积的大小取决于激光光斑的直径大小。该检测技术特别适用于被检面积大（如飞机机身铝组件及钢和钛合金铝结构）的表层及亚表层缺陷（如腐蚀靠近铆钉处的疲劳裂纹）检测，可实现微纳米级的精度测量。

11.5　CCD 成像测量技术

CCD 作为一种新型的光电器件，在精密测量及自动检测领域得到了广泛应用。与其他光电器件相比，CCD 有许多优点，它体积小，可靠性好，响应速度快，动态范围大，有准确恒定的光敏元件几何尺寸和间隔，不需附加机械结构，完全依靠电学方法完成对空间信息的采样转换、存储和输出，具有较高的采样速率。按照光敏元件排列结构的不同，CCD 可分为线阵和面阵。线阵 CCD 可完成一维光强空间分布的探测，而面阵 CCD 能完成二维全场光强空间分布的探测。

图 11.24 所示为 CCD 作为光电转换和定量基准，实现零件外形尺寸非接触测量的基本原理。从图 11.24 可得被检零件的影像尺寸

$$D = L + [(N_1 - n_1) + (N_2 - n_2)] \cdot P \tag{11.17}$$

式中，L 为 CCD 器件之间的距离；N_1、N_2 为 CCD_1 和 CCD_2 的阵列像素；n_1、n_2 分别为 CCD_1 和 CCD_2 的亮光敏像素；P 为光敏单元间隔尺寸。如果系统光学放大倍数为β，则零件的外形尺寸为

$$D = \frac{1}{\beta}\{L + [(N_1 - n_1) + (N_2 - n_2)] \cdot P\} \tag{11.18}$$

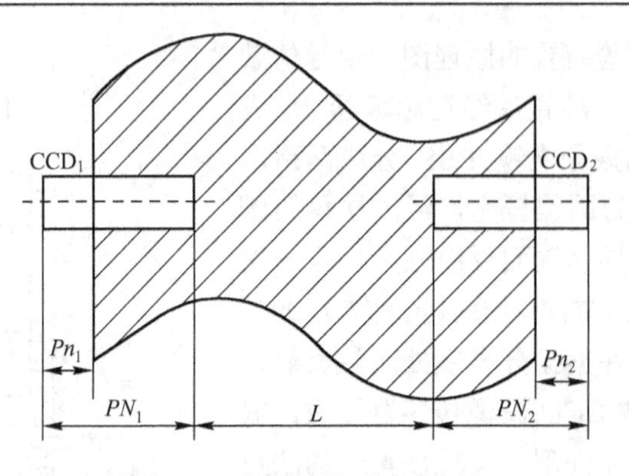

图 11.24　CCD 测量基本原理

由式（11.18）可知，通过测量亮光敏元件数 n_1 和 n_2，即可实现零件一维尺寸 D 的检测。因此，当采用面阵 CCD 作为光电探测器时，通过在二维空间测量亮光敏元件的坐标位置，即可实现被测零件二维全场形位的检测。

CCD 用于几何尺寸测量的上述二值化处理方法，其测量分辨率受光敏元间距 P 的约束，其单边测量分辨率为 1 个光敏单元。为了减小这种约束，提高测量精度，提出了多种提高线阵 CCD 尺寸分辨率的解调方法，如菲涅耳直边衍射法等。

除此之外，CCD 被广泛用于图像和干涉条纹检测，精度可达微米级，可实现动态记录和结果显示。

11.5.1　CCD 传感器检测玻璃管外径和壁厚

激光扫描法在测量透明管的外径中得到了很好的应用，但只能检测玻璃管的外径，而不能检测其壁厚尺寸。用 CCD 传感器能同时检测玻璃管的外径和壁厚尺寸，其测量系统由 CCD 传感器、标准工业控制机和光学系统组成。

被测玻璃管被平行光波均匀照明后，平行光波通过玻璃管，根据光透射率分布的特性，经成像系统后，在 CCD 传感器的光敏面上形成了玻璃管的影像，并且在 CCD 传感器输出的视频信号中出现了反映玻璃管外径和壁厚几何尺寸的信息，如图 11.25 所示。在这个电压波形中，两个凹谷区是由于玻璃管壁厚的阴影成像在 CCD 传感器的敏感面上，造成的光强减弱而引起视频信号幅值的衰减，反映了玻璃管壁厚的尺寸信息。而这两个凹谷的外缘是玻璃管外径影像的边界，则两个凹谷外缘之间的距离正是玻璃管外径尺寸信息。

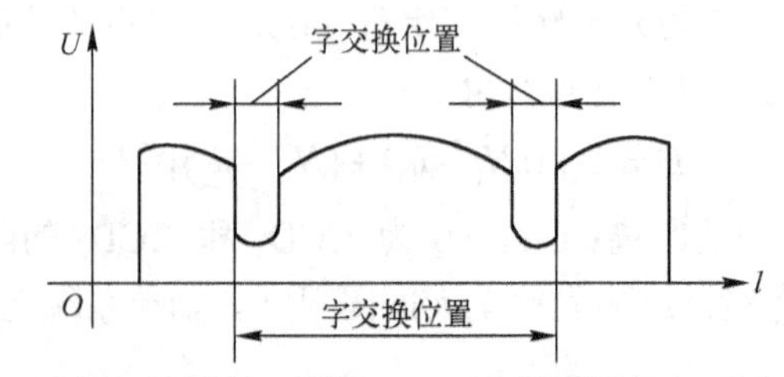

U—CCD 输出电压信号，单位为 V；l—玻璃管影像尺寸，单位为 mm

图 11.25　玻璃管外径和壁厚的测量

被测玻璃管与影像之间的关系为

$$D=\frac{D'}{\beta} \tag{11.19}$$

式中，D 为被测玻璃管尺寸；D' 为玻璃管影像大小；β 为光学系统放大率。

为测玻璃管影像的大小，可将视频信号中外径和壁厚尺寸部分进行二值化，然后填入时钟脉冲，该时针脉冲对应 CCD 传感器的空间分辨率。计算机采集这两个尺寸所对应的脉冲数，经数据处理后，便可得到玻璃管外径和壁厚尺寸的实测值。其计算公式为

$$D=\frac{Ni}{\beta} \tag{11.20}$$

式中，N 为玻璃管影像所计入的时钟脉冲数；i 为时钟脉冲当量（CCD 传感器空间分辨率）。

该系统中玻璃管的检测范围为 510～518 mm，测量精度为外径±0.2 mm，壁厚±0.04 mm。

11.5.2　CCD 钢板计数器

在冶金行业，成品钢板在捆扎包装之前，需每包进行张数计量，目前大多数企业仍采用人工计数的方法。而根据 CCD 摄像原理，可实现钢板计数。

成品钢板是由带钢剪裁而成的，侧面用滚刀裁切，端面用剪板机剪切。由图 11.26 可看出，整个剪切面由两部分组成：剪切面和拉断面。剪切面光亮，对光反射强。拉断面较粗糙，光反射弱。多张钢板叠放在一起，每块钢板都有亮和暗的部分，再加上钢板之间的缝隙（0.1～0.5 mm）完全不反射光，在钢板端面或侧面就形成了层次分明、亮暗相间的条纹图像，如图 11.27 所示，非常适合于用 CCD 器件摄取。用镜头将钢板捆包端面或侧面的亮度信号成像在 CCD 上，对应亮处 CCD 输出高电平，对应暗处和缝隙 CCD 输出低电平，把钢板捆包端面或侧面的图像转换为电压信号，放大后再进行处理。

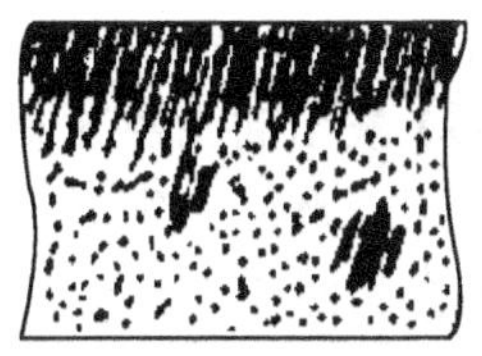

（a）侧面剪切面

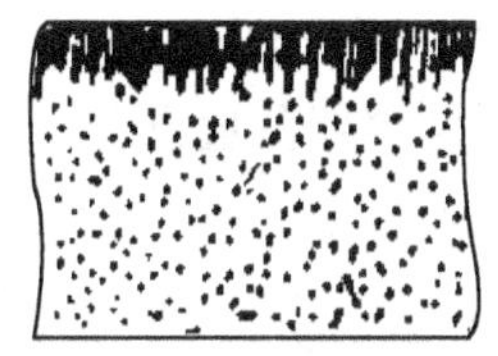

（b）断面剪切面

图 11.26　钢板截面影像

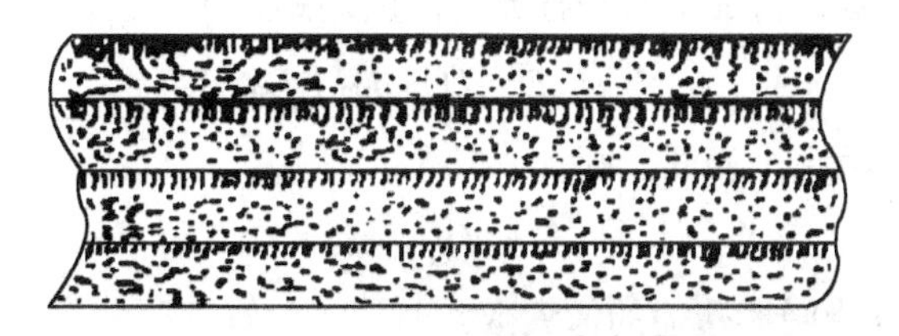

图 11.27　钢板端面条纹图像

CCD 输出信号并不是理想的高低电平交替出现的规则电压波动，实际波形中叠加有许多干扰，如剪切面上的毛刺、污物及剪切拉斑，形成高频干扰；不同剪切面亮度的差别造成的低频干扰；CCD 器件本身具有的暗电流噪声等。为排除这些系统干扰，可设置带通滤波器。当所测钢板厚度规格较多时，可设多波段滤波，在每一波段设一个带通滤波器。

滤波器输出信号，通过微分器将拐点变为零点，信号峰点和谷点（对应钢板的亮处和暗处）都归一于零点。再通过比较电路和单稳定时电路，图像信号变为整齐规则的脉冲信号，送单片机分析判断、计数显示。在理想情况下，每一块钢板对应一个脉冲。

11.5.3　用CCD检测外圆直径

1．中型外径检测

中型热轧圆钢直径一般在$\phi 60 \sim \phi 130$ mm 之间，因此测量时采用了双光路系统，如图 11.28 所示。

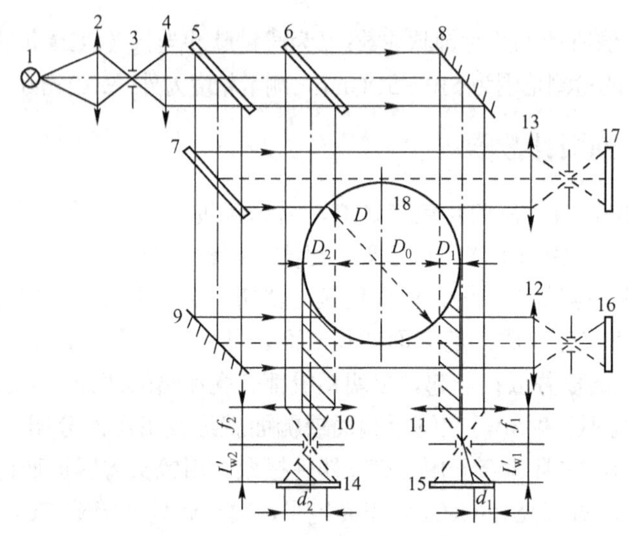

图 11.28　热轧圆钢直径测量原理

加工要求对轧钢水平、垂直两个方向进行测量，以保证对轧件尺寸的调整和控制。下面以垂直方向光路为例介绍仪器测量原理。光源 1 发出的光经过聚光镜 2 会聚于光栏 3，光线通过光栏 3 后面的物镜 4 形成一束平行光，该平行光通过分光镜 5 分成两束平行光，一路作为轧件垂直方向的照明光，另一路作为水平方向的照明光。后者通过分光镜 6 再分成两束平行光，一路直接照射工件左边缘，通过物镜 10 成像在 CCD 器件 14 上；另一路经平面反射镜 8 转向后照射工件右边缘，由物镜 11 成像在 CCD 器件 15 上。通过计算两块 CCD 上阴影所覆盖的光敏单元数，再加上两平行光之间的间距，可求出工件 18 的直径，即

$$D = D_1 + D_2 + D_0$$

由于左右两路的光学参数完全相同，则

$$D = i(n_1 + n_2) + D_0$$

式中，i 为脉冲当量；n 为阴影覆盖的像素数。

2．小直径外圆的投影法直接检测

小直径外圆的投影法直接检测系统由 3 部分组成：光电转换系统、CCD 输出信号处理系统和计算机数据采集处理系统。系统工作原理如图 11.29 所示，平行光束将被测件投影于线阵 CCD 上，仅在被光束均匀照明的光敏区域有对应的脉冲信号输出，如图 11.30 所示。

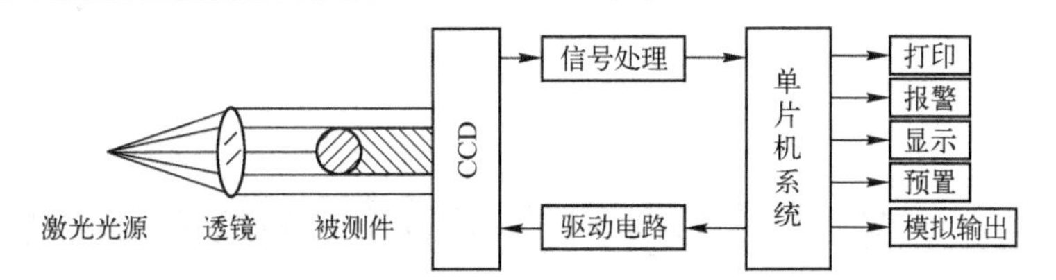

图 11.29　小直径外圆的投影法原理框图

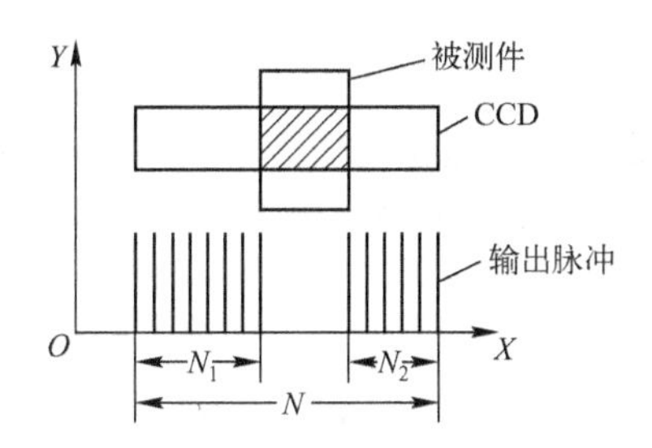

图 11.30　CCD 成像图

被测件影像区域光敏像元数

$$N = [N - (N_1 + N_2)]P \tag{11.21}$$

式中，N 为 CCD 的光敏元数目；N_1、N_2 为对应 CCD 被光照的光敏元所输出的脉冲数目；P 为 CCD 相邻光敏元的间距。

由式（11.21）可见，只要把 CCD 输出的脉冲信号 N_1、N_2 进行放大及二值化处理后送入单片机，就可以由系统分析、运算处理得到被测件的尺寸。

随着光电子技术、计算机和图像处理技术的迅速发展，CCD、PSD 和激光编码器等广泛应用于工件的尺寸、形状和位置的测量，并且可将图形信号转换成电信号；而与光纤技术相结合，可实现现场、在线动态测量，同时也便于显示和控制；几何量图像检测技术现已大量用于汽车发动机汽缸的组合加工中检测、滚珠轴承内外环与滚球加工中和各种型钢轧制中的测控等。

习题与思考题

1．如何应用光电测量的方法获得小位移量与小角度量信息？

2．测量火炮的炮管直线度可采用什么方法？

3．如何应用光电信息变换技术测量工件表面粗糙度？

第 12 章　光电检测技术在其他领域的典型应用

内容概要

光电检测技术是一门发展十分迅速的交叉学科，应用范围已经渗透到各种领域。本章主要介绍其在环保工业、军事领域及生物领域的一些典型应用系统。

学习目标

- 了解环保工业中各种典型光谱仪器的工作原理及系统组成；
- 了解军事领域中各种典型光电制导系统及激光雷达的工作原理及系统组成；
- 了解生物领域中生物芯片检测仪及光电式血糖仪的工作原理及系统组成。

12.1　光电检测技术在环保科学研究及工程领域的应用

12.1.1　光谱测试技术基础

1．光谱学基础

物质发射、吸收、散射的光，其频率和强度与物质的成分、含量或结构有确定的关系。如同人的指纹各不相同一样，自然界中不同元素或化合物（不论是天然的还是人工合成的）的光谱都有各不相同的特征。因此，观测物质产生的光谱，根据光谱产生的条件、光谱的频率和强度变化等方面的观测数据，可直接获得有关物质的成分、含量、结构、表面状态、运动情况、化学或生化反应过程等方面的有用信息。

测定光辐射的频率、强度特性及其变化规律的仪器称为光谱仪器，它应用光的色散原理、衍射原理或光学调制原理，将不同频率的光辐射按照一定的规律分解开，形成光谱，并对光谱的强度进行测量，得到光谱图。

在设计、使用和鉴定光谱仪器时，都要用到表征光谱仪器的特性、功能和质量的基本参数，包括色散率、分辨率、谱线强度、波长范围、波长精度、波长重现性、光度精度及光度重现性。其后总分辨率是最重要的性能指标和设计光谱仪器的出发点。

2．光谱分析原理

光谱测量可分为发射光谱、吸收光谱、散射光谱、荧光光谱测量等。

（1）吸收光谱测量原理

大量实验证明，物质吸收的光能量与光线在其中通过的路程 L 成正比。图 12.1 所示是吸收光谱测量原理图。设入射波长为λ、强度为 I_0 的单色光透过浓度为 C 的吸收物质，经过长度为 L 的光程后，出射光强为 I，忽略界面反射和散射，则透射光强度可表示为

$$I = I_0 e^{-KCL} \tag{12.1}$$

即朗伯-比尔定律，式中，K 为吸收常数，是该物质在波长λ处的吸收系数，同一种物质对不同波长光的吸收系数不同。对于一个特定采样槽，其长度 L 是不变的；对于特定的测量波长以及特定的被测物，吸收常数 K 基本不变（即使有小范围的变化也可用补偿算法进行补偿），因此通过测量有机物吸收前、后紫外光的强度，便可以测量出有机污染物的浓度 C。

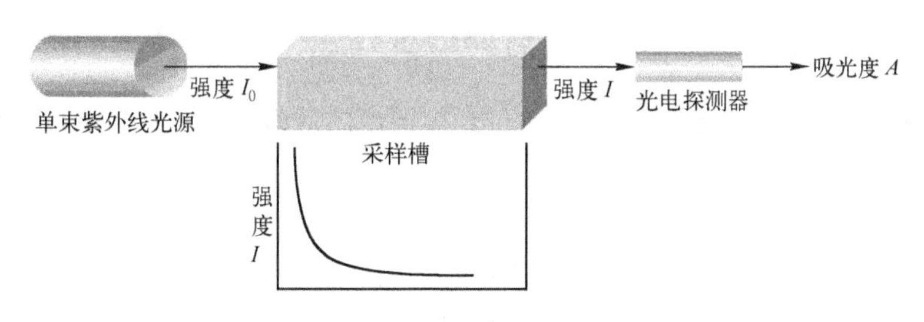

图 12.1　吸收光谱测量原理图

为了表达吸收光的相对强度，实际上常用透射率 T 和吸光度 A 表示。

透光度为透射光强度 I 与入射光强度 I_0 之比，用 T 表示为

$$T = \frac{I}{I_0} \tag{12.2}$$

吸光度为透光度倒数的对数，用 A 表示，即

$$A = \lg\frac{1}{T} = \lg\frac{I_0}{I} \tag{12.3}$$

所以式（12.2）用吸光度 A 可以表示为

$$A = -\ln\frac{I}{I_0} = \ln\frac{I_0}{I} = KCL \tag{12.4}$$

式（12.4）表明：①当一束平行单色光通过均匀、非散射的稀溶液时，溶液对光的吸收程度与溶液的浓度及液层厚度的乘积成正比；②特定波长光的吸光度可作为水中有机物浓度的替代参数。

需要指出的是，对朗伯-比尔定律必须正确掌握以下几点：

① 必须在使用适当波长的单色光为入射光的条件下，吸收定律才成立。单色光越纯，吸收定律越准确。

② 并非任何浓度的溶液都遵守吸收定律。稀溶液均遵守吸收定律，浓度过大时，将产生偏离。

③ 吸收定律能够用于那些彼此不相互作用的多组分溶液，它们的吸光度具有加合性，即溶液对某一波长光的吸收等于溶液中各个组分对该波长光的吸收之和。

$$A_{总} = A_1 + A_2 + A_3 + \cdots + A_n = K_1C_1L + K_2C_2L + K_3C_3L + \cdots + K_nC_nL \tag{12.5}$$

④ 吸收定律中的比例系数 K 称为“吸收系数”。它与很多因素有关，包括入射光的波长、温度、溶剂性质及吸收物质的性质等。如果上述因素中除吸收物质外，其他因素皆固定不变，则 K 值只与吸收物质的性质有关，可作为该吸光物质吸光能力大小的特征数据。入射光的波长一般使用吸收物质的最大吸收（吸收峰）波长。

（2）漫反射光谱测试原理——Kubelka-Munk 函数

如果样品是粉末状或表面很粗糙，那么利用透射光测量得到吸收光谱是不可能的，而要采用漫反射测量技术。漫反射光谱是为了测量农产品、燃料、颜料等物质成分发展起来的。

近红外漫反射光谱测量的基本原理是 Kubelka-Munk 函数。一束近红外光入射到被测样品（通常为粉末状），则

$$F(R)=\frac{(1-R)^2}{2R}=\frac{k}{S} \tag{12.6}$$

式中，R 为样品漫反射的反射率；S 为单位长度厚度的散射系数；k 为单位长度吸收系数，函数 $F(R)$为 Kubelka-Munk 函数。

在实际应用中，通常采用吸光度法。定义反射吸光度为

$$A=\lg(1/R)$$

当样品浓度不太高时，$F(R)$与浓度 C 成正比，因此从式（12.6）可得到

$$F(R)=\frac{(1-R)^2}{2R}=gC \tag{12.7}$$

式中，g 为比例系数。

因此，可以通过测量 R 来得到 $F(R)$，再根据 $F(R)$与浓度 C 的线性关系来定量测量样品组分浓度。当样品含有多种成分时，则总吸收系数 k 为各成分的吸收系数 $k_1, k_2, \cdots$之和，总散射系数 S 为各成分的散射系数 $S_1, S_2, \cdots$之和。因此可得

$$F(R)=\frac{k}{S}=\frac{\sum_{i=1}^{n}k_i}{\sum_{i=1}^{n}S_i}=\sum_{i=1}^{n}g_iC_i$$

并且可以得到总的反射吸光度

$$A=\sum_{i=1}^{n}A_i$$

3. 光谱测量方法

根据上述测量原理，不同物质有不同的生色基团，不同的生色基团只对特定频率的光产生吸收，无论通过样品溶液的光是单色光还是复色光，只要保证接收器接收的是单色光就可以了。由此派生出两种不同的光路：前分光技术和后分光技术，现在大多数光学分析仪所使用的是前分光光路。

图 12.2 所示是前分光光路框图。光源发出的光在通过盛样品溶液的石英吸收皿以前，就被单色器中存在的色散元件利用折射和衍射的原理分光。这样，通过石英吸收皿的光为单色光。

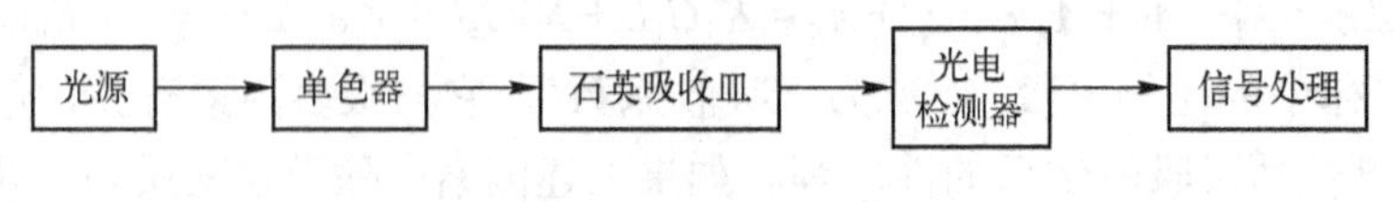

图 12.2　前分光光路框图

图 12.3 所示是后分光光路框图。即入射到盛样品的石英吸收皿的光为复色光，样品吸

收后的复色光经单色器分光，然后检测感兴趣频率的单色光。这种用复色光通过反应体系后，再通过单色器对吸收后的复色光分成单色光测定，就是“后分光技术”。使用后分光技术，可以在同一体系中测定多种成分。如果比色皿中有多种特征吸收不同的多组成物质，当复色光通过后，各物质分别对各自的特征性光波产生吸收，之后再分成光谱对不同的波长进行测定，这样就可以在同一体系中同时得到多组分结果。

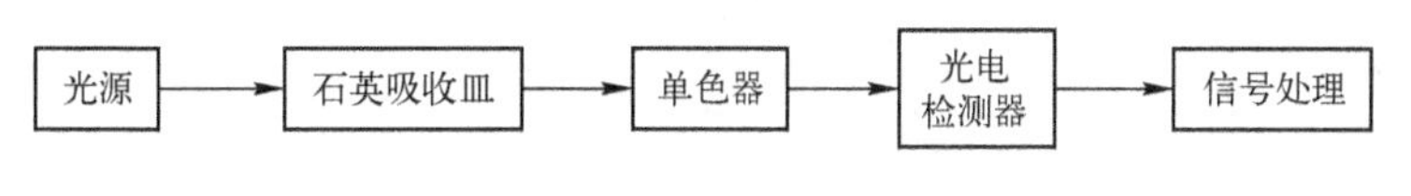

图 12.3　后分光光路框图

光谱测量的目的是测量光波波长及其对应的强度，得到光谱图，根据不同的测量要求，采用不同的测量方法。

（1）单波长测量法

单波长法测量时仅某一波长通过样品池和参考池，可分为单波长单光路和单波长双光路两种形式。

① 单波长单光路方式。图 12.4 所示是光谱吸收法单波长单光路结构图。由单色器射出的单色光，经过会聚透镜后成为一束平行光，此平行光交替通过石英吸收皿中的样品溶液和参考溶液，经聚焦反射镜对光进行聚焦，增强光强度，入射到光电接收器，依次得到样品溶液和参考溶液的透过率。这种方式简单，但是光源波动对测量结果影响较大，测量精度不高。

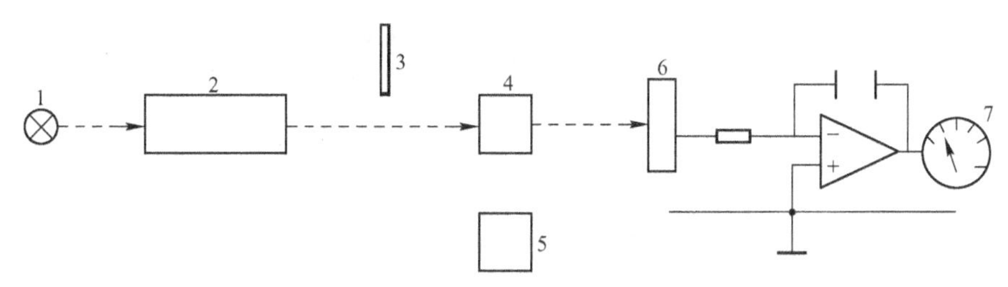

1—光源；2—单色器；3—载波器；4—样品池；5—参考池；6—光电探测器；7—指示器

图 12.4　单波长单光路结构图

② 单波长双光路方式。为了克服单光路的缺点，可以采用双光路方式，如图 12.5 所示。由单色器射出的单色光被分成两路，分别通过样品池和参考池。参考光路被载波器调制，或样品光路和参考光路同时被载波器调制，衰减量直接以透过率或吸光度的方式输出。这种方式比单光路对电源波动要求低，有较高的测量精度，是目前应用最广的一种测量方式。

（2）双波长测量法

单波长分光光度法要求试样本身透明，不能有混浊，如果试样溶液在测量过程中逐渐产生混浊，便无法正确测量。对于吸收峰相互重叠的组分或背景很深的试样分析，也难以得到准确的结果。此外，在单波长分光光度法中，由于样品池和参考池之间不匹配，样品溶液和参比溶液在组成上的不一致，导致对微小吸光度（$A<0.01$）测定产生较大的误差。双波长分光光度法（简称双波长法）的建立，在一定程度上克服了单波长分光光度法的局限性，扩大了分光光度法的应用范围，在选择性、灵敏度和测量精密度等方面都比单波长法有进一步的改善和提高。

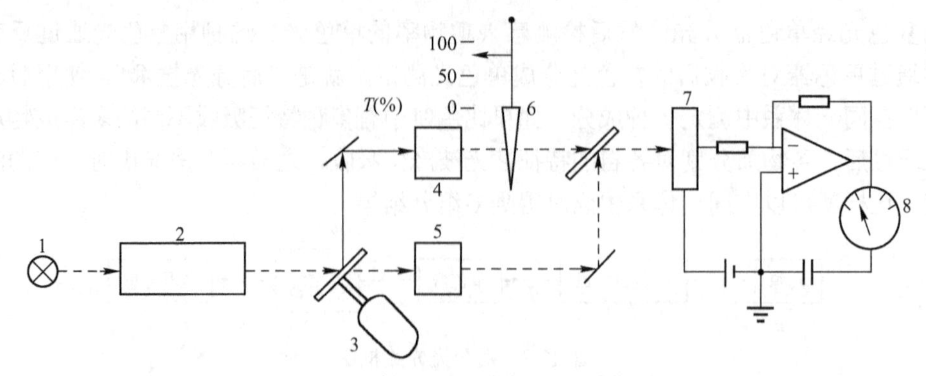

1—光源；2—单色器；3—切光器；4—样品池；5—参考池；6—光楔；7—光电探测器；8—指示表

图 12.5　单波长双光路测量方法

如图 12.6 所示，从光源发出的光分成两束，通过各自的单色器，成为波长分别为λ_1和λ_2的两束单色光，经过切光器的调制，两束单色光以一定的时间间隔交替通过盛有试样溶液的同一吸收池，透射光经过检测器的光电转换系统和电子控制系统的作用，得到λ_1和λ_2的吸光度差

$$\Delta A = A_{\lambda_2} - A_{\lambda_1} = (\varepsilon_{\lambda_2} - \varepsilon_{\lambda_1})LC$$

式中，ε_{λ_1}、ε_{λ_2}分别为在λ_1、λ_2处待测物的摩尔吸光系数；L、C 分别为吸收池的光程和待测物的浓度。

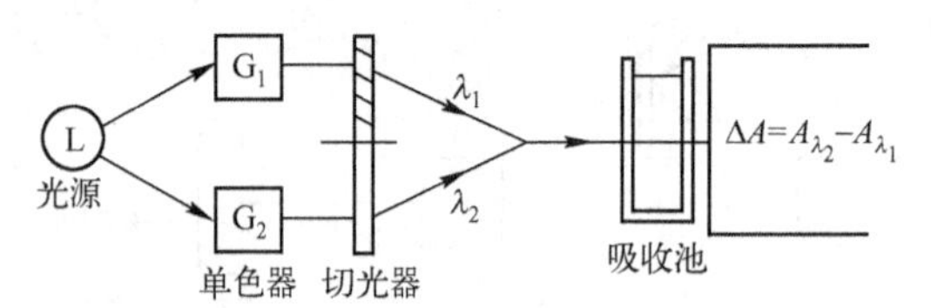

图 12.6　双波长分光光度法原理图

吸光度差亦可用λ_1、λ_2处的透射光强度比的对数与入射光强度比的对数之差表示：

$$\Delta A = \lg\frac{I_{\lambda_1}}{I_{0\lambda_1}} - \lg\frac{I_{\lambda_2}}{I_{0\lambda_2}} = \lg\frac{I_{\lambda_1}}{I_{\lambda_2}} - \lg\frac{I_{0\lambda_1}}{I_{0\lambda_2}}$$

式中，I_{λ_1}、I_{λ_2}分别为λ_1、λ_2处的入射光强度；$I_{0\lambda_1}$、$I_{0\lambda_2}$分别为λ_1、λ_2处的透射光强度。

12.1.2　大气质量中烟尘量检测

锅炉是发电、化工、炼油等工业生产中必不可少的动力设备。我国的能源以燃煤为主，占煤炭产量 75%以上的原煤用于直接燃烧。锅炉的燃料以煤炭为主。在煤炭燃烧过程中产生严重的污染，如烟气中的 CO_2 产生化学烟雾破坏臭氧层，形成酸雨。对燃烧过程的研究发现，燃烧过程中污染物的产生是不可避免的，但是产生污染物的量是可以控制的。当燃料处于最佳燃烧状态时，燃料的热转换效率最高，此时能源消耗最少，污染物排放量最少。因此，研究锅炉燃烧过程，监测烟道气体浓度，控制燃烧效率，对提高锅炉热效率、降低能源消耗、保护环境，具有重要意义。

如何控制燃烧效率并使其处于最高燃烧效率状态？研究表明，CO 的量对于所有种类的燃料和不同的燃烧速率在绝大多数效率操作中都是一个常数。这使得 CO 理想地成为控制对象。

图 12.7 所示是烟道气检测系统示意图。烟道气检测系统包括①CO 浓度传感器；②SO_2 传感器；③NO_x 传感器；④烟尘量传感器。确定 CO 成为燃烧效率最高的控制对象之后，下面主要介绍 CO 的测量问题。

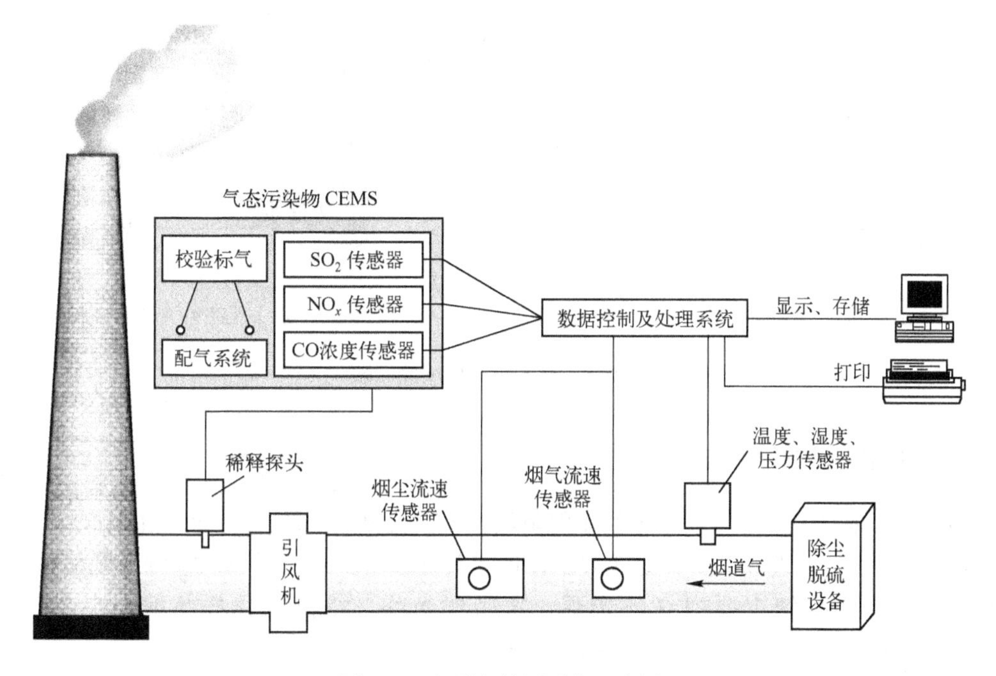

图 12.7　烟道气检测系统示意图

根据被测物的光谱特性，如果被测物具有特征发射光谱（包括荧光、拉曼光谱）或吸收光谱，则可利用光谱分析技术进行检测。烟气成分中各种气体在下列波长具有特征吸收峰：CO 在 1.568 μm、2.37 μm、4.65 μm；CO_2 在 2.70 μm、4.26 μm；H_2O 在 1.343 μm、1.392 μm、1.45 μm、1.93 μm、2.90 μm；NO 在 5.215 μm、5.263 μm、5.310 μm；NO_2 在 6.229 μm；SO_2 在 3.984 μm、7.400 μm、8.881 μm、9.024 μm。根据朗伯-比尔定律，利用特征峰的吸收光谱法检测 CO 的浓度是一种可行的方法。

1．双波长检测法

CO 的基频红外吸收峰位于 2150 cm^{-1}（4.65 μm）周围，CO_2 的吸收峰位于 2347 cm^{-1}（4.26 μm）附近，如图 12.8 所示。在烟道气 CO 浓度测量过程中，CO_2 是最主要的干扰气体。

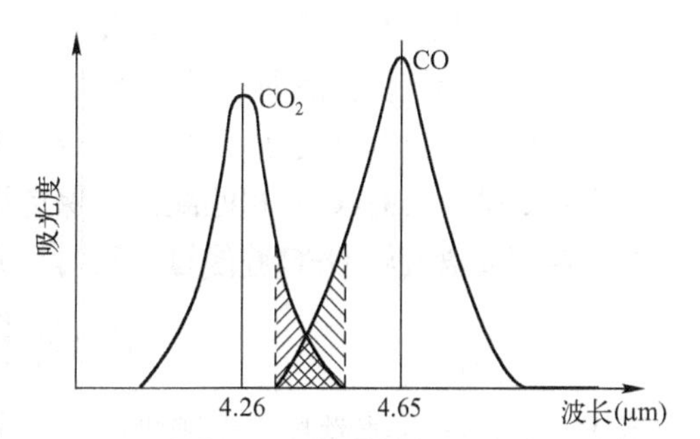

图 12.8　CO 和 CO_2 在测量波长范围内谱线交叠的示意图

图 12.9 所示是根据 HITRAN 光谱数据库绘制的 CO 气体和 CO_2 气体在 2100～2200 cm^{-1} 波长范围内的吸收谱线强度（单位面积的分子吸收系

数）分布图。从图中发现，特定气体的吸收谱线之间的波长间隔用波数表示是均匀的，而且不同气体之间这个间隔距离是不一样的，也就是说，在频域上不同气体的吸收光谱可以视为不同频率的周期函数。由图中的特征吸收谱线可以看出，在 CO 的特征吸收波数 2150 cm^{-1} 处附近，存在 CO_2 的吸收。因此，如果采用双波长或单波长法检测 CO 的浓度，则 CO_2 浓度的变化对测量结果有影响。

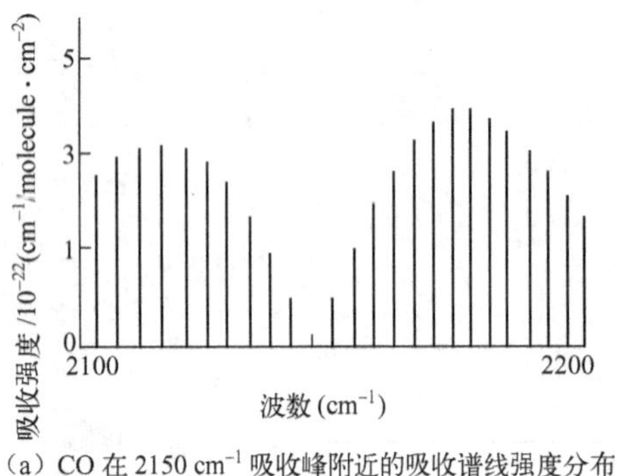

（a）CO 在 2150 cm^{-1} 吸收峰附近的吸收谱线强度分布

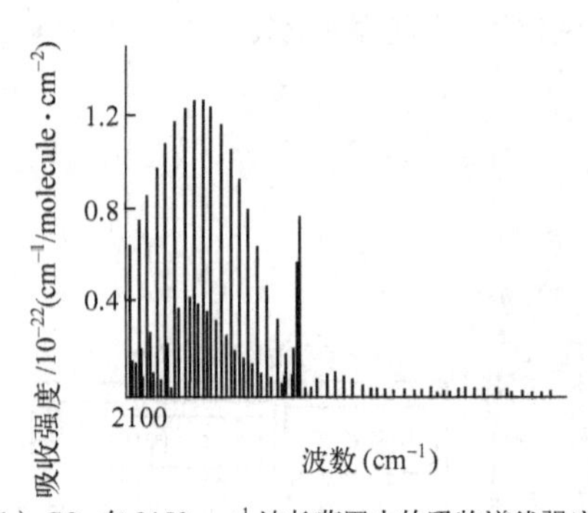

（b）CO_2 在 2150 cm^{-1} 波长范围内的吸收谱线强度分布

图 12.9　吸收谱线强度分布图

2．气体滤波相关检测法

德国的 Luft 于 1948 年最早提出了气体滤波相关检测的原理，Derek Stuart 对其进行了非常详细的论述，并进行了多种比较实验以证实其优越性。一套经典的检测装置如图 12.10 所示，整个光学系统主要由红外光源、宽带滤光片、待测气体样品池、参考气体腔（GFC）、衰减气体腔（ATT）和红外探测器组成。

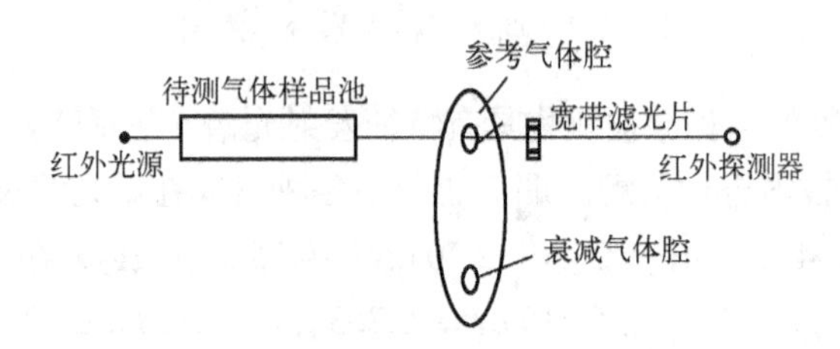

图 12.10　气体相关检测的原理示意图

一个理想的用于气体检测的波长选择滤光器应该只对目标气体的吸收谱线有响应，而一个充有目标气体样品的参考气体腔 GFC 完全符合这个要求。调制盘上的衰减气体腔 ATT 里面则充有一定浓度的 N_2，其作用相当于一个光窗。从机械机构设计角度，加入 ATT 腔的一个好处是，与 GFC 腔相匹配，以保持调制盘的动平衡。

当调制盘旋转 GFC 腔经过光路时，光电探测器产生的信号大小为

$$V_g = A_g \int_{\lambda_1}^{\lambda_2} I(\lambda)R(\lambda)T_g(\lambda)T_s(\lambda)\mathrm{d}\lambda$$

式中，λ_1、λ_2 为滤光片通光频带的下限和上限；A_g 为光电转换和电路处理总的放大系数；$I(\lambda)$是宽带红外光源的发射谱；$R(\lambda)$是光电探测器的响应函数。$I(\lambda)$和 $R(\lambda)$随光频变化的幅度很小，在滤光片通频带以内可以近似为常数。因此在具体的计算中，上述参数可以用一个常

数 C 代替。$T_s(\lambda)$是待测气体样品池的透射率，它既包括了其中的目标气体 CO 的透射率 $T_{0s}(\lambda)$，也包括了各种干扰气体的透射率 $T_{is}(\lambda)$（$i = 1, 2, 3, \cdots$）。$T_g(\lambda)$是参考气体腔 GFC 的透射率，对应着 CO 气体的透射率即 $T_{0s}(\lambda)$。

可见，加入参考气体腔 GFC 的结果，是用硬件实现了在频域上 $T_g(\lambda)$与 $T_s(\lambda)$的乘法运算。探测器接收信号的过程其实就是在频域的积分过程，反映了 $T_g(\lambda)$与 $T_s(\lambda)$在频域的相关值。显然，$T_{0s}(\lambda)$和 $T_g(\lambda)$是同频函数，相关系数为 1；而 $T_{is}(\lambda)$与 $T_g(\lambda)$是非同频周期函数，相关值几乎为零，所以这个相关值的大小只取决于 $T_{0s}(\lambda)$，即取决于待测气体样品池中 CO 气体的浓度。这种运算的本质就是相关原理。此方法类似于电路中的相关检测，用与目标信号同频的信号（目标气体本身）把目标信号从噪声（干扰气体）中提取出来。所以这种测量方法称为气体滤波相关检测。

（1）光路设计

CO 浓度检测仪的光学部分由宽带光源、调制盘、滤光片、待测气体样品腔、参考气体腔、光电探测器和反射镜组成。可供采用的光学系统设计有以下两种。

① 双光路法。光学系统结构如图 12.11 所示。光源 1 位于抛物面反射镜 2 的焦点，这样，光源发出的光经过反射后成为平行光射出。两路光束分别通过调制盘上面的 GFC 腔和 ATT 腔，再通过滤光片 3、烟道、反射镜 4 反射，最后由两个抛物面反射镜 5 会聚到探测器 6 上。红外探测器的特性受环境影响比较大。如果两路入射光信号各使用一个红外探测器进行接收，那么即使是类型相同的探测器，两者之间的特性差别也会产生严重的测量误差。所以应采用一个探测器交替接收两路信号。

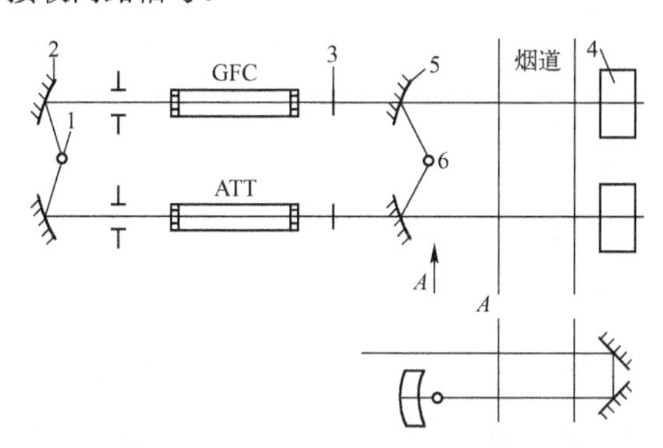

图 12.11　双光路法的光学系统结构

在烟道的另一端采用反射镜将入射光反射接收的优点有两个：一是使光束在烟道中的光程增加了 1 倍，气体对光能的吸收也增加了 1 倍，这样测量的灵敏度也相应地增加了 1 倍。二是这种设计使得探测器和光源位于烟道的同一侧，这样定标过程就不需要改变其相对位置。这对于提高系统的稳定性是非常重要的。

双光路法的优点是，仪器中没有运动部件，因而结构稳定；缺点是，仪器需要的光学器件比较多，从而提高了成本。双光路法的光路调整比单光路法要困难得多。此外，两个光路分别使用不同的光学器件，很难保证其特性完全一致。在结构设计过程中还发现，由于光电探测器的接收面积有限，让一个探测器同时接收两个抛物镜反射过来的光相当困难。

② 单光路法。无论是相关检测法还是双波长法，都需要对光能进行调制。如果仪器选

用单光路法测量，可以考虑机械调制方法，用电动机带动 GFC 腔和 ATT 腔交替进入光路。由于只采用一套光学器件，故单光路法的测量精度大为提高，但是调制盘的转速不均匀以及 GFC 腔和 ATT 腔在调制盘位置上的不对称会引入新的误差。

图 12.12 所示是采用机械调制方法的单光路光学系统图。这种方法有时也称为时间双光路法。综合考虑两种方案，人们选择了后者。其调制盘转速不均匀的问题将通过采用步进电动机驱动方式加以解决。仪器最终的光学系统如图 12.13 所示。

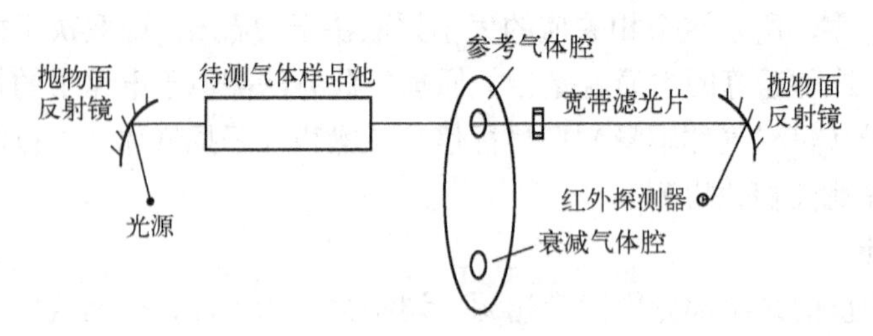

图 12.12　单光路法的光学系统图

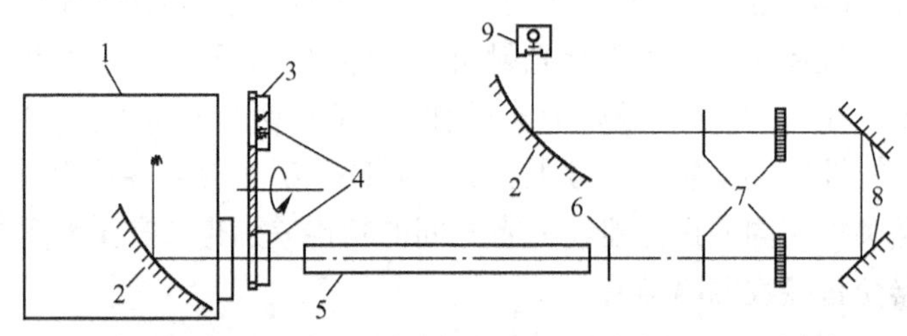

1—光源；2—抛物镜面；3—调制盘；4—衰减气体腔；5—参考气体；6—干涉滤波片；7—红外窗片；8—反射镜；9—InSb 探测器

图 12.13　仪器的光学系统图

（2）几个关键器件的设计

① 滤光片参数的设计和选择。

CO 的红外波段的吸收峰有两个，中心波长分别为 2.37 μm（4220 cm^{-1}）和 4.65 μm（2150 cm^{-1}），后者是 CO 的基频振动谱线，强度远大于前者。而且在烟道中主要的干扰气体中，CO_2 在两个波长附近都有吸收峰，而 H_2O 在近红外区域（波长小于 2.5 μm）有密集的强度很大的吸收峰，对 CO 检测的干扰更加强烈一些，所以选择 4.65 μm 作为测量波长。并根据这个数据选择光学部件。

选用的干涉滤光片的中心波长为仪器选用的测量波长 4.65 m，通光频带半宽为 0.1 m，这段频率范围是 CO 主要的吸收峰所在的区域。图 12.14 所示是仪器所用的干涉滤光片透过率的实测值和 CO 的红外吸收峰。可以看出，二者的匹配是很好的。干涉滤光片的峰值透过率和透过特性曲线与光束入射角有关。入射角越大，峰值透过率越小，透过带的波长范围越宽。所以在前述光路调整过程中需要调整滤光片的位置，使之垂直于光轴。

② 红外探测器的选取。

为了实现实时检测，要求探测器响应足够快，最好使用光电导探测器。其中 InSb 型、PbSe 型和 $HgCd_xTe$ 型光电导探测器的波长响应范围都在 3～5 μm，是目前技术比较成熟的探测器。选用室温下工作的 InSb 光电导探测器，主要考虑以下几个方面：

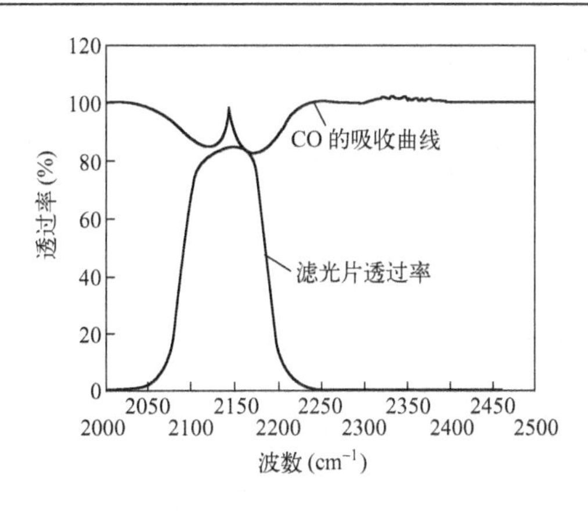

图 12.14　干涉滤光片的透过率的实测值和 CO 的红外吸收峰

- 在室温下，InSb 对所选 4.65 μm 波段探测率较高；
- 在调制盘的调制频率下，探测器信噪比接近最佳值；
- 探测器工作温度范围较大，且在工作温度范围内探测灵敏度相差不太大，利于后续信号处理，也利于仪器对环境的适应；
- 探测器响应上升时间远小于调制信号的周期，以使探测器能正确区分各种信号，避免各信号相互混叠；
- 在输出信号较强的前提下，使光敏面尺寸尽可能小，有利于噪声的降低。

在线 CO 浓度检测仪的计算机系统由单片机和上位机组成，其中以单片机为核心处理芯片，单片机与上位机之间通过串行通信口互联。在计算机系统中，单片机的主要任务是，准确地采集入射光的光强，进行吸光度的计算及处理，并根据标定曲线计算出 CO 浓度值。单片机和上位 PC 的串口通信采用 RS-422A 标准，数据信号采用差分传输方式。与 RS-232 传输方式相比，它将最大传输速率提高到 10 Mb/s，传输距离延长到 1200 m（速率低于 100 kb/s），适合于在工业现场中的长距离传输。从单片机输出的通信电平是标准 TTL 电平，通过电平转换器件 MC3487 将其转换为符合 RS-422A 标准的串行输出。通过串口通信实现仪器系统和 PC 通信，可以很容易地实现对单片机系统的数字控制。

12.1.3　大气中有害气体含量监测

大气监测的主要对象是正常大气、污染大气和各种大气污染源。对前者来说，一般在近地面进行监测。由污染源释入大气中的各种污染物，因对流、扩散而可能到达距地面的最大高度为 2～3 km，所以这一高度区段也可能成为监测对象区。此外，在距地面约 25 km 上下的臭氧层中，含有浓度水平很低的臭氧，虽不能将其视为污染物，但这里的臭氧具有重大的环境化学意义，也经常被作为监测的对象。

传统的空气污染监测以湿式化学技术和吸气取样后的实验分析为基础。虽然近年来分析仪器的快速发展能够满足许多环境污染监测的需要，但这些仪器通常只限于单点测量。相比而言，光学和光谱学遥感技术以其大范围、多组分检测、连续实时监测方式而成为环境污染监测的理想工具。基于光谱学的环境污染监测技术的主要优点有：

① 可以在同一波段同时监测几种污染物的浓度，实现完全非接触在线自动监测；

② 仪器的灵敏度高，对于某种污染物只要选择合适的光谱波段，就可以测出低于 1×10^{-9} 的浓度；

③ 测量范围可从数百米到数千米，反映一个区域的平均污染程度，不需要多点取样，监测结果比单点监测更具代表性；

④ 系统易于升级，增加新的监测项目不需要更改硬件装置，运行费用低。

所以，光学和光谱学技术是当前重要污染指标和污染源排放常规监测的在线监测技术的发展方向和技术主流，也是空气质量监测中常见的光学方法。

1．傅里叶变换红外光谱（FT-IR）技术

采用傅里叶变换红外光谱（FT-IR）方法，可以测量许多污染物成分的光谱信息，对于在红外大气窗口 3～5 μm，8～12 μm 有特征吸收光谱的气体分子，都可以采用 FT-IR 方法进行其浓度的探测。

傅里叶变换红外光谱技术的工作过程：红外光源经准直后成为平行光出射，经过一定的光程距离，由望远镜系统接收，经干涉仪后会聚到红外探测器上。FT-IR 的核心部分是干涉仪，由干涉仪产生干涉信号，而探测器得到的是干涉图样，再经过快速傅里叶变换，可以得到气体成分的光谱信息。

FT-IR 在红外光谱分析方面有着明显的优势：一次可以获得全部光谱数据（2～15 μm），不需要光谱扫描；光强利用率高，没有分光元件，如光栅或棱镜；可以对多种分子同时进行测量。傅里叶变换红外技术在监测气态污染物方面应用很广，包括环境大气的微量气体、工厂车间空气中有害气体的监测和实验室模拟气相反应过程的研究。

2．可调谐二极管激光吸收光谱（TDLAS）技术

在激光长程测量中，激光监测系统一般有两种工作方式：一种是利用大气本身的后向散射，得到污染气体在空间上的分布，或者是差分吸收雷达技术（DIAL）；另一种方式是利用地面物体或角反射器的反射来获得光程平均浓度，称为激光长程吸收。二极管激光光谱学又是一种吸收技术，透过的激光强度遵循比尔定律。激光的高单色性、方向性、高强度，使其成为大气监测的理想工具。随着可调谐二极管激光器（TDL）的发展，在中红外区（2～15 μm）常采用 TDL 进行激光长程测量，可调谐二极管激光吸收光谱（TDLAS）技术由此得到了发展。

TDLAS 的主要缺点是，可调谐二极管激光器的调谐范围限制了可探测的气体种类；主要优点是有较高的灵敏度和较高的分辨率，实用指标可以达到 10^{-6} 量级，最高可达 10^{-9} 量级；所选用的工作波段水分和其他气体几乎没有吸收，使系统具有良好的选择性，不受其他成分的干扰；应用可调谐二极管激光器输出波长在一定范围内可调的优点，与传统的采样分析方法相比，通过输出波长的调节，可以同时分析多种污染物质。另外，由于某些气体特征谱的吸收率很低，吸收线宽很窄，因此采用传统的测量方法非常困难，采用谱线宽度很窄的可调谐二极管激光器，有利于检出气体吸收峰。

激光长程吸收具有响应快、精度高、结构简单等特点，而且采用二极管激光器价格便宜，因而是重要污染指标和污染源排放常规在线监测技术的发展方向和技术主流之一。

3．差分吸收光谱技术（DOAS）

差分吸收光谱技术利用空气中气体分子的窄带吸收特性来鉴别气体成分，并根据窄带吸收强度来推演出微量气体的浓度。差分吸收光谱技术的优点主要有以下几点：

① 仪器设计可实现紫外到可见光谱区的扫描，从而用一台仪器可实时检测多种微量气体。

② 由于该方法是非接触性测量，因而可以避免一些误差源的影响，比如检测对象的化学变化、采样器壁的吸附损失等。

③ 差分吸收光谱技术所测得的气体浓度是沿几百米到几千米长的光路上气体浓度的均值，因而可以消除某些非常集中的污染排放源对测量的干扰，使得检测结果更具有代表性。

④ 空气中的 NO_3 最有效的检测方法就是利用差分吸收光谱技术检测，并且对 NO_3 浓度检测的结果被认为是比其他方法更为可靠的。

⑤ 差分吸收光谱技术在揭示空气中尚未发现的成分方面有很大的潜力，这主要依赖于对光谱反演算法中剩余光谱成分的分析。

4．差分吸收激光雷达（DIAL）技术

差分吸收激光雷达（DIAL）最早用于测量大气污染物 NO_2，是利用大气本身的后向散射回波来进行测量的。大气气溶胶的米氏后向散射截面较大，回波强度较强，易于接收测量，可以实现很高的距离分辨率，具有大范围实时的特点。测量光程可达几十千米，主要是对大气平流层、对流层的痕量气体成分进行测量。

差分吸收激光雷达检测大气污染，是利用与待测气体分子光谱吸收峰值波长（λ_{on}）重合的激光光束，在大气中传输时受到该气体的强烈吸收而衰减的特性，通过测量其衰减程度得出该气体的浓度信息。为消除大气中的其他物质、光学仪器对该波长的吸收和仪器参数等因素对测量精度的影响，还需选取与待测气体中心波长十分接近的波长（λ_{off}）作为参考光束进行测量。其测量浓度方程为

$$N_P = \frac{1}{2(\sigma_p^0(\lambda_{on}) - \sigma_p^0(\lambda_{off}))R} \cdot \frac{\ln(P(\lambda_{off})P_0(\lambda_{on}))}{P(\lambda_{on})P_0(\lambda_{off})}$$

式中，N_p 为污染气体分子在光传播路径上的平均浓度；$\sigma_p^0(\lambda_{on})$ 和 $\sigma_p^0(\lambda_{off})$ 为污染气体分子对应波长 λ_{on} 和 λ_{off} 处的吸收截面；$P(\lambda_{on})$ 和 $P(\lambda_{off})$ 分别为两脉冲激光的回波信号强度；$P_0(\lambda_{on})$ 和 $P_0(\lambda_{off})$ 分别为两脉冲激光的发射功率所对应的信号强度；R 为探测距离。DIAL 技术成功地对 O_3、SO_2、Cl_2、CO、NO_2、Hg 以及红外波段的水蒸气进行了测量。

5．激光诱导荧光（LIF）技术

当紫外光照射到某些物质的时候，这些物质会发射出各种颜色和不同强度的可见光，而紫外光停止照射时，这种光线也随之很快地消失，这种现象称为荧光效应。利用某些物质被紫外光照射后所产生的、能够反映出该物质特性的荧光，我们可以对该物质进行定性分析和定量分析。荧光分析中常用的光源一般是高压汞蒸汽灯和氙弧灯，但都各有其局限性。高压汞灯的谱线强度相差悬殊，且仅有有限的几条谱线，无法满足多种物质同时监测的需求。氙弧灯在紫外区输出功率较小。激光光源可以克服上述缺点，特别是可调谐激光器，用于荧光光谱分析具有很突出的优点，激光荧光光谱分析已成为检测超低浓度分子的灵敏而有效的方法。

总起来讲，傅里叶红外光谱吸收技术特别适用于测量和鉴别污染严重的空气成分、有机物或酸类，对于洁净环境中的痕量气体，其灵敏度不够。如果测量一种或两种有毒气体，采用可调谐二极管激光吸收光谱技术，光谱分辨率和灵敏度高，时间响应快。DIAL 技术具有高空间分辨率、高测量精度的优点，可用于三维浓度测量，可同时获得气溶胶的廓线。其他技术，如激光质谱技术、激光荧光诱导技术和光声光谱技术等，存在有实际应用的场合。

12.1.4 水质污染监测

水质污染通常指水体的物理性质或某些化学性质超过水质标准。工业废水、农业污水和生活用水，以及垃圾废物是人为释放的污染物，是使水质污染的重要污染源。水质污染还可以引起土壤污染、生物污染，许多地方病和公害病是通过饮用水而发生的。

在水质监测中，不同类型污水的性质不同，其成分差异很大，但可以用相同的参数来描述其被污染的程度。在近一个世纪以来的试验研究中，水质的化学需氧量（Chemical Oxygen Demand，COD）指标被国外的工业发达国家认定为水质污染的综合指标，作为法定的水质检测项目。

化学需氧量是指，在一定条件下用强氧化剂处理废水样时所消耗氧化剂的量，结果折算成氧的含量（以 mg/L）计。COD 是对水中有机物和无机氧化物浓度的测量，反映水体受还原性物质污染的程度，是水质评价的重要指标。水中还原性物质包括有机物、亚硝酸盐、亚铁盐、硫化物等，生成 COD 的物质会消耗水体中氧气的量，对水体中的生物和微生物有不良影响，因此 COD 常被作为反映有机物污染程度的指标之一，也是进行水质监测的重要内容之一。

由于有机物在 215～316 nm 带有各自的吸收特征，而吸收峰值大都在 254 nm 范围左右。因此人们也就可以利用这些特征的吸收来进行一些物质的定性或者定量的分析。

1. 紫外分光光度计

紫外吸收法水质 COD 检测技术在国外已经开展多年，国内也有已经在工业、农业、医学、生物等领域得到广泛应用的紫外可见光分光光度计。图 12.15 所示是传统紫外可见分光光度计的结构简图。它利用的是物理方法，即在朗伯-比尔定律的基础上，利用吸光度与 COD 浓度的关系求得 COD 浓度。

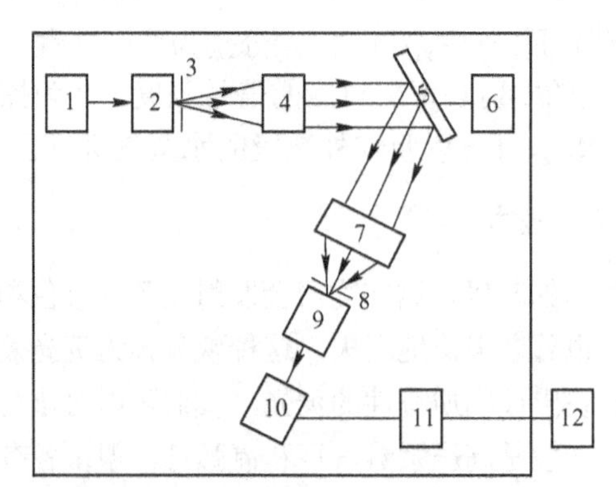

1—光源；2—聚光系统；3—入射狭缝；4—准直系统；5—平面光栅；6—波长扫描机构；7—光谱聚焦系统；
8—出射狭缝；9—样品池；10—光电倍增管；11—控制电路与信号处理电路；12—计算机

图 12.15 传统紫外可见分光光度计的结构简图

传统紫外可见分光光度计主要包括光源、聚光系统、入射狭缝、准直系统、平面光栅、光谱聚焦系统、出射狭缝、波长扫描机构、光电倍增管（光电接收器）、控制电路与信号处理电路等部分。

仪器的工作原理为，光源发出的光由聚光系统会聚后射向入射狭缝；准直系统将来自入射狭缝的光会聚为平行光后射向光栅，光栅将复合光色散（使不同波长的光按照不同的角度出射）；光谱聚焦系统将经光栅色散的光聚焦，使之成为按波长排列的光谱带。波长扫描机构带动光栅转动，使从出射狭缝射出的单色光波呈线性变化。单色光经过样品池（样品池是标准的比色皿样品池，其中装有被测样品）被其中的样品所吸收，最后到达光电倍增管（光电接收器），经过光电变换后输出电信号，电信号经控制电路与信号处理电路后得到数字结果，数字结果经过串行通信传送到计算机，由计算机对数据进行处理，得到光谱图、各种光谱数据以及紫外单色光的吸光度，而对于紫外吸光度与废水 COD，大都建立线性回归方程。

传统紫外可见分光光度计采用波长扫描机构实现波长的扫描，对波长的选择速度慢，不利于在线监测；采用光电倍增管为光电接收器件，一次只能接收一个波长的单色光；仪器有入射狭缝和出射狭缝，样品池位于单色光的光路上，不能对多组分复杂动态水样进行监测；仪器结构复杂、体积较大、质量小，只适合在实验室使用，不适合真正意义上的在线监测。

图 12.16 所示是一种双光程双波长 UV 吸收自动测定仪的工作原理示意图。由低压汞灯发出约 90%为 254 nm 波长的紫外光束，聚焦并射到与光轴成 45° 角的半透半反镜上，将其分成光强相等的两束，一束经紫外光滤光片 2 得到 254 nm 的紫外光（测量光束），被光电转换器接收，将光信号转换成电信号，它反映了水中有机物对 254 nm 光的吸收和水中悬浮粒子对该波长光吸收及散射而衰减的程度。另一束光经可见光滤光片 3 得到 546 nm 的可见光（参比光束），被另一光电转换器接收，将光信号转换成电信号，它反映水中悬浮粒子对参比光束（可见光）吸收和散射后的衰减程度。假设悬浮粒子对紫外光的吸收和散射与对可见光的吸收和散射近似相等，则两束光的电信号经差分放大器进行减法运算后，其输出信号即为水样中有机物对 254 nm 紫外光的吸光度，消除了悬浮粒子对测定的影响。仪器可直接显示有机物浓度。

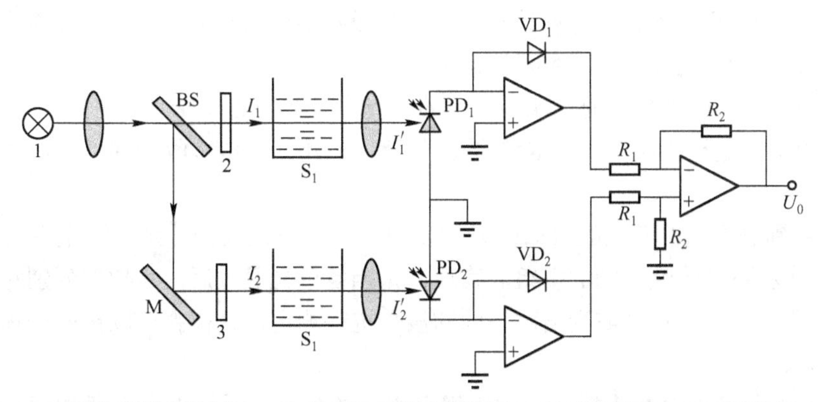

1—光源；2—单色器（紫外光滤光片）；3—单色器（可见光滤光片）；S_1—待测溶液；BS—分束器；M—反射器

图 12.16　UV 吸收自动测定仪的工作原理示意图

双光路结构消除了光源强度不稳定带来的测量误差；用双波长进行测量可以消除悬浮粒子对紫外光的吸收；但是结构复杂，需两路水路系统；测量过程烦琐，一次测量需多次操作，而且前分光路结构只能进行单一成分的检测。

2. 紫外吸收多光谱检测系统

图 12.17 所示为紫外吸收多光谱检测系统工作原理图。本系统光学结构采用后分光结构，平场凹面全息光栅进行分光，多通道检测器件接收各个波长的光谱信号，光路由光源、准直-聚焦透镜、样品测量槽、分光系统与多通道检测器件组成。氘灯发出的光通过准直透镜后成平行光，经过石英玻璃窗口进入测量槽中，测量时保证被测水样稳定地通过测量槽，被吸收后的光经过聚焦透镜进入进口狭缝，经过准直反射镜 7、8 的反射成为平行光束投射到平场凹面光栅 10 表面，光栅作为色散元件将接收到的复合光衍射分解成光谱，经过光阑 11，形成一系列按波长排列的单色狭缝像，由多通道检测器件 12 接收，转换为相应的电信号，输入到计算机中，进行数据处理。

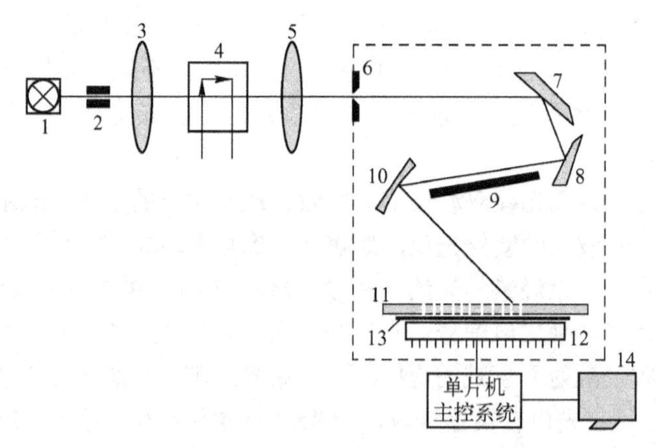

1—光源；2—光阑；3—准直透镜；4—样品测量槽；5—聚焦透镜；6—狭缝；7，8—反射镜；9—遮光板；
10—平场凹面光栅；11—光阑；12—多通道检测器件；13—驱动和采集电路；14—计算机

图 12.17　紫外吸收多光谱检测系统工作原理图

与传统的紫外可见光分光光度计相比，紫外吸收多光谱水质 COD 在线检测系统具有小型化、适合在线检测的优点，其主要特点是：

① 采用平场凹面全息光栅实现多光谱的分光，对波长的选择速度快。

② 采用多通道检测器件（NMOS 图像传感器）作为光电接收器件，可以同时接收多波长的单色光。

③ 入射到盛样品的石英吸收皿的光为复色光，可以在同一体系中测定多种成分。如果比色皿中有多种特征吸收不同的多组成物质，则当复色光通过后，各物质分别对各自的特征性光波产生吸收，之后再分成光谱对不同的波长进行测定，这样就可以在同一体系中同时得到多组分结果。

④ 一个平场凹面全息光栅就同时实现多光谱的分光，系统内没有活动部件，利于仪器的固化和提高测量重复性的精度。

3．海水污染的遥感遥测

（1）海水监测方法的发展过程

传统的对海洋污染的监测常用现场测量方法，如圆盘透明度测量法，即将一定直径的白色圆盘慢慢沉入水中，观察圆盘，直到圆盘刚刚消失为止。记录此时圆盘的深度，再根据经验公式换算海水的光学性质参数。此法简单易行，但效率低，且测量过程中的主观性导致测量精度不可靠。对于海水成分的分析则是使用船载平台运载观测仪器进行取样，能够获得大量精确的信息，但运行周期长，测量速度慢，效率低下，搜索面积小，取样的空间和时间分辨率低，不能满足大面积、快速实时有效地搜索相关海域的要求。

鉴于常规方法的局限性，在海洋环境监测上逐渐发展了卫星遥感技术，能够提供数百或数千米空间尺度上从数米到数千米分辨率的图像，具有实时性、大尺度、快速等特点。但大多数卫星海洋遥感数据仅限于海洋水色及温度等少量海表信息，并且存在着重复观测间隔与空间分辨率难以两全的缺陷。同时由于受波段限制，大气的吸收作用使得很多波段的地面信息无法到达卫星传感器，例如，对有机体识别有独特效果的紫外波段只有 0.3～0.4 μm，能部分通过大气层，且其空中可探测高度大致在 2 km 以下；天气情况也是卫星探测的限制因素之一。

在这种情况下，作为可脱离水面获取水下有效信息的主动遥测手段，机载海洋激光雷达机动性强、高效、实时，操作方便，运行成本低，是快速进行大面积现场海洋调查、探测最有前途的技术之一，可用于海洋光学参数测量、海中叶绿素浓度测量、海面油检测和识别、浅海水深度调查、海水温度探测、水下潜艇探测、水雷探测、鱼群探测、海洋污染监测等多个方面。

机载海洋激光雷达探测是利用机载的激光发射和接收设备，通过发射大功率、窄脉冲激光，探测水下相关参数的一种先进的遥感技术。由于激光束在准直性、单色性、相干性等方面均是普通光源所无法比拟的，受海水盐分、水温和水压等因素影响小，在监测叶绿素、可溶有机物（DOM）等方面具有实时测量、可获得垂直剖面数据的优势，在快速、大面积测量海洋边界层的声速、温度、盐度的分布参数的同时，又能够保证测量的精确度。实际应用证明，机载激光探测系统使用重复频率为 200 Hz 的调 Q 倍频 Nd:YAG 激光器，飞机飞行高度为 500 m，飞行速度为 70 m/s，很容易达到 50 km^2/h 的覆盖速度。美国海军的研究表明，一架飞机一年飞 200 小时完成的测量任务，一艘常规测量船需用 13 年才能完成，而机载与测量船的费用之比是 1∶5。

（2）抑制海水后向散射噪声的方法

利用激光雷达进行海洋探测，存在的最大问题是，光通过海水信道时会被高度散射，海水的后向散射尤为严重。后向散射光来自海水中大量的悬浮颗粒和水分子，它们使得部分激光能量未到达目标就被反射到激光雷达的接收系统。在光学信号接收端，后向散射光形成了强烈的背景噪声电平，致使探测目标的分辨率降低，对比度变差。来自其他光源（如太阳）的散射光也能产生探测器噪声电平，但相比海水后向散射噪声要小得多。因此，在激光雷达实现对海洋环境参数的监测和水下目标探测中，抑制海水的后向散射是核心问题。

抑制海水后向散射的现有技术可归纳为三种基本方法，即空间滤波法、偏振光检测法和时间门控法。图 12.18 所示是抑制散射的几种技术。

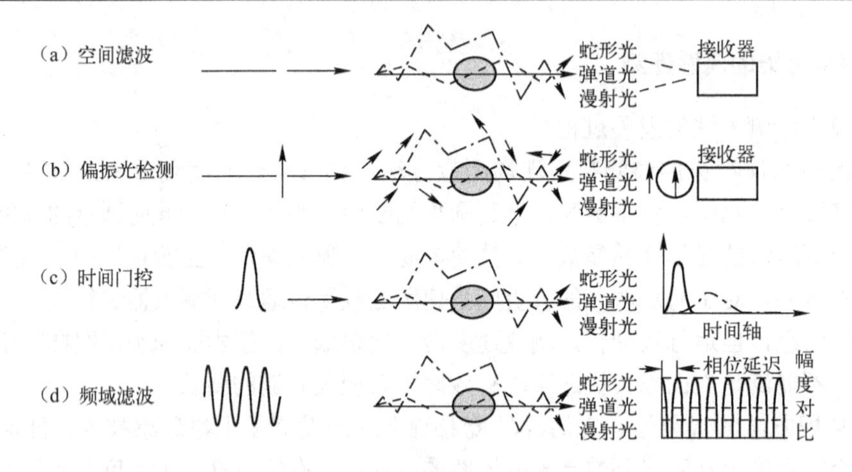

图 12.18　抑制散射的几种技术

图 12.18（a）所示是空间滤波法，其原理是，根据多次散射的光子会朝随机方向传播，未经散射或散射程度较小的光子则以直线或准直线传播。当探测距离较长时，那些多次散射的光子就很容易远远偏离几何光学所表示出的光束路径。基于这一现象，可以通过缩小景象接收视场以及降低接收器活动区域的方法，让多次散射光落在接收机视场之外，从而减小散射光子对目标分辨率的影响。在实际应用中，将发射系统和接收系统分离，经校准的探测光束和狭窄的景象接收场被设置在一个很远的点相交，以限制发射光束和景象接收场的公共区域，从而使到达光学接收机的散射光尽可能减小。这种技术的缺点是，必须将发射光束和景象的接收场在远程目标上保持同步逐一扫描，同步扫描技术的实现非常困难，同时严重降低了系统搜索速率，尤其是在海洋探测这种大面积监测的应用背景下，空间滤波法的搜索速率难以满足要求。

图 12.18（b）所示是偏振光检测法，其原理是根据线性偏振光在经过多次散射后变为非偏振光，而沿更为直接方向的路径传播的光将会保持最初的偏振状态这一规律。高度偏振的发射器和具有相同偏振状态的光学接收机组成激光雷达的收发系统，通过分辨接收信号的同偏振态成分和正交偏振成分，来达到滤除散射光的目的。接收偏光器只接收发射光的同偏振态光线，可以减少多次散射光子。然而，这种技术依赖于光子能保持发射端的偏振状态，当散射的光子数量增加时，保持最初偏振状态的光子数量变得越来越少，以至于以现有接收器的敏感程度很难感应到这些光子，导致该检测法失效。

图 12.18（c）所示是时间门控法，在信道中沿直线传输的光子先到达接收器，经过多次散射，沿着较长的路径传输的光子则经过一段时间的延迟才到达。可以在接收端设置高速的快门，根据欲探测的深度控制快门打开和关闭的时间。由于后向散射信号的返回时间比目标反射信号更早，因此接收机在收到触发信号之后（触发信号一般由海面反射回接收机），接收端的快门应延迟一段时间，避开后向散射较强的区域，然后开启，使目标反射回来的准直光能够顺利被接收，最后关闭快门，不接收那些时延较大的光子。时间门控法需要具有μs 级的门控时间和大约 10^4～10^6 数量级的动态范围。因此这种技术是三种方法中最复杂的，并且部分区域（如浅水域）可能会成为探测盲区，因此不适合浅水域目标探测。

（3）机载海洋激光雷达探测发展趋势

近年来，随着激光技术的发展，以及半导体泵浦大功率、高重复频率 Nd:YAG 激光器的成熟和实用，越来越多的国家进行了机载激光雷达水下探测的研究。同时，机载激光海洋雷达的应用范围也越来越多，从单纯的测深、海底地貌测绘到探测水雷、潜艇、鱼群等水下目标，从探测激光能量回波到水下目标直接成像。对机载激光测深或海底地貌测绘系统的今后发展趋势，大致有：

① 针对流行的点阵扫描体制海洋激光雷达搜索效率低的缺陷，必须提高激光器的脉冲重复率。另外，提高激光器的脉冲重复频率，还可以进一步丰富信号处理的手段。普遍的倾向是采用 1～2 kHz 高重复频率的半导体泵浦 Nd:YAG 固体激光器。同时，该激光器出光效率高，体积小，质量轻，适合机载环境条件，它必将是机载激光测深系统的首选激光器。

② 提高系统的测深能力，特别是白天的测深能力。这需要进一步弄清激光束在海水中的传输规律，找到抑制海水后向散射的新方法；采用多种手段联合消除或抑制背景噪声，如使用带宽更窄的滤波器、空间滤波、偏振滤波等，探索新的测量方法。

③ 提高系统的水下目标识别能力。目前点阵扫描系统的目标识别能力较差，原因之一是扫描点的密度不够，不足以显示水下目标的轮廓，很难根据目标的外形来识别目标；另外目前对水下各种目标（海底、鱼群、海底植被、沉船、潜艇、分层海水界面等）的光学特性还不太清楚，因而无法根据目标的回波特性来区分不同目标。

④ 由以往的陆基信号处理方式向在线实时处理方式转变。通过采用先进的计算机和高速信号处理硬件，有可能达到 1 GIPS（Giga Instructions Per Second）的处理速度，使得信号检测、存储和显示都可以在 1～2 kHz 高脉冲重复频率下实时完成。这样飞机飞过之时，海底地形就可立即显示出来。

⑤ 进一步提高水下目标的定位精度和测深精度。目前一般采用 GPS 系统的飞机定位精度在 5 m 左右，测深精度在 20～30 cm 左右。提高定位精度主要从提高 GPS 定位精度、提高扫描点以及提高扫描精度三方面努力。提高测深精度要从改善海面测量方法，准确定出飞机的高度；提高采样频率；完善深度校正算法等多方面综合考虑。

12.2　光电检测技术在军事领域的应用

军用光学与光电子技术是近年来发展最快的技术领域之一，该领域的快速发展正在改变着现代战争中的战场作战概念和特点。所谓军用光学与光电子技术，是指研究从紫外到红外波段范围内电磁辐射的产生、传输、探测、处理、与物质的相互作用及其军事应用的技术。军用光学与光电子技术通常按技术领域分为光学仪器、激光技术、红外技术、微光夜视技术、光纤技术、显示器技术和光电综合应用技术等几大类。

随着光与物质相互作用研究的深入，光电子技术迅速发展，各种光电子器件陆续问世。20 世纪 50 年代出现的微光夜视仪和红外制导空空导弹，标志着光电子技术登上了现代战争舞台。随着 60 年代初激光器问世和多元红外探测器的发展，70 年代激光制导技术开始应用于航空炸弹和反坦克导弹，并出现了光纤通信技术。随着基于多元红外探测器通用组件的热成像技术、电荷耦合器件（CCD）、红外成像技术及光学遥感技术的广泛应用，光电子技术在现代战争中的作用日益突出地显现出来。许多国家都十分重视军用光电子技术的研究开发，特别是在光电侦察、光电制导、光电火控、光电对抗、激光通信和激光武器等技术领域投入较大力量，取得较快发展。

12.2.1　光电制导

1. 概述

制导技术是一门按照特定基准选择飞行路线、控制和导引武器系统对目标进行攻击的综合性技术。根据不同的工作方式，制导可分为以下几种。

① 寻的制导。寻的制导是通过弹上的引导系统（寻引头或寻的器）感受目标辐射或反射的能量，自动跟踪目标，导引制导武器飞向目标。

② 遥控制导。遥控制导是导引系统全部或部分设备安装在弹外制导站，由制导站执行全部或部分测量武器与目标的相对运动参量，并形成制导指令之任务，再通过弹上控制系统导引制导武器飞向目标。

③ 惯性制导。惯性制导是利用测量设备测量导弹运动参数的制导技术。惯性制导系统全部安装在弹上，主要有陀螺仪、加速度表、制导计算机和控制系统。

④ 全球定位系统（GPS）制导。GPS 制导的工作原理是，利用弹上安装的 GPS 接收机接收 4 颗以上导航卫星播发的信号来修正导弹的飞行路线，提高制导精度。

⑤ 地形匹配与景象匹配制导。地形匹配制导是指在导弹发射区与目标区之间选择若干特征明显的标志区，通过遥测、遥感手段按其地面坐标点标高数据绘制成数字地图（成为高程数字模型地图），预先存入弹载计算机内。导弹飞临这些地区时，弹载的雷达高度表和气压高度表测出地面相对高度和海拔高度数据，计算机将其与预先存入的数字地图比较，算出修正弹道偏差的指令，弹上控制系统执行指令，控制导弹飞向目标。

⑥ 复合制导（组合制导）。复合制导是指在导引导弹向目标飞行时，采用了两种或两种以上的制导方式。

2. 激光制导

激光制导是光电制导家族中发展较晚但却进步神速的一个重要成员。激光制导是用来控制飞行器飞行方向，或引导兵器击中目标的一种激光技术。激光制导与其他制导种类相比具有结构简单、作战实效成本低、抗干扰性能好、命中精度高等优点。不足的是受大气及战场条件影响较大，不能全天候工作等。

激光制导的基本原理是：用激光器发射激光束照射目标，装于弹体上的激光接收装置则接收照射的激光信号或目标反射的激光信号，算出弹体偏离照射或反射激光束的程度，不断调整飞行轨迹，使战斗机沿着照射或反射激光前进，最终命中目标。

激光制导方式有半主动寻的式、全主动寻的式和波束式（驾束式）三种。目前激光制导武器中大都采用半主动激光制导方式，即导引头（它安装在弹上，用来自动跟踪目标并测量弹的飞行误差）与激光照射装置分开配置于两地，前者随弹飞行，后者置于弹外。激光照射器用来指示目标，故又称激光目标指示器。导引头通过接收目标反射的激光照射器照射的激光或直接接收照射激光，引导导弹飞向目标。

（1）半主动式激光制导

半主动式激光回波制导系统的工作过程是：激光发射机作为信号源装在地面、车船或飞机上，发射激光束为制导武器指示目标，弹上的激光导引头接收目标反射的激光信号，并跟踪目标上出现的激光光斑，引导战斗部飞向激光光斑，最终命中目标。半主动式回波制导广泛应用于各种武器的制导系统中，如激光制导炸弹、激光制导导弹、激光制导炮弹等，是所有制导武器中制导精度最高的。

（2）全主动式激光制导

这种制导方式是将激光照射器和目标寻的器都装在弹上，由激光照射器发射激光，目标寻的器接收目标反射回的激光信号，再通过弹上控制系统将弹体引向目标。

（3）波束式激光制导

激光波束制导又称为激光驾束制导，其工作过程是：激光照射器先捕捉并跟踪目标，给出目标所在方向的角度信息，然后经火控计算机控制弹体发射架，以最佳角度发射导弹，使它进入激光波束中（进入波束的方向要尽可能与激光束轴线的方向一致）。弹体在飞行过程中，弹上激光接收机接收到激光器直接照射到弹上的激光信号，从中处理出制导所需的误差量，即弹体轴线与激光束轴线的偏离方向和大小，并将这个误差量送入弹的控制系统，由控制系统控制弹的飞行方向和姿态，始终保持弹与激光照射光束的重合，最终将战斗部引导于目标上。此种制导方式就像让导弹骑在激光束上滑行一样，所以俗称驾束制导。

12.2.2　激光雷达

激光雷达是激光技术与雷达技术相结合的产物。由于它以激光器为辐射源，其频率较微波高几个数量级，频率的量变使雷达技术产生了质的变革。它在测量精度、分辨率、抗干扰性和某些特定参数测量能力方面都是普通雷达所无法比拟的。目前，激光雷达在导弹跟踪测量、卫星跟踪测距、制导、火控、大地测量、地震预报、测污、气象、交通管制等许多方面均已获得实际而有效的应用。

从功能上看，激光雷达大体上经过四个阶段：最早最简单的激光雷达就是激光测距仪；其次是跟踪测角测距雷达；再次是在测距及测角基础上，增加测速（径向、横向）；最后是激光成像雷达，可给出极高的空间分辨率。

1. 激光雷达基本原理和结构分类

一个最基本的激光雷达系统如图 12.19 所示，激光器发出的激光经整形和扩束后由发射扫描系统向目标发射，返回信号经接收扫描进入接收系统，随后被送往探测器，光信号在这里转变为电信号，并到达计算机进行处理，经处理的信号以适当方式存储或显示，计算机除进行数据处理外，还对激光发射和探测器门电路实行时序控制。

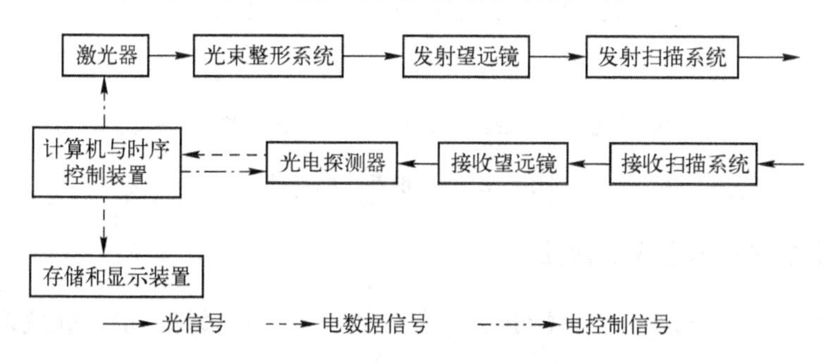

图 12.19　激光雷达原理框图

激光雷达最基本的工作原理与无线电雷达没有区别，即由雷达发射系统发送一个信号，经目标反射后被接收系统收集，通过测量反射光的运行时间而确定目标的距离。至于目标的径向速度，可以由反射光的多普勒频移来确定，也可以测量两个或多个距离，并计算其变化率而求得速度，这也是直接探测型雷达的基本工作原理。由此可以看出，直接探测型激光雷达的基本结构与激光测距机颇为相近。

相干探测型激光雷达按其结构可分为单稳与双稳两类，图 12.20 所示是单稳激光雷达原理框图。在单稳系统中，发送与接收信号共用一个光学孔径，并由发射/接收（T/R）开关隔离。T/R 开关将发射信号送往输出望远镜和发射扫描系统进行发射，信号经目标反射后进入光学扫描系统和望远镜，这时，它们起光学接收的作用。T/R 开关将接收到的辐射送入光学混频器，所得拍频信号由成像系统聚焦到光敏探测器，后者将光信号变成电信号，并由高通滤波器将来自背景源的低频成分及本机振荡器所诱导的直流信号统统滤除。最后高频成分中所包含的测量信息由信号和数据处理系统检出。双稳系统的区别在于包含两套望远镜和光学扫描部件，发射部分与接收部分异地放置，T/R 开关自然不再需要，其余部分与单稳系统的相同，目的是提高空间分辨率。当前脉宽为纳秒级的激光可提供相当高的空间分辨率，故双稳系统已很少采用。

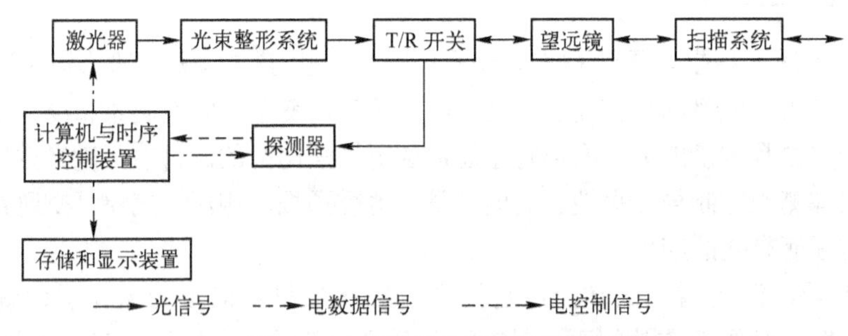

图 12.20　单稳激光雷达原理框图

单稳激光雷达又可分为共轴系统和双轴系统，在共轴系统中，发射激光束的轴与接收光学系统的轴相重合；对双轴系统，只在某预定范围以外，激光束才进入接收光学的视场中，这种结构可以避免近场后向散射使光电探测器饱和的问题，但其光学效率低于共轴系统，而共轴系统的探测器被近场后向散射饱和的问题，可通过加光快门或适当准直发射和接收光学系统来解决。图 12.21 所示为一个实际共轴系统的原理图。

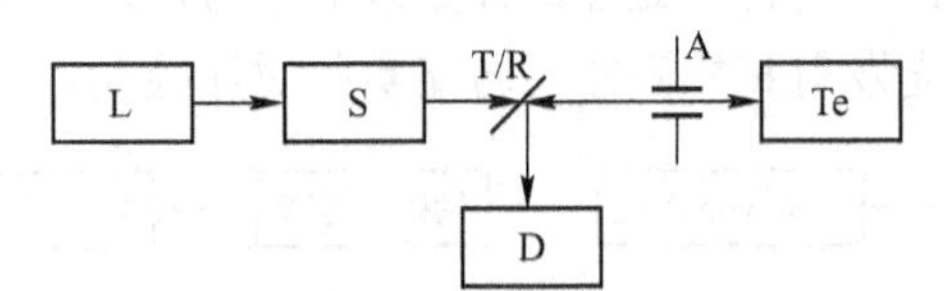

L—激光；S—光束整形系统；T/R—发射/接收开关；A—望远镜入瞳；Te—望远镜；D—探测器

图 12.21　共轴系统原理图

2．激光雷达的基本组成及特性

激光雷达的基本组成部分包括激光雷达发射系统、接收系统、信息处理系统。

（1）发射系统

构成激光雷达发射系统最基本的组件是激光器和发射望远镜，光束整形与扫描装置也是重要组成部分。

激光束的有效整形是一个非常重要的问题。在很多情况下，要求将基模光束整形为柱对称并具有平顶强度分布的光束，而对于激光雷达应用，则要求光束强度在远场具有平顶分布。当入射到整形器的光束具有图 12.22（a）所示的光强分布时，要求在远场处产生图 12.22（b）所示的光强分布。

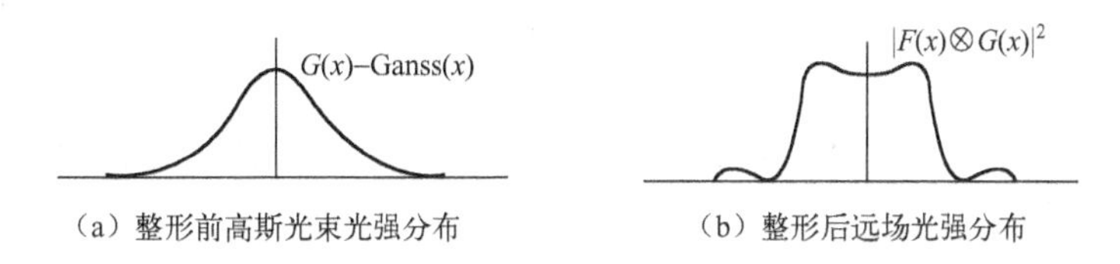

（a）整形前高斯光束光强分布　　（b）整形后远场光强分布

图 12.22　光束整形

激光扫描就是使激光束发生偏转，并在某一区域进行扫掠。激光扫描技术粗略地可分为高惯性扫描和低惯性扫描，前者又称为旋转机械技术或反射镜和棱镜技术，因为它是靠反射镜或棱镜的旋转实现扫描的；后者则包括电光棱镜的梯度扫描，振动反射镜的非梯度扫描及增益或损耗控制的内腔式扫描。梯度扫描的原理是在块状介质（如电光棱镜）中传播时，激光束的不同部分光程长不同。非梯度扫描的基础则是介质中光束相位的变化，布喇格衍射便属于这一类。

低惯性扫描中一项与众不同的技术是内腔式扫描，它与激发、消激发过程及腔模特性有着固有的联系，因而属于主动扫描方式，而上述其他技术则可称为被动扫描方式。内腔式扫描又可分为增益控制型和损耗控制型两种，而前者又有直接激发与间接激发之分。

（2）激光雷达信号接收系统

激光雷达接收系统主要由接收望远镜、滤光器和光电探测器组成。它的特性主要由所采用的探测技术、接收望远镜孔径的面积等决定。

雷达探测主要分为直接探测和相干探测两类，其中直接探测比较简单，即将接收到的光能量聚焦到光敏元件上，并产生与入射光功率成正比的电压或电流。根据参考波的辐射源及特性的不同，相干探测又可分为外差探测、零拍探测、有频差的零拍探测及多频外差探测等。

在相干探测激光雷达中，系统的有效接收孔直径并不能任意增大，而是受散斑现象的限制。当接收孔径足够小时，接收功率随接收孔面积（孔直径平方）线性增加，直至接收孔的物理直径等于散斑瓣的平均直径；此后，孔径继续增大时，接收功率只随其直径线性增加。

采集效率上的这种下降是孔平面上的反射信号相干性变差的结果。从最严格的意义上来说，这是一种目标特征的影响而不是接收器效率的损耗。然而，进行这种唯象处理要简单一些。由于各个散斑瓣自身是相干的，但彼此不相干，故只有每一瓣上相位相加的部分才对外差信号有贡献。

当接收孔直径大于散斑瓣平均直径时，接收孔有效直径可表示为

$$D=\sqrt{D_r d_r}$$

式中，D_r 为接收器物理孔直径；d_r 为散斑瓣的直径。

光学中，用小于实际物理孔径的有效接收孔径进行分析是很普遍的，这个减小量通常被当作接收器光学链中的损耗考虑，它引起接收器效率下降。

3. 激光雷达在军事上的应用

激光雷达作为一种能够对抗电子战、反辐射导弹、超低空突防和隐身目标的高灵敏度雷达，不仅能探测和跟踪目标，获得目标方位、速度信息及普通雷达不能得到的其他信息，而且还能完成普通雷达不能完成的任务，如探测隐身飞机、潜艇、水雷、生化战剂等，因而其发展一直受到各国军方的高度关注。目前，激光雷达在低空飞行直升机障碍物回避、化学/生物战剂探测、水下目标探测等方面已经实用。其他的军事应用研究亦日趋成熟。

（1）水雷探测激光雷达

1988 年美国卡曼宇航公司研制了“魔灯”水雷探测激光雷达。该激光雷达使用激光能量探测水中目标，并实施自动目标探测、分类和定位。样机试验表明，该系统可以迅速探测锚雷并定位。海湾战争期间使用过的初样机便成功地发现了水雷和水雷锚链。1996 年美国海军已开始将“魔灯”系统装在 SH-2G“超海妖”直升机上使用。ATD-111 是美国海军的另一种水雷搜索激光雷达，由桑德斯公司研制，能安装在 SH-60 海鹰直升机吊舱内。它具有足够的空间分辨率，可分辨目标的尺寸和形状，因而是探测水下目标并进行分类的有效工具。

（2）化学试剂探测激光雷达

可用于遥测化学试剂。每种化学试剂仅吸收某些激光波长的光，对其他波长是透明的。这种吸收-透射图是每一种化学试剂特有的。被化学试剂污染的表面能以类似的方式按特有的途径反射不同的激光波长，因此，根据这种原理可探测和识别化学试剂。20 世纪 90 年代初，美国休斯飞机公司研制了使用频率可变的激光发射机、能探测和识别战场化学试剂的激光传感器样机，在达格韦靶场使用模拟化学试剂进行了成功的试验。1988 年 9 月，法国和美国开始合作研制 Mirela 化学试剂实验，为该系统的研制提供了所需的实验数据。

德国一家公司研制的 VTB-1 型遥测化学试剂传感器，使用两台可在 9～11 μm 间大约 40 个频率上调节的连续波 CO_2 激光器，利用微分吸收光谱学原理遥测化学试剂。

（3）生化战陆用激光雷达

生化试剂的探测与防范，一直是军方关注的重点项目之一。传统的探测方法，主要由士兵携带探测装置，边走边测，速度慢，功效低，并易中毒。据报道，俄罗斯一改传统方式，成功地研制出“KD-Khr-1N”远距离地面毒剂激光雷达探测系统，可实时地远距离探测并确定毒剂气溶胶云的斜距、中心厚度、离地高度、中心角坐标以及毒剂相关参数等，及时通过有线、无线技术向部队控制系统报警，以采取相应的防毒措施。

12.3 光电检测技术在生物科学研究及医疗工程领域的应用

12.3.1 生物芯片检测技术概述

生物芯片技术是一种融合了生命科学、化学、微电子学、计算机科学、统计学和生命信息学等多种学科的最新技术。它的出现使得大规模、高效率地分析基因的功能及其在各种情况下的表达成为可能，可有效地解决传统生物学手段所遇到的困难。它以检测方便、信息量大的优点，引起了科技界的极大重视和极高的研究热情，其广阔的应用前景也吸引了产业界的关注。

生物芯片的创意来自于计算机芯片。它和计算机芯片一样，具有超微化、高度集成、信息储存量大等特点，所不同的是，计算机芯片采用的是半导体集成电路，而生物芯片以基因片段作为“探针”进行工作。所谓“探针”，是利用碱基配对的原理检测基因的一种技术。它就好比是用鱼竿钓鱼，以前的基因检测技术均只有一个“鱼钩”，一次只能钓到一条鱼（即找到一种基因）；而基因芯片突出的优点是能在庞大的基因库中，一次发现众多的异常基因，就好比在一根鱼竿上垂有成千上万个钓钩，可同时捕捉许多不同的鱼，从而实现快速多样化检测。

生物芯片是指通过机器人自动打印或光引导化学合成技术，在硅片、玻璃、凝胶或尼龙膜上制造的生物分子微阵列探针。生物芯片上的探针在与经过荧光标记或经过酶标记的目标样品杂交后，产生荧光图像。以实现对细胞、蛋白质、DNA 以及其他生物组分的准确、快速、大信息量的检测。常用的生物芯片分为三大类，即基因芯片、蛋白质芯片和芯片实验室。生物芯片的主要特点是高通量、微型化和自动化。芯片上集成的成千上万密集排列的分子微阵列，能够在短时间内分析大量的生物分子，使人们快速准确地获取样品中的生物信息，效率是传统检测手段的成百上千倍。它将是继大规模集成电路之后的又一次具有深远意义的科学技术革命。除芯片方阵的构建技术、样品制备技术和生物分子反应技术外，生物芯片检测技术也是其重要组成部分。

生物芯片在与荧光标记的目标 DNA 或 RNA 杂交后，或与荧光标记的目标抗原或抗体结合后，必须用扫读装置将芯片测定结果转换成可供分析处理的图像数据，这便是芯片的扫描测定步骤，扫读装置便是芯片扫描仪。与芯片的制作、芯片的杂交一样，芯片扫读也直接影响芯片分析结果的质量。因此，生物芯片检测仪是生物芯片能否得到广泛应用的关键，也是生物芯片技术向前发展的主研究课题之一。随着芯片集成度的提高，使用的反应样品越来越少，产生的信号越来越微弱，对检测系统的要求也就越来越高，必须满足很高的检测灵敏度、高信噪比及大动态范围。另外，为提高检测效率，适应快速扫描，对检测系统的响应速度也提出了更高的要求。

目前，大部分生物芯片采用荧光染料标记，它利用强光照明生物芯片激发荧光，并用探测器探测荧光强度，以获取生物芯片信息，然后经过分析软件处理成有用的生物信息。目前生物芯片检测仪主要有两种方法对荧光信号进行获取和定量分析。一种是基于 CCD（Charge-Coupled Devices）的方法检测；另一种则是基于 PMT（PhotoMultiplier Tube，光电倍增管）的激光共聚焦检测系统。利用 CCD 摄像原理的图像检测系统相对于利用激光共聚焦原理的扫描检测仪结构简单，检测速度快，能够检测多种荧光，对于点阵中斑点直径相对较大的生物芯片采用 CCD 生物芯片检测仪有明显的优势；但在探测灵敏度和分辨率方面，激光共聚焦扫描检测仪仍具有较大的优势。

12.3.2　生物芯片检测装置

1. CCD 生物芯片检测仪

CCD 生物芯片检测基于荧光图像原理，这种成像技术需要特殊波长的光来激发样片上的荧光，该仪器的原理如图 12.23 所示。由氙灯发射出来的光经由均匀照明系统变成一束光强均匀的平行光，经激发窄带干涉滤光片（带宽通常为几十纳米），过滤除去其他波长的光，以降低检测背景，斜入射到生物芯片上。标记有荧光染料的靶分子在单色光的激发下产生的荧光，经发射窄带干涉滤光片由摄像镜头捕获成像在 CCD 上。图像信号可由 CCD 摄像头直接传送到插在计算机的 PCI 插槽中的图像采集卡上，将图像信号转变为数字信号，再由计算机进行处理。CCD 每次只能读取一个激发波长下的图像，对于多色荧光染料标记的芯片，需要通过驱动电动机更换激发和发射干涉滤光片，再次读取。

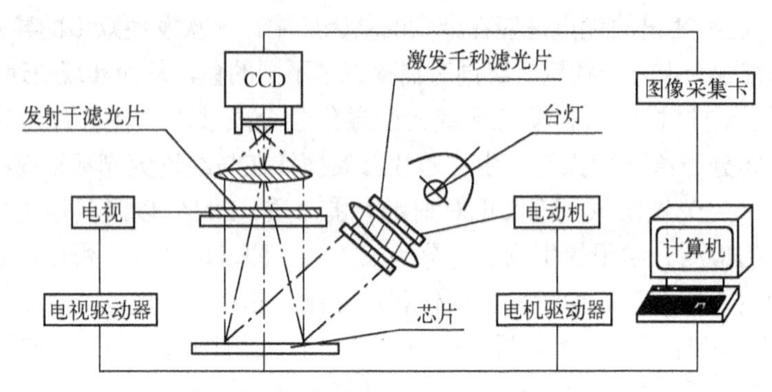

图 12.23　CCD 生物芯片检测仪原理图

2. 激光共聚焦生物芯片扫描仪工作原理

如图 12.24 所示，由激光器发射出来的激光由透镜 A 先扩展成直径较粗的光柱，经激发窄带干涉滤光片 B，过滤除去其他波长的光，这样可大大降低检测的背景，再由透镜 C 重新聚焦后，由二色分光镜 D 反射至物镜组 E，物镜组 E 将激光聚焦生物芯片上（光斑直径小于 5 μm）；标记有荧光染料的靶分子在激光激发下产生的荧光由物镜 E 捕获后变成平行光，再通过二色分光镜 D、反射镜 F 使发射的荧光进入到干涉滤光片组 G，以滤除发射荧光以外的光，再由透镜 H 聚焦在共聚焦光阑 I 上，通过光阑的光最后由光电倍增管接收变成电信号，经放大、滤波、A/D 转换等处理后送入计算机，即完成了对一点的测量，再由计算机控制二维扫描工件台，就可实现对整个芯片的扫读。由于采用了共聚焦光路，且光阑孔的孔径设计得较小，使正确聚焦在生物芯片表面所产生的荧光能由第二个透镜组聚焦通过光阑小孔，相反，芯片下表面或芯片上表面灰尘粒以及杂散光不能聚焦到光阑小孔而被挡住，这样可大大减少由于片基和灰尘产生的背景荧光。

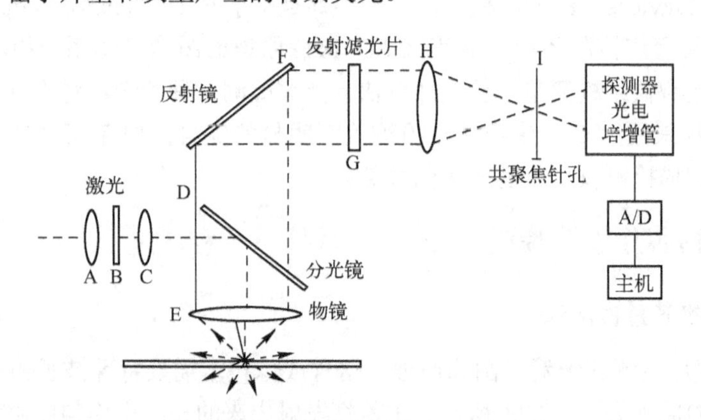

图 12.24　激光共聚焦测量光路原理图

3．生物芯片检测技术的几个重要评价指标

（1）荧光通道

荧光通道表示一种生物芯片检测仪能够检测几种荧光，能衡量生物芯片检测仪器的基本检测能力，能够检测的荧光通道越多，表明检测能力越强。激光共聚焦扫描仪一般配置两种激光器，只能检测两种荧光染料，如果需要检测其他的荧光染料，则需要更换激光器，代价高昂，并且激光器受激光离散性及中心频率的限制，只能有几种荧光染料能用。例如，用 CY3 和 CY5 荧光染料标记，激光器价格就不算太高，而其他的则非常昂贵。CCD 生物芯片检测仪的激发光源为氙灯，发光波长在整个可见光范围内，需要检测其他的荧光染料，只需更换发射和激发滤光片，不需要设备升级。

（2）检测效率

检测效率是衡量一种生物芯片检测仪的主要指标，它是指检测一片生物芯片所需要的时间，对于医院尤其显得重要。激光共聚焦扫描仪采用 PMT 作为探测器，需要高速二维扫描台逐点成像，结构复杂，检测时间长，一般为 5～10 min；而 CCD 生物芯片检测仪是一次成像，结构简单，检测时间短，一般为 0.1～1 min，因此为众多医院所青睐。由于检测时间短，可以多采集几幅图片做图像滤波处理，有利于减少噪声。

（3）探测灵敏度

探测灵敏度是指生物芯片检测仪器能够将芯片斑点从背景区分开，并且探测到的斑点荧光的最小浓度值，单位一般用荧光分子数/每平方微米表示。目前国外最好的检测仪能够达到 0.1 个荧光分子/μm^2。

激光共聚焦扫描仪的探测器采用的是光电倍增管，其在可见光范围内是灵敏度最高的探测器，可探测到一个光子的存在，光电倍增管内的功率放大器可将光信号转化为电信号并放大 100 万倍，通过改变光电倍增管的电压可以很方便地改变光电倍增管的增益即灵敏度，目前国外最好的共聚焦扫描仪能够达到 0.1 荧光分子/μm^2。CCD 对微弱信号的放大功能不及 PMT，在低亮度背景下，限制了微弱信号的检测，CCD 检测仪的灵敏度能够达到 0.5 荧光分子/μm^2。

（4）分辨率

生物芯片检测仪的分辨率表示的是能够分辨生物芯片斑点的最小细节的能力。生物芯片的微阵列点的直径范围通常在 150～500 μm，对点进行精确的分析就要求检测仪能够将每个阵列点分割成尽可能多的像素。有意义的像素越多，在进行荧光信号的定量分析时每个点的边缘就可以分析的越准确，就越易与其他非特异的信号区分开。一般来说，微阵列的像素大小（或者说空间分辨率）不应大于最小微阵列点直径的 1/8～1/10，例如，20 μm 的分辨率可以检测 160 μm 的点。

激光共聚焦扫描仪的分辨率是由针孔的大小和其扫描步距决定的，激光经聚焦后产生极小的光斑，在光电倍增管前运用了探测针孔，因而具有较高的分辨率，可达几微米。CCD 检测仪的分辨率由其 CCD 相机的像元尺寸和像素、成像视场、成像物镜的缩小倍率等决定，目前性能最优的 CCD 的靶面尺寸也只有 16 mm×12 mm（像元尺寸 10 μm），因此要达到整个芯片面积 20 mm×50 mm，必须缩小成像才能完成，检测仪的空间分辨率就只能达到 30 μm 左右，如果要提高分辨率，则只有采取图像缝合技术，增加二维机械扫描台，增加系统的复杂程度和成本。

（5）探测均匀性

均匀性是指在整个芯片视场内测量的一致性。它和激发光的均匀性、探测器的均匀性、样品的时间性都有着直接的关系。如果均匀性控制不好，会影响到结果的真伪。激光共聚焦扫描仪的特点限制了成像的焦深，通常只有几微米，要保持整个芯片的探测均匀性，就意味着给扫描运动的平整度和样片的平整度提出了严格的要求，这就大大增加了仪器的加工难度和成本，放大针孔加大了焦深，但同时也牺牲了均匀性，增加了噪声；另外，长时间的逐点扫描，对有些不稳定荧光染料，使得前后点的时间差异大而引起探测信号的衰减，也是一个影响均匀性的原因。CCD 检测仪的探测均匀性与激发光源、CCD 探测器的均匀性有关，目前国外的 CCD 检测仪对激发光源的照明均匀性只做了一般处理，照明均匀性只能达到±15%左右，通过定期对标准样片进行测定，测出整个照明视场的不均匀性，在每次芯片检测中通过校正软件对信号进行修正，这种方法不是实时校正，并且激发光能对发射荧光的激发作用也存在非线性的影响，因此这种方法也有很大的局限性。

（6）光脱色

激光共聚焦扫描仪每个像素的曝光时间比 CCD 检测仪的还短，但激光照明每单位时间里有很多高尖峰，这些尖峰毛刺足以造成样片光脱色，不仅降低了芯片的再成像能力，而且也降低了图像获取中的图像数据更新。每个荧光探测器的非线性光脱色都会降低计算比的完整性。相反，CCD 检测仪在照明期间具有较低的光通密度，这就大大降低了光脱色的危险。

12.3.3　光电式血糖仪

随着医学科学的发展，医院手术室、监护室已广泛使用对危重病人监护的多参数监护仪。其中，血氧饱和度是不可缺少的重要指标。血氧传感器是检测血氧饱和度的重要部件。光电式微型血糖仪是一种用于检测全血中葡萄糖含量的数字式仪器，从患者手指的毛细血管抽取血样，经过处理之后便可以数字形式显示血糖含量的精确数值。

目前，实验室测定全血或血清（血浆）葡萄糖浓度的方法主要有三种：无机化学法（又称干化学法），有机化学法（又称湿化学法），葡萄糖氧化酶（Glucose Oxidase，简称 GOD）法。其中，GOD 法测定血糖浓度的准确性、精密度已被公认是较好的，以这种方法为原理制成的血糖仪用血量少，检测速度快，尤其是糖尿病患者可随身携带自我检测血糖浓度，是我国卫生部推荐的血糖测定的常规方法。

光电式血糖仪操作方法是：先将被测试者的血样滴在含有 GOD 试剂的试纸条上，然后放入仪器的测试平台内，通过测量试纸条的反射光的变化，来计算血样中的血糖含量。其原理是：试纸条的试剂中含有可以氧化葡萄糖的氧化酶，即葡萄糖氧化酶（GOD），血样中的葡萄糖被葡萄糖氧化酶（GOD）氧化为葡萄糖酸内酯（Gluconicacid），此物质与试剂中的另一种酶——过氧化物酶（Peroxidase）等物质发生作用，产生一种吸光产物，该吸光产物可以改变反射光信号，反射光信号的强弱与样品中的血糖含量相关联。

一般情况下，血糖仪采取双波长（635 nm 和 700 nm）测量方法，目的是为了用一个波长上的读数来扣除血细胞比容、血液氧合作用，以及会影响结果的其他可变因素所引起的背景干扰；但是实际上，只要选取的测量波长合适，上述诸如血细胞比容等误差是可以不考虑的。图 12.25 所示是采用单波长（660 nm）测量方案的微损血糖仪原理框图。

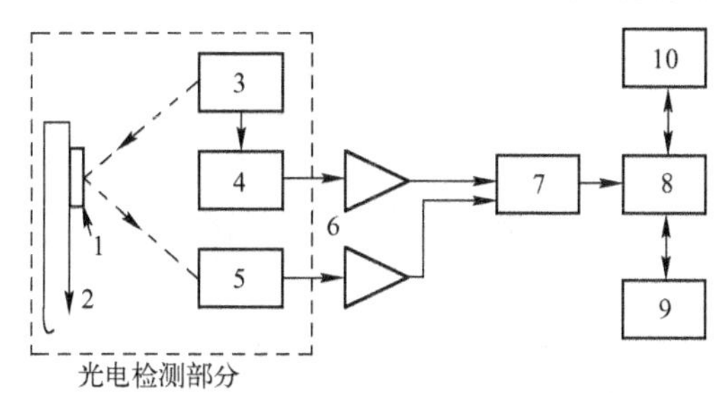

1—试剂条；2—测试平台；3—LED 光源；4—监测光电池；5—光电池；6—放大器；

7—AD 转换；8—微处理器；9—显示装置；10—数据存储

图 12.25 微损血糖仪原理框图

如图 12.25 所示，微损血糖仪主要由三部分组成：光电检测部分，完成信号采集、计算、存储等任务的微处理器部分和显示控制部分。

光电检测部分实现光信号的采集、放大等作用，包括一个发光二极管 LED、两个分别监测光电池工作状态和测量反射光强的光电池，如图 12.25 虚框中所示。

该仪器中引入了监测光电池的概念，意在同时监测光源与反射光强度的变化，类似于普通分光光度计中的双光束法。将监测光电池测到的光功率作为 P_0，将光源发出的光经试剂条反射得到的光功率作为 P_F，二者相除，P_0/P_F 的数值作为反射率，它的高低只与血糖的含量相关联，而不受光源光强波动的影响，因此，单波长（660 nm）双光电池的测量方案完全可以满足测量要求。

参考文献

[1] 金国藩，李金镇．激光测量学．北京：科学出版社，1998.
[2] 杨国光．近代光学测试技术．北京：机械工业出版社，1986.
[3] 缪家鼎，徐文娟．光电技术．杭州：浙江大学出版社，2001.
[4] 安毓英，刘继芳．光电子技术．北京：电子工业出版社，2002.
[5] 安毓英，曾晓东．光电探测原理．西安：西安电子科技大学，2004.
[6] 孙培懋，刘正飞．光电技术．北京：机械工业出版社，1992.
[7] 江月松．光电技术与实验．北京：北京理工大学出版社，2000.
[8] 安毓英，曾小东．光学传感与测量．北京：电子工业出版社，2001.
[9] 王庆有．光电技术．北京：电子工业出版社，2005.
[10] 马声全，陈贻汉．光电子理论与技术．北京：电子工业出版社，2005.
[11] 高稚允，高岳．光电检测技术．北京：国防工业出版社，1995.
[12] 钱浚霞，郑竖立．光电检测技术．北京：机械工业出版社，1993.
[13] 罗先和，等．光电检测技术．北京：北京航空航天大学出版社，1995.
[14] 秦积荣．光电检测原理及应用（上册）．北京：国防工业出版社，1985.
[15] 秦积荣．光电检测原理及应用（中册）．北京：国防工业出版社，1987.
[16] 秦积荣．光电检测原理及应用（下册）．北京：国防工业出版社，1989.
[17] 浦昭邦．光电测试技术．北京：机械工业出版社，2005.
[18] 雷玉堂，等．光电检测技术．北京：中国计量出版社，1997.
[19] 郭培源，付扬．光电检测技术及应用．北京：北京航空航天大学出版社，2006.
[20] 王清正，等．光电探测技术．北京：电子工业出版社，1994.
[21] 卢春生．光电探测技术及应用．北京：机械工业出版社，1992.
[22] 范志刚．光电测试技术．北京：电子工业出版社，2004.
[23] 张广军．光电测试技术．北京：中国计量出版社，2003.
[24] 吕海宝，等．激光光电检测．长沙：国防科技大学出版社，2000.
[25] 曾光宇．光电检测技术．北京：清华大学出版社，2005.
[26] 郁道银，谈恒英．工程光学．北京：机械工业出版社，2000.
[27] 安连生，等．应用光学．北京：北京理工大学出版社，2002.
[28] 高晋占，等．微弱信号检测．北京：清华大学出版社，2004.
[29] 刘俊，张斌珍．微弱信号检测技术．北京：电子工业出版社，2005.
[30] 王惠文．光纤传感技术与应用．北京：国防工业出版社，2001.
[31] 孙圣和，王廷云，徐影．光纤测量与传感技术．哈尔滨：哈尔滨工业大学出版社，2000.
[32] 丁天怀，李庆祥．测量控制与仪器仪表现代系统集成技术．北京：清华大学出版社，2005.
[33] 殷纯永．光电精密仪器设计．北京：机械工业出版社，1993.
[34] 吴杰，等．光电信号检测．哈尔滨：哈尔滨工业大学出版社，1990.

[35] 赵远，张宇．光电信号检测原理与技术．北京：机械工业出版社，2005.

[36] 陈扬騤，杨晓华．激光光谱测量技术．上海：华东师范大学出版社，2006.

[37] 陆同兴，路铁群．激光光谱技术原理及应用．合肥：中国科学技术大学出版社，2006.

[38] 唐小萍．CCD 生物芯片检测仪研制[D]．成都：电子科技大学，2003.

[39] 秦粪龙．激光散射法表面粗糙度在线检测的研究[D]．成都：四川大学，2000.

[40] 闫晓茹．高速双纵模双频激光干涉仪系统的研究[D]．成都：四川大学，2004.

[41] 冀航．基于频域滤波法的调制脉冲激光雷达水下探测研究[D]．武汉：华中科技大学，2007.

[42] 张国雄．测控电路．3 版．北京：机械工业出版社，2010.

[43] 白廷柱，金伟其编．光电成像原理与技术．北京：北京理工大学出版社，2006.

[44] 邹异松，等．光电成像原理．北京：北京理工大学出版社，1997.

[45] 王华．基于 CMOS 图像传感器的 HDR 图像采集技术研究[D]．西安：中国科学院西安光学精密机械研究所，2012.